AF458690

HISTOIRE NATURELLE

ANATOMIE ET PHYSIOLOGIE

ZOOLOGIE

Le **Cours d'Histoire naturelle**, professé par M. Stanislas Meunier, à l'École normale de Fontenay-aux-Roses, a été publié en deux parties :

La *première partie*, qui fait l'objet du présent volume, comprend l'ANATOMIE, la PHYSIOLOGIE et la ZOOLOGIE.

La *deuxième partie* est consacrée à la BOTANIQUE et à la GÉOLOGIE, et a paru en un volume in-18 avec 579 figures dans le texte.

Chacun de ces volumes est vendu séparément, cartonné en toile anglaise . . . . 4 fr.

5750+22650. — Imprimerie A. Lahure, rue de Fleurus, 9, à Paris. — 18226.

STANISLAS MEUNIER

ANATOMIE ET PHYSIOLOGIE

ZOOLOGIE

COURS PROFESSÉ

A L'ÉCOLE NORMALE SUPÉRIEURE D'INSTITUTRICES

(FONTENAY-AUX-ROSES)

Deuxième édition, revue et corrigée

AVEC 397 FIGURES DANS LE TEXTE

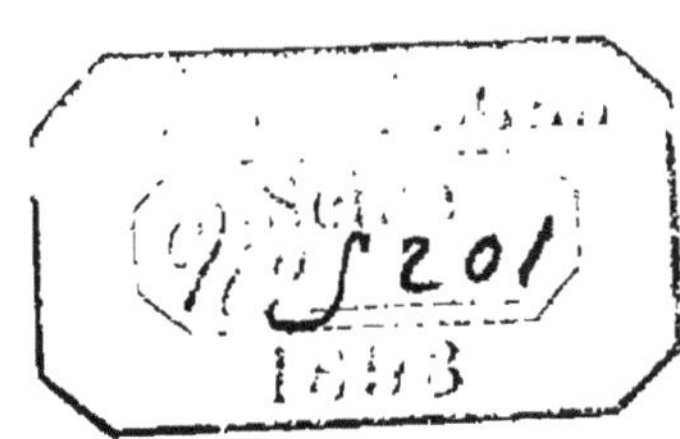

PARIS

G. MASSON, ÉDITEUR

130, BOULEVARD SAINT-GERMAIN

M D CCC XC

INTRODUCTION

LE DOMAINE DE L'HISTOIRE NATURELLE : LES TROIS RÈGNES

Les sciences naturelles. — Les règnes selon Linné. — Ses définitions ne s'appliquent pas toujours. — Ce que c'est que le corail. — Les anthérozoïdes. — Les diatomées. — La sensitive. — La rue et le mahonia. — Les plantes carnivores. — Les éponges, les étoiles de mer, les polypes du corail. — Les êtres vivants peuvent devenir temporairement inertes : rotifères, poissons gelés, hannetons en décomposition, graines de 2000 ans. — La série des êtres est ininterrompue. — Leur classification est artificielle.

Il semble à première vue que l'Histoire naturelle devrait comprendre la description de toute la Création, qu'elle mérite le nom de science universelle, et qu'elle embrasse toutes les sciences possibles. C'était ainsi, en effet, qu'on l'entendait autrefois, lorsque dans son ignorance l'homme se faisait de la science une idée bien petite.

Aujourd'hui nous appliquons au terme *Histoire naturelle* un sens beaucoup plus restreint, et qui cependant éveille en nous l'idée d'un champ immense à parcourir.

On admet que les *pierres*, les *plantes*, les *animaux*, l'*homme au point de vue physique*, sont seuls du domaine des études naturelles, qui donnent lieu à trois ou quatre sciences de première importance : la *Zoologie*, dont on peut distinguer l'*Anthropologie*, la *Botanique*, la *Géologie*.

Chacune de ces sciences a pour objet un *règne* tout entier.

Les règnes sont les divisions les plus étendues qui aient été faites parmi les êtres.

Dès l'abord nous nous heurtons à l'une des grandes difficultés de l'histoire naturelle, c'est-à-dire à la *classification* de toutes ces choses et de tous ces organismes dont les différences ne sont souvent qu'apparentes, dont les ressemblances sont instables.

Encore quelques mots, et vous comprendrez à quel point cette difficulté est immense.

Linné, un des premiers qui aient voulu mettre un certain ordre dans les études naturelles, et qui vécut de 1767 à 1778, donne ainsi les caractères des trois règnes :

1° Les animaux vivent, croissent, sentent et veulent;

2° Les végétaux vivent et croissent;

3° Les minéraux croissent.

Selon lui, donc, le végétal est toujours immobile et ne manifeste aucune sensibilité : bien au-dessous de l'animal, qui jouit toujours de la volonté, bien au-dessus du minéral, qui ne vit pas.

Et, en effet, les exemples bien choisis dans chacun des différents règnes, manifesteront admirablement les caractères que leur assigne Linné.

Le cheval, le chêne, le granit, sont des êtres absolument distincts, sur lesquels il n'y a pas à se tromper.

Mais si nous prenons, parmi les êtres vivants, des types moins élevés, nous pourrons trouver que les définitions du grand naturaliste ne leur vont plus aussi bien, et même qu'un animal ne se distingue pas infailliblement, dans tous les cas, d'un végétal ou d'un minéral.

Demandons à un enfant intelligent, mais non prévenu, si le corail (fig. 1) est un animal ou un minéral. Sa réponse, qui n'est pas douteuse, exprimera son erreur : cette substance dure et inerte est un minéral. Et elle n'en a pas seulement l'aspect, elle en a la composition, puisqu'elle est formée en très grande partie de carbonate et de phosphate de chaux. Si l'on dit à l'enfant : Ce n'est pas un minéral, il répondra : Alors c'est un végétal. Car le corail ressemble à un arbre aux branches déliées sur lesquelles semblent s'épanouir des fleurs aux blancs pétales. Aussi, jusqu'au milieu du dix-huitième siècle, le corail fut-il un végétal pour les naturalistes eux mêmes. C'est le Français Peyssonnel qui, au siècle dernier, a reconnu sa vraie nature, et on lui a donné le nom significatif de *zoophyte* (*animal-plante*).

Fig. 1. Une branche de corail.

Au contraire, divers végétaux se comportent comme des animaux, au moins pendant certaines périodes de leur existence.

Vous connaissez et vous aimez les fougères (fig. 2), ces jolies plantes qui croissent si abondamment dans les forêts. Leur reproduction se fait au moyen de *spores* contenues dans des *sores* (*a*, fig. 2), sortes de sacs jaunâtres situés à la face inférieure des feuilles. Les spores tombent sur le sol, germent, s'allongent, se gonflent, deviennent membraneuses, et ainsi développées portent le nom de *prothalles*. De petites protubérances, qui sont des *anthéridies* (fig. 3, A), se produisent bientôt à la surface du prothalle. Le microscope les montre pleines d'un liquide dans lequel nage un petit organisme, semblable à un infusoire muni de cils vibratiles : ce corpuscule est un *anthérozoïde* (fig. 3, B). Il sort de l'anthéridie, contourne le prothalle en évoluant dans le liquide dont le baigne la rosée, et arrive dans des protubérances particulières appelées *archégones* (fig. 4). C'est de cette réunion que naîtra la petite fougère qui ne tardera pas à apparaître, toute pareille à celle d'où la spore est tombée.

Voilà donc des anthérozoïdes, des parties de végétaux, qui se meuvent exactement comme des animaux.

Nous pourrions multiplier les exemples de ce genre, et, plus loin, quand nous ferons de la *Botanique*, vous les invoquerez vous-mêmes en étudiant les *fucus*, les *diatomées*, etc. Celles-ci (fig. 5), dont la carapace finement ciselée affecte souvent la forme d'une

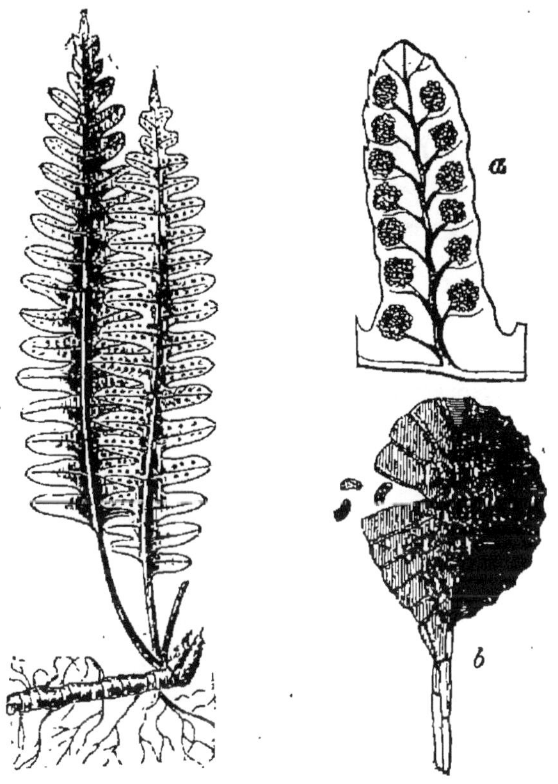

Fig. 2. Polypode vulgaire. *a*, face inférieure d'un foliole avec des *sores*, *b*, *spores* sortant d'une sore.

nacelle (d'où leur nom de *navicules*), se dirigent avec rapidité vers la lumière, en évitant les obstacles. On les prit longtemps pour des animaux. Ce sont leurs carapaces qui composent le tripoli. Des peuplades déshéritées comme celles de la Laponie, de certaines régions de la Chine, prennent comme nourriture la terre blanche qu'elles forment par leur accumulation et qu'on appelle quelquefois *farine fossile*. La présence chez de vrais animaux, tels que l'hydre verte et une planaire commune sur nos côtes, de la matière verte (*chlorophylle*), si caractéristique des feuilles, est une liaison bien évidente des deux règnes organiques.

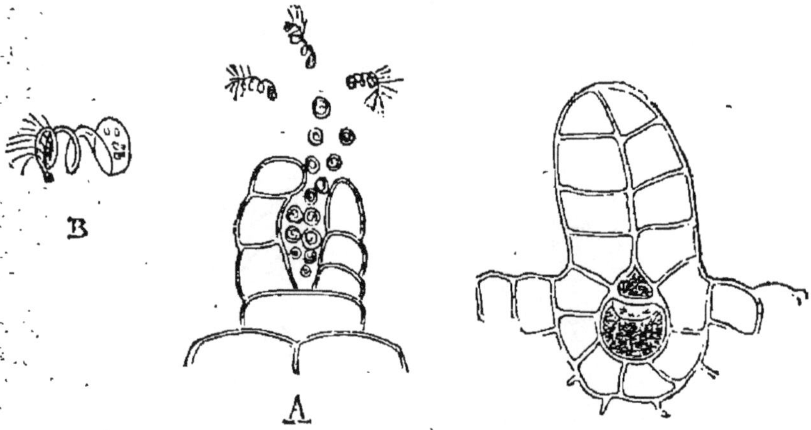

Fig. 3. Anthéridie, A, et anthérozoïde, B, de fougère grossis.

Fig. 4. Archégone de fougère grossie.

Ce ne sont pas seulement les végétaux inférieurs qui sont doués de mouvement, comme les animaux : la *sensitive* (fig. 6), qu'on peut à ce point de vue comparer à l'anémone de mer, replie ses

Fig. 5. Diatomées des eaux stagnantes vues au microscope

feuilles dès qu'on les touche. Mieux que cela, tout ce qui agit sur le système nerveux des animaux, impressionne cette curieuse plante : on l'endort au moyen de l'éther ou du chloroforme; l'étincelle électrique lui fait perdre la faculté de replier ses feuilles. On assure que les mouvements de la sensitive ne sont pas volontaires. C'est

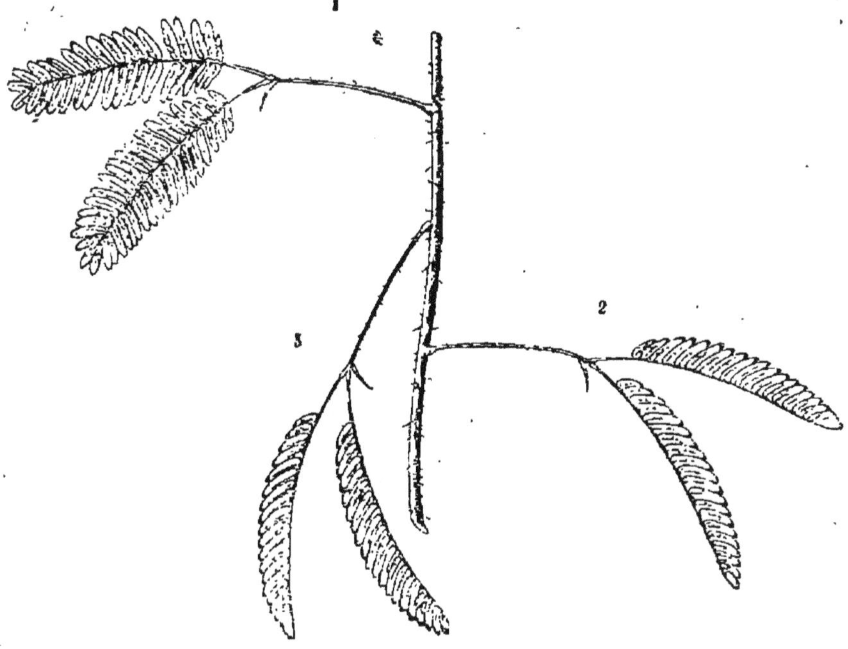

Fig. 6. Un rameau de sensitive dont on a excité plusieurs feuilles légèrement (2) et fortement (3).

bien notre avis, mais que sait-on de la volition des kolpodes et autres infusoires admis dans le règne animal ?

Fig. 7. Étamine de mahonia s'infléchissant spontanément sur le pistil.

Le *mahonia*, qui est une plante fort commune dans nos jardins, a des étamines (fig. 7) qui, au moment de la fécondation, viennent tour à tour s'appliquer sur le pistil. On peut obtenir artificiellement le même résultat soit au moyen de l'électricité, soit au moyen d'un léger frottement exercé sur le filet de l'étamine.

Fig. 8. La dionée attrape-mouches.

Il est des plantes qui *attrapent* des proies vivantes, qui les mangent et qui les digèrent : de véritables *plantes carnivores*. Les feuilles de la *dionée attrape-mouches* (fig. 8) sont couvertes de poils épais qui, lorsqu'elles se replient, engrènent les uns entre les autres, comme les dents d'une carde. Une mouche se pose-t-elle sur la feuille, celle-ci se referme brusquement à la manière d'un piège à loup. Le pauvre insecte, une fois emprisonné, est dissous par les sucs de la feuille, et ses parties nutritives sont absorbées par

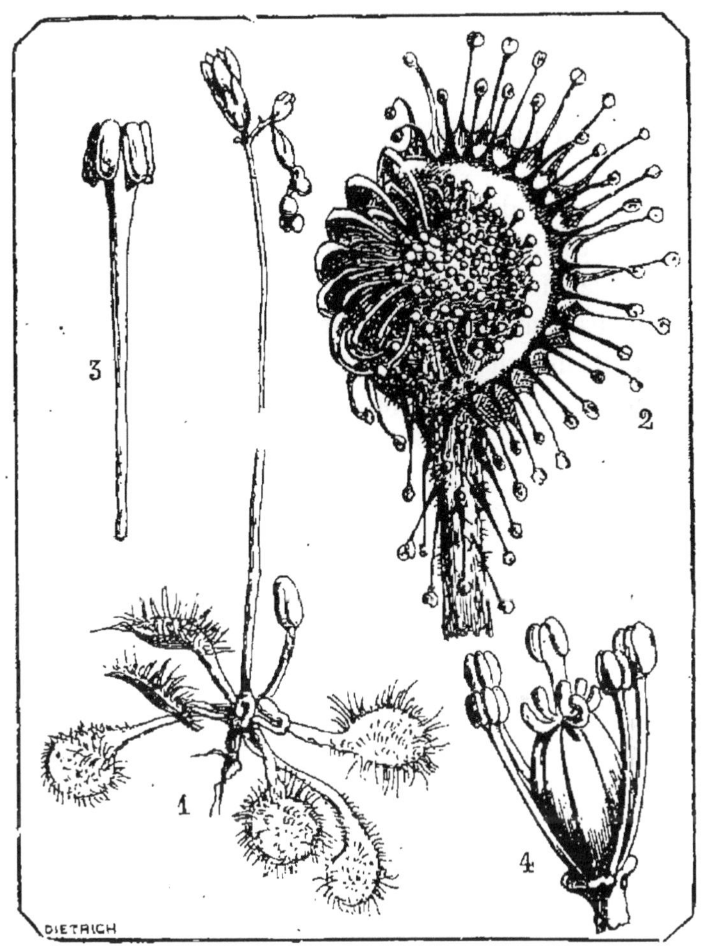

Fig. 9. Drosera attrape-mouches.

la plante, qui s'en trouve fort bien. Quand il n'en reste plus rien, la feuille se rouvre et laisse tomber les téguments de la bête.

Dans le rossolis ou *drosera* (fig. 9), plante commune dans nos prés humides, un liquide sucré placé sur les poils attire les insectes. Le mécanisme de la capture est à peu près le même que dans la dionée.

A l'inverse de ces végétaux qui se meuvent, nous connaissons des animaux fixés au sol comme des arbres : les éponges, les anémones de mer, qui se referment au moindre contact, le corail, dont les prétendues fleurs sont de petits polypes, et qui manifestent les mêmes mouvements que la sensitive.

A première vue, la séparation des êtres organisés et des êtres bruts semble bien grande, et la distinction établie par Linné bien exacte.

Cependant il est de certaines pierres dans la constitution normale desquelles entre de la matière organique. Tels sont spécialement les silex de la craie, qui dégagent quand on les distille un liquide aqueux contenant des composés oxhydro-carbonés et qui, susceptibles de mourir et de se décomposer, se présentent à certains égards comme une espèce d'aurore, du polypier, vivant sans orga-

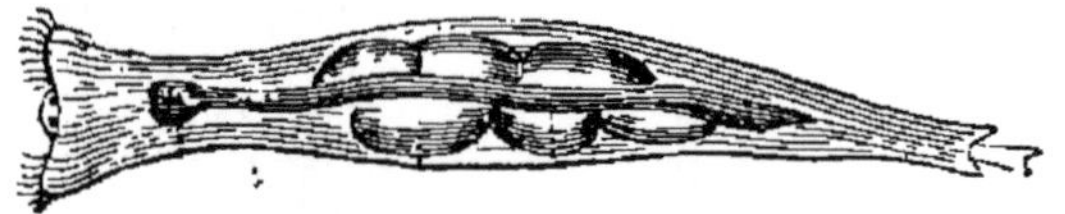

Fig. 10. Rotifère très grossi.

nisation discernable, au sein des couches de craie et s'accroissant par la juxtaposition de couches externes.

Par contre, à de certains moments, les êtres organisés perdent toutes les apparences de la vie dont Linné a fait leur apanage essentiel, pour acquérir une inertie égale à celle de la pierre.

On trouve en abondance, sous les plaques de mousse des toits, des animalcules, rotifères (fig. 10), qui nagent dans les gouttes d'eau de la mousse fraîche, et paraissent alors extrêmement actifs. S'il se produit une sécheresse, la mousse perd son eau et jaunit. Les animalcules se racornissent et passent à l'état de poussière. On peut les conserver ainsi pendant des années dans un tube bien sec, sans qu'ils donnent aucun signe de vie, semblables en tout à une poudre fine. Mais si l'on vient à les mettre dans une goutte d'eau, ils se gonflent, reviennent à la vie et à l'activité.

Avec certaines précautions, on peut, en *gelant* des poissons, les rendre inertes et fragiles comme du verre. On les dégèle : ils reprennent leurs allures primitives.

La décomposition d'un être organisé, qui présente toutes les apparences de la mort, n'est pas toujours un motif suffisant pour l'empêcher de revenir à la vie. Des hannetons, submergés pendant douze heures, vingt-quatre heures, deviennent gélatineux; leurs pattes, leurs ailes se détachent. On les retire, on les sèche au soleil : ils reprennent leur forme et leur vie.

La suspension de la vie chez les végétaux paraît pouvoir être très longue. Des grains de blé, des pois enfouis pendant des dizaines de siècles dans les pyramides d'Égypte (fig. 11), auraient parfaitement germé, lorsque des mains modernes les ont semés en bonne terre

On exploite en Grèce des scories, riches encore, provenant de la fonte de minerais de cuivre et d'argent, extraits par les ouvriers antiques des mines du Laurium. Un monceau énorme ayant été retiré de la place qu'il occupait sur le sol depuis deux mille ans, on vit pousser, là où il était naguère, des plantes inconnues au pays. C'était une espèce de pavot disparue, dont les graines enfouies sous les scories n'avaient pu se développer, et qui, se trouvant tout à coup dans des conditions favorables, s'étaient réveillées.

Ce que nous devons conclure de ces faits, c'est que les êtres forment une série ininterrompue, entre les termes voisins de laquelle on ne saurait trouver des différences assez caractéristiques pour donner lieu à des délimitations complètes. C'est l'opinion de notre illustre Buffon. « Si, dit-il, on parcourt successivement et par ordre les différents objets qui composent l'univers, on verra avec étonnement qu'on peut descendre par degrés presque insensibles des corps les mieux organisés jusqu'à la matière la plus informe. On reconnaîtra que ces nuances imperceptibles sont le plus grand œuvre de la nature; on les trouvera non seulement dans les grandeurs et dans les formes, mais dans les générations, les tissus et successions de toute espèce. »

Pour bien des gens cependant, il y a parmi toutes ces transitions insensibles, une démarcation qui subsiste absolue : l'homme seul jouit de ce privilège, l'*intelligence;* les animaux les mieux doués n'ont que l'*instinct.*

Certes cette doctrine est très flatteuse pour nous; malheureusement elle ne résiste pas un seul instant à l'examen des faits. Une foule d'animaux font preuve d'une vraie intelligence, et il serait bien intéressant d'insister sur ce sujet. Bornons-nous à quelques faits particulièrement nets et saillants.

Un des caractères essentiels du prétendu instinct, c'est d'être

Fig. 11. Pois de Momie, sorti, dit-on, de graines qui auraient séjourné 2000 ans dans les pyramides d'Égypte.

invariable, de façon que, les animaux étant des *machines*, suivant une expression de Descartes, reproduisent indéfiniment les mêmes actes. Or, dans une foule de circonstances on a constaté de profondes modifications dans la manière d'être des bêtes, de telle sorte que pour les expliquer il faut absolument admettre que ces modifications sont le résultat de véritables raisonnements.

On sait, par exemple, que dans les pays tout à fait déserts, beaucoup d'animaux ne manifestent aucune crainte à la vue de l'homme; mais que la méfiance leur vient peu à peu à la suite de l'expérience. Levaillant raconte que lors de son premier voyage, des petits oiseaux venaient se percher jusque sur le canon de son fusil : dès maintenant, les choses sont bien changées à cet égard dans la même région. Il y a à peine deux cents ans, les baleines des régions les plus septentrionales et les phoques, leurs compatriotes, se laissaient approcher par les pêcheurs, qui n'avaient aucune peine à les harponner; mais peu à peu cette confiance a fait place à des sentiments tout opposés, et d'aussi loin que les pauvres bêtes aperçoivent des embarcations, elles fuient et se dissimulent avec soin.

Peut-être trouvez-vous plus frappante encore l'assurance de plus en plus grande que prennent les animaux en présence des bons traitements qu'on leur accorde pendant un temps suffisant. Il ne s'agit pas ici seulement de l'apprivoisement ni même de la familiarité que prennent des oiseaux libres comme les moineaux et les ramiers de nos jardins publics. Je fais allusion surtout à l'audace qui vient à des animaux ordinairement timides quand, à leur grande surprise et un peu à la manière du lièvre de la fable, ils constatent le respect ou la terreur qu'ils inspirent. Les malheureux habitants de l'Inde ne se sont-ils pas mis dans la tête, à la suite des enseignements de leurs prêtres, que les singes renferment l'âme de leurs propres ancêtres et qu'à ce titre ils sont sacrés? Infiniment moins bêtes qu'eux, les quadrumanes n'ont pas tardé à profiter de la condition qui leur était ainsi faite, et « *poignant* », comme tous les « *vilains* », qu'on « *oint* », ils en ont étrangement abusé. Par exemple, à huit milles de Calcutta, le petit village d'Agarpara est victime des agissements d'une troupe de deux à trois cents babouins. Hauts de quatre pieds et aussi sauvages que des bêtes féroces, ils attaquent les enfants et même les femmes les plus robustes et répandent partout la terreur et la dévastation. Ils entrent impudemment dans les maisons, se démènent dans les plantations et font main-basse sur tous les fruits mûrs des jardins.

Un jour, dans un village voisin, appelé Bengala, quatre-vingts fondirent tout à coup sur deux Hindous qui cultivaient le maïs, les saisirent et les transportèrent sur les branches d'un arbre. Là, les singes, évidemment en gaieté, les regardèrent en grimaçant, puis les abandonnèrent. En même temps d'autres de ces animaux se précipitaient en grand nombre sur les cases du village : des femmes et des enfants furent maltraités et finalement les habitants durent évacuer le village et se réfugier sur une colline voisine. A la nuit, une lueur rougeâtre apparut au-dessus des cases; on voyait les singes courir çà et là : une partie du village était en feu et l'incendie, allumé sans doute accidentellement par les envahisseurs, put seul les expulser.

Une série de faits bien intéressants à notre point de vue concerne les erreurs où est capable de tomber le prétendu instinct infaillible des bêtes. On sait par exemple que le pic se nourrit d'insectes qu'il cherche sous l'écorce et au cœur des arbres gâtés. Dans le voisinage des bois de pins, en Norwège, on trouve des poteaux télégraphiques entièrement perforés à coups de bec. La résonnance produite par les vibrations des fils fait croire à l'oiseau que l'intérieur des poteaux renferme des vers et des insectes, et c'est pour cela qu'il becquète le poteau. L'ours est aussi victime de cette illusion acoustique. Il aime beaucoup le miel, et pendant ses promenades solitaires dans les montagnes, lorsqu'il entend les vibrations des fils télégraphiques, il confond ce bruit avec le bourdonnement d'un essaim d'abeilles. Il suit la piste du son trompeur, il arrive au poteau où le son est le plus intense, et comme il ne trouve pas la ruche cherchée, il la croit cachée sous le monceau de pierres qui maintient ce poteau; il disperse donc les pierres dans toutes les directions, afin de trouver le trésor rêvé par sa gourmandise, et, trompé dans ses espérances, il donne enfin un puissant coup de patte, pour avoir au moins la satisfaction d'écraser toutes les abeilles qu'il suppose cachées dans l'intérieur du poteau.

Un des traits les plus élevés de l'intelligence humaine est d'asservir la nature à nos besoins. Or certains animaux se livrent à des pratiques tout à fait comparables à celles qui chez nous sont de l'industrie. En certains pays, les éléphants instruits de la transformation du sucre en alcool par fermentation, et très avides des sensations vertigineuses que l'eau-de-vie procure au cerveau, savent cueillir des fruits pour les exposer au soleil, jusqu'à ce qu'ils aient acquis leurs propriétés enivrantes, et les manger seulement alors. Vous avez toutes admiré la sollicitude avec laquelle, en véri-

Fig. 12. Fourmis occupées à traire les pucerons du rosier. (Figure très grossie.)

tables éleveuses de bétail, les ourmis soignent les pucerons fixés en grand nombre sur les jeunes pousses de rosier ou de sureau. Elles les rentrent, en cas de pluie, dans leur foumilière, choisissent les rameaux les plus succulents pour les y transporter, et les traient véritablement (fig. 12) pour en recueillir le liquide laiteux qu'ils laissent exsuder : bien plus, les fourmis se font réciproquement la guerre, de fourmilière à fourmilière, pour s'enlever leurs pucerons, comme les tribus arabes s'entre-tuent pour se ravir leurs troupeaux. D'après un récit récemment publié par l'illustre Darwin, la *fourmi agricole* serait bien plus intelligente encore. Elle sarcle le terrain autour de sa demeure conique, et, sur un rayon de plus d'un mètre, en aplanit la surface. Aucune végétation, à l'exception d'une seule espèce de graminée, n'est tolérée dans l'intérieur de ce périmètre. Après avoir semé cette plante, l'insecte la cultive et la soigne, en rongeant toutes les herbes qui poussent par hasard dans l'enceinte. La graminée ensemencée s'épanouit et donne une riche moisson de petites graines blanches, dures, et qui au microscope ressemblent assez au riz ordinaire. La bestiole la récolte quand elle est mûre, et les ouvrières l'emportent en bottes dans les greniers, où elles la séparent de la paille et l'emmagasinent. Si le temps humide arrive plus tôt que d'ordinaire, les provisions mouillées courent le risque de germer et d'être gâtées. Dans ce cas, aux premiers beaux jours, les fourmis transportent le grain humide et avarié et le font sécher au soleil; après quoi elles rentrent les grains intacts, abandonnant ceux qui ne sont plus bons.

Nous aurons l'occasion, à propos des singes, de signaler l'existence chez ces animaux de l'*esprit d'invention*. Ajoutons seulement ici, pour terminer, que les animaux ont prouvé l'existence possible chez eux du *sentiment de la justice* et même de la *charité*. Au premier point de vue on peut rappeler un éléphant de Calcutta, parfaitement domestiqué et rendant, comme porteur, des services de tous les instants, qui se vengea très éloquemment d'une ingratitude commise envers lui. En échange de la peine qu'il prenait pour transporter des fardeaux à leur adresse, on avait pris l'habitude de lui donner une petite pièce de monnaie que, comme un homme, il savait parfaitement convertir, chez les marchands, en pains, en fruits, etc. Or, un jour qu'après avoir porté un fût de vin à domicile, Martin, c'est le nom du proboscidien, tendait sa trompe vers son client pour réclamer un juste salaire, au lieu de la paye qu'il attendait, il ne reçut qu'une bordée d'injures. Sans rien manifester qui fût de nature à dévoiler ses intentions, l'animal retourna tranquillement au magasin de vin, enlaça le fût de sa trompe, et de toute sa vigueur le brisa contre le sol.

Comme trait de charité, bornons-nous à reproduire ce passage d'une lettre écrite d'Alger à M. Toussenel et citée par lui dans son *Monde des oiseaux :* « Un enfant de la maison s'en revenait des champs, où il avait assisté à un de ces dénichements monstres de moineaux francs qui se font ici tous les ans vers la mi-avril et dont vous n'avez pas d'idée en France. Il avait sauvé du massacre une demi-douzaine d'innocents qu'il comptait élever; mais les pauvres petits étaient encore trop jeunes pour pouvoir se passer des soins de leur vraie mère, et deux ou trois étaient morts avant le soir des fatigues de la traversée. Comment faire pour empêcher les survivants de subir le même sort? Les moments étaient précieux et notre perplexité fort grande, quand les gazouillements d'une hirondelle qui chantait au-dessus de nos têtes et qui avait son nid au plafond de l'appartement où nous délibérions, me suggérèrent l'heureuse idée de lui confier l'éducation de nos malheureux orphelins. L'enfant, en désespoir de cause, donne son adhésion au projet, qui est sur-le-champ mis à exécution. Les jeunes moineaux sont introduits dans le nid, en présence du père et de la mère, qui paraissent plus inquiets que charmés de ce surcroît de famille qui leur tombe du ciel. Cependant la première émotion se calme et les charitables créatures ne tardent pas à comprendre le service qu'on espère d'elles. Elles sortent, et la première fournée de moucherons qu'elles rapportent est pour les nourrissons étrangers qui, à partir de cette minute, ont part à tous les soins et à toutes les tendresses de leurs parents adoptifs, tant et si bien qu'avant la fin de la quinzaine ils atteignent toute leur croissance et prennent leur vol. »

Et que direz-vous de cette autre anecdote qui est toute récente? Possesseur d'un jardin où se trouvait un potager, un propriétaire avait remarqué qu'un panier contenant une récolte de carottes nouvelles se vidait à vue d'œil. Il interrogea le jardinier. Celui-ci répondit qu'il n'y comprenait rien, mais qu'il y avait un moyen bien simple de surprendre le voleur quel qu'il fût : c'était de s'embusquer derrière une haie qu'il indiqua. Ce qui fut dit fut fait; un petit quart d'heure ne s'était pas écoulé que le propriétaire et le jardinier ne purent retenir un cri de stupéfaction. Ils venaient de voir le chien de la maison aller droit au panier, prendre une carotte dans sa gueule et se diriger vers l'écurie. Les chiens ne mangent pas de carottes crues. Il n'y avait qu'à suivre le larron. Nos observateurs purent constater alors que le chien avait affaire à un grand diable de cheval, son compagnon de nuit : la queue frétillante, il lui tendait le fruit de son larcin, que l'autre, naturellement, ne se faisait pas prier pour accepter. Exaspéré, le jardinier voulait prendre une trique et faire justice de cet acte de trop complaisante camaraderie. Mais son maître l'arrêta. Les carottes y passèrent de la première à la dernière. La scène se renouvela jusqu'à l'extinction complète de la provision de légumes. Le chien avait fait depuis longtemps son favori de ce cheval; il y en avait deux dans l'écurie : l'autre n'a jamais obtenu un regard, encore moins une carotte.

Un chien et un chat faisaient partie de l'équipage d'un navire en route pour la Chine. L'eau devenant rare, on n'en donna aux animaux qu'avec parcimonie : quand le chien avait soif, il allait à l'office et, saisissant l'occasion du premier matelot qui passait, il se faisait verser un coup. Les choses eussent pu se passer de même pour le chat, mais c'est le chien qui se chargea de lui donner à boire.

Une partie de l'eau douce était renfermée dans des tonneaux, dont la bonde, pour que le contenu se conservât, restait découverte. Ces pièces d'eau étaient sur le pont. Un jour, par une chaleur accablante, le capitaine vit les deux amis sauter sur l'une d'elles, puis le chien passer sa patte par la bonde et, l'ayant retirée ruisselante, la présenter au chat; il vit le chat boire en léchant cette patte généreuse; il vit enfin ce double manège se répéter jusqu'à apaisement de la soif du chat.

Vous ne trouverez sans doute pas que nous avons donné trop de place à cet ordre de faits, car nul autre n'est plus décisif pour montrer que toute ligne de démarcation dans la série des êtres est une coupure artificielle.

Est-ce à dire pour cela qu'il ne faut pas de classification en histoire naturelle? Rien n'est plus loin de notre pensée. Tout ce que nous voulons faire bien comprendre, c'est que les êtres n'en ont pas adopté une, c'est qu'il n'y a pas de *Classification natu-*

relle. Mais nous avons besoin pour nos propres études d'en créer une tout artificielle, dont nous nous servirons comme d'un outil dans nos recherches. La classification naturelle, si elle existait, serait unique; la classification que nous établissons est multiple; elle varie avec les naturalistes : il y a celle de Linné, celle de Buffon, celle de Cuvier, celle de Blainville, et de bien d'autres. Chacun se place à un point de vue spécial, d'après lequel il échafaude ses travaux.

Nous aurons donc plus loin notre classification.

PREMIÈRE PARTIE

ANATOMIE ET PHYSIOLOGIE ANIMALES

I

LE SQUELETTE DE L'HOMME

La place de l'homme dans la nature. — But de l'animal. — Le squelette. — Description du tronc : la vertèbre; le thorax. — Les membres. — Analogie des membres supérieurs et des membres inférieurs. — La tête : crâne et face. — Constitution vertébrale de la tête.

Nul ne conteste à l'homme le premier rang parmi les êtres créés, et la seule question qu'on se pose avant de le classer est relative au règne où on doit l'admettre. Faut-il le placer dans le règne animal ou faire pour lui un quatrième règne : le *règne humain* caractérisé par le signe le plus élevé de notre espèce, par l'intelligence qui nous permet de devenir les maîtres de la terre?

Heureusement nous pouvons nous dispenser de traiter cette question, car l'étude des phénomènes de l'intelligence devant précisément être écartée de notre cadre où l'homme n'entre qu'au point de vue physique, il est logique de mêler l'étude de son corps à l'étude du corps des animaux. Nous reconnaîtrons entre l'une et l'autre des analogies extrêmement fréquentes; et dans nos organes, l'unité de plan d'après laquelle ont été construits tous les animaux.

Ce que l'on se demande tout d'abord en face du règne animal, c'est son but dans l'harmonie universelle.

Le fait de la persistance du monde montre, en effet, que les choses y sont disposées dans un état d'équilibre perpétuel : des actions antagonistes se détruisent réciproquement, de manière que rien ne change dans l'ensemble, et, dans le cours de cette Histoire, vous aurez à vous émerveiller souvent de l'admirable *ingéniosité* employée par la nature pour subsister. Il faudra cependant vous garder d'abuser de ce genre attendri devant les harmonies du monde, et qui a fait fureur pendant le dix-septième et le dix-huitième siècle. Les écrivains découvraient la nature et ne lui ménagaient pas leurs compliments : on la remerciait d'avoir imposé à l'eau congelée une densité moindre qu'à l'eau à 4 degrés, de n'avoir pas mis de poissons dans l'air, de n'avoir pas donné à la pesanteur assez de force pour nous écraser. Le spirituel la Fontaine a fait tout exprès une jolie fable pour prouver que Dieu fait bien ce qu'il fait : il laisse les citrouilles à terre, et donne aux grands chênes de petits fruits qui ne peuvent qu'endommager le le nez de Garot, sans lui briser la tête. Il ne connaissait pas, le poète, les fruits du gigantesque cocotier des Seychelles.

Ce n'est pas tant les faits détachés qu'il faut considérer dans la création, que l'ordre immuable à qui tout obéit, et qui donne à chaque être une fonction dont il ne se départit pas.

Voyons donc immédiatement la fonction générale des animaux.

Que fait le mouton dans son pré? Il broute l'herbe.

L'herbe disparaît, pour devenir *chair* de mouton, *chaleur* et *résidus*, solides, liquides, gazeux. Le mouton *transforme donc de la matière*. C'est le rôle de tous les animaux, et au point de vue *matériel* où nous sommes placés, c'est le nôtre. Mais nous agissons sur une bien plus grande échelle : nous transformons la matière non seulement en la mangeant, mais encore, par le travail de nos mains et de nos outils, nous démolissons et nous construisons, nous déboisons les forêts, nous perçons des montagnes, nous détournons le cours des fleuves. Les combustions que nous opérons,

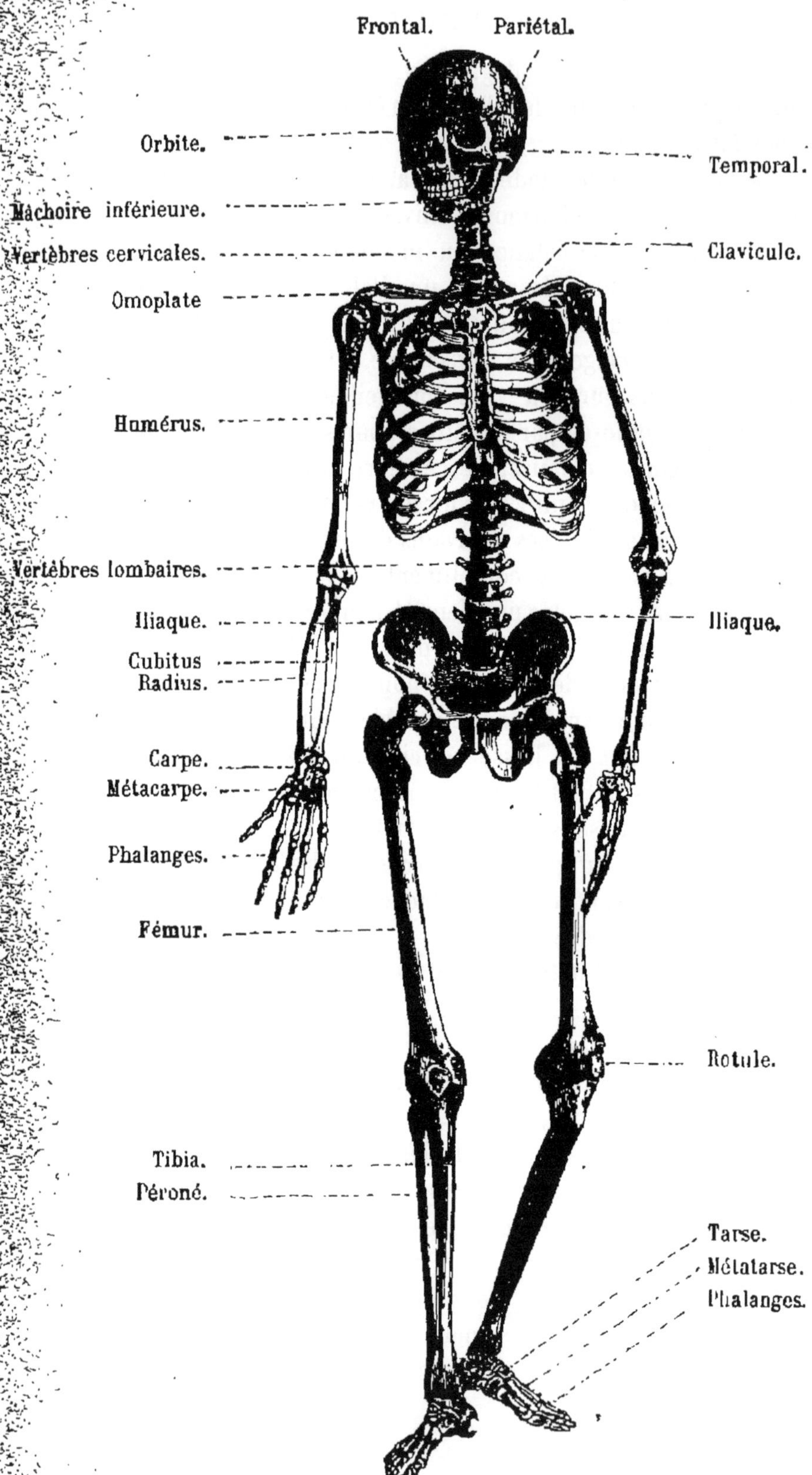

Fig. 13. Squelette de l'homme.

les opérations chimiques et métallurgiques, sont autant de moyens mis en œuvre pour transformer la matière.

Pour que l'animal puisse arriver à ce résultat, il faut, ou bien que la matière vienne le trouver, ou bien qu'il aille à elle pour se la procurer. Ce dernier cas est celui de tous les animaux supérieurs; par conséquent, ils se *meuvent*.

Or, l'homme se déplace à l'aide de ses jambes, il travaille à l'aide de ses bras. Ces membres se rattachent au reste de son corps; ils font partie d'un ensemble qui est la charpente même du corps humain et qui consiste dans les *os* et dans les *muscles*.

La réunion des os forme ce qu'on appelle le *squelette* (fig. 15).

On voit tout d'abord dans le squelette trois parties bien distinctes :

Le *tronc*,
Les *membres*,
La *tête*.

Le tronc comprend :

La *colonne vertébrale*,
Le *sternum*,
Les *côtes*.

Comme son nom l'indique, la colonne vertébrale est composée de vertèbres. Il y en a 26, qui se répartissent ainsi :

7	vertèbres	*cervicales*	vraies . . .	24	26
12	—	*dorsales*			
5	—	*lombaires*			
5	—	*sacrées* (soudées en une seule)	fausses . .	2	
4	—	*coccygiennes* (soudées en une seule). . .			

Votre attention doit bien se fixer sur la constitution de la vertèbre, qui est le type d'après lequel toutes les parties importantes du squelette paraissent avoir été construites. Si nous considérons une vertèbre vraie, une dorsale, par exemple (fig. 14), nous la voyons composée d'une masse pleine, arrondie en avant, et nommée *corps de la vertèbre;* en arrière se trouve *un arc* qui repose sur le corps de la vertèbre, en laissant un espace vide appelé *trou vertébral.* Dans les vertèbres superposées (fig. 15), c'est l'ensemble des trous qui donne le canal continu, appelé *canal médullaire,* parce qu'il renferme la *moelle* épinière, et qui va en augmentant de diamètre à mesure qu'on remonte la colonne.

Fig. 14. Type de vertèbre.

Les arcs vertébraux présentent des appendices appelés apophyses, au nombre de trois dans chaque vertèbre dorsale. Les *apophyses épineuses,* qui sont celles du milieu, constituent l'*épine dorsale;* les deux autres sont les *apophyses transverses.* Outre ces grandes saillies, il en existe quatre plus petites à l'aide desquelles les vertèbres s'articulent entre elles; on les nomme, pour cette raison, *apophyses articulaires.*

Notons que la première vertèbre cervicale s'appelle l'*atlas,* parce qu'elle supporte la tête, comme Atlas le monde; et la deuxième l'*axis,* parce qu'elle permet à la précédente de tourner à droite ou à gauche

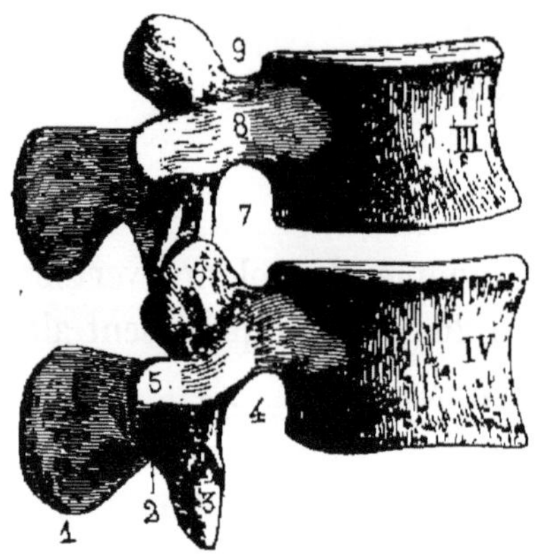

Fig. 15. 3ᵉ et 4ᵉ vertèbres lombaires : 1, apophyse épineuse ; — 2, lame vertébrale ; — 3, apophyse articulaire inférieure ; — 4 et 7, trous de conjugaison destinés au passage des nerfs ; — 5, apophyse transverse ; — 6 et 9, apophyse articulaire supérieure ; — 8, apophyse transverse.

Le *sacrum* et le *coccyx* ne ressemblent pas au reste de la colonne vertébrale; l'un parait formé de la soudure de cinq vertèbres aplaties; l'autre, de quatre. De sorte qu'en réalité, la colonne vertébrale se compose de 33 vertèbres. Chez beaucoup d'animaux supérieurs, les vertèbres du coccyx sont nombreuses; c'est la partie osseuse de leur queue.

Le *sternum* et les *côtes* constituent avec les vertèbres la cage osseuse qu'on appelle le *thorax* et qui renferme des organes très importants : le cœur, les poumons, les grosses artères et les grosses veines. Le sternum en est la partie antérieure; on peut l'opposer à la colonne vertébrale et l'appeler *colonne sternébrale.* Les petits os qui le constituent présentent de l'analogie avec les vertèbres ; ils donnent lieu, en haut, à la fourchette du sternum; en bas, à une pointe cartilagineuse ressemblant assez à une épée, et qui s'appelle l'*appendice xiphoïde.*

Le sternum est rattaché à la colonne vertébrale par les *côtes*, os plats, à double courbure et qui sont au nombre de 24. On distingue sept paires de *vraies côtes* qui se terminent directement au sternum, et cinq paires de *fausses côtes*, fixées à des cartilages qui se rattachent au sternum. Chaque vertèbre dorsale sert de point de départ à une paire de côtes.

Le *bassin* est la partie inférieure du tronc. Il se compose, en arrière du *sacrum*, sur les côtés des *os iliaques* ou *coxaux*, ou encore

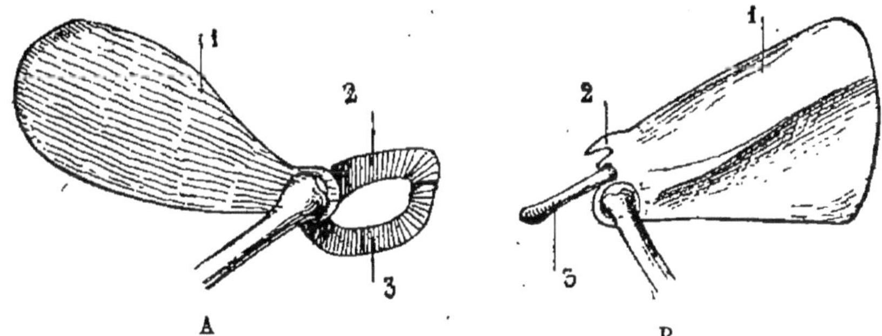

Fig. 16. Analogie du bassin (A) et de l'épaule (B). — 1, ilion et scapulum; 2, ischion et coracoïdien; 3, pubis et clavicule. (D'après M. Paul Bert.)

innominés. On voit dans ces os une partie supérieure (*ilion*), une partie antérieure (*pubis*), une partie inférieure (*ischion*). Ils présentent sur le côté une cavité, dite *cotyloïde*, où se place la tête supérieure du fémur.

Dans les *membres*, on distingue naturellement les *membres supérieurs* ou bras et les *membres inférieurs* ou jambes.

Les membres supérieurs naissent des hauteurs du sternum. Ils sont articulés au thorax par l'intermédiaire de deux os : la *clavi-*

cule en avant, l'*omoplate* en arrière. Dans l'omoplate, on trouve trois parties, dont la supérieure est l'*acromion*, et l'inférieure l'*os coracoïde*. Le bassin et l'épaule ont au point de vue de la constitution une analogie intime que fait ressortir la figure 16.

Le bras se compose lui-même de trois parties : le *bras*, l'*avant-*

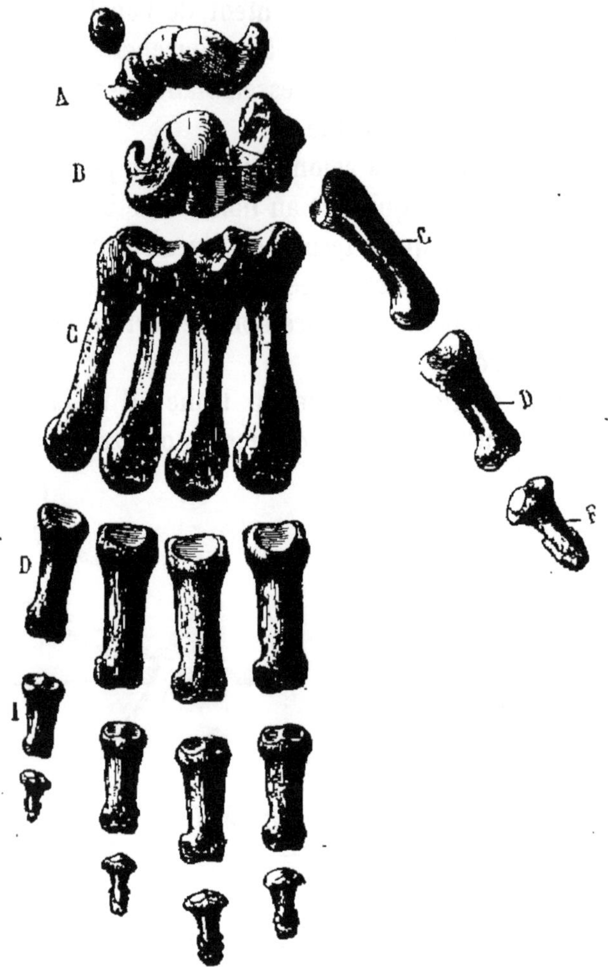

Fig. 17. Squelette de la main. — A, 1re rangée du carpe ; B, 2e rangée ; C, métacarpien ; D, phalanges ; E, phalangines ; F, phalangettes.

bras et la *main*. L'os du bras s'appelle l'*humérus* ; sa partie supérieure est un hémisphère logé dans une cavité de l'épaule dite *glénoïde* ; sa partie inférieure, une sorte de poulie appelée *trochlée*. C'est dans cette poulie qu'engrène l'*olécrane*, protubérance saillante qui forme le coude, et qui n'est autre chose que la partie supérieure du *cubitus*, l'un des deux os de l'avant-bras : l'autre est le *radius*, qui prend naissance un peu plus bas que le cubitus, et exécute autour de lui le mouvement de rotation qui lui a valu son nom.

La *main* (fig. 17) est attachée à l'avant-bras; ses os sont très nombreux et se répartissent en quatre régions : quatre dans le *procarpe*; le *scaphoïde*, le *semi-lunaire*, le *cunéiforme* et le *pisiforme*; quatre encore dans le *mésocarpe* : le *trapèze*, le *trapézoïde*, le *grand os* et l'*unciforme*. Cinq dans la 3e région, le *métacarpe* : les *métacarpiens* presque parallèles entre eux et supportant chacun un doigt.

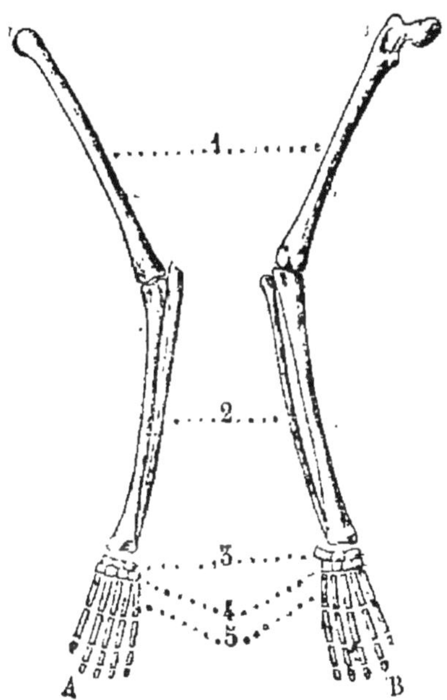

Fig. 18. Os du membre antérieur A, et du membre postérieur B, disposés de manière à en comparer les divers segments successifs. (D'après M. Paul Bert.)

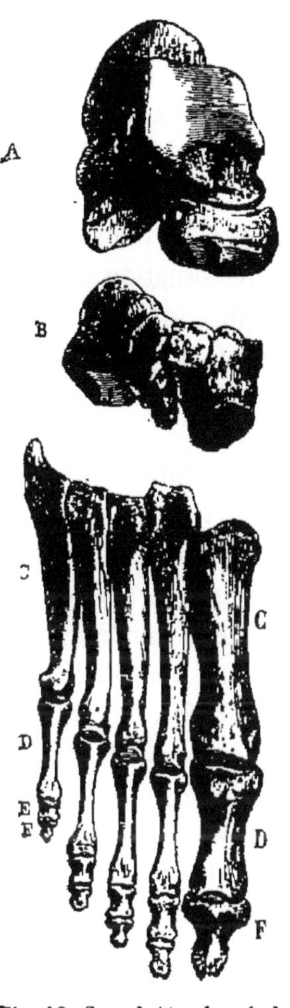

Fig. 19. Squelette du pied. A, 1re rangée des os du tarse (protarse); B, 2e rangée du tarse (mésotarse); C, métatarsiens; D, phalanges; E, phalangines; F, phalangettes.

Cinq doigts (4e région), composés chacun, sauf le pouce, de trois petits os : la *phalange*, la *phalangine* et la *phalangette*. Le pouce n'a pas de phalangine.

Les membres inférieurs ont une ressemblance étroite avec les membres supérieurs (fig. 18). Leurs trois grandes parties, la *cuisse*, la *jambe* et le *pied*, correspondent très bien au bras, à l'avant-bras et à la main.

L'os de la cuisse est le *fémur*; il est de plus grandes dimensions que l'humérus, et sa tête hémisphérique est énorme.

Deux os dans la jambe : le *tibia* et le *péroné*, placés dans la même situation relative que le cubitus et le radius; mais dans le membre inférieur se montre un os libre, la *rotule*, qui n'existe pas dans le membre supérieur : c'est un os *wormien* ou *sésamoïde*, comme on dit, qui n'a pas de correspondant dans le squelette du bras.

A la jambe tient le pied (fig. 19), dans lequel se retrouvent les quatre régions de la main : 1° le *protarse*, correspondant au procarpe mais formé seulement de 3 os: l'*astragale*, le *calcanéum* (l'os du talon), le *scaphoïde*; — 2° le *mésotarse*, qui comprend le 1er, le 2e et le 3e *cunéiformes*, le *cuboïde*; 3° le *métatarse*, dont les 5 os, à peu près parallèles, sont plus longs que les os du métacarpe; 4° les *doigts* ou *orteils*, portés chacun par un os du métatarse, et formés aussi de *phalanges*, *phalangines* et *phalangettes*, sauf le *gros orteil*, qui a la même constitution que le pouce.

La tête domine le tronc; elle est posée sur la colonne vertébrale, dont elle paraît un renflement considérable; elle présente deux parties : le *crâne* et la *face*. Le crâne est rempli de la même matière nerveuse que le canal médullaire. Huit os, distincts dans le premier âge de la vie, soudés plus tard fort solidement, protègent cette précieuse substance qui est le cerveau. Ce sont l'*occipital*, qui est percé d'un trou faisant suite au canal médullaire; les *deux pariétaux*, qui forment les côtés de la tête et tiennent en dessus à l'os *frontal* ou *coronal*, au-dessous aux *deux temporaux*. Le crâne est fermé à l'intérieur par une sorte de plancher fait de deux petits os impairs : le *sphénoïde* et l'*ethmoïde*.

Les os de la face se divisent en deux séries : ceux de la *mâchoire supérieure*, et ceux de la *mâchoire inférieure*. Les os de la mâchoire supérieure sont au nombre de 15 : 2 *maxillaires supérieurs*, 2 *intermaxillaires*, 2 *palatins*, 2 *os malaires* ou os des pommettes ; 2 *os nasaux* qui font la saillie du nez ; 2 *unguis* (en forme d'ongle), vers les coins des yeux ; 2 *cornets inférieurs*, dans l'intérieur du nez (en forme de cornets), criblés de trous ; enfin le *vomer*, os unique qui sépare les fosses nasales et se termine par un cartilage.

Dans la mâchoire inférieure, il n'y a qu'un grand os : le *maxillaire inférieur*. Nous parlerons plus loin des dents.

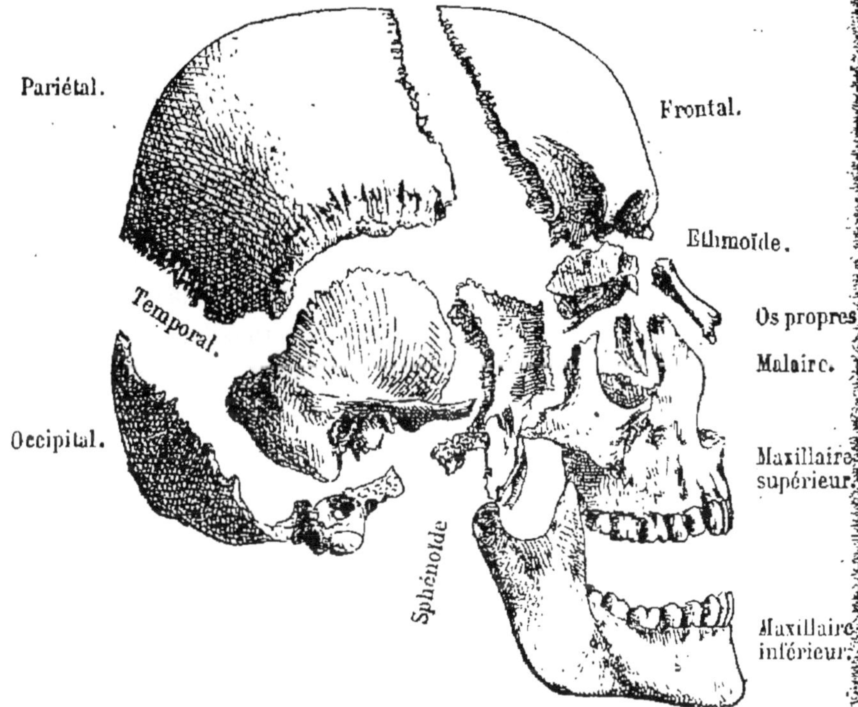

Fig. 20. Crâne humain dont les os sont désarticulés et écartés les uns des autres.

Une certaine analogie existe entre les os du crâne et les os des vertèbres. Le caractère de la vertèbre est, comme nous l'avons vu, d'avoir un corps, des arcs et, à l'intérieur, de la matière médullaire. Or, on peut décomposer le crâne en quatre vertèbres :

1° *La vertèbre occipitale*, qui, dans le premier âge, est formée de trois os distincts ; corps : l'*os basilaire ;* arcs : les 2 *arcs occipitaux*.

2° La *vertèbre pariétale ;* corps : le *sphénoïde postérieur ;* arcs : les *pariétaux* avec les *temporaux*.

3° La *vertèbre frontale ;* corps : le *sphénoïde antérieur ;* arcs : les deux *parties primitives* de l'*os frontal.*

4° La *vertèbre nasale;* corps : l'*ethmoïde ;* arcs : les *os propres* du nez.

On peut même aller plus loin encore dans cet ordre de considérations qui offrent un sérieux intérêt, ne serait-ce que comme procédé mnémonique. Si l'on considère la vertèbre type et complète, une vertèbre dorsale, par exemple, on reconnaît qu'outre les arcs vertébraux destinés à envelopper la moelle, en arrière du corps, elle présente, grâce aux deux côtes qui lui sont articulées, un arc antérieur, symétrique du premier et enveloppant les organes de la nutrition. Dans les quatre vertèbres crâniennes qui viennent d'être énumérées, nous n'avons décrit que les *arcs neuraux* (ceux qui enveloppent la matière nerveuse); or, il est facile de montrer qu'à chacune d'elles correspond également un *arc hémal* ou antérieur. L'arc hémal de la vertèbre occipitale est constitué par l'os hyoïde; — celui de la vertèbre pariétale par le maxillaire inférieur; — celui de la vertèbre frontale par le maxillaire supérieur; — celui enfin de la vertèbre nasale par les deux os intermaxillaires.

II

LES OS

Fonctions des os. — Leur composition. — Le rachitisme. — Structure du tissu osseux. — Ossification. — Le périoste et la moelle. — Les articulations. — Les ligaments et les bourses synoviales.

Dans les diverses régions du corps, les os remplissent deux fonctions principales :

Ou bien ils font des boîtes qui protègent des organes délicats ;

Ou bien ils constituent des leviers destinés à réaliser des mouvements variés, et sur lesquels s'attachent les muscles.

Ils sont, en même temps, la charpente qui donne une forme stable à notre individu.

Ces divers offices supposent avant tout qu'ils sont solides et résistants, par conséquent élastiques, et leur composition étant en effet appropriée à ce but, on constate qu'elle est très complexe. L'analyse en retire diverses substances : une substance organique et molle, des substances minérales et dures.

Les substances minérales sont surtout le *carbonate* et le *phosphate de chaux*. Si l'on calcine un os à l'air libre, on obtient un produit blanc et friable, exclusivement composé de ces deux corps, et qui, réduit en poudre, sert en métallurgie dans l'opération appelée *coupellation*. Le phosphore s'extrait des os au moyen de certains procédés que nous n'avons pas à décrire.

La matière organique de l'os est l'*osséine*. Pour l'isoler, il suffit de mettre un os dans un vase contenant de l'acide chlorhydrique étendu d'eau. L'acide dissout le phosphate et le carbonate, et laisse l'osséine, qui garde encore la forme de l'os. La gélatine s'extrait industriellement des os au moyen de la marmite de Papin, où l'eau, chauffée sous pression, acquiert une température très élevée.

C'est le principe minéral qui donne aux os leur solidité ; leur flexibilité provient du principe organique. Il ne faut pas que l'un

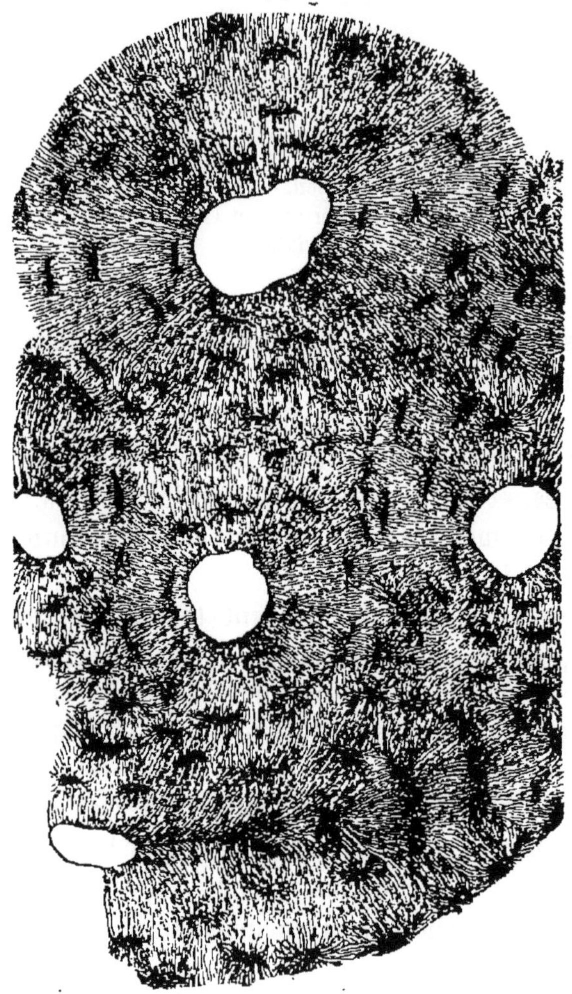

Fig. 21. Coupe transversale d'un os grossi 350 fois et montrant les canalicules osseux et les cellules osseuses rangées concentriquement autour d'eux.

de ces principes se développe aux dépens de l'autre. Autrement, on se trouve en présence de graves maladies. Le rachitisme, malheureusement si fréquent, est causé par l'excès de la proportion d'osséine et par la diminution de la portion minérale : les os se tordent sous le poids du corps et donnent lieu aux plus tristes difformités. Il n'y a pas de plus affreux exemple de rachitisme que celui présenté par le squelette d'une femme exposé au Musée de la Faculté de médecine de Paris. Les os étaient ramollis et recourbés au point que, de son vivant, le pied de cette infortunée pouvait lui servir d'oreiller. Elle mourut d'étouffement sous le poids des côtes qui comprimaient le cœur et les poumons.

Au contraire, trop de matière minérale rend les os extrêmement fragiles.

A première vue, les os paraissent des objets compacts. Il n'en est rien, cependant. Comme toutes les parties d'animaux et de végétaux, ils sont formés d'un tissu qui leur est spécial.

Fig. 22. Coupe d'un os jeune (humérus) montrant trois points d'ossification.

Quand on fait dans les os des lames minces et qu'on les examine au microscope, on voit dans leur tissu des mailles juxtaposées, plus ou moins régulières (fig. 21). Entre ces cellules (ostéoplastes), on remarque des vides relativement grands qui correspondent à la section de tubes anastomosés entre eux et qu'on appelle les *canalicules osseux* ou canaux de Havers.

Le tissu osseux est blanc, opaque, d'une dureté pierreuse dont la flexibilité diminue avec l'âge.

Dans la première jeunesse, les os sont mous, à l'état de *cartilages*. Ce n'est que peu à peu que la matière pierreuse s'y insinue, et cela à partir de certains points, dits *points d'ossification*. Les os possèdent en général plusieurs points d'ossification : l'humérus (fig. 22) en a trois. Les pièces osseuses, d'abord isolées comme des os distincts, grandissent et, gagnant de proche en proche, finissent par se réunir et se souder. On peut remarquer sur la tête des très jeunes enfants deux régions, qu'on nomme les *fontanelles* (fig. 23), où l'ossification n'est pas encore faite et qui correspondent au lieu de la réunion future de plusieurs os du crâne.

Cette ossification incomplète dans la jeunesse permet aux os de s'allonger et de se développer par la partie molle placée entre les points d'ossification. La croissance est terminée lorsque les parties osseuses se sont entièrement soudées.

C'est une membrane extérieure à l'os qui engendre le tissu osseux. Elle porte le nom de *périoste* et jouit d'une importance considérable en physiologie. Un morceau de périoste, pris sur l'os d'un animal vivant et transporté dans la chair d'un autre, donne naissance à un os de sa propre forme.

La chirurgie utilise cette précieuse propriété. On guérit un os brisé ou malade en enlevant les morceaux endommagés et en res-

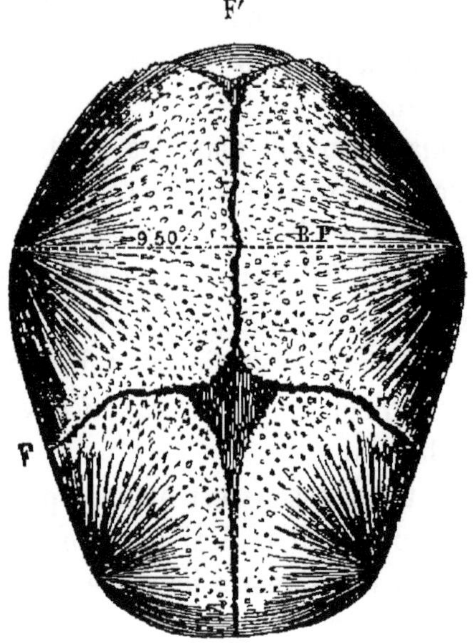

Fig. 23. Crâne de jeune enfant, vu en dessus et montrant les fontanelles antérieure (F) et postérieure (F').

pectant soigneusement le périoste destiné à les reproduire. Chez une femme atteinte de nécrose, l'humérus avait été enlevé : le périoste refit à la patiente un bras excellent; et l'opérateur montra à l'Académie de médecine une photographie de l'humérus extrait, tenu entre les propres mains de son ancienne propriétaire.

Plus facilement encore que les os entiers, le périoste refait les membres fracturés (fig. 24). Le chirurgien place bout à bout les deux fragments, et en peu de temps la soudure est accomplie avec un *cal* provenant du glissement d'un morceau sur l'autre et qui témoigne de l'énergie avec laquelle le périoste a travaillé à les joindre.

La moelle que l'on trouve au centre de la plupart des os et surtout des os longs jouit à peu près de la même propriété que le périoste. Un fragment greffé sur un animal y donne lieu à la production d'un os.

Les os se rattachent les uns aux autres suivant des dispositions

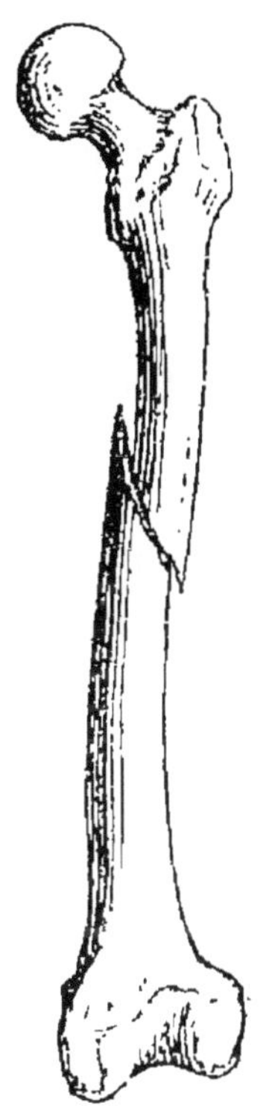

Fig. 24. Fracture du fémur en biseau.

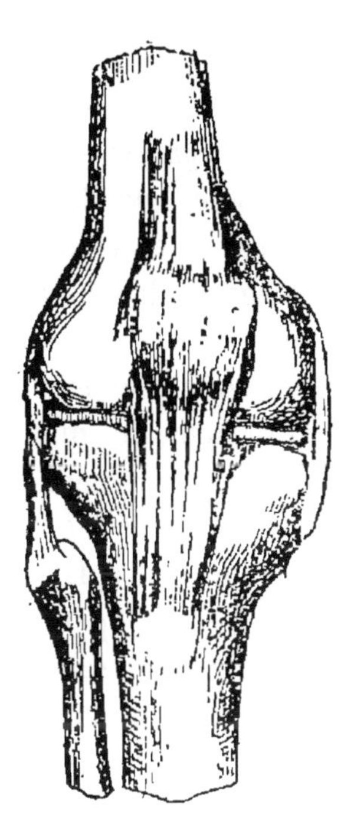

Fig. 25. Articulation du genou, vue de face, montrant les ligaments articulaires, la rotule et la membrane synoviale.

qui constituent les *articulations*. Le mode d'attache de chacun d'eux varie suivant sa fonction spéciale.

Ceux qui, comme dans le crâne, n'ont pas à se déplacer les uns par rapport aux autres, sont réunis par des sortes d'engrenages qu'on appelle des *sutures*, dont la forme accidentée les distingue des *symphyses* comme il en existe entre les deux pubis, entre les deux maxillaires inférieurs, etc. Entre les deux bords des sutures persistent souvent de petits os indépendants dits *sésamoïdes*, ou *wormiens*.

Dans les articulations mobiles (fig. 25), l'extrémité *épanouie* des os est enveloppée de ligaments fibro-cartilagineux s'étendant à l'extrémité voisine, et constituant une capsule articulaire.

Pour les préserver de l'usure qui résulterait de leur frottement continuel, une membrane du genre de celles que nous décrirons plus loin sous le nom de *séreuses*, et qui s'appelle *synoviale*, sécrète un liquide qui facilite leurs glissements : ce liquide, renfermant beaucoup d'*albumine*, ressemble à du blanc d'*œuf* et s'appelle pour cette raison la *synovie*.

D'ordinaire les glandes ou *franges* n'en sécrètent que quelques gouttes; s'il y a excès de sérosité, il y a maladie : *hydarthrose*. Le gonflement de la séreuse peut déterminer l'inflammation des parties voisines et l'immobilité de l'articulation. C'est l'*arthrite*, qui dégénère quelquefois en *tumeur blanche*.

Dans l'intérieur du manchon synovial, les extrémités des os sont à l'état cartilagineux et une coupe perpendiculaire à leur surface fait bien voir les transitions du tissu cartilagineux, avec ses cellules rondes ou aplaties, dites *chondroplastes*, au tissu osseux sous-jacent. C'est en opérant de même qu'on peut suivre pas à pas, dans les os en voie de formation, la substitution de l'osséine à la chondrine et la transformation des chondroplastes en ostéoplastes.

Ajoutons qu'on a classé les os, d'après leurs formes, en longs, courts et plats. Dans les premiers on distingue les *têtes* et la région intermédiaire dite *diaphyse*. Les têtes se complètent par la soudure d'os d'abord distincts, appelés *épiphyses*, qui produisent souvent les protubérances telles que les *condyles*. Dans les os longs, la *moelle* est disposée sous la forme d'un cylindre axial : le tissu est plus lâche dans la profondeur de l'os que dans la région périostique : on lui donne le nom de *diploé*.

III

LES MUSCLES ET LES NERFS

Le rôle des muscles. — Les leviers du corps humain. — Structure des muscles : fibrilles, fibres, faisceaux, aponévroses et tendons. — Les muscles striés. — Quelques exemples de muscles. — Évaluation de la force musculaire. — Action de l'électricité sur les muscles. — Le nerf. — Structure de la moelle épinière.

Ce sont les *muscles* qui constituent la seconde partie du mécanisme grâce auquel nos mouvement peuvent s'effectuer.

Ils agissent sur les os comme des *cordes qui font marcher des leviers*, et sont alors fixés, à l'aide de *tendons*, par leurs deux bouts, à deux os distincts.

La comparaison du levier appliquée aux organes moteurs est si exacte que c'est sous ses trois genres que cet instrument fonctionne dans la machine humaine.

Comme type de levier du premier genre, nous prendrons la classique pince de maçon, qui déplace les masses les plus lourdes. C'est le levier dont Archimède eût soulevé le monde, si.... Supposons une pierre à remuer. La barre, à une extrémité, est introduite sous la pierre, elle est posée sur un point d'appui quelconque, et, à l'autre extrémité, les maçons exercent une pression.

Le point d'appui se trouve entre la pierre (résistance) et le travail des ouvriers (puissance).

Le mouvement de la tête sur la colonne vertébrale présente un exemple de levier du premier genre : la résistance est le poids de la face; le point d'appui, la vertèbre atlas; le point d'application de la puissance, l'insertion à l'occipital du muscle *grand droit postérieur* qui, d'autre part, est fixé à l'omoplate et à la colonne vertébrale.

Dans le levier du second genre, la résistance est entre le point d'appui et la puissance. Exemple : le casse-noix, qui se compose en réalité de deux leviers : le point d'appui se trouve à l'articulation des deux branches; la résistance sur le corps à briser; la puissance dans la main qui tient l'instrument. Dans le corps humain, ce levier est plus rare que les autres. On le trouve dans l'articulation de la jambe avec le pied. Le point d'appui est au contact du

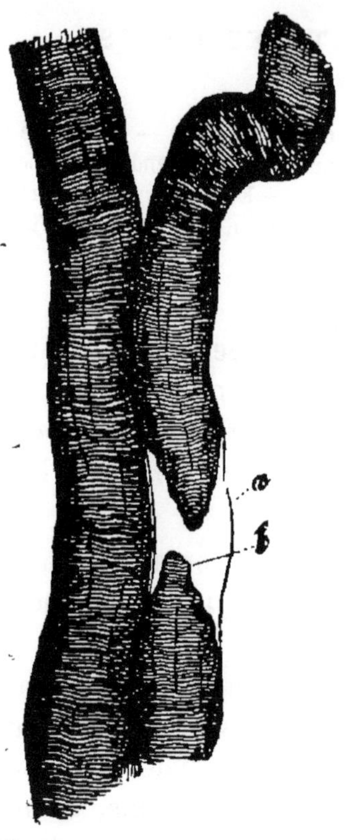

Fig. 26. Deux fibres musculaires très grossies. Dans l'une, le faisceau des fibrilles *b* est rompu et l'on voit l'enveloppe propre *a* du faisceau (sarcolemme).

Fig. 27. Fibrilles musculaires à un grossissement de 600 fois.

pied avec le sol; la résistance est le poids du corps; la puissance, le muscle, dit jumeau, qui s'insère, par l'intermédiaire du tendon d'Achille, sur le calcanéum et à la partie supérieure de la jambe.

Le levier le plus commun est celui du troisième genre : la puissance y est entre le point d'appui et la résistance. Type : la pincette à feu. Chacune des branches est considérée comme un levier dont le point d'appui est à la jonction des branches, la puissance au lieu où se place la main pour rapprocher les branches ; le ressort de l'acier fait la résistance. Dans l'avant-bras se repliant sur le bras, nous avons un levier du troisième genre. Le point d'appui est au coude ; la résistance, dans le poids de la main et de l'objet qu'elle porte ; le point d'application de la puissance, le point où le biceps s'attache aux os de l'avant-bras.

Pour comprendre le jeu des muscles, il est nécessaire d'en connaître la structure. Ils agissent en se raccourcissant, en se *contractant*. Ce pouvoir de se contracter, pour reprendre ensuite sa longueur primitive, est tout spécial à la matière musculaire ; aussi est-elle composée d'une façon très compliquée.

Vous avez constaté bien des fois qu'un morceau de viande, dans toute son épaisseur, présente des *fibres* dont la longueur varie suivant les régions. Ces fibres (fig. 26), qui ont environ 1/100e de millimètre de grosseur, sont elles-mêmes formées de fibrilles (fig. 27) de 1/1000e de millimètre et dont l'enveloppe, qui contient de petits noyaux, est appelée *sarcolemme*. Un paquet de fibres donne lieu à un *faisceau* protégé par une enveloppe mince continue.

L'enveloppe du faisceau se ramifie aux extrémités du muscle et devient l'*aponévrose*, qui est blanche et d'un éclat assez vif : l'aponévrose se termine en un *tendon* (fig. 28) que l'on peut comparer à un câble résultant de la soudure des fibres musculaires profondément modifiées : c'est l'intermédiaire entre la puissance contractile et l'os à mouvoir.

On distingue deux sortes de muscles : les muscles *lisses*, dont nous parlerons plus tard, et les muscles *striés*, qui tous, sauf le cœur, et contrairement aux précédents, sont complètement soumis aux ordres de notre volonté. On y voit au microscope des lignes colorées dirigées perpendiculairement à la longueur des fibres (fig. 28) et qui sont les intervalles entre des disques empilés. Le nombre des muscles est de 500 environ ; et leur étude très compliquée fait l'objet de toute une science : la *myologie*.

Parmi ceux qui déterminent les mouvements de la colonne vertébrale, nous trouvons les muscles *sacro-lombaires* (fig. 29), recouvrant les vertèbres lombaires et sacrées, qui sont *courts*, s'ils vont d'une vertèbre à sa voisine, plus longs s'ils vont d'une vertèbre à une côte, ou à une vertèbre éloignée.

Les muscles qui permettent à nos bras d'exécuter les divers mouvements d'avant en arrière sont le *trapèze* et le *long dorsal*

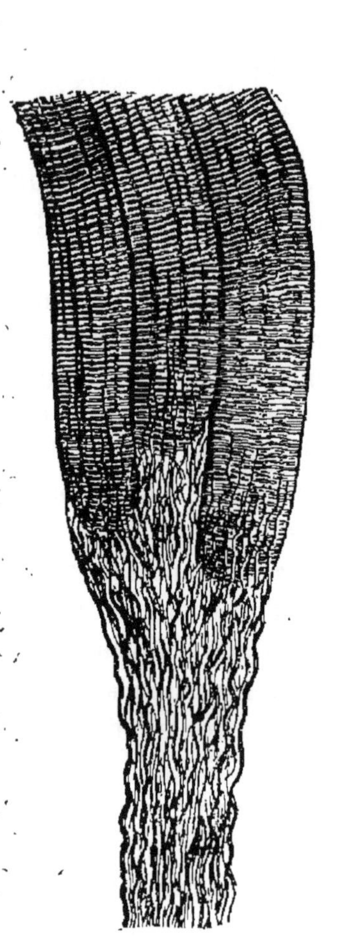

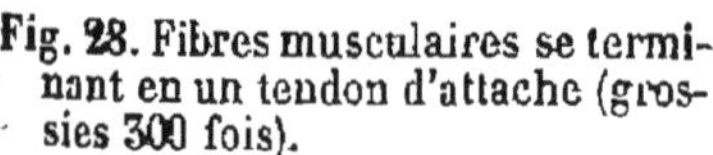

Fig. 28. Fibres musculaires se terminant en un tendon d'attache (grossies 300 fois).

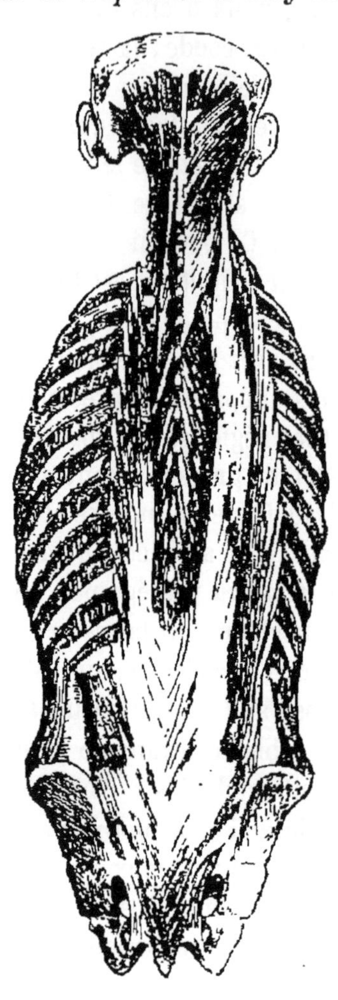

Fig. 29. Muscles sacro-lombaires.

(fig. 30); ils sont attachés tous deux à la colonne vertébrale aux apophyses épineuses, où ils s'étalent sous la forme de fichus jetés l'un sur l'autre. Le *trapèze* est inséré aussi à la tête et à l'omoplate ; et c'est lui qui fait mouvoir le bras en bas et en arrière; le *long dorsal*, qui exécute les mouvements en haut et en arrière, s'insère un peu plus haut que le trapèze et le dépasse à la partie inférieure. Ce sont aussi les contractions de ces muscles qui déterminent les mouvements de l'épaule.

Les mouvements d'arrière en avant sont produits par des mus-

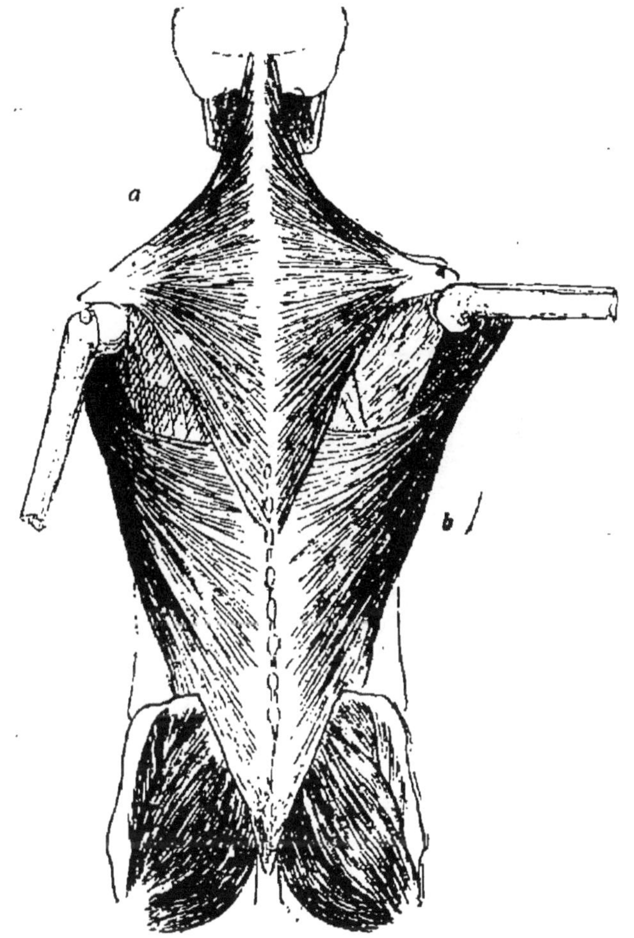

Fig. 30. Trapèze, *a*, et long dorsal, *b*.

cles disposés en éventail, fixés au sternum et dirigés de chaque côté sur l'humérus, où toutes leurs fibres se réunissent : ce sont les deux *grands pectoraux* (fig. 31). Ces muscles sont peu considérables chez l'homme; mais ils se développent beaucoup chez les oiseaux bien organisés pour le vol et s'insèrent alors sur une saillie du sternum appelée *bréchet*.

Le *deltoïde* (fig. 32) (en forme de *triangle*) est un muscle qui se rattache à l'omoplate et à la clavicule d'une part, à l'humérus de l'autre. Il élève le bras en l'écartant du corps.

Le *biceps* (fig. 33), nous l'avons vu, préside à la flexion de l'avant-bras sur le bras ; il grossit en raison du travail plus considérable du bras. Chez les hercules antiques il est très développé.

Le *triceps* (fig. 34), qui lui est directement opposé, s'insère sur l'omoplate et sur l'humérus par *trois têtes;* sa partie inférieure s'attache à l'olécrane.

Dans les muscles des membres inférieurs, nous trouverions à peu

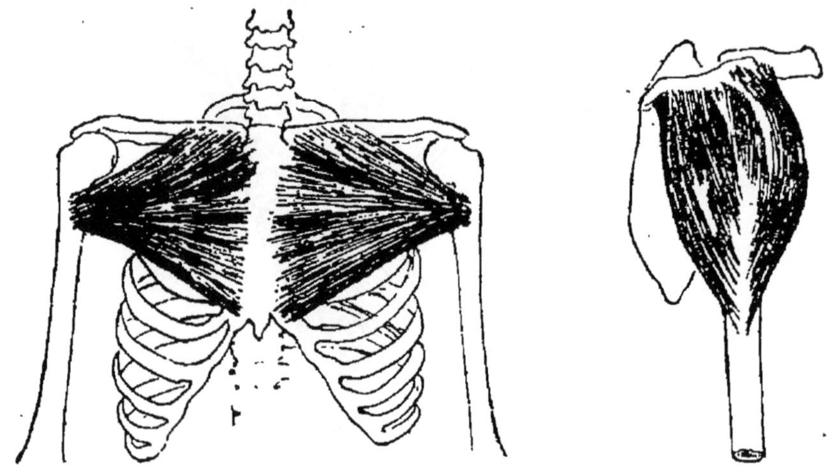

Fig. 31. Grands pectoraux. Fig. 32. Deltoïde.

près la même disposition que dans ceux des membres supérieurs.

La force musculaire de l'homme peut être considérable; elle augmente ou diminue suivant les personnes, l'âge, le sexe et les différentes parties du corps.

On a cherché à en évaluer la puissance, et de bien intéressantes expériences ont été faites à un congrès de pompiers tenu à Dresde en 1880. Il s'agissait de faire manœuvrer par des soldats, pendant deux minutes, différentes pompes à incendies.

La moyenne de dix-sept expériences a donné, pour une vitesse de $0^m,145$, un travail de 22,3 kilogrammètres par seconde. Dans une expérience, le travail a atteint 30 kilogrammètres avec une vitesse de $0^m,17$, et 49 coups doubles par minute. Et ce chiffre de

30 kilogrammètres est bien inférieur à ce qu'on obtient lorsque la durée du travail ne dépasse pas quatre ou cinq secondes.

Un autre exemple : une personne pesant 85 kilogrammes a pu gravir en 4 secondes un étage comprenant 22 marches de 16 centimètres de hauteur. Le travail développé a donc été :

$$16 \times 0{,}22 \times 85 = 299 \text{ kilogrammètres}$$

soit par seconde 75 kilogrammètres, c'est-à-dire exactement un cheval-vapeur.

Fig. 33. Biceps brachial.

Fig. 34. Triceps brachial.

Réduite aux os et aux muscles, la machine mobile de l'homme est loin d'être complète. Les muscles ne fonctionnent pas d'eux-mêmes : il faut une action déterminante de leur contraction ou de leur relâchement.

L'*électricité* est spécialement propre à réaliser ces effets; elle produit sur un cadavre des secousses et des mouvements assez étendus.

Vous pouvez aller éprouver au Conservatoire des arts et métiers les effets d'une décharge électrique sur le corps vivant. Au siècle dernier, l'abbé Nollet amusa fort le Roy et la Cour en électrisant ainsi une longue file de gardes françaises rangés devant le palais de Versailles et qui ressentirent tous la décharge au même moment, et plièrent le genou avec un ensemble parfait.

La force de la contraction musculaire déterminée par l'électricité se mesure facilement : on attache l'extrémité d'un muscle M à un fil entouré sur une poulie (fig. 35) et terminé par un contre poids. A la poulie est fixée une aiguille qui peut se mouvoir sur un cadran.

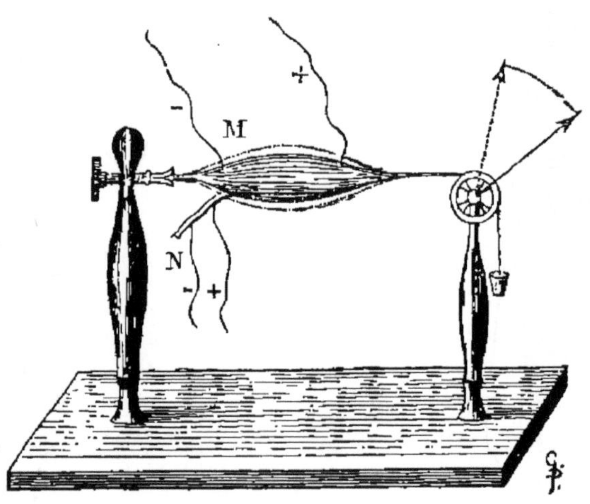

Fig. 35. Appareil montrant le raccourcissement et le grossissement du muscle M, soit par l'excitation électrique directe, soit par l'excitation électrique du nerf N.

Le muscle étant mis en communication avec une pile électrique, il se contracte, tire sur le fil, fait tourner la poulie; et l'aiguille décrivant par suite un arc de cercle, indique le degré de contraction du muscle.

Quand on exécute cette expérience, on remarque, en préparant le muscle N, qu'une substance filamenteuse blanchâtre et ramifiée lui est associée.

Si l'on fait agir l'électricité sur cette matière, la contraction se produit comme si l'on électrisait directement le muscle.

Cette matière, c'est le *nerf* qui agit comme le *conducteur* de la pile et qu'on est bien tenté, n'est-il pas vrai, de regarder, dans

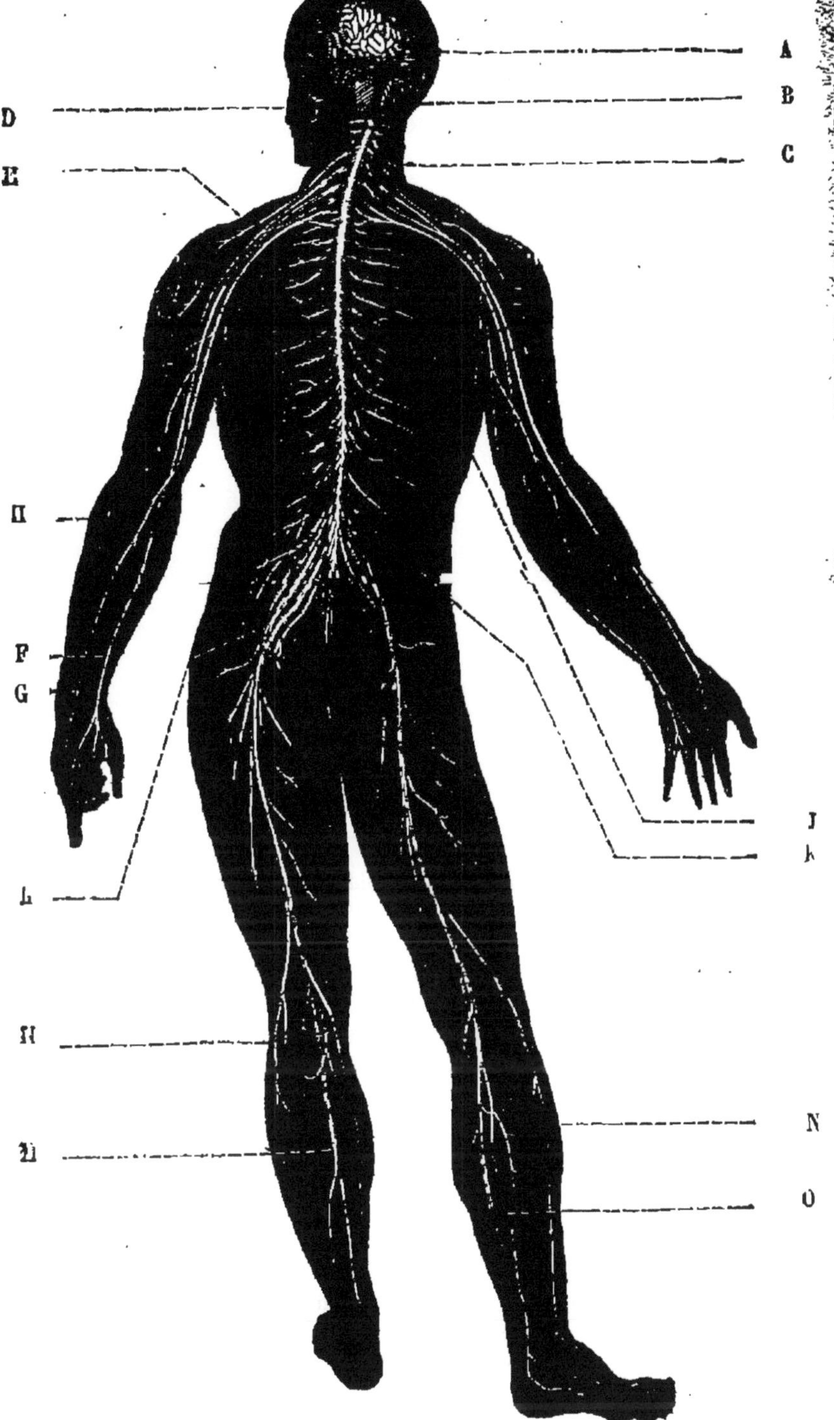

Fig. 36. Système nerveux de l'homme. — A, cerveau ; B, cervelet ; C, moelle épinière ; D, nerf facial ; E, plexus brachial formé par la réunion de plusieurs nerfs qui proviennent de la moelle épinière ; F, nerf médian du bras ; G, nerf cubital ; H, nerf cutané externe du bras ; I, nerf radial et nerf musculo-cutané du bras ; J, nerfs intercostaux ; K, plexus fémoral formé par plusieurs nerfs lombaires et donnant naissance au nerf crural ; L, plexus sciatique donnant naissance au nerf principal des membres inférieurs ; M, nerf tibial ; N, nerf péronier externe ; O, nerf saphène externe.

l'être vivant, comme le conducteur de la force qui détermine la

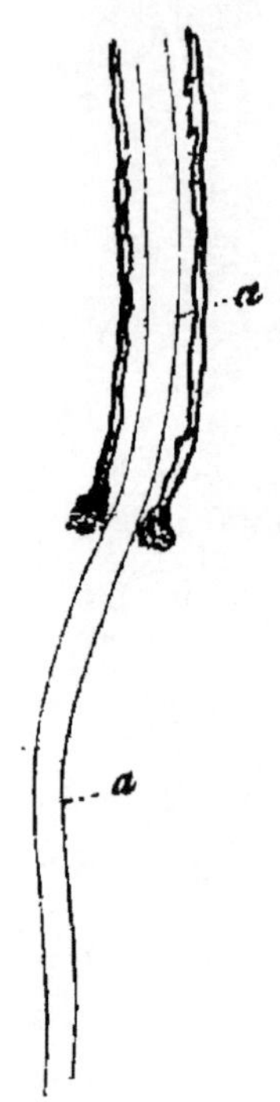

Fig. 37. Fibre nerveuse grossie. *a*, cylindre-axe faisant saillie hors de sa moelle ou myéline, dont le sépare un feuillet de protoplasme.

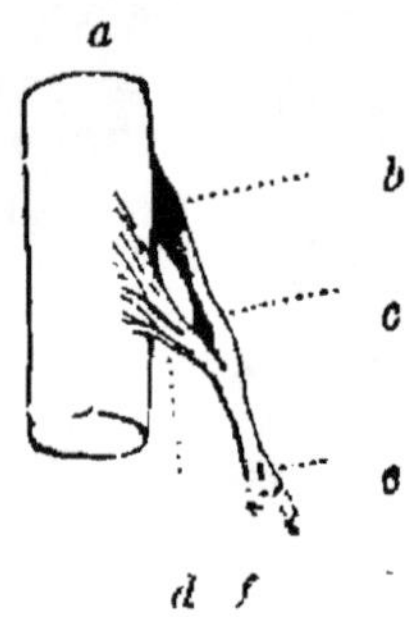

Fig. 38. Disposition des nerfs qui naissent de la moelle épinière. *a*, moelle; *b*, racine postérieure de l'un des nerfs spinaux ; *c*, ganglion situé sur cette racine ; *d*, racine antérieure du même nerf; *e*, tronc commun formé par la réunion des deux racines; *f*, branche qui va s'anastomoser avec le nerf grand sympathique.

contraction des muscles ; et la comparaison serait parfaite si nous trouvions dans le corps quelque chose que nous pussions comparer à une pile.

Or, le nerf d'un muscle n'est pas isolé. En le suivant, nous le verrons s'embrancher sur un autre nerf; et de proche en proche, nous trouverons tous les filaments réunis en *troncs* et en *centres* (*plexus*). C'est là le *système nerveux* (fig. 36). Nous verrons plus loin les comparaisons qu'on peut faire entre lui et la pile.

Les nerfs (fig. 37) ont de 1/1000 à 1/100 de millimètre de diamètre; leur enveloppe s'appelle le *névrilème*, ou gaine de Schwann.

Ils nous conduisent tous, quand nous les remontons, à la moelle épinière renfermée dans le canal vertébral. Ils y plongent par une double racine (fig. 38) : *antérieure* et *postérieure*. Avant la séparation

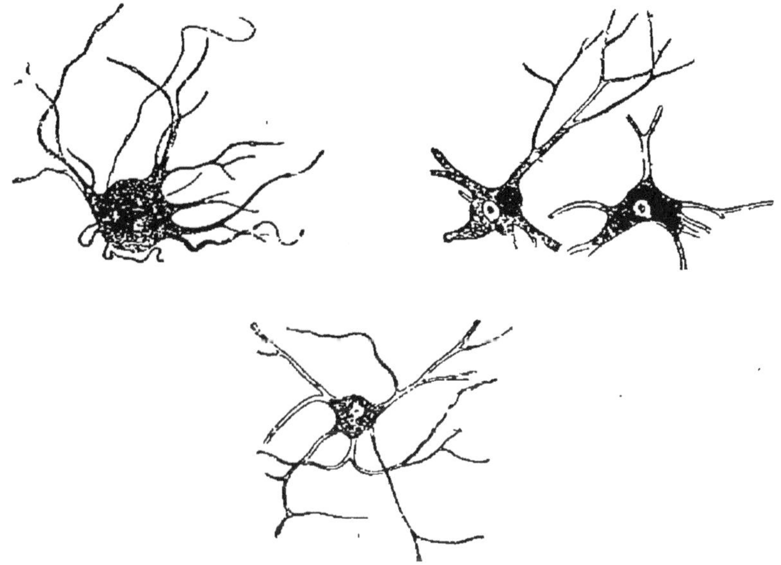

Fig. 39. Diverses formes de cellules nerveuses grossies 100 fois.

de ces deux racines, on voit se dégager un rameau qui appartient à un autre système nerveux que nous étudierons plus loin

La moelle, dont le poids moyen chez l'homme est de 25 à 30 grammes, est loin de présenter une forme géométriquement cylindrique : on y distingue deux sillons médians qui la divisent en deux cordons latéraux et elle offre, à la hauteur des bras et à la hauteur du bassin, deux renflements très nets. Autour d'elle sont des enveloppes qu'on doit considérer comme les prolongements des méninges cérébrales : la *pie-mère spinale* est en contact avec elle; la *dure-mère spinale* en contact avec le canal vertébral;

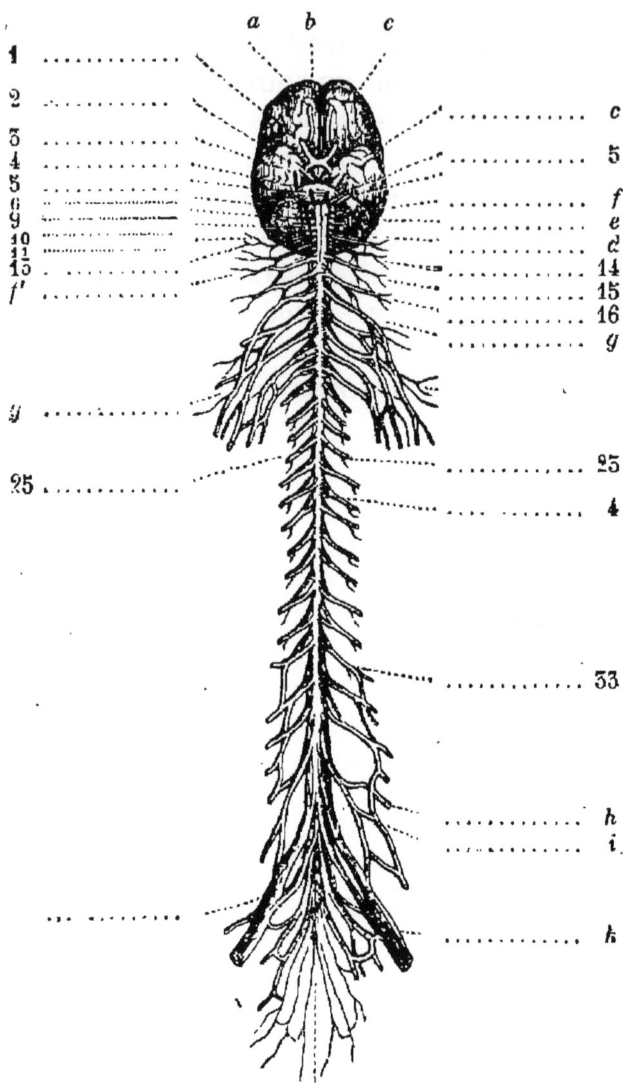

Fig. 40. Axe cérébro-spinal de l'homme, vu par sa face antérieure, les nerfs étant coupés à peu de distance de leur origine : *a*, cerveau ; *b*, lobe de l'hémisphère gauche ; *c*, lobe moyen ; *d*, lobe postérieur ; *e*, cervelet. *f*, moelle allongée ; *f'*, moelle épinière ; 1, nerfs de la première paire ou olfactifs ; 2, nerfs de la seconde paire ou optiques ; 3, nerfs de la troisième paire ; 4, nerfs de la quatrième paire ; 5, nerfs trifaciaux ou de la cinquième paire ; 6, nerfs de la sixième paire ; 7, nerfs faciaux ; 8, nerfs acoustiques ; 9, nerfs glosso-pharyngiens ; 10, nerfs pneumogastriques ; 11 et 12, nerfs de la onzième et de la douzième paires ; 13, 14, 15, 16, nerfs pneumo-cervicaux ; *g*, nerfs cervicaux formant le plexus brachial ; 25, nerfs de la partie dorsale de la moelle épinière ; 33, l'une des paires de nerfs lombaires ; *h*, nerfs lombaires et sacrés formant des plexus ; *i* et *i*, queue-de-cheval ; *k*, nerf sciatique se rendant aux membres inférieurs.

entre deux est une fine séreuse dite *arachnoïde spinale* qui sécrète le liquide arachnoïdien. Le tout baigne dans le liquide rachidien. Dans l'axe même de la moelle est un canal très fin (de 2 à 3 centièmes de millimètre) qui prolonge les vides ou ventricules du cerveau ; il est doublé d'une membrane assez résistante appelée *épendyme* et contient un liquide séreux.

Une coupe transversale de la moelle y montre vers la périphérie une substance blanchâtre et vers l'axe une substance grisâtre. La première est surtout fibreuse (fig. 37) et l'autre surtout cellulaire (fig 39). Les fibres sont les unes longitudinales, d'autres transversales, d'autres annulaires, d'autres enfin sinueuses ; elles continuent les fibres des nerfs, et aboutissent aux cellules (*myéloplaxes*). Le tout est relié par une substance générale dite *névroglie*.

31 paires de nerfs dits *spinaux* prennent naissance dans la moelle : elles correspondent aux trous de conjugaison des vertèbres et se répartissent en 8 cervicales, 12 dorsales, 5 lombaires et 6 sacrées.

Inférieurement, vers la région lombaire, la moelle épinière s'épanouit et prend, en raison de sa forme, le nom de *queue-de-cheval*.

Par en haut, elle sort de la colonne vertébrale, pénètre dans le crâne et constitue l'*encéphale*. L'ensemble s'appelle l'axe cérébro-spinal (fig. 40).

IV

L'ENCÉPHALE

La moelle allongée. — Le cervelet. — Tubercules quadrijumeaux. — Le cerveau et ses méninges. — Les nerfs du mouvement et les nerfs de la sensibilité. — Le curare. — Les animaux électriques. — L'agent nerveux n'est pas l'électricité. — Expériences du docteur Exner.

Au moment où elle pénètre dans la tête, la moelle s'appelle d'abord la *moelle allongée* (fig. 41) ou *bulbe rachidien.*

Près de l'endroit où la moelle pénètre dans le crâne, elle offre un sillon en forme de V : c'est le *nœud vital,* dans lequel la moindre lésion provoque la mort foudroyante. C'est là que le toréador vise à enfoncer sa dague, alors que le taureau fond sur lui, et c'est là aussi que pour tuer leurs poulets, les cuisinières normandes enfoncent une épingle. Le *coup du lapin* a pour effet de déchirer la moelle à l'endroit précis du nœud vital.

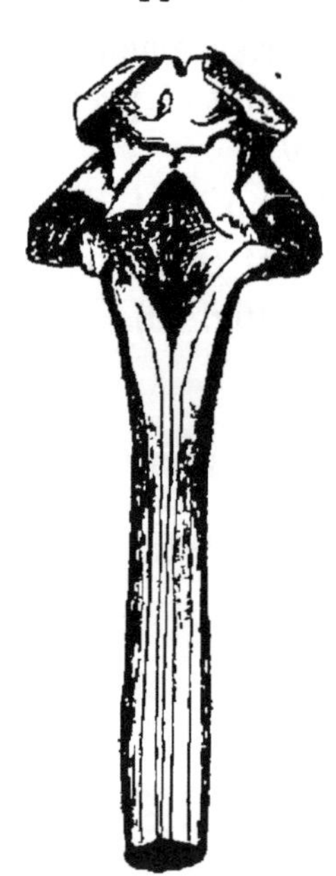

Fig. 41. Le haut de la moelle épinière; la moelle allongée et le noyau de l'encéphale vus par derrière, de façon à montrer le V siège du nœud vital.

Le *cervelet* est une protubérance de la moelle allongée; c'est un gros corps gris qui renferme une masse blanche ramifiée, de telle sorte que sur une section transversale, elle se détache en feuille de fougère; disposition à laquelle les anciens anatomistes donnaient le nom plus poétique qu'exact d'*arbre de vie* (voyez fig. 42). Comme dans la moelle épinière, la partie grise correspond aux cellules; la blanche, aux fibres.

Le cervelet (fig. 42 et fig. 43, B) se compose de deux lobes symétriques réunis l'un à l'autre par une masse plus compacte, connue sous le nom de *vermis*, et qui, vers la partie inférieure, constitue une *protubérance annulaire* (*pont de Varole*) dont les deux branches sont les *pédoncules cérébelleux* et dans le vide de laquelle passent les prolongements des faisceaux de la moelle.

Au-dessous du cervelet, on trouve à la partie supérieure de la moelle allongée des renflements fortement dessinés appelés, à

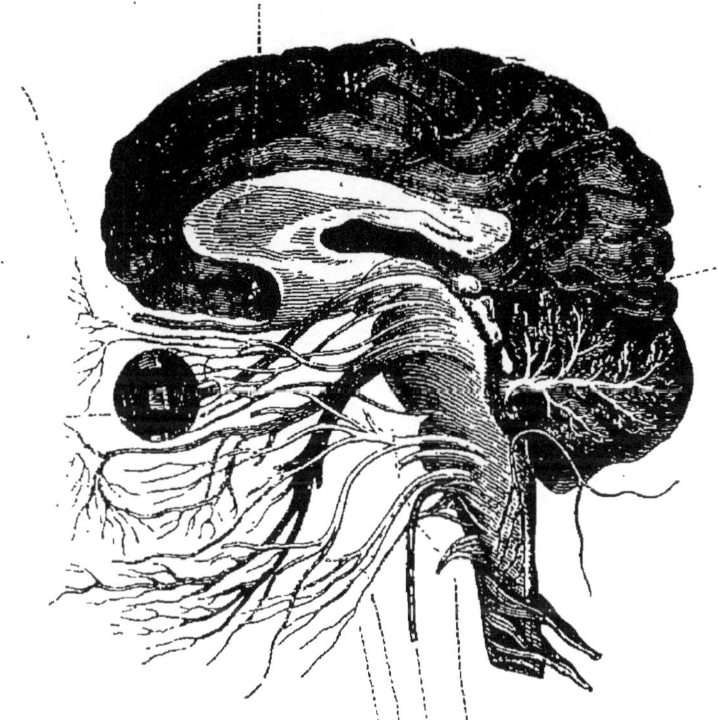

Fig. 42. Coupe du cerveau et du cervelet.

cause de leur situation relative, *tubercules quadrijumeaux;* et à cause de leur fonction sur laquelle nous reviendrons, *lobes optiques*.

Enfin, la moelle allongée se termine par les énormes *hémisphères* dont l'ensemble constitue le cerveau, et qui sont portés sur la moelle par l'intermédiaire des *pédoncules cérébraux*.

Ces hémisphères ne sont chacun, en réalité, que le quart d'une sphère.

La surface du cerveau (fig. 43) n'est pas lisse, elle présente des saillies et des circonvolutions que suivent exactement les membranes qui les protègent. Comme dans le cervelet, la substance grise est à l'extérieur; la blanche, à l'intérieur, ce qui est l'inverse de ce que présentait la moelle.

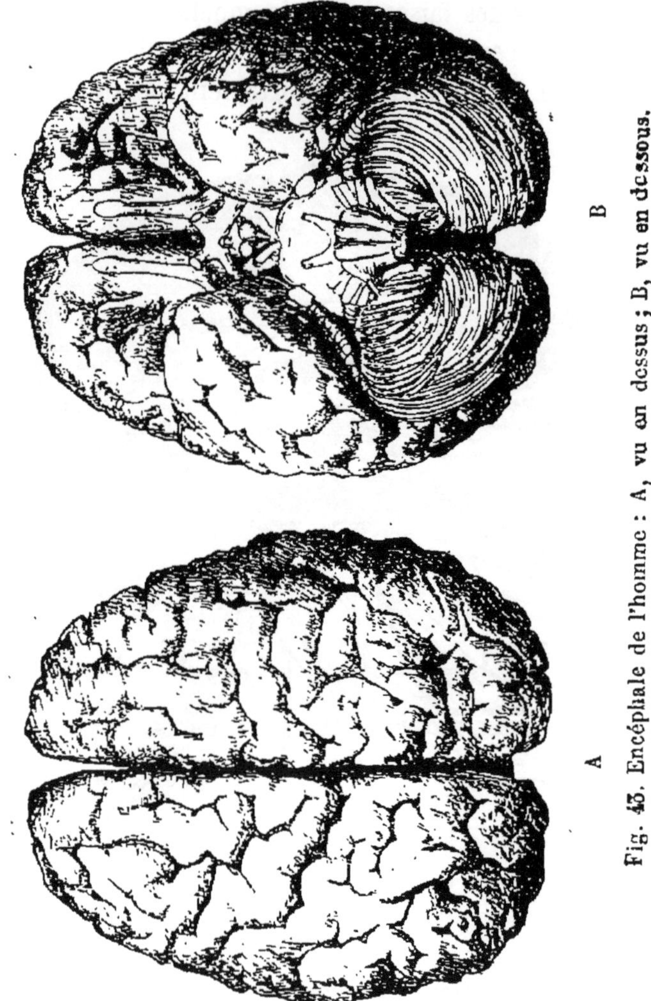

Fig. 43. Encéphale de l'homme : A, vu en dessus ; B, vu en dessous.

Le cerveau, regardé de profil, montre deux portions distinctes, l'une antérieure, l'autre postérieure, séparées par un sillon creux, appelé *scissure de Sylvius ;* ce sont les lobes frontal et pariétal, qui remplissent des fonctions différentes.

Les deux hémisphères sont comme supportés par un corps blanc (le *corps calleux*) qui fait comme le plafond d'une sorte de chambre divisée en deux ventricules par une cloison verticale et transparente (*septum lucidum*) à double feuillet.

Le plancher des ventricules, formé en grande partie par les *couches optiques*, présente en avant le *corps strié*, puis la *voûte aux trois piliers*, et se continue en arrière dans l'*ergot de Morand.*

La matière pulpeuse de l'encéphale, prodigieusement délicate, est entourée d'un véritable luxe d'organes de défense dont le nombre témoigne de son importance exceptionnelle. Aux causes d'accident pouvant venir du dehors, le crâne oppose sa muraille inflexible; mais la matière cérébrale doit être protégée contre son rude protecteur. Les membranes dites *méninges* sont appelées à adoucir les rapports de ces deux substances, et pendant que l'os du crâne se dissimule derrière la *dure-mère*, fibreuse et résistante, mais déjà d'un contact moins menaçant, la pulpe nerveuse se cuirasse de la *pie-mère*, réseau vasculaire nourricier du cerveau

Le crâne et le cerveau ainsi séparés, la transition entre la dure-mère et la pie-mère est ménagée par une séreuse, organe merveilleux de toutes les parties frottantes de la machine animale. L'*arachnoïde* prend pour elle et fait peser sur son double feuillet tous les tiraillements produits par les battements du cerveau et les déplacements de la tête.

Mais tout cela ne suffit pas encore, et après avoir été défendu contre l'extérieur par le crâne et contre le crane par les méninges, le cerveau a besoin d'être protégé contre lui-même. La moindre pression suffit pour altérer l'intégrité de son fonctionnement et le poids qu'il exercerait sur lui-même y apporterait des troubles profonds. Deux remèdes sont opposés à ce danger : d'une part la dure-mère introduit entre les lobes des expansions qui sont des supports; horizontalement, *la tente du cervelet*, qui préserve celui-ci du poids du cerveau; verticalement, la *faux du cerveau* qui soulage un hémisphère du poids de l'autre lors des inclinaisons latérales de la tête. — En même temps, un *liquide* dit *céphalo-rachidien*, dont l'arachnoïde qui le sécrète, remplit tous les vides du crâne, exempte le cerveau, en vertu du principe d'Archimède, de la plus grande partie de son propre poids.

De l'encéphale partent 12 paires de nerfs qualifiés de *crâniens*. Nous aurons à les mentionner plus loin.

Nous savons déjà que la contraction de beaucoup de muscles est soumise à notre volonté.

Or, si le nerf d'un membre est coupé par un accident, nous avons beau vouloir contracter ce membre, il reste inerte, il est *paralysé*.

C'est donc par le nerf que l'ordre de contraction est transmis du cerveau. Lorsqu'il est coupé il ne peut pas plus transmettre cet ordre que le fil d'un télégraphe qui est dans le même cas ne peut transmettre une dépêche. En même temps, le membre peut subir des actions très variées : blessures, coups, etc., sans que nous le sentions : la communication est interrompue; le muscle ne peut plus prévenir le centre cérébral de ce qui lui arrive.

Ces faits demandent à être analysés avec soin.

Vous avez vu que les nerfs se rattachent à la moelle par deux

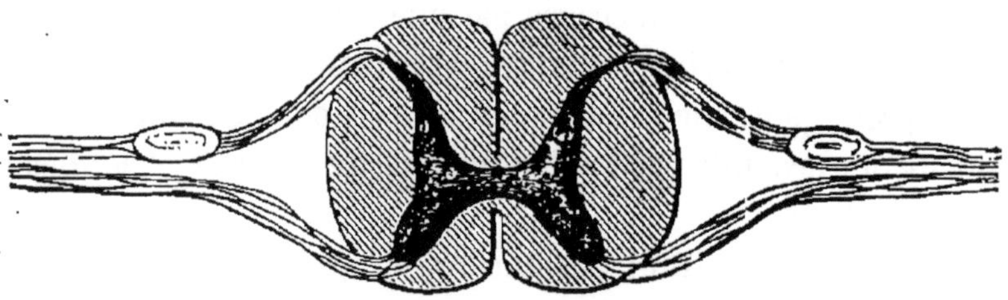

Fig. 44. Coupe transversale de la moelle épinière montrant la substance grise, la substance blanche et les deux racines nerveuses.

racines. Des blessures ont prouvé que si la première est coupée, les mouvements volontaires ne peuvent plus s'exécuter, et que si c'est la seconde qui subit l'opération, les blessures les plus horribles passent inaperçues à la sensibilité. De sorte qu'un membre peut être paralysé sans être insensible, et insensible sans être paralysé. C'est ce qu'on exprime en disant que la racine antérieure des nerfs est la *racine motrice*, et que l'autre est la *racine sensible* (fig. 44).

Il faut donc qu'il y ait deux catégories de fils, répondant à un double système télégraphique : les uns *centripètes* ou de la sensibilité; les autres *centrifuges* ou de la motricité; quelque chose d'analogue à deux systèmes nerveux, différents dans leurs effets : l'un destiné à mettre en rapport le *moi* avec l'extérieur; c'est le système moteur qui va du centre à la périphérie; l'autre qui prévient le centre de ce qui se passe à l'extérieur; c'est le système sensitif qui, de la périphérie, se rend au cerveau.

Le *curare*, qui est un poison fait de différents ingrédients, et surtout de certains strychnos, agit d'une façon bien étrange et bien terrible sur le système nerveux. Introduit par une blessure dans le sang, il détruit la motricité et respecte la sensibilité. La mort arrive par asphyxie, parce que les mouvements respiratoires ne peuvent plus permettre à l'oxygène de s'introduire dans les poumons. On se fait donc une épouvantable idée du supplice du malheureux frappé de la flèche empoisonnée d'un sauvage de l'Amérique du Sud : aucune de ses souffrances ne lui passe inaperçue; jusqu'à sa dernière seconde, il peut analyser les progrès de l'empoisonnement.

Il serait fort intéressant de déterminer la nature de l'agent qui circule dans les nerfs; et beaucoup de physiologistes, s'appuyant

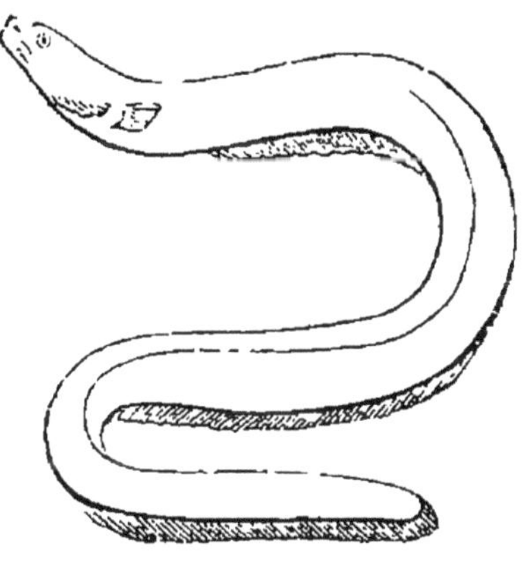

Fig. 45. Gymnote.

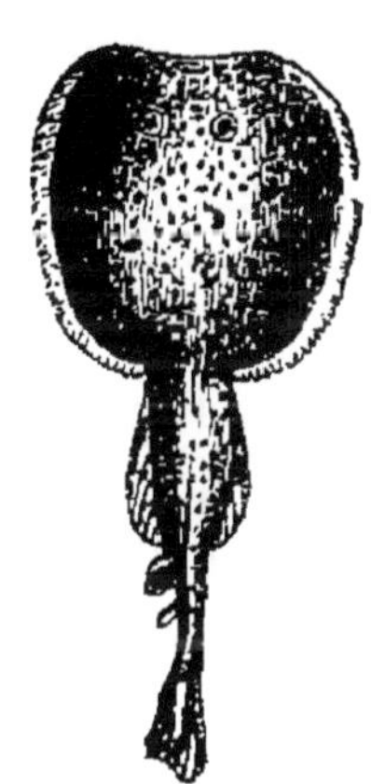
Fig. 46. Torpille.

sur les faits que nous venons d'indiquer, ont pensé à l'identifier avec l'électricité, qui le remplace si bien dans les nerfs, et produit dans le cadavre des *manifestations analogues* à celles de la vie.

Ces physiologistes invoquaient, à l'appui de leur opinion, le fait bien observé dans l'économie animale des organes qui engendrent l'électricité.

Nous ne faisons pas allusion ici à ces femmes électriques qui, dans les fêtes publiques, donnent des secousses aux badauds qui les touchent. Vous savez que le phénomène qu'on leur attribue est une simple supercherie, et que la femme ne donne que l'électricité qu'elle reçoit elle-même d'une machine électrique habilement dissimulée.

Mais il existe de certains animaux véritablement électriques, parmi lesquels on citerait surtout des poissons : torpille, malaptérure, silure, gymnote, etc. Cette dernière (fig. 45) est une sorte d'anguille des lacs du Mexique qu'on pêche à l'aide de chevaux destinés à l'épuiser en provoquant ses décharges. La torpille (fig. 46) est l'animal électrique le plus anciennement connu; c'est un poisson, voisin des raies, qui vit sur toutes nos côtes.

Des études approfondies n'ont pas permis d'accepter pour l'agent nerveux cette électricité animale : elle se produit, en effet, dans des *organes spéciaux*, et son dégagement se fait sous l'action de *nerfs particuliers*, exactement comme la contraction musculaire.

Et même en quittant ces exceptions pour revenir au cas général de l'homme, on reconnaît qu'en dépit des analogies, il n'y a aucun mouvement électrique dans les nerfs. L'expérience de Longet le prouve péremptoirement : un des plus gros nerfs d'un animal mis en communication avec un galvanomètre, ne produit aucune déviation de l'appareil.

L'agent nerveux est donc de nature toute spéciale ; il a été l'objet d'une série d'expériences intéressantes, et, par exemple, on a pu évaluer sa vitesse de transmission le long des nerfs. « Rapide comme la pensée », voilà une expression devenue un lieu commun, tant on l'emploie souvent, croyant exprimer une chose absolument vraie. On a pourtant obtenu des résultats précis qui prouvent que les phénomènes nerveux se transmettent d'une façon relativement lente. Pour cela, le docteur Exner a employé la méthode dite graphique, en usage pour la mesure des actes physiologiques.

Voici en quoi elle consiste : Un cylindre (fig. 47), entraîné par un mouvement d'horlogerie, tourne d'une façon tout à fait régulière autour de son axe. Si, après avoir recouvert le cylindre d'une feuille de papier noirci à la fumée, on en approche une pointe fine, celle-ci enlèvera le charbon aux points qui passent sous elle, de sorte qu'en déroulant la feuille on y verra une ligne blanche parfaitement droite. Si le style successivement touche la feuille et s'en écarte, à chaque contact il y aura production d'une trace blanche qui cessera brusquement avec lui. De plus, d'après les portions de circonférence où les traces s'étendront et celles où ces traces manquent, on pourra avoir une notion sur la durée des phénomènes inscrits par rapport à la vitesse de rotation du cylindre.

A l'aide d'un diapason on arrive même à disposer d'un véritable chronomètre d'une précision extraordinaire. Supposons qu'une des branches du diapason faisant 250 vibrations à la seconde soit

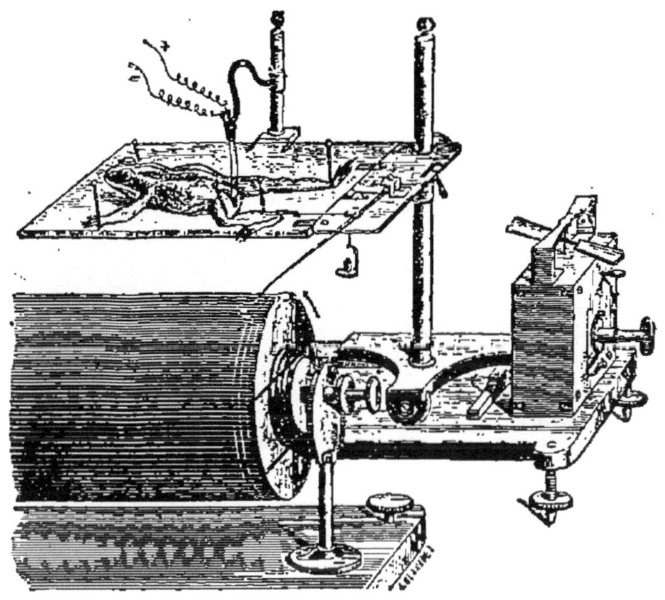

Fig. 47 Appareil enregistreur : pattes de grenouille excitées par l'électricité stylet inscrivant la contraction sur le cylindre.

pourvue d'un petit style très fin; en approchant celui-ci du cylindre tournant pendant que le diapason vibre, on le forcera à écrire ses vibrations dans le noir de fumée. Il suffit ensuite de compter 250 vibrations sur la ligne sinueuse ainsi produite pour trouver deux points du papier qui, à 1 seconde d'intervalle, ont passé par le style. Des points distants de 125 vibrations ont passé à 1/2 de seconde, — de 12 vibrations à 1/25e de seconde, de 1 vibration à 1/250e de seconde.

Donc, si pendant que le diapason écrit ainsi le temps, un second style est successivement approché et écarté du cylindre, il sera facile, en comptant les vibrations comprises entre les deux génératrices du cylindre correspondant à l'établissement et à la cessation du contact, de savoir combien celui-ci aura duré de temps; à quel moment il aura commencé, à quel moment il aura fini.

Pour faire l'expérience d'Exner, on dispose deux styles auprès du cylindre, outre le diapason. L'un des styles est sous la dépendance directe de l'opérateur et l'autre sous celle d'un sujet en expérience. Celui-ci doit actionner son style au moment où, sans voir, il se sent touché, à l'épaule, par exemple, par l'opérateur, — lequel touche en même temps son propre style à lui.

Si l'impression nerveuse se transmettait instantanément dans les nerfs du sujet, les deux traces produites par les deux styles

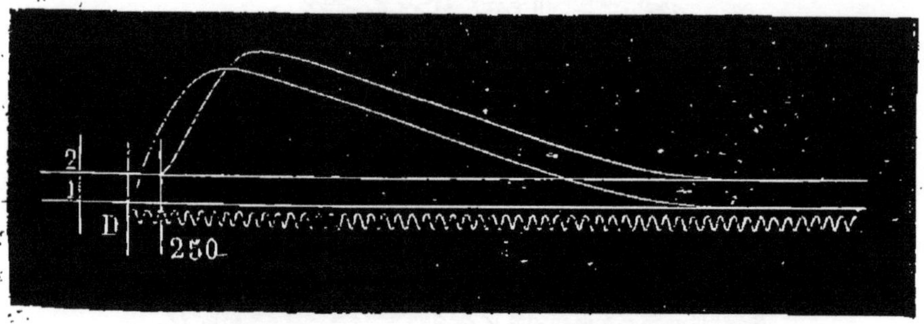

Fig. 48. Courbes de contraction musculaire : 1, trace produite par le stylet de l'opérateur ; 2, trace produite par le sujet de l'expérience ; D, tracé régulier d'un diapason faisant 250 vibrations à la seconde.

devraient se produire sur la même génératrice. Or, il n'en est jamais ainsi : le style du sujet en expérience (fig. 48, 2) est toujours en retard sur le style de l'opérateur (fig. 48, 1) et le retard exactement mesuré par le nombre des vibrations comprises entre les deux tracés représente le temps employé par le cerveau à percevoir la pression exercée sur l'épaule et à donner aux muscles de la main l'ordre d'actionner le style.

Le temps écoulé étant d'autant plus long que les nerfs à franchir sont eux-mêmes plus longs, on peut, par des expériences faites par exemple, l'une en touchant l'épaule, l'autre en touchant le pied (fig. 49), évaluer la vitesse du phénomène nerveux dans un nerf long comme la distance de l'épaule au pied et par conséquent dans une longueur quelconque de nerfs. On trouve, suivant les individus, 60 à 80 mètres par seconde.

Pendant le même temps l'électricité fait des milliers de kilomètres si elle circule dans le cuivre; mais sa vitesse se rapproche beaucoup de celle de l'agent nerveux, si on la considère dans un fil de coton mouillé, dont la conductibilité est analogue à celle des nerfs. Dans la moelle épinière, la vitesse est encore moindre : de 30 à 40 mètres seulement.

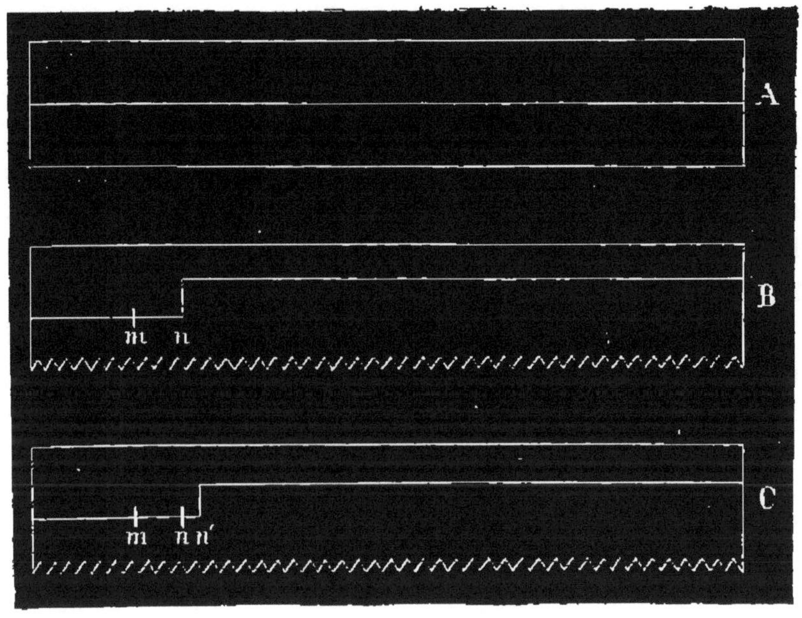

Fig. 49. Mesure de la rapidité des excitations sensibles : A, papier de l'appareil enregistreur au repos; B, excitation de l'épaule; C, excitation du bout du pied. La différence *nn'* correspond à la longueur des nerfs compris entre l'épaule et le pied.

Allant plus loin, on a appliqué le même appareil à mesurer le temps nécessaire pour la réalisation d'un acte cérébral.

Au lieu de toucher directement le sujet, l'opérateur, en actionnant le style, fait apparaître brusquement un objet. Le sujet doit constater cette apparition avec son style. Ici encore, il y a retard représentant outre le temps de donner à la main l'ordre d'agir, le temps de reconnaître l'objet qui apparaît. Or, on trouve que ce temps devient beaucoup plus long si une alternative est laissée au sujet : si deux objets, l'un noir, l'autre blanc, pouvant paraître, il ne doit appuyer que s'il est blanc *ou* noir. Plus le nombre des alternatives est grand, plus l'acte cérébral demande de temps.

C'est ainsi qu'on aborde peu à peu un domaine commun à la physiologie et à la psychologie. Toutefois il ne faut pas trop se hâter de croire qu'on peut, par les procédés physiologiques, tenter l'étude directe du *moi*, et ce n'est pas sans surprise qu'on a vu annoncer des leçons et des recherches de *psychologie expérimentale*. De ce que le moi se manifeste autrement dans un organisme modifié, on ne peut logiquement conclure que ce moi lui-même soit altéré, et à cet égard une comparaison se présente d'elle-même. Supposons que sur deux îlots, au milieu des océans, soient deux phares réciproquement visibles, munis de leurs gardiens et de leurs appareils; si un jour le gardien de l'un des phares constatait que l'autre lui fait des signaux incompréhensibles, en devra-t-il inférer nécessairement que son collègue est devenu fou? et n'y aurait-il pas à faire, comme tout aussi vraisemblable, la supposition d'un simple dérangement des appareils de communication? Or, dans l'organisme humain, le moi correspond à ce gardien de phare et les diverses parties du système nerveux aux instruments de signaux : il suffit que ceux-ci soient devenus défectueux pour qu'un moi en état d'intégrité ne puisse se manifester au dehors que d'une façon imparfaite.

V

LES SENS : LE TOUCHER, LE GOUT, L'ODORAT

La vie de relation. — Le toucher. — Dimensions et qualité de la peau. — Le derme et les papilles. — L'épiderme. — Les cheveux. — Aberration du toucher. — L'hyperesthésie et l'anesthésie. — Le goût. — L'odorat. — La membrane pituitaire. — Délicatesse de l'odorat. — Son analogie avec le sens du goût.

Nous venons d'étudier les organes du mouvement chez l'homme: mais celui-ci n'étant pas isolé dans le monde, et l'extérieur agissant sur lui, comme il agit lui-même sur l'extérieur (*vie de relation*), il voit la plupart de ses mouvements déterminés par des causes externes qui peuvent agir :

1° Par *contact* immédiat des corps : c'est le *toucher;*

2° Par contact de particules invisibles, dissoutes :
soit dans un liquide : c'est le *goût;*
soit dans l'air : c'est l'*odorat;*

3° Par l'ébranlement causé dans les corps en vibration : c'est l'*ouïe;*

4° Par l'ébranlement vibratoire d'une substance spéciale extraordinairement ténue, qu'on n'a jamais vue et qu'on appelle *éther :* c'est la *vue.*

A chacun de ces procédés correspond un sens qui suppose des organes particuliers que nous allons successivement passer en revue.

TOUCHER.

Le *toucher* est vraiment le sens qui nous distingue du monde extérieur, qui sépare le *moi* du *non moi :* où finit le toucher finit notre individu; la *peau* marque la limite exacte de notre corps.

L'étendue de la peau varie avec la taille des personnes. M. Sappey en évalue la surface moyenne à 1^{mq} 1/2.

Son épaisseur est plus ou moins grande ; c'est au fond de l'oreille externe qu'elle est le plus mince : elle n'a que 3/4 de millimètre ;

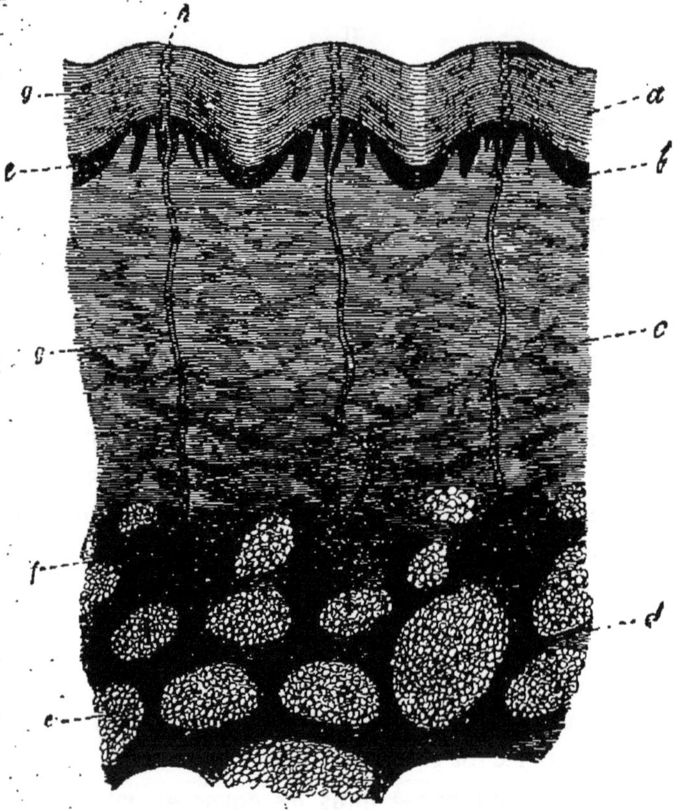

Fig. 50. Coupe de la peau grossie 20 fois : *a*, couche superficielle ou cornée de l'épiderme ; *b*, sa couche muqueuse ; *c*, derme ; *d*, tissu sous-cutané ; *e*, masses graisseuses ; *f*, glandes de la sueur ; *g*, canal excréteur d'une de ces glandes ; *h*, pore.

tandis qu'à la plante des pieds, elle présente 4 millimètres d'épaisseur. Elle a généralement de 1 à 2 millimètres.

La peau humaine est fort résistante et élastique ; on pourrait la travailler comme celle des animaux, ainsi que l'a prouvé le fameux tambour des Hussites, fait de la peau de leur chef, le petit Procope.

La peau se compose de deux couches (fig. 50) : le *derme* et l'*épiderme* ou *cuticule*.

Le *derme* est la partie essentielle du sens du tact; on ne le sépare pas facilement de l'épiderme; car certains organes les rattachent l'un à l'autre.

Extérieurement, le derme est à peu près lisse, sauf les inégalités apportées par les *papilles.*

Intérieurement, il présente une surface onduleuse, et il renferme des éléments très variés : des *glandes sudorifères* et des *glandes sébacées*, du *tissu cellulaire*, de la *graisse*, des *vaisseaux*, des *nerfs*.

Les *papilles* (fig. 51), qui ont été découvertes en 1641 par Malpighi, sont des saillies de très petites dimensions qui recouvrent

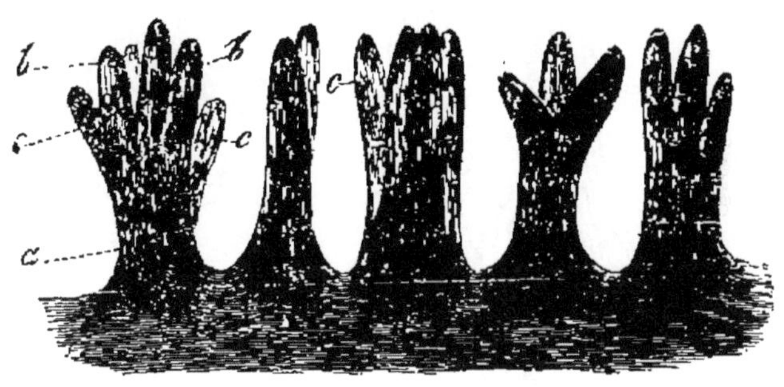

Fig. 51. Papilles dermiques de la paume de la main grossie 60 fois : *a*, base de la papille; *b* et *c*, sommets plus ou moins digités.

la surface extérieure du derme, dont elles forment un simple prolongement et dont elles ont la constitution. Elles sont très nombreuses : dans 1 millimètre carré, on en compte de 75 à 150, ce qui fait 150 millions pour tout le corps.

Certaines papilles contiennent de petits organes spéciaux qu'on appelle les *corpuscules de Malpighi* ou *corpuscules du tact* (fig. 52).

Ces corpuscules existent principalement à la paume des mains et à la plante des pieds. Ils ont pour fonction d'augmenter la surface tactile et de rendre ainsi les sensations reçues par la peau plus faciles à analyser. Ils sont formés de l'enchevêtrement de nerfs enroulés à la façon d'une navette; les nerfs y sont au nombre de 2 à 6; le plus souvent de 3 ou 4.

Les papilles qui ne contiennent pas de corpuscules sont, comme on peut le prévoir, d'une sensibilité très obtuse.

L'épiderme est l'enveloppe protectrice du derme; elle est d'autant plus épaisse que celui-ci subit plus les actions externes.

Les professions industrielles y laissent leurs empreintes.

Les tailleurs ont des indurations, de véritables cors, à la malléole externe, les boulangers, les parqueteurs, à la rotule; les cordonniers, à la partie intérieure des cuisses.

Selon le travail qu'elles font, les mains ont leurs callosités à des places spéciales : celles du terrassier dans la paume; celles du violoniste au bout des doigts. De sorte que la médecine légale a

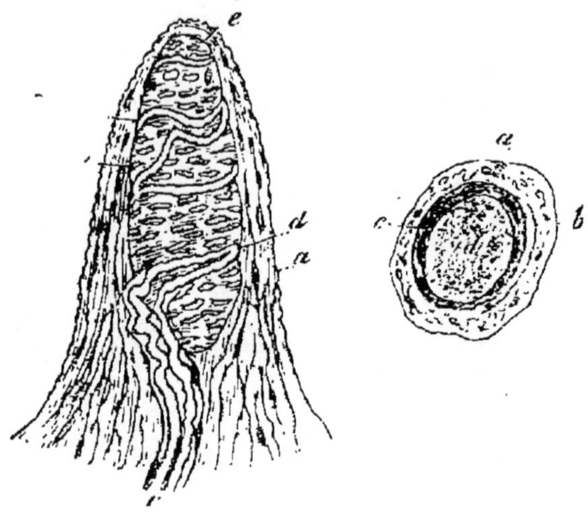

Fig. 52. Corpuscule du tact grossi 350 fois (coupe longitudinale et coupe transversale) : *a*, couche corticale de la pupille; *b*, corpuscule du tact; *c*, rameau nerveux; *d*, fibres nerveuses; *e*, extrémité d'une de ces fibres.

souvent établi l'identité des individus accusés ou victimes d'un crime au moyen des marques de leur épiderme; et par contre, un vagabond qui se vante d'exercer une honnête profession peut être reconnu à la peau non indurée de ses mains.

Les cors aux pieds sont le pénible apanage des gens civilisés et la conséquence des chaussures. Un Européen, qui voyageait pieds nus dans le fond du fanatique Orient, fut reconnu en dépit de son savant déguisement à cette petite infirmité des orteils.

L'épiderme est un tissu d'une constitution fort simple; on y distingue une couche profonde, qui est muqueuse, et une couche superficielle, qui est cornée

Les poils sont sécrétés dans l'intérieur de la peau par les *follicules pileux* (fig. 53), sortes de poches qui renferment de petits bourgeons ou *bulbes pilifères*. On y distingue trois zones concentriques : la *médulle*, dans l'axe, l'*écorce* et l'*épiderme* ou cuticule. En relation avec les poils sont des muscles spéciaux dits *peauciers* ou *horripilateurs*.

Les cheveux atteignent en moyenne une longueur de 90 centi-

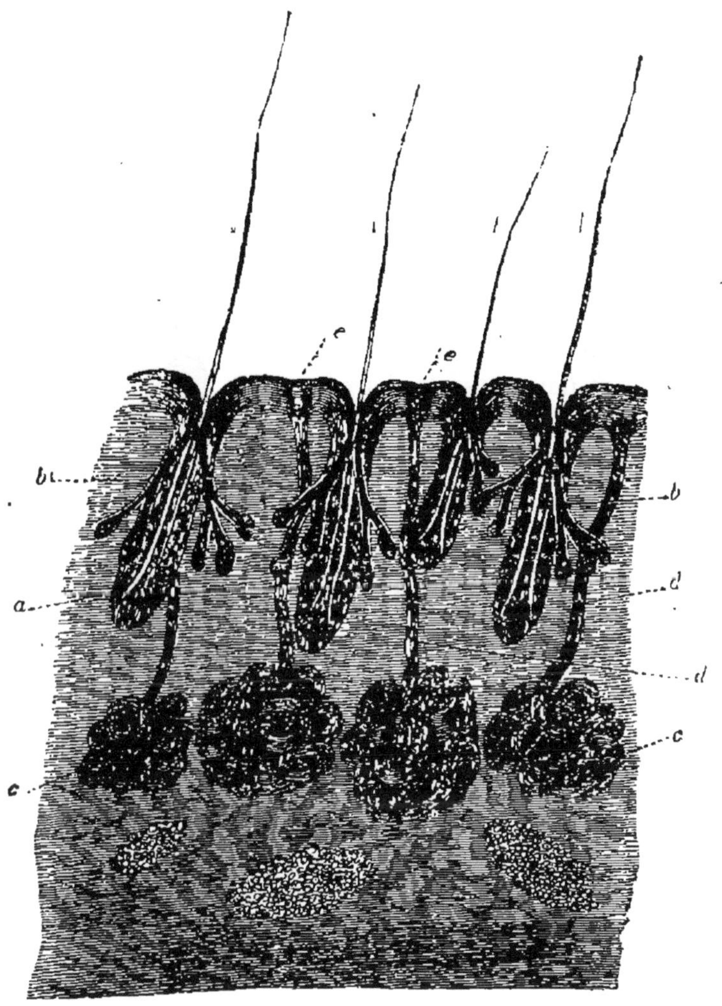

Fig. 53. Coupe de la peau grossie 20 fois montrant des cheveux avec le follicule pileux, *a*, dans lequel ils prennent naissance, et les glandes, *b*, qui leur sont annexées; *c*, glandes de la sueur avec leurs conduits, *d*, s'ouvrant en *e* à la surface de la peau.

mètres, mais ils peuvent être beaucoup plus courts ou beaucoup plus longs On cite une dame de 5 pieds 6 pouces, qui avait des cheveux de 6 pieds 3 pouces et demi.

La barbe, qui a la même origine que les cheveux, acquiert aussi quelquefois un développement considérable : un Américain possède une barbe de 7 pieds 6 pouces qui, naturellement, traîne de beaucoup à terre lorsqu'il est debout.

Les ongles (fig. 54) sont considérés comme une simple modification du poil.

Le toucher est sujet à certaines aberrations parfois très bizarres.

Vous vous êtes sans doute amusées à la petite expérience qui consiste à faire tourner entre deux doigts croisés un objet rond (une boulette de mie de pain ou une bille (fig. 55), par exemple), et vous avez senti avec surprise, votre doigt presser deux boulettes.

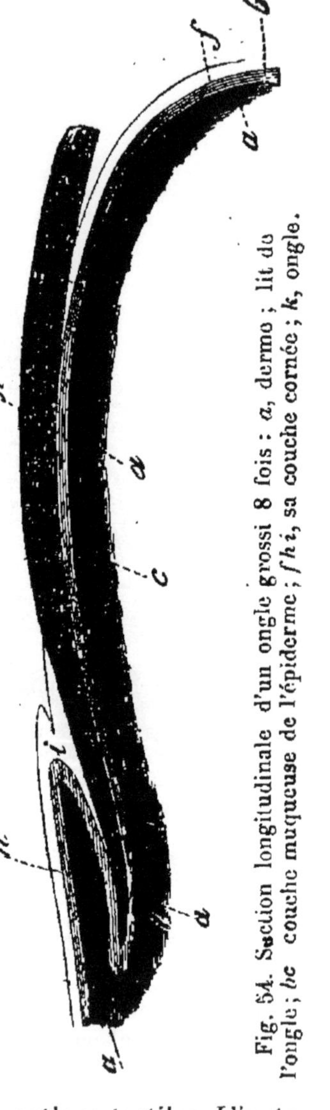

Fig. 54. Section longitudinale d'un ongle grossi 8 fois : *a*, derme ; lit de l'ongle ; *bc* couche muqueuse de l'épiderme ; *fhi*, sa couche cornée ; *k*, ongle.

Un cylindre qui tourne d'une façon continue entre les doigts et perpendiculairement à sa longueur, paraît, au bout d'un moment, comme creusé d'une gorge annulaire à la partie pressée.

La délicatesse du toucher, qui change selon les personnes et les parties du corps, s'apprécie au moyen de l'*esthésiomètre*, sorte de compas dont on écarte les branches, appliquées ensemble sur la peau, jusqu'à ce qu'elles donnent la sensation d'un contact double. Sur la langue, l'écartement du compas n'a besoin d'être que de 1 mm 1/10 ; sur le bras, il doit être au moins de 70 millimètres.

On a cherché à mesurer la durée des sensations tactiles. L'instrument est une roue dentée qui tourne et dont on approche une partie du corps, un doigt par exemple. Plus sa vitesse est grande, moins la distinction est nette entre le contact et le non-contact. Lorsque 560 dents de la roue touchent la peau en une seconde, l'appareil nous semble lisse. La sensation tactile dure donc 1/560e de seconde.

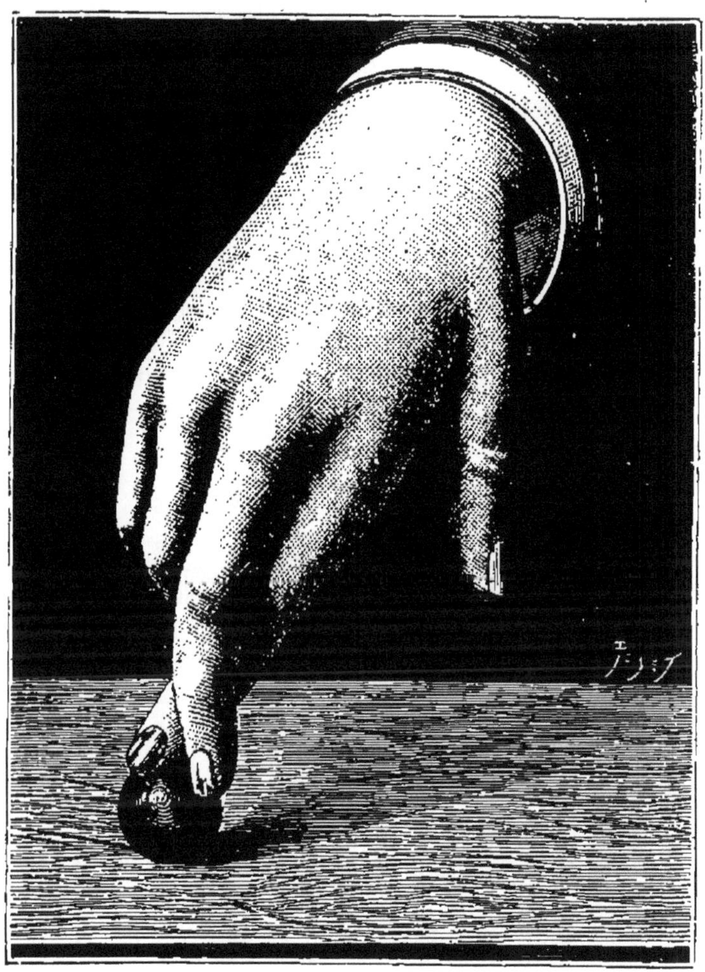

Fig. 55. Illusion du tact.

La *douleur* est l'exagération de la sensibilité.

La peau se trouve, dans quelques maladies, tellement sensible (c'est l'*hyperesthésie*), que le frôlement seul d'une plume arrache des cris au malade.

A l'inverse, l'*anesthésie* est l'état particulier dans lequel la peau ne perçoit plus aucune des sensations que lui apporte l'extérieur.

Fig. 56 Cloche aérothérapique pour anesthésier par le mélange comprimé de protoxyde d'azote et d'oxygène.

L'anesthésie est le caractère de certaines maladies très graves. On enfonce une aiguille dans la peau du sujet, sans qu'il s'aperçoive seulement qu'il a été touché.

Souvent la peau n'est pas tout entière dans cet état d'insensibilité; quelques points seulement sont anesthésiques. Le moyen âge en connaissait l'existence, et c'était, à cette période d'ignorance et de superstition, le signe de la possession diabolique; on le cherchait, à l'aide d'aiguilles, sur le corps des gens accusés de commerce avec le démon, et dès que le point anesthésique était trouvé, on envoyait les malheureux au bûcher. Aujourd'hui on préfère recourir au traitement électrique.

Certaines substances, telles que le protoxyde d'azote, l'éther, le chloroforme, sont dites *anesthésiques*, parce qu'elles mettent ceux qui les absorbent dans un état d'insensibilité plus ou moins complète. Ce sont de précieux auxiliaires de la chirurgie, en supprimant la douleur dans les plus graves opérations.

Ils offrent cependant de grands dangers et doivent être maniés avec une extrême prudence. En même temps qu'ils abolissent la sensibilité, les anesthésiques, en effet, ralentissent toutes les fonctions vitales, et il est arrivé bien des fois que le malade endormi soit mort, sans se réveiller, au cours même de l'opération. La cause de cette fin fatale réside avant tout dans une asphyxie; aussi est-on parvenu à la conjurer par l'emploi d'une très ingénieuse méthode imaginée par M. Paul Bert. Elle consiste à déterminer l'anesthésie non pas par le protoxyde d'azote seul, mais par le mélange de ce gaz avec de l'oxygène — mélange comprimé de façon à contenir par litre autant de gaz vivifiant que le même volume d'air à la pression ordinaire. On peut ainsi prolonger le sommeil pendant des heures entières sans faire courir au patient le moindre danger. Des centaines d'expériences les plus concluantes, couronnées d'un plein succès, témoignent de l'excellence de ce procédé, appliqué par exemple d'une manière continue, à l'hôpital Saint-Louis de Paris, à l'aide de l'appareil (fig. 56) dit *cloche aérothérapique*.

La peau n'est pas seulement l'organe du toucher; c'est par elle aussi que nous éprouvons les sensations de chaleur et de froid.

GOUT.

Le *goût*, placé à l'avant-garde des organes de la digestion, a la fonction d'une sentinelle vigilante chargée de repousser les corps qui ne doivent pas nous servir d'aliments, — par surcroît, il nous procure le charme des saveurs agréables.

Il a son siége dans la muqueuse de la face dorsale de la langue (fig. 57.)

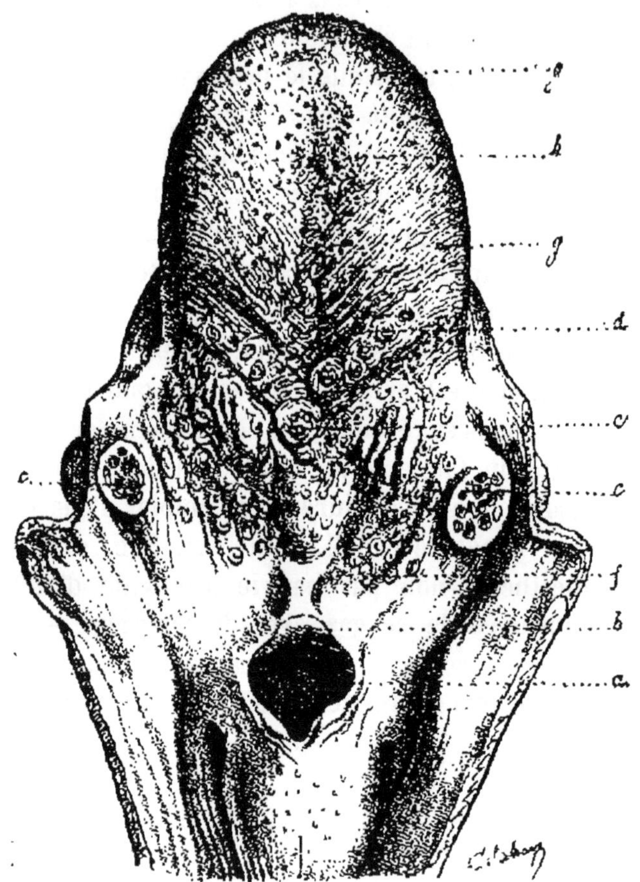

Fig. 57. Langue humaine : *a*, ouverture du larynx ; *b*, épiglotte ; *c*, amygdales, *d*, papilles caliciformes ; *e*, trou borgne ou *foramen cæcum* ; *f*, follicules muqueux ; *g*, papilles fungiformes ; *h*, papilles corolliformes ou filiformes.

Ce sens est fort analogue à celui du toucher : les corps dissous dans les liquides buccaux viennent agir sur de vraies papilles comparables à celles de la peau, mais d'une structure beaucoup plus élégante : les unes ont la forme de corolles de fleurs plus ou moins ouvertes, ce qui les fait appeler *corolliformes* ; les autres, qui sont plus grosses, sont renflées comme des champignons et portent le nom de *fungiformes*; enfin, il en est de plus volumineuses encore, distribuées sur les deux branches d'une sorte de *V*, et qui sont dites *caliciformes*.

La *muqueuse* linguale, la première muqueuse que nous rencontrons est, comme la peau, faite de couches : d'un *épithélium*, correspondant à l'épiderme; d'un *chorion*, correspondant au derme.

Dans les papilles, les ramifications du nerf glossopharyngien, c'est-à-dire de la 9e paire crânienne, aboutissent à de petits corpuscules gustatifs assez différents des corpuscules du tact, auxquels ils correspondent cependant.

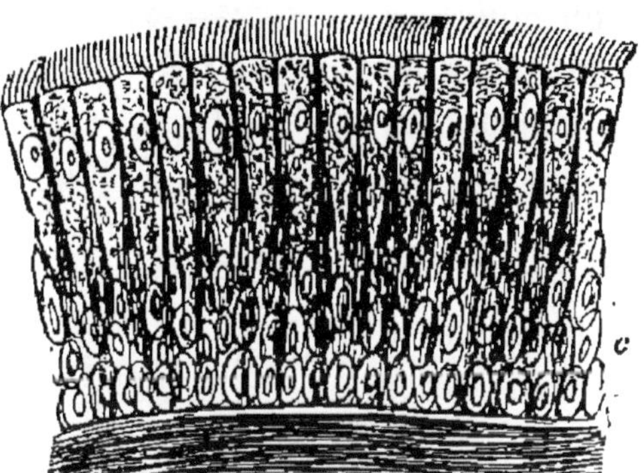

Fig. 58.
Épithélium vibratile : *a*, muqueuse; *c*, cellules sans cils vibratiles ; *e* cellules à cils.

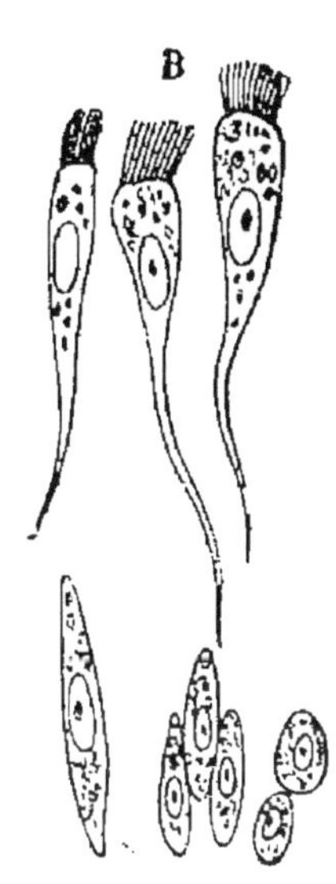

Fig. 59. Cellules isolées des diverses couches de l'épithélium vibratile.

Les sensations gustatives se localisent sur certaines parties de la langue : la pointe perçoit les saveurs sucrées, salées, acides ; la base, les amertumes. Et l'on peut constater, en avalant du sulfate de magnésie, que le premier contact est salé et que l'amertume vient ensuite.

Les substances dont le goût nous rend compte, se modifient d'ailleurs les unes des autres ; et les contrastes changent quelquefois complètement leurs saveurs réelles. Ainsi le vin, pris après des fruits sucrés, paraît âpre ; doux, au contraire, après un fromage énergique.

L'art culinaire, si caractéristique des peuples civilisés, est fondé sur les contrastes et sur les harmonies des saveurs.

ODORAT.

L'*odorat* est destiné à contrôler les qualités de l'air que nous respirons; il *goûte* donc, pour ainsi dire, les matières qui y sont en suspension, et qui se dissolvent dans le liquide sécrété par la *membrane pituitaire*.

Cette membrane (fig. 58) tapisse l'intérieur des fosses nasales, et les cornets du nez jusqu'aux sinus rontaux.

Elle est formée d'un chorion semblable à celui de la langue, et d'un *épithélium* dont chacune des cellules (fig. 59) a des prolongements filiformes toujours en mouvement, et qui sont dits *cils vibratiles*.

Ces cils vibratiles ont la fonction de recueillir et de retenir sur la muqueuse les particules odorantes et d'en écarter les matières étrangères. Les cellules vibratiles ont avec certains infusoires (fig. 60) une ressemblance intime.

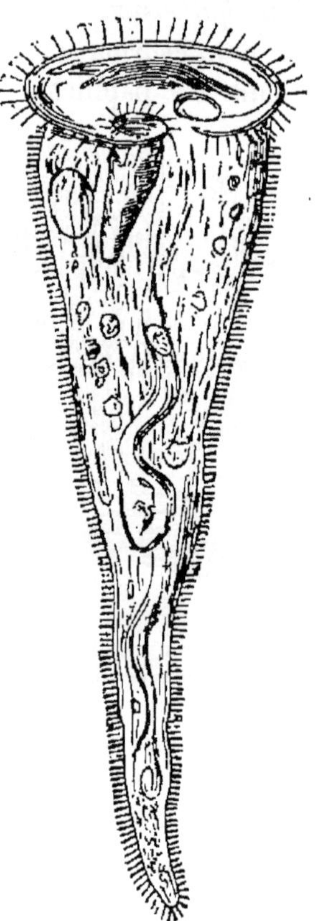

Fig. 60. Stentor; infusoire analogue pour la forme aux cellules des épithéliums vibratiles.

Les *nerfs olfactifs* se ramifient dans la membrane pituitaire, dans laquelle on voit, comme dans la langue, des cellules nerveuses, sensorielles, analogues aux corpuscules du tact.

La perspicacité de l'odorat est prodigieuse et nous rend les plus grands services, car un grand nombre de principes toxiques sont dénoncés par leur odeur. L'hydrogène sulfuré, par exemple, impressionne l'odorat à la dose de 1/2 millionième dans l'air.

Des substances impondérables sont perçues par l'odorat.

Le camphre, le musc dégagent violemment leurs parfums, pendant des temps fort longs, sans éprouver de perte de poids sensible.

L'odorat de quelques animaux a une délicatesse plus grande encore. Un chien de chasse sent sur la terre sèche les traces d'un lièvre passé depuis une heure.

L'odorat est intimement lié avec le goût : Kant disait : « l'odorat est un goût à distance. » Lorsque nous avons dans la bouche certaines substances, nous ne savons souvent si c'est une saveur ou une odeur qu'elles nous procurent. Par contre, certaines odeurs semblent avoir une saveur : ainsi le chloroforme paraît sucré quand on le respire. Le vin a un *bouquet* auquel le reconnaissent les dégustateurs.

On ne goûte pas bien lorsqu'on est enrhumé du cerveau.

Aussi Brillat-Savarin, cet homme d'esprit, était-il porté à réunir en un seul ces deux sens si voisins.

« Pour moi, dit-il, je suis non seulement persuadé que sans la participation de l'odorat, il n'y a pas de dégustation complète, mais encore je suis tenté de croire que l'odorat et le goût ne forment qu'un seul sens dont la bouche est le laboratoire et le nez la cheminée, ou, pour parler plus exactement, dont l'un sert à la dégustation des corps tactiles, et l'autre à la dégustation des gaz. »

VI

LES SENS (*suite*) : L'OUÏE

Les trois parties de l'oreille. — Théorie de M. Helmholtz : résonnateurs et miroirs tournants. — Rôle des différentes parties de l'oreille. — Délicatesse et illusion de l'ouïe. — Moyens de faire entendre les sourds.

Avec l'ouïe nous arrivons à un sens tout différent de ceux que nous venons d'étudier : il ne s'agit plus ici, en effet, du contact immédiat de la matière elle-même, mais seulement de la perception des vibrations de parties matérielles.

L'oreille (fig. 61), organe de l'ouïe, est fort compliquée. Les ondes sonores rencontrent d'abord l'*oreille externe*, conduit auditif partant du *pavillon* ou portion visible de l'oreille et fermé par le tympan. Elles arrivent alors à l'*oreille moyenne:* c'est la caisse du tympan, une sorte de chambre pleine d'air, sur les parois de laquelle on remarque : la *trompe d'Eustache*, sorte de tube membraneux communiquant avec l'arrière-bouche ; le *tympan,* qui est la membrane séparant l'oreille moyenne de l'oreille externe ; la *fenêtre ovale* et la *fenêtre ronde*, fermées chacune par une membrane, et qui séparent l'oreille moyenne de la portion de l'oreille interne appelée vestibule. Entre le tympan et la fenêtre ronde, c'est-à-dire au travers de toute l'oreille moyenne, se présente comme une chaîne de petits osselets (fig. 62) reliés entre eux par des ligaments et dont les formes imitatives ont valu à chacun d'eux un nom qui rappelle un objet vulgaire. Ces osselets, qui font partie de la catégorie des os wormiens, sont, du tympan à la fenêtre ronde, le *marteau,* l'*enclume,* l'*os lenticulaire* et l'*étrier.*

3° *L'oreille interne* (fig. 63), creusée à même le crâne, dans l'épaisseur du rocher et remplie d'un liquide spécial appelé *vitrine auditive* ou *lymphe de Cotugno*, a la forme de conduits cylindriques très contournés sur eux-mêmes. L'un d'eux, roulé en hélice, mérite bien son nom de *limaçon;* les autres, dits *canaux semi-circulaires*, sont disposés sur trois plans dont chacun est perpendiculaire aux deux autres. Ces divers conduits aboutissent dans un même espace appelé vestibule, qui est simplement séparé de l'oreille moyenne

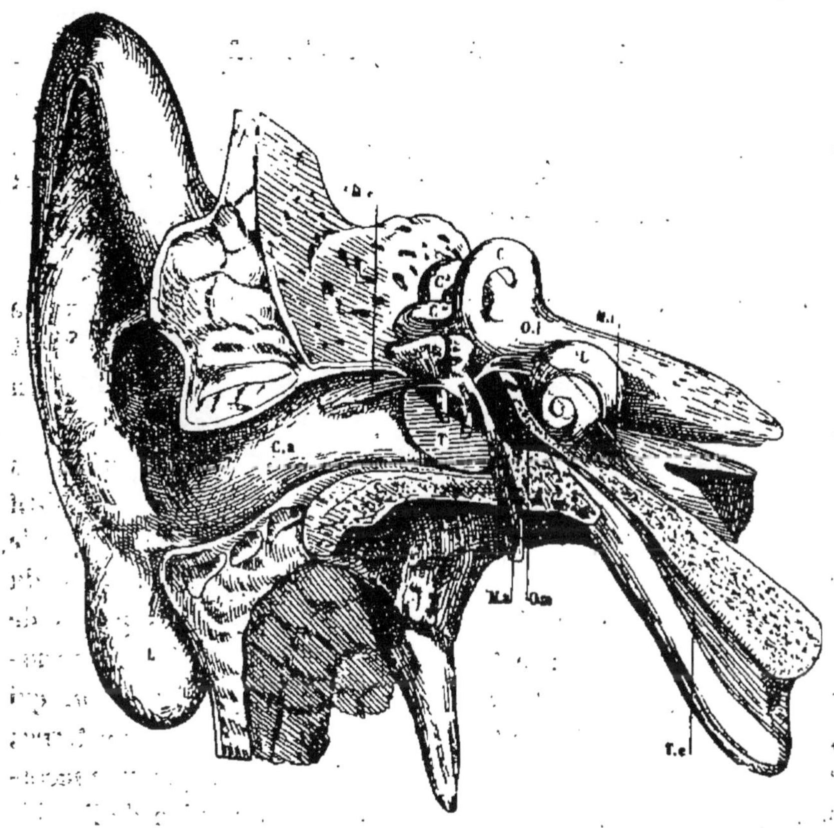

Fig. 61. L'oreille, vue d'ensemble, coupée transversalement : P, pavillon; *Ca*, conduit auditif externe ; T, membrane du tympan ; O*m*, oreille moyenne ; *Me*, *Mi*, *Ma*, muscles du marteau; T*e*, trompe d'Eustache; O*i*, oreille interne; L, limaçon; *c*, *c'*, *c''*, canaux demi-circulaires.

par la membrane de la fenêtre ovale. Le limaçon est divisé dans le sens de sa longueur en deux portions par une rampe en hélice qui s'élève presque jusqu'à son sommet. L'une de ces portions communique librement avec le vestibule; l'autre est fermée par la fenêtre ronde.

Dans la vitrine auditive viennent s'épanouir les ramifications du nerf acoustique.

Il est facile de se faire une idée du procédé en vertu duquel les sons produits hors de nous, arrivent à l'oreille interne qui les transmet au cerveau. Le pavillon, véritable cornet acoustique, a pour fonction de faire converger les vibrations sur la membrane du tympan. Chez l'homme le pavillon étant peu développé, est peu utile, et les gens *essorillés* n'entendent guère moins que les autres ; — mais chez certains animaux où le pavillon est fort grand, comme chez l'âne et le lièvre, les mouvements continuels de cet

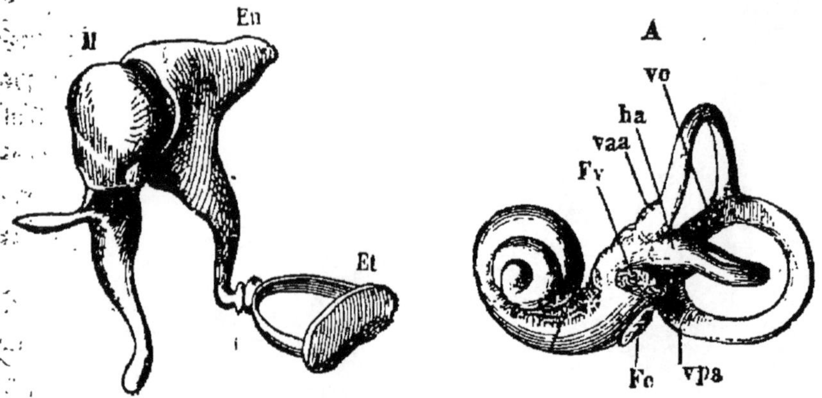

Fig. 62. Osselets de l'oreille moyenne : M, marteau ; E*n*, enclume ; L, os lenticulaire ; E*t*, étrier.

Fig. 63. Oreille interne sculptée dans le rocher : F*v*, fenêtre ovale ; *vaa*, ampoule du canal vertical supérieur ; *vpa*, ampoule du canal vertical postérieur ; *ha*, ampoule du canal horizontal ; Fe, fenêtre ronde.

organe toujours dirigés vers les points d'où partent les bruits, montrent qu'il est fort important.

Les vibrations du tympan sont transmises par la chaîne des osselets à la membrane dite fenêtre ovale, qui les passe au liquide de l'oreille interne. La membrane de la fenêtre ronde est simplement une sorte de soupape de sûreté, destinée à dépenser l'impulsion imprimée au liquide, incompressible de sa nature.

Mais il reste à voir comment se fait la transmission au cerveau au moyen des nerfs auditifs ; problème qui a été étudié par plusieurs physiologistes, et surtout par M. Helmholtz, à qui nous devons toute une théorie reposant sur des expériences intéressantes. Cette théorie n'est plus absolument prouvée; mais plusieurs faits sont parfaitement exacts.

Les nerfs acoustiques du limaçon (fibres de Corti) ne sont pas indispensables à l'audition; ce sont seulement les ramifications nerveuses qui tapissent les parois des canaux demi-circulaires qui doivent exister, sous peine de surdité absolue.

Pour M. Helmholtz, chacun de ces petits filets nerveux est chargé de percevoir un son déterminé, de vibrer à l'unisson, de transmettre ces vibrations aux centres nerveux et de là au cerveau.

Plusieurs expériences semblent donner quelque vraisemblance à cette manière de voir.

Si l'on chante devant un piano ouvert, certaines cordes de l'instrument résonnent tandis que le plus grand nombre restent muettes: les cordes qui *parlent* sont celles qui correspondent aux sons émis par la voix.

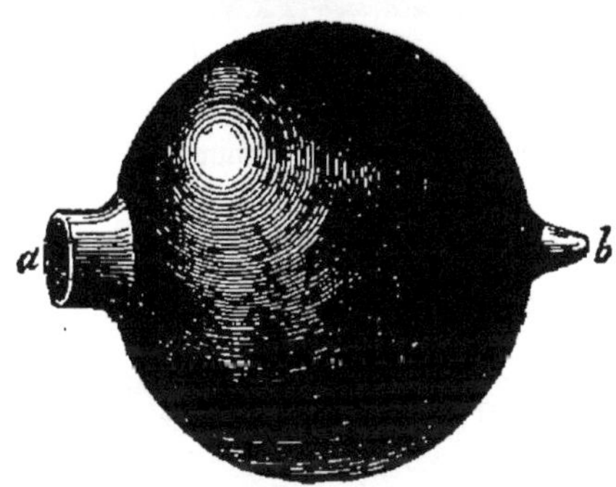

Fig. 64. Résonnateur à pavillon *a* destiné à recevoir les sons : *b*, bout destiné à pénétrer dans l'oreille.

M. Helmholtz ayant construit de petits chaudrons en cuivre très mince vibrant chacun à une note déterminée, et portant le nom de *résonnateurs* (fig. 64), imagina de les appliquer à l'analyse des sons complexes produits dans les conditions les plus variées. Un son se faisant entendre, on introduit successivement dans le conduit auditif la partie effilée d'une série de résonnateurs. On constate que les uns vibrent pendant que les autres demeurent inertes : il faut en conclure que les notes correspondant aux résonnateurs parlants constituent par leur mélange le son analysé. M. Helmholtz fit ainsi l'analyse des sons les plus divers, et reconnut par exemple qu'il est très inexact de dire avec la sagesse des nations : « Qui n'entend qu'une cloche n'entend qu'un son. »

On peut donner à ces expériences une forme plus sensible, en employant le procédé des *miroirs tournants* (fig. 65).

Trois miroirs réunis constituent un prisme qui peut tourner

autour d'un axe vertical. On place devant l'un d'eux une lumière dont l'image s'y reflète. Lorsque l'appareil tourne, on voit cette image affecter la forme d'une bande lumineuse dont la largeur est égale à la hauteur de la flamme; cet effet est dû à la persistance des impressions visuelles.

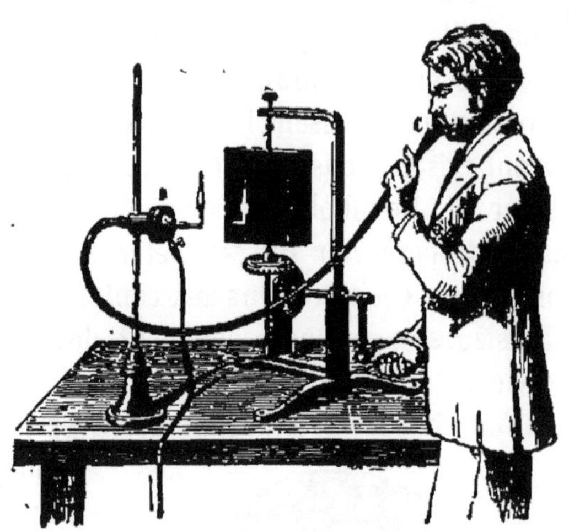

Fig. 65. Miroir tournant et flamme mobile.

Supposons maintenant la flamme amenée par un tuyau qui soit en communication avec une petite capsule de caoutchouc pouvant être comprimée à volonté et mise en rapport avec un résonnateur que nous pouvons faire vibrer en produisan près de lui le son qui lui correspond. Les vibrations se transmettent à la paroi de caoutchouc qui se déprime et se distend alternativement, modifiant par cela même le débit de gaz et l'intensité de la flamme. Nous obtiendrons ainsi sur le miroir une image de la flamme qui ne sera plus limitée par deux lignes droites parallèles, mais qui en haut sera dentelée (fig. 66) : chaque sommet de dent correspondant à une compression du gaz; chaque intervalle à une distension.

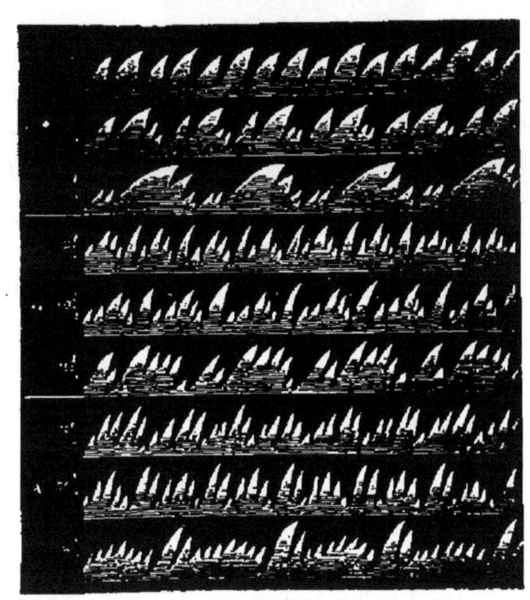

Fig. 66. Flammes correspondant à l'émission de trois sons sur les voyelles *a*, *o*, *ou*.

En produisant un son complexe devant une série de résonnateurs pourvus chacun de sa flamme, nous verrons certaines flammes se denteler : celles qui correspondent à des résonnateurs vibrant à l'unisson. D'autres, au contraire, ne varieront pas, les résonnateurs correspondants ne vibrant à aucun des sons émis. D'après M. Helmholtz, il est naturel de regarder ces faits comme indiquant ce qui se passe dans l'oreille : chacun des petits filets nerveux équivaudrait à un résonnateur, et vibrerait à un son donné.

Mais on objecte à cette théorie, que nous n'accepterons que sous toutes réserves, que certains animaux perçoivent les sons, bien qu'ayant un appareil auditif tout différent de celui envisagé par M. Helmholtz.

Quoi qu'il en soit, le rôle des autres parties de l'oreille est assez bien connu.

Les osselets sont destinés à modifier la tension du tympan suivant les sons à percevoir. Les membranes, on le sait, vibrent mieux à l'unisson des sons aigus quand elles sont mieux tendues. En outre, les osselets transmettent le son du tympan à la fenêtre ovale : les solides conduisant mieux le son que l'air.

On *entend*, sans écouter, avec le *limaçon* par l'air de la *caisse* et la *fenêtre ronde*.

On *écoute* par la *chaîne des osselets*, le *vestibule* et les *canaux demi-circulaires*.

On peut enlever le limaçon, sans supprimer le sens de l'ouïe. Des oiseaux chanteurs, qui *chantent en parties*, comme le *moqueur* d'Amérique, n'ont qu'un limaçon incomplet.

Les sourds incurables de naissance n'ont pas les canaux demi-circulaires en bon état : ils peuvent d'ailleurs avoir normal le reste de l'oreille.

L'ouïe acquiert quelquefois une grande délicatesse. Les aveugles l'ont particulièrement développée ; les sauvages, qui sont environnés d'embûches, et toujours par conséquent aux écoutes, arrivent à percevoir des sons qui échappent absolument aux gens civilisés.

Le jugement que nous portons sur nos sensations auditives, résulte uniquement de l'expérience ; aussi peut-il quelquefois être faux.

Lorsqu'un écho se produit, nous jugeons mal la situation du centre sonore.

On peut aussi se tromper quant à sa distance : le *téléphone* nous fait paraître ce centre extrêmement rapproché, alors qu'il peut être très éloigné.

La *ventriloquie* consiste à modifier les sons de telle sorte qu'ils paraissent partir d'un point différent de celui d'où ils viennent réellement.

Fig. 67
Sourd écoutant à l'aide de l'audiphone.

On a essayé par divers moyens de faire entendre les sourds. Quelques-uns d'entre eux entendent par les os du crâne mis en vibration. Strauss Durckheim plaçait entre les dents d'un sourd le bord d'une boîte à musique, et le sourd manifestait du plaisir. En parlant dans un tuyau acoustique, dont l'infirme tient l'extrémité entre ses dents, on lui fait percevoir tous les mots, qu'il répète aussitôt. M. Colladon, de Genève, atteint lui-même de surdité, a imaginé un *audiphone* (fig. 67), appareil fort simple qui consiste en une lame de carton légèrement courbée par des fils et dont on tient un bord entre les dents. D'après l'auteur, les effets en seraient merveilleux.

VII

LES SENS (*fin*). LA VUE

Muscles de l'œil. — Organes protecteurs de l'œil. — Structure du globe de l'œil. — Mécanisme de la vision : myopes et presbytes. — Point sensible et point aveugle. — Persistance des impressions lumineuses sur la rétine : expériences et applications. — Les illusions de la vue. — Vision binoculaire. — Le stéréoscope. — Images consécutives. — Irradiation. — Vision des couleurs : daltonisme, contraste simultané, contraste successif.

L'œil, organe de la vue, est encore plus compliqué que l'oreille;

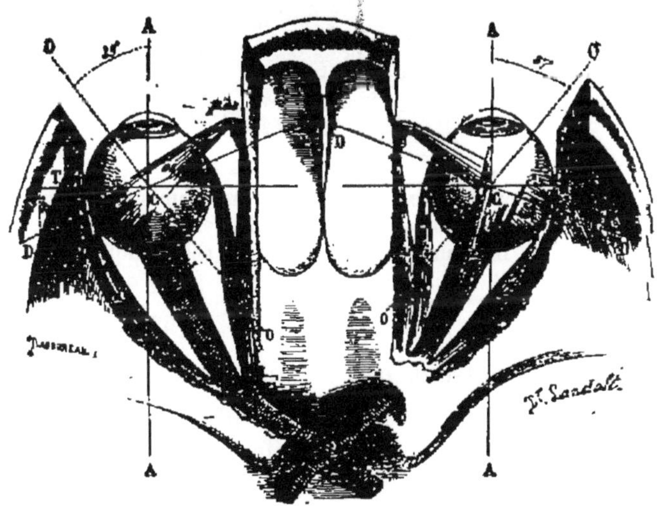

Fig. 68. Muscles de l'œil : *as*, muscle droit supérieur; *ae*, muscle droit externe; *ai*, muscle droit interne; *os*, muscle grand oblique; *pos*, sa poulie de *oi*, insertion oculaire au muscle petit oblique; AA, TT, axes de l'œil; CC, centres des yeux.

il est appelé d'ailleurs à rendre compte d'impressions infiniment plus délicates que celles que nous venons d'étudier.

Les yeux, au nombre de deux, sont des globes qui se meuvent dans l'orbite au moyen de six muscles (fig. 68). Quatre de ces muscles sont droits et permettent à l'organe d'aller à droite et à gauche, en bas et en haut; ils agissent comme des sortes de courroies.

Les deux autres sont obliques, ils permettent à l'œil de tourner autour d'un axe horizontal; l'un de ces mucles est situé du côté du nez, l'autre du côté extérieur.

L'œil, en sa qualité d'organe extrêmement précieux, est entouré de moyens préservatifs admirablement appropriés ; il est placé

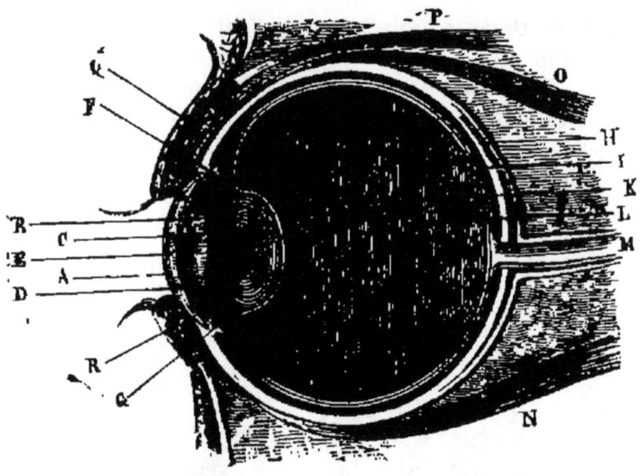

Fig. 69. Coupe verticale de l'œil : A, cornée; B, chambre antérieure ; C, pupille; D, iris; E, cristallin; FG, procès ciliaires; H, sclérotique; I, choroïde; K, rétine; L, chambre postérieure; M, nerf optique; N, O, muscles moteurs de l'œil; Q, R, paupières.

dans une boîte osseuse (l'orbite) protégée en-dessus par les arcades sourcilières et en-dessous par la saillie formée par les os malaires. Les *paupières*, sortes de voiles prolongés par les cils, se ferment, à la moindre inquiétude, sur le globe visuel. Elles sont constituées par un repli de la peau, et une membrane appelée *conjonctive*, qui est en contact avec l'œil sur lequel elle étale un liquide sécrété par les glandes lacrymales qui, en débordant les paupières, donne lieu aux larmes. Normalement, il s'écoule dans le nez par un petit canal dit lacrymal, percé intérieurement dans la paupière inférieure.

Lorsqu'il y a *conjonctivite*, c'est-à-dire inflammation de la conjonctive, l'œil larmoie continuellement.

Le globe de l'œil (fig. 69) est divisé en deux parties très inégales, appelées : la *chambre antérieure* et la *chambre postérieure*, par une cloison verticale composée du rideau membraneux des *procès ciliaires*, qui porte en son centre le *cristallin*, véritable lentille bi-convexe. La chambre antérieure est remplie d'un liquide dont l'indice de réfraction ($n=1.337$) est très voisin de celui de l'eau ; c'est l'*humeur aqueuse*. Dans la chambre postérieure est une substance gélatineuse très réfringente ($n=1.339$), appelée *humeur vitrée*, et dont la constitution intime n'est pas complètement connue.

La chambre antérieure est limitée en avant par une membrane incolore et épaisse appelée *cornée transparente*. Elle contient, en avant du cristallin, un diaphragme circulaire, l'*iris*, coloré, diversement suivant les individus et percé d'un trou central (*pupille*) destiné surtout à ne laisser arriver sur la lentille que les rayons lumineux voisins de l'axe, les seuls dont la réfraction se fasse sans irisation. L'iris, formé de fibres rayonnantes et concentriques, remplit aussi le rôle d'un régulateur de la lumière incidente en diminuant le diamètre de la pupille ou en l'augmentant, suivant que l'éclairage est plus fort ou plus faible.

L'enveloppe résistante de la chambre postérieure, la *sclérotique*, constitue dans la région découverte par les paupières le *blanc de l'œil*. On l'appelle aussi *cornée opaque*; la cornée transparente en est le prolongement. Dans son intérieur, l'humeur vitrée est enveloppée d'une membrane extrêmement fine, l'*hyaloïde*, qui englobe le cristallin, en lui faisant de la *capsule cristalline* une sorte de sertissage.

Entre la sclérotique et l'hyaloïde se trouve une membrane colorée en noir : c'est la choroïde ; les procès ciliaires en sont un prolongement, de même que l'uvée, sorte de doublure de l'iris. Chez les *albinos*, le pigment noir faisant défaut, l'œil paraît rouge, à cause des nombreux vaisseaux sanguins qui en tapissent le fond. Cette absence de pigment affecte aussi l'uvée.

Enfin, le fond de l'œil est recouvert par une dernière membrane : la *rétine*, formée de l'épanouissement des *nerfs optiques*, deuxième paire des nerfs crâniens qui traversent la sclérotique et la choroïde.

On y trouve plusieurs couches superposées dont la plus remarquable, formée d'éléments anatomiques en forme de cônes et de bâtonnets, est imprégnée d'une matière rose, dite pourpre rétinien et que l'action de la lumière décolore. Il en résulte qu'il se produit au fond de l'œil une vraie photographie des objets extérieurs, et c'est ce qu'on vérifie par l'expérience directe.

Le mécanisme de la vision s'explique facilement. Un objet placé devant l'œil y produit exactement le même phénomène que si on le place devant la chambre noire d'un photographe : le cristallin est la lentille, et la rétine l'écran. Le centre optique de l'appareil est situé en arrière du cristallin et près de lui. L'image formée par l'objet sur la rétine est renversée.

On appelle *accommodation de l'œil*, l'ensemble des changements qui se produisent dans l'organe pour le rendre propre à voir distinctement à des distances diverses. Pour cela, des muscles spéciaux donnent au cristallin plus ou moins de courbure. On peut observer directement le jeu de ces muscles : si dans une chambre tout à fait obscure on met une bougie devant l'œil d'une personne en expérience, on y aperçoit trois images réfléchies : une image sur la cornée transparente, une image sur la partie antérieure du cristallin, une image sur la partie postérieure. Le sujet de l'expérience regarde alors plus loin ; on voit les images réfléchies sur les deux faces du cristallin se rapprocher l'une de l'autre, ce qui montre évidemment que le cristallin s'est aplati. Enfin, la personne qui se prête à l'expérience regarde un objet très rapproché : les images réfléchies sur le cristallin s'écartent : la courbure du cristallin a donc augmenté.

L'œil au repos est agencé pour voir les objets placés à environ 20 mètres : les muscles n'aplatissent ou ne courbent le cristallin que pour les distances plus grandes ou plus petites.

Chez les *myopes*, la distance de la vision distincte est beaucoup plus faible, parce que le cristallin a une courbure trop grande ; les images des objets éloignés ne sont pas nettes : elles se forment en avant de la rétine. Au contraire, chez les *presbytes*, dont le cristallin est aplati, les images des objets rapprochés se dessinent en arrière de la rétine.

Pour corriger ces conformations défectueuses de l'œil, on donne aux myopes des lunettes concaves, pour éloigner l'image ; aux presbytes, des lunettes convexes, pour la rapprocher.

On appelle *astigmatisme* une infirmité qui consiste dans la déformation latérale des images; on la corrige à l'aide de verres dits *cylindriques*, parce que les surfaces courbes à grand rayon qui les limitent ne sont pas empruntées à des sphères, mais à des cylindres.

On appelle *champ visuel* : 1° l'espace angulaire dans lequel sont compris les objets qui peuvent envoyer les rayons dans l'œil ; cet espace a 120 degrés dans le sens vertical, et 150 dans le sens horizontal ;

2° Et, plus fréquemment, le champ de la *vision nette*, qui est beaucoup plus petit et n'a que 2 à 4 degrés de diamètre.

Le *point sensible* est situé au fond de l'œil, là où l'image se produit avec le plus de netteté. Contrairement à ce que l'on pourrait croire, il n'est pas situé à l'émergence même du nerf dans l'œil, mais tout autour. Aussi, pour voir un objet peu net, une nébuleuse, une comète par exemple, s'arrange-t-on de manière à en obtenir l'image très près du point sensible : il faut pour cela regarder de côté. Au milieu de la zone sensible et par un contraste surprenant, précisément à l'émergence du nerf optique, se trouve

Fig. 70. Cercles blancs pour l'expérience du *point aveugle*.

un *point aveugle*. L'espace aveugle correspond sur le ciel à une surface grande onze fois comme la pleine lune. Il a été découvert par Mariotte, qui fit à la cour de Charles Ier des expériences dont fut frappée l'imagination des contemporains ; on se plaçait de façon à ne plus voir la tête des autres. C'est ainsi que Charles Ier parut avoir perdu la sienne plus tôt que l'accident ne lui arriva réellement.

Vous pouvez constater l'existence du point aveugle en regardant d'un seul œil la figure ci-jointe, que vous approcherez ou éloignerez successivement jusqu'à ce que le point situé du côté de l'œil fermé devienne invisible (fig. 70).

Les impressions lumineuses, surtout quand elles sont vives, persistent un certain temps sur la rétine, qui les transmet au cerveau, alors qu'elle ne les reçoit plus. Par ce fait, vous expliquerez bien des phénomènes : le cercle de feu décrit par l'allumette en ignition dont s'amuse un enfant ; la traînée des étoiles filantes. L'invisibilité d'un boulet de canon qui passe devant nous, celle des rayons d'une roue qui tourne très vite, viennent de ce que l'image des objets placés derrière ces corps rapides persiste pendant la très courte éclipse que le passage de ceux-ci leur fait éprouver.

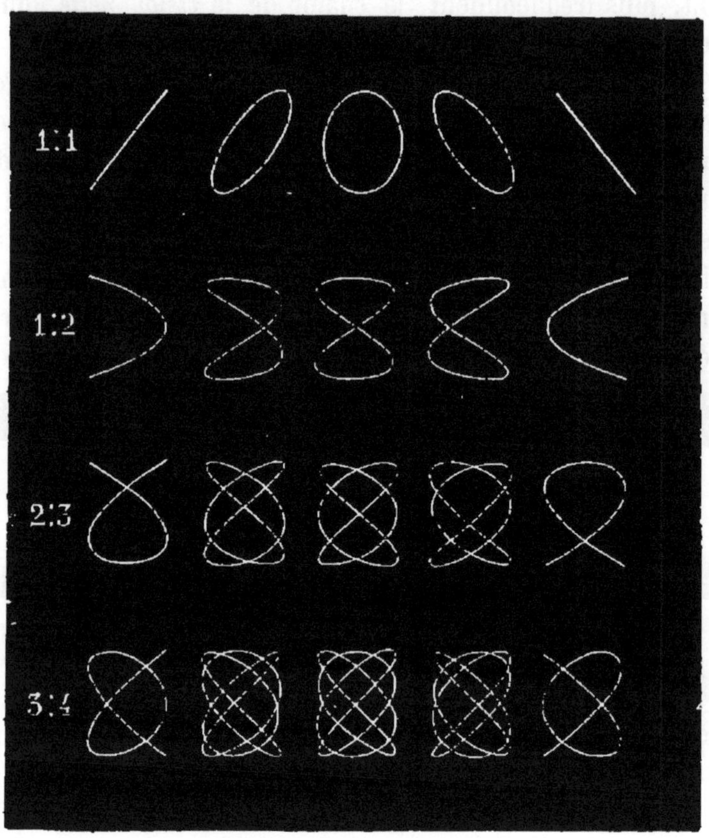

Fig. 71. Les courbes de M. Lissajous.

A l'inverse, nous pourrons voir immobiles des corps réellement en mouvements très rapides, comme les dents d'une roue d'engrenage qui tourne, en ne les regardant que très court d'une étincelle électrique qui s'allume dans la nuit.

La persistance des impressions lumineuses a donné lieu à une intéressante expérience de M. Lissajous :

Deux diapasons, l'un vertical, l'autre horizontal, sont disposés l'un près de l'autre. Le diapason horizontal porte un miroir placé de telle façon que des rayons lumineux provenant d'une source s'y réfléchissent, tombent sur le miroir du diapason vertical et de là sur un écran où ils forment l'image d'un point.

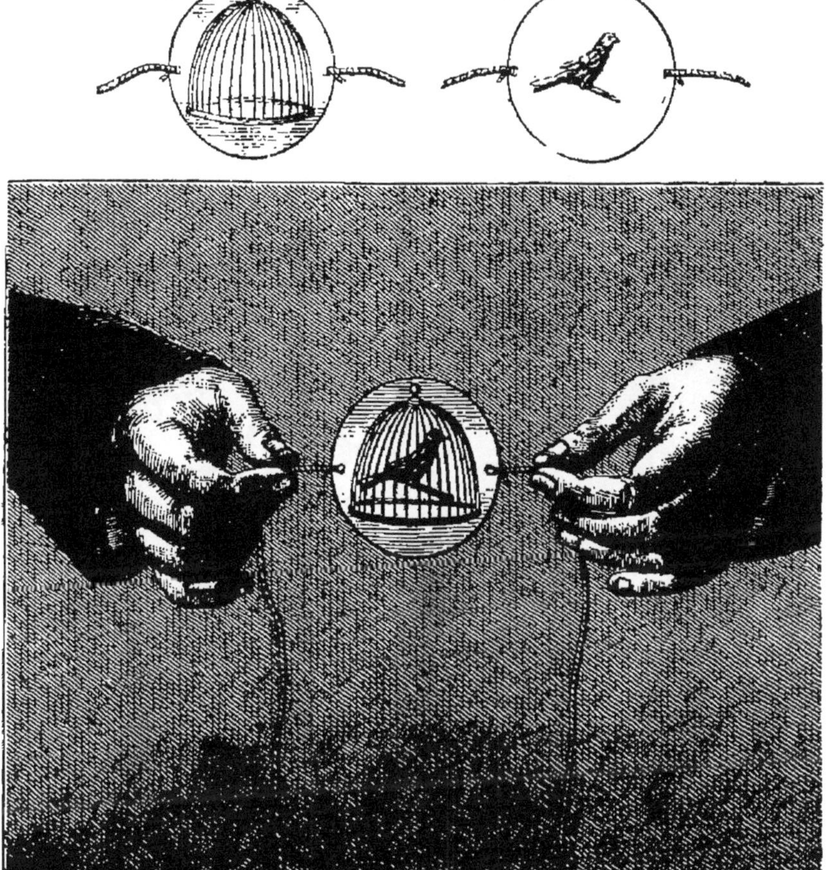

Fig. 72. Le thaumatrope.
(Extrait des « Récréations scientifiques, » par G. Tissandier.)

Si le diapason horizontal vibre seul, son miroir oscille de bas en haut, et il se forme sur l'écran l'image d'une ligne verticale.

Si, au contraire, on fait vibrer le diapason vertical, l'œil reçoit l'impression d'une ligne lumineuse horizontale qui se produit sur l'écran.

Ceci admis, lorsque l'on fait vibrer en même temps les deux diapasons, il se dessine sur l'écran une ligne courbe qui varie selon le rapport des nombres de vibrations donnés dans le même temps par les deux diapasons (fig. 71).

On a évalué la durée des impressions lumineuses, avec un appareil dû à un illustre savant belge, M. Plateau: cette durée est de 84 centièmes de seconde.

Les objets vivement éclairés, à la lumière électrique, par exemple, donnent des images dont l'impression persite longtemps.

Fig. 73. Le phénakisticope.
(Extrait des « Récréations scientifiques, » par G. Tissandier.)

La durée de l'impression lumineuse a de charmantes applications; elle est le principe du *chromatrope*, du *thaumatrope*, du *phénakisticope*.

Le *chromatrope* consiste en deux disques de verre montés sur le même axe et tournant en sens inverse l'un de l'autre. On a

Fig. 74. Allure du cheval, d'après les photographies instantanées de M. Muybridge.

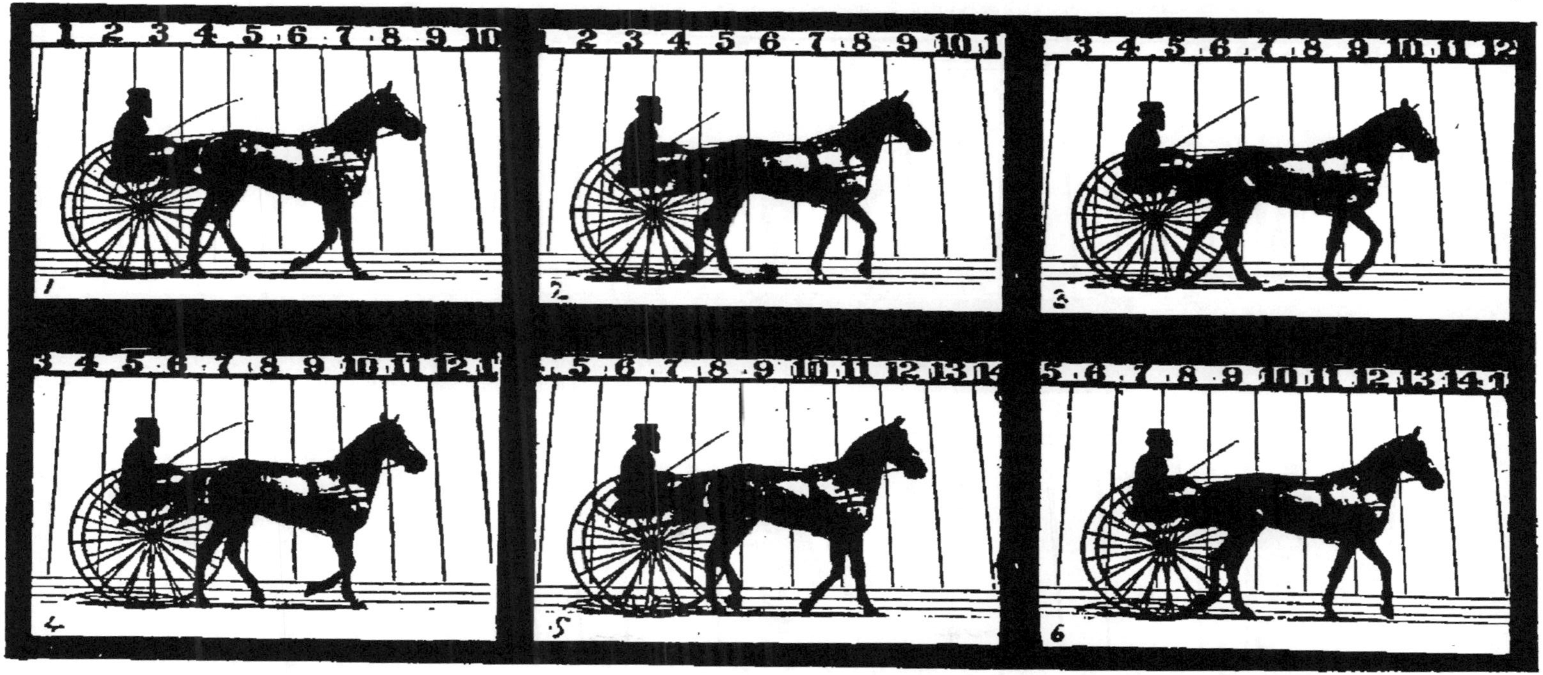

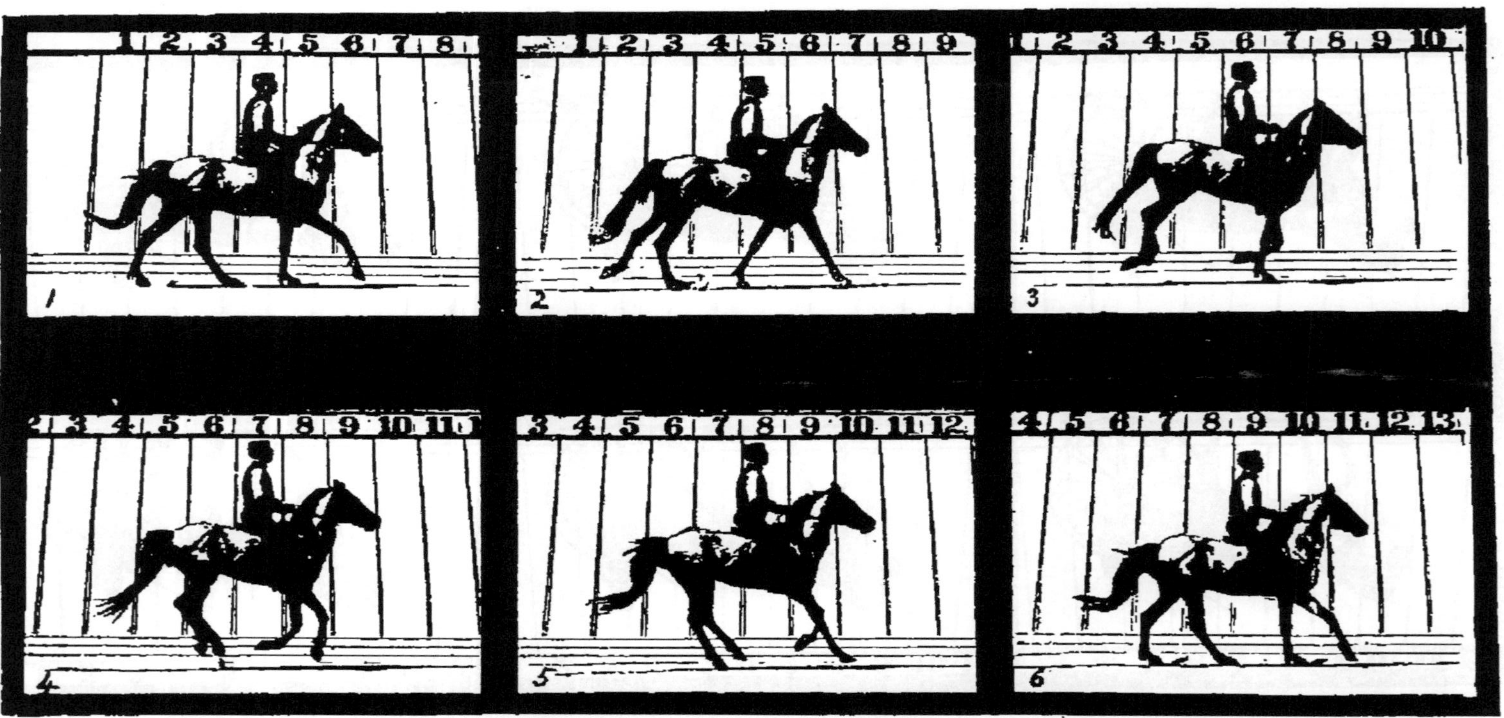

Fig. 74. Allure du cheval, d'après les photographies instantanées de M. Muybridge.

dessiné sur chaque disque des courbes capricieuses, et les points d'entrecroisement des deux dessins variant avec la situation relative des verres, les dessins ont l'air de se déplacer quand les verres tournent.

Le *thaumatrope* (fig. 72) est fait d'un disque de carton sur les deux côtés duquel on a dessiné des figures différentes qui se superposent lorsque le thaumatrope tourne très-vite. Supposons sur un des côtés du disque une cage, sur l'autre un oiseau; l'oiseau, dans le mouvement de rotation semblera être dans la cage.

Le *phénakisticope* (fig. 73) se compose de deux disques : l'un percé de fenêtres étroites, l'autre placé derrière et portant l'image d'un être vivant dans les différentes positions d'une action quelconque. Quand on donne au phénakisticope le mouvement voulu, et qu'on regarde par les fenêtres, on a une image continue et qui semble animée.

Les progrès de la photographie ont permis au phénakisticope de donner des effets vraiment surprenants.

M. Muybridge est, par exemple, arrivé à photographier différentes phases du mouvement d'un cheval au galop (fig. 74). Pour cela a disposé devant un grand mur blanc, 24 chambres noires de $1^m,70$ dont l'objectif circulaire peut se fermer d'un opercule relevé au moyen d'un fil de soie attaché au mur.

Sur une piste (fig. 75) ménagée entre le mur et les chambres noires, le cheval galope en brisant les fils, et les objectifs correspondants se ferment; mais la chambre noire a eu le temps, malgré l'apparente instantanéité de la fermeture, de prendre la photographie de la silhouette du cheval.

Si les 24 positions différentes ainsi obtenues pour un *seul temps* de galop sont disposées sur le disque d'un phénakisticope, on peut avoir l'illusion d'un dessin de cheval accomplissant réellement le galop.

On a de même reproduit l'allure d'un clown faisant le saut périlleux, et M. Marey est parvenu à prendre de nombreuses photographies d'oiseaux au vol.

Le principe de la persistance de l'impression peut aussi donner l'idée du relief. Une toupie, dont l'axe est creusé en haut sous forme d'entonnoirs, reçoit dans cette partie évidée des fils de fer repliés sur eux-mêmes de façon à dessiner le demi-profil de corps de révolution quelconques. Par la rotation de la toupie, ils donnent l'impression de ces corps eux-mêmes : globe, vase, cône, etc.

La vue, comme les autres sens, est sujette, comme vous voyez, à des illusions.

Fig. 75. Disposition de la piste de M. Muybridge.

Il est intéressant d'en citer quelques-unes encore.

Ainsi, vous trouverez une dimension divisée plus grande qu'une autre égale mais tout unie, car les divisions vous donneront une

Fig. 76. Influence des divisions sur l'appréciation des dimensions.

idée plus nette de sa grandeur. De deux carrés de même surface portant, l'un des lignes transversales, l'autre des lignes longitudinales (fig. 76), le premier vous semblera plus haut que large, et le second, plus large que haut.

Si, sur deux lignes parallèles (fig. 77), on trace dans des direction opposées des lignes obliques parallèles, à partir du milieu des parallèles horizontales celles-ci paraissent s'écarter ou se rapprocher à leurs extrémités, selon la direction des obliques. La figure 78 est une variante de la précédente.

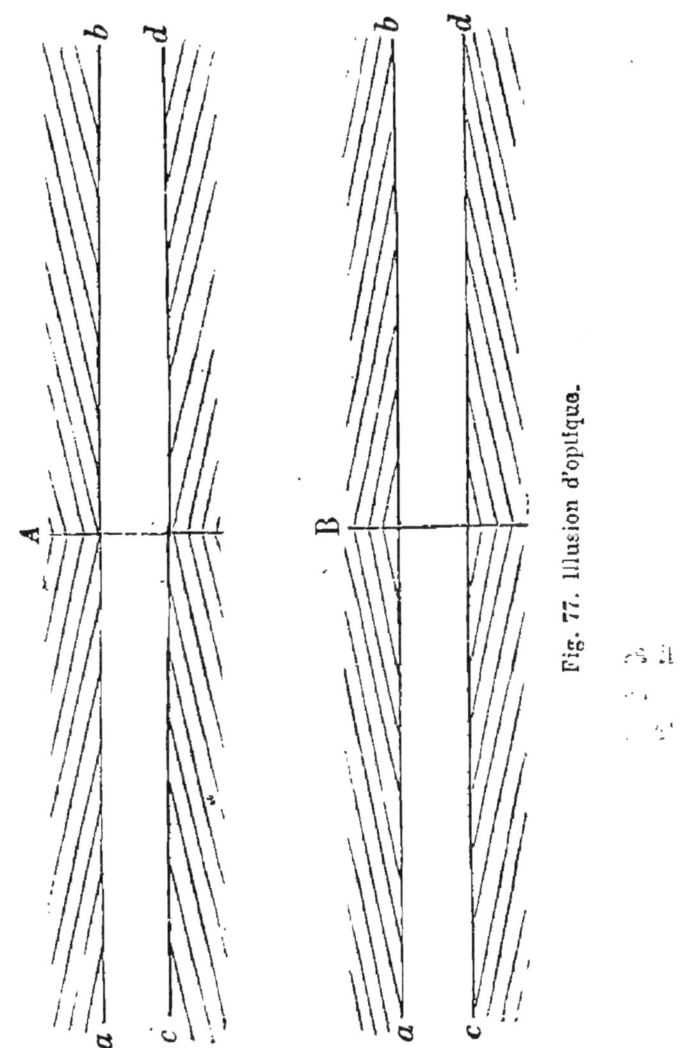

Fig. 77. Illusion d'optique.

Une tour carrée, vue de loin, paraît ronde.

Les arbres d'une grande avenue ont l'air de se toucher lorsqu'on les regarde de l'autre bout de l'avenue.

Nous avons aussi l'illusion du mouvement pour des corps

immobiles: quand nous sommes dans un bateau ou dans un train, les arbres et les maisons fuient, tandis que nous pouvons nous croire immobiles.

Vous pouvez vous procurer l'illusion d'une image qui se déplace par rapport au papier où elle est dessinée. Si, par exemple, on imprime à la figure 79 un mouvement de rotation dans le plan du papier, elle semble entraînée dans le même sens.

Les anciens physiologistes croyaient que l'on ne voit que par un

Fig. 78. Illusion d'optique.

seul œil qui travaillerait, pendant que l'autre se reposerait; ils niaient donc la *vision binoculaire,* et cela parce que nous n'avons pas une image double pour un seul objet. En cela, comme en bien d'autres choses, ils étaient dans l'erreur. C'est l'habitude qui nous fait rapporter à une perception unique de l'objet les sensations éprouvées par les deux yeux.

L'existence de deux images est bien réelle, l'on peut s'en convaincre par le déplacement d'un des yeux avec le doigt.

On voit également double quand on louche volontairement.

Si l'on ouvre brusquement un œil fermé, on a aussi, pendant un moment, deux perceptions plus ou moins distinctes.

Les deux images perçues par les deux yeux ne sont pas semblables entre elles ; chaque œil voit mieux une portion spéciale de l'objet. Ainsi, dans un livre placé debout qu'on regarde de dos (fig. 80), on aperçoit bien les deux faces de la couverture, mais si l'on ferme un œil, l'œil gauche par exemple, on n'aperçoit plus que la face droite, et inversement.

Cela nous amène à expliquer la sensation du relief que les per-

Fig. 79. Illusion de mouvement procurée par une image immobile.

sonnes privées d'un œil éprouvent par habitude, mais moins fortement que les autres. Car pour avoir toute sa force, cette sensation doit résulter de la superposition des deux images.

On en a la preuve dans cet ingénieux appareil qui s'appelle le *stéréoscope*. Il consiste en une caisse sur le devant de laquelle existent deux oculaires, et qui contient deux vues photographiques d'un même objet. Ces deux vues ne sont pas identiques entre elles : l'une correspond à ce que vous voyons de l'objet en le regardant seulement de l'œil droit ; l'autre, à ce nous en voyons de l'œil gauche. Les oculaires contiennent chacun un prisme de verre dont les bases sont placées vers les côtés de la caisse, et les sommets vers sa ligne moyenne. La lumière émise par chaque photographie n'arrive à l'œil qu'après être infléchie à droite, pour l'image de droite à gauche pour l'image de gauche. Involontairement nous rapportons les deux sensations simultanées que nous éprouvons au point de l'espace où s'entrecroisent les rayons brisés; et c'est en ce point que se montre l'image virtuelle participant des deux photographies, et présentant le relief de l'objet lui-même. Tout le monde ne sent pas le relief stéréoscopique. Arago n'a jamais pu le voir.

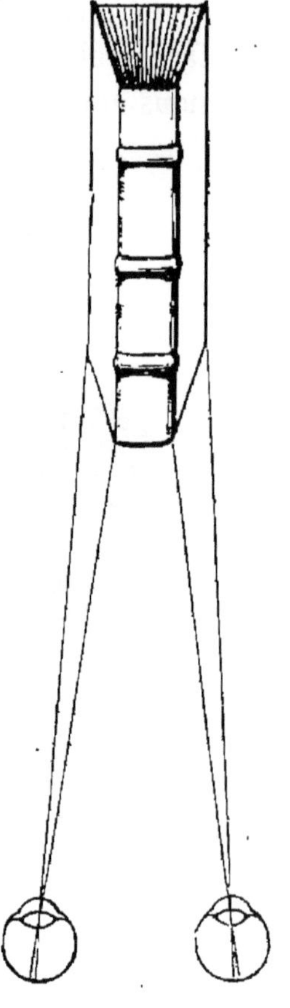

Fig. 80. Sensation du relief par vision binoculaire simultanée.

Quand on regarde quelque temps un objet fortement éclairé, se détachant nettement sur un fond d'une autre couleur que lui, par exemple un objet noir sur un fond blanc, et qu'on ferme ensuite les yeux, on continue de voir cet objet; mais on remarque qu'il a pris la couleur du fond pour lui donner la sienne : de telle sorte que dans l'exemple choisi, il semble blanc sur un fond noir. On donne à ces effets le nom d'*images consécutives* ou d'*images accidentelles*.

Une observation facile à faire, est que certaines couleurs paraissent grandir les objets qu'elles teignent. Si l'on regarde simultanément deux carrés de même dimension, l'un blanc sur fond noir, l'autre noir sur fond blanc (fig. 81), le premier semble très notablement plus grand que le second. Les applications de ce phénomène qualifié d'*irradiation*, sont de tous les instants; et les personnes coquettes n'ignorent pas que les costumes clairs les grossissent, et que les costumes noirs ou foncés les font paraître plus minces.

La vision des couleurs donne lieu à divers phénomènes qui méritent d'être signalés.

Vous savez que certaines *couleurs* sont *simples* et que d'autres *composées*, et que l'on considère souvent le *rouge*, le *jaune* et le *bleu* comme les couleurs simples, d'où peuvent résulter toutes les autres par voie de mélange; mais il ne faut pas oublier que dans le spectre, chacun des rayons colorés, dont le nombre est infini, est essentiellement simple.

Les trois couleurs, rouge, jaune et bleu, mélangées en proportion convenable, donnent le blanc, et l'expérience, mettant à son service le phénomène de persistance des impressions sur la rétine, se fait très simplement à l'aide du *disque de Newton*. On peut la répéter d'ailleurs de plusieurs manières, soit avec les trois couleurs dites simples, soit avec toutes les couleurs du spectre, soit avec

Fig. 81. Effet d'irradiation

deux couleurs seulement, une simple et la seconde résultant du mélange des deux autres couleurs simples. Ainsi le bleu mêlé à l'orangé (jaune et rouge) donne le blanc; — le rouge mêlé au vert (jaune et bleu) donne le blanc; — le jaune mêlé au violet (rouge et bleu) donne le blanc. Et ces couleurs, orangé, vert, violet, sont appelées respectivement les *complémentaires* des couleurs bleue, rouge et jaune.

Un fait physiologique fort important à l'égard de ces couleurs, c'est que tous les yeux ne sont pas également bien faits pour les percevoir. Il y a de nombreuses personnes qui, tout en jouissant de la vue, sont véritablement aveugles pour certaines couleurs. Deux couleurs complémentaires étant données, ces malades les confondent ensemble ou, plus exactement, n'en voyant qu'une, ils sont portés à identifier celle qui leur échappe avec celle qu'il perçoivent. Le physicien anglais Dalton, qui était aveugle pour le rouge, a étudié cette aberration connue maintenant sous le nom de *daltonisme*. L'infirmité dont il s'agit est bien plus répandue qu'on ne pense, car on a reconnu que 35 personnes sur 100 en sont plus ou moins affectées, et elle a parfois des conséquences auxquelles peut-être vous n'avez pas songé. On peut se consoler de voir toujours un troupier en pantalon gris sale, mais croyez-vous qu'il soit bien gai d'être réduit, comme cette famille dont parle Arago, à ignorer les cerises mûres? On dit que des industriels ont trouvé une cause de déboire dans le daltonisme; — mais ce qui est sûr, c'est qu'il est funeste aux peintres et peut leur rendre la carrière impossible. Il faut malheureusement ajouter à son avoir, les désastres qu'il a déterminés sur mer et sur les lignes de chemins de fer en faisant méconnaître à des employés la signification des signaux colorés. Aujourd'hui nul ne peut être admis dans la marine suédoise s'il n'a justifié, devant un jury compétent, de la saine perception des couleurs.

Collez un pain à cacheter rouge au milieu d'une feuille de papier bien blanc et, le tout étant vivement éclairé, regardez-le fixement. Vous ne tarderez pas à voir apparaître comme une auréole verte tout autour du pain à cacheter. Cette couleur verte, la complémentaire du rouge, n'existe pas réellement; c'est une illusion, un effet de *contraste simultané*, pour employer l'expression de M. Chevreul, l'une des illustrations de la science française. Ce phénomène, qui est constant, vous semblera sans doute important, quand vous saurez qu'il joue un grand rôle dans l'association des couleurs, par exemple dans la réunion des diverses pièces du vêtement. De telle sorte que les personnes qui mettent du goût dans leur toilette font preuve, quelquefois à leur insu, comme M. Jourdain, de l'instinct du contraste dont il est question. Elles savent que certaines couleurs se font valoir tandis que d'autres se tuent.

Mais nous pouvons continuer notre expérience, et maintenant que nous avons bien regardé le pain à cacheter rouge, recouvrons-le d'un papier blanc. Il nous est si bien resté dans l'œil que nous continuerons à le voir encore, quoiqu'il soit caché ; seulement nous ne le verrons plus rouge, mais vert, c'est-à-dire teint de sa complémentaire. Cette fois le phénomène s'appelle *contraste successif.*

C'est ici la place de mentionner un phénomène très étrange auquel on a donné le nom d'*audition colorée*, et qui consiste en une impression chromatique déterminée par la perception d'un son. Pour certaines personnes, une note donnée donnera le sentiment de la couleur verte, une autre note de la couleur rouge, etc. Et les études qu'on a poursuivies pendant ces dernières années en Allemagne, en Suisse, en France et ailleurs, ont montré que le nombre des gens atteints de cette singulière affection est relativement considérable. Parmi les explications proposées, une des plus acceptables, sauf examen, est que certaines fibres du nerf auditif s'anastomoseraient accidentellement avec des fibres provenant du nerf optique : de là résulterait naturellement un mélange de sensations.

VIII

LES SENSATIONS SUBJECTIVES

Ce qu'on entend par sensations subjectives. — Les localisations cérébrales. — Extériorisation des sensations. — Le magnétisme animal. — L'hypnotisme; manière de le produire. — La catalepsie. — La métallothérapie.

L'étude rapide qui vient d'être faite des sensations ne serait pas complète si nous ne remarquions que les corps *extérieurs* ne sont pas seuls capables de nous en fournir.

En d'autres termes, à la suite des sensations *objectives* dont nous nous sommes occupés, il faut placer les sensations *subjectives* dont la cause est en nous-mêmes.

Pour bien comprendre ce dont il s'agit, reprenons un des cas précédemment cités, celui d'une sensation lumineuse quelconque. Nous avons considéré ce qui arrive quand de la lumière vient frapper la rétine. Mais nous savons que la lumière agit par une simple excitation du nerf optique. Il est donc naturel de nous demander si une excitation causée sur le même nerf par autre chose que la lumière ne donnerait pas lieu cependant à une sensation lumineuse.

Or, nous savons déjà qu'il en est ainsi.

Cette locution populaire, « voir trente-six chandelles », pour peindre l'effet produit par un coup sur l'œil, consacre la sensation lumineuse qui suit l'excitation mécanique de la région où siège le nerf optique. Les malades dont le chirurgien touche le nerf optique accusent tous des sensations lumineuses, bien qu'on fasse d'ordinaire l'opération dans l'obscurité. De proche en proche on reconnait qu'on peut les déterminer en touchant un point quelconque du nerf optique ;— ou même les tubercules quadrijumeaux qui en sont comme la racine. Relativement à ce dernier fait, on sait que la congestion cérébrale provoque souvent des éblouissements ; et ces diverses remarques montrent qu'il existe dans l'encéphale un centre spécial pour la vue.

En poursuivant ces études, on a reconnu de même que certaines régions cérébrales sont affectées à la perception de sensations de divers ordres : il y a un centre olfactif, un centre gustatif, un centre acoustique, et c'est ce qu'on appelle les *localisations cérébrales*.

Mais ces découvertes en amènent bien vite une autre : nous n'avons pas le sentiment que c'est *dans le cerveau* qu'a lieu la perception. Il nous semble que c'est l'œil qui sent la lumière, le nez les odeurs, l'oreille le son, la langue les saveurs. Autrement dit, les sensations sont involontairement *extériorisées*, c'est-à-dire rapportées à l'extrémité la plus éloignée des nerfs qui nous les transmettent.

Et le fait n'est pas spécial au sens proprement dit. Si l'on se heurte le coude sur le trajet du nerf qui va au petit doigt, c'est au bout de ce petit doigt qu'on croit sentir le choc. Un amputé se plaint fréquemment du mal qu'il prétend éprouver dans son membre absent, etc.

La perception exacte des choses qui nous entourent dépend avant tout du bon état de notre centre nerveux. En ébranlant celui-ci de certaine façon on peut fausser absolument les perceptions et même les annuler. Il en résulte des phénomènes qualifiés d'étranges parce qu'ils sont mal connus, et qui dès la plus haute antiquité ont jeté l'effroi chez les peuples ignorants, qui n'ont fait aucune difficulté pour les croire surnaturels. Toutes les prétendues *possessions*, tous les *ensorcellements* rentrent dans cette catégorie de phénomènes que des charlatans ont longtemps exploitée après l'avoir baptisée de *magnétisme animal*.

Dans ces derniers temps, des médecins très savants et jouissant d'un grande autorité ont donné les preuves d'un véritable courage moral en étudiant des faits entachés d'un pareil discrédit. Grâce à eux, nos connaissances sur les propriétés du système nerveux ont reçu d'immenses accroissements.

En 1841, un médecin de Manchester, appelé Braid, découvrit que le sommeil dit magnétique peut être provoqué par la fixité du regard et par la fatigue nerveuse consécutive. Il endormit ses malades en leur faisant fixer leur regard sur ses propres yeux ou plus simplement sur un point brillant, et le sommeil obtenu, qu'il appela *hypnotique*, présentait ce caractère extraordinaire d'entraîner avec lui l'anesthésie, c'est-à-dire l'insensibilité à la douleur. Le patient put, à son insu, subir de graves opérations chirurgicales.

L'hypnotisme n'est pas spécial à l'homme ; on peut le provoquer chez les animaux, et c'est ce dont le physicien Kircher s'était aperçu dès le dix-septième siècle (fig. 82).

Fig. 82. Le coq cataleptique. (*Nature.*)

Ces faits expliquent les pratiques, regardées comme surnaturelles, de l'ascétisme contemplatif; et l'on est parfaitement autorisé à voir un cas d'hypnotisme dans les dévots de l'Inde qui tombent en extase par la contemplation du bout de leur nez.

D'ailleurs ce n'est pas seulement par la fatigue des nerfs optiques que des effets de ce genre peuvent être obtenus.

Chez les disciples d'Hussein le martyr, qui constituent une secte de l'Islam, on produit l'extase par des tambourins frappés sans cesse avec la même cadence rapide et monotone. L'anesthésie est si complète qu'on peut répéter sur le corps de ces fanatiques les principales phases du martyre de leur maître sans qu'ils aient l'air de s'en douter.

Il en est de même pour les Aïssaouas, secte dont on voit beaucoup d'adeptes en Algérie et en Tunisie, où nos officiers ont eu encore tout récemment l'occasion de les observer.

Ce n'est après tout que la répétition des faits observés chez nous mêmes, à maintes reprises et par exemple en plein Paris, alors que se montraient en 1727 les *Convulsionnaires de Saint-Médard.*

Les expériences récentes qui ont éclairé cet important sujet ont eu lieu surtout à la Salpêtrière, sur des jeunes femmes atteintes de troubles nerveux spéciaux. On reconnut que le sommeil hypnotique peut s'obtenir très aisément et que l'habitude aide tellement dans la réussite de l'expérience, qu'une certaine malade tombait invariablement hypnotisée à la rencontre d'un des médecins. Dans ce cas, l'imagination joue un rôle prépondérant et, en faisant croire au sujet que l'objet qu'il va toucher est magnétisé, il tombe dans le sommeil au moment du contact.

Une fois le sujet en état hypnotique, rien n'est plus facile que de le faire tomber en *catalepsie*. Une étincelle électrique qui s'allume tout à coup, un gros diapason qui entre inopinément en vibration, suffisent pour cela. Alors le malade est vraiment à la discrétion du médecin. Il le suit partout et, dans cet état de fascination, croit voir réellement tout ce dont on lui suggère l'idée. De véritables hallucinations lui montrent, au gré de l'opérateur, des serpents qui glissent à terre, ou des oiseaux qui volent dans les airs. Qu'on lui persuade que la main qu'il a posée au mur y est fixée, et il fera des efforts énergiques mais impuissants pour s'arracher à cette adhérence.

On peut se demander si certains animaux de proie ne donnent pas lieu vraiment, conformément au dire de maint voyageur, à des effets de fascination du même genre. Il y a longtemps qu'on raconte la paralysie des oiseaux ou des autres petits animaux sous le regard du serpent auquel ils ne semblent pas songer à se soustraire. Le voyageur Livingstone, renversé par un lion auquel il n'échappa que par miracle, a raconté comment il avait perdu le sentiment réel de sa situation ; et l'allure de la souris prise par le chat qui joue avec elle paraît prouver chez le petit rongeur un état d'esprit analogue. N'y a-t-il pas là une disposition vraiment providentielle ?

Évidemment les phénomènes dont il s'agit ne sont pas sans lien avec le fait si souvent constaté et dont nous avons eu déjà l'occasion de parler (Voy. p. 66) de personnes anesthésiques ou hémi-anesthésique, c'est-à-dire insensibles à la douleur sur tout le corps ou sur une moitié du corps. On peut les piquer, les brûler, sans qu'elles éprouvent rien; et l'on constate ordinairement de grandes perturbations dans la vision et dans la perception des odeurs.

On suit, pour guérir ces maladies, le traitement du docteur Burq, la *métallothérapie*, comme il dit, le *Burquisme*, comme on devrait dire. Un anesthésique étant donné, M. Burq a constaté qu'on fait souvent revenir la sensibilité disparue par l'application sur la peau de lames métalliques bien polies. Le métal varie d'ailleurs avec le malade : tel anesthésique *sensible à l'or* est insensible au cuivre, et *vice versâ*.

Le fait a l'air bien merveilleux, n'est-ce pas? mais on a reconnu que le retour de la sensibilité est dû aux courants électriques déterminés par le contact mutuel du métal et de la peau. Ces courants sont si faibles qu'on n'eût jamais songé à les appliquer, surtout quand on sait que des courants plus puissants sont inefficaces. Mais si l'on remplace le métal par un courant électrique d'origine quelconque et de même faiblesse que celui qu'il produit, l'effet est exactement celui de la métallothérapie.

IX

LA VIE VÉGÉTATIVE — LA DIGESTION

Comparaison de la machine humaine et de la machine à vapeur : pertes et entretien. — La cicatrisation. — Exemples de son énergie. — La faim et la soif. — Les dents. — L'insalivation. — La ptyaline. — La dialyse. — Les glandes salivaires. — Les amygdales.

Décrire la *vie végétative*, c'est faire l'histoire de l'entretien de la machine humaine. Comme on ne produit rien avec rien, si nous réalisons un mouvement, nous consommons quelque chose dont la quantité est précisément réglée par la puissance du mouvement produit. La consommation dont il s'agit est facile à évaluer, et au dix-septième siècle, Sanctorius se plaçait dans une balance qui révélait à chaque instant la perte subie par son propre corps.

Nous avons déjà comparé l'organisme à une machine où l'on retrouve des leviers et des courroies de transmission. Nous pouvons continuer cette analogie, en considérant spécialement la machine à vapeur, où la quantité de charbon brûlé est rigoureusement réglée par la quantité de travail produit.

Et de même que la machine à vapeur doit pour marcher recevoir du charbon et de l'eau, être *alimentée*, comme on dit, — de même la machine humaine doit être nourrie de matériaux propres à réparer les pertes qu'entraîne son travail.

Vous savez comment on pourrait, si on ne le savait à l'avance, se rendre compte des besoins d'une machine à vapeur. Il suffirait d'analyser les produits qu'elle rejette pendant son fonctionnement. On verrait qu'ils consistent surtout en *vapeur d'eau* et en *acide carbonique*, et on en conclurait aisément que ces aliments sont nécessairement des substances pouvant fournir les éléments de l'eau et de l'acide carbonique ; c'est-à-dire l'*eau*, le *charbon* et l'*air*.

Si l'on opérait de même avec la machine humaine, on reconnaîtrait que les matières rejetées durant le fonctionnement des organes consistent surtout en *eau*, en *acide carbonique* et en *produits azotés* dont le plus remarquable à tous égards est connu sous le nom d'*urée*. Il faut, par conséquent, pour alimenter l'organisme, des matières contenant, à un état convenable, ces quatre corps simples : l'*hydrogène*, l'*oxygène*, le *carbone* et l'*azote*.

Une étude plus attentive des excrétions montrerait aussi qu'elles renferment du *chlore*, du *phosphore*, du *magnésium*, du *sodium*, du *potassium*, etc.

Nos aliments, en effet, la viande, le pain, les légumes vraiment nutritifs renferment toutes ces substances.

Ils sont absorbés pour subir dans l'organisme des transformations successives, jusqu'à ce qu'ils fassent partie intégrante de notre propre substance.

Observons ce qui se passe dans la cicatrisation d'une coupure : La plaie tout d'abord se recouvre d'un liquide appelé *lymphe plastique*, qui a pour premier avantage de préserver la partie à vif du contact de l'air, puis sur les lèvres de la plaie on voit pousser des bourgeons qui grossissent et finissent par combler le vide produit par la coupure.

L'énergie de la cicatrisation est vraiment merveilleuse ; et des charlatans ont souvent exploité la crédulité populaire au moyen de ce phénomène naturel ; — tandis que les chirurgiens l'ont mise à profit pour le bien de l'humanité

A la fin du siècle dernier, vivait à Florence une femme nommée Gambacurta, qui se faisait couper sur le bras un gros morceau de chair, et l'envoyait circuler sur une assiette dans le public. Ensuite, elle se le recollait, et vendait au public le *prétendu baume* qui opérait cette simple cicatrisation.

Au seizième siècle, le chirurgien Gaspard Tagliacozzi (de l'Université de Bologne) pratiquait déjà la remise en place du nez sur des criminels. Le bourreau tranchait le nez du condamné ; puis, la justice satisfaite, le chirurgien recueillait l'organe et le réajustait en toute hâte au patient, qui en était quitte pour une légère cicatrice.

Aussi l'Université de Bologne éleva à Togliacozzi une statue le représentant un nez à la main.

Encore à présent on traite de même (par le recollage) les étudiants allemands qui, dans leurs duels et leurs disputes, s'enlèvent souvent le nez les uns aux autres.

D'autres organes se recollent aussi très facilement. Un enfant de quatre ans et demi eut trois doigts coupés près des ongles par une porte; ils ne tenaient plus que par un lambeau de peau. La cicatrisation se produisait au bout de trois jours : les ongles et la peau tombèrent, mais ils se renouvelèrent en peu de temps.

Un charpentier s'abattit un doigt avec sa hache, et alla trouver un médecin. Celui-ci envoya chercher le doigt sur le terrain : quand il le reçut, le membre était blanc et froid et ressemblait pour l'aspect comme pour la consistance à *un morceau de chandelle*. Ce doigt se recolla néanmoins fort bien à la main du charpentier, qui put s'en servir au bout de trente-quatre jours.

L'histoire de la chirurgie comtemporaine est pleine de faits de ce genre. Ce ne sont qu'oreilles, doigts, pommettes, mentons, paupières recollés de la sorte.

La continuité des vaisseaux se rétablit, et souvent aussi celle des nerfs. Les parties en contact deviennent de même nature, si elles ne le sont dejà : la peau faisant office de lèvres, se change en muqueuse ; la muqueuse amenée au dehors se change en peau.

Une partie quelconque d'un animal peut également se greffer sur un autre animal. Et c'est l'occasion de remarquer que, contrairement à ce qu'on eût pu supposer, la greffe animale est beaucoup plus aisée que la greffe végétale, celle-ci n'étant possible qu'entre deux végétaux très voisins par leurs caractères botaniques.

Pendant longtemps les zouaves d'Afrique se sont amusés à orner le front des rats de la propre queue coupée de ces pauvres bêtes, et M. Paul Bert a su, par une expérience analogue (fig. 83), éclairer des points très délicats de l'histoire des phénomènes nerveux.

Sur les hommes, des organes d'autres individus prospèrent très bien. On prétend que des pauvres ont vendu leurs belles dents à des riches qui en ont fait l'ornement de leur mâchoire.

Mais quelque variés qu'ils soient, ces essais de cicatrisation et de greffe animale témoignent tous de l'élaboration constante de nouveaux tissus au sein de notre organisme : c'est donc une autre

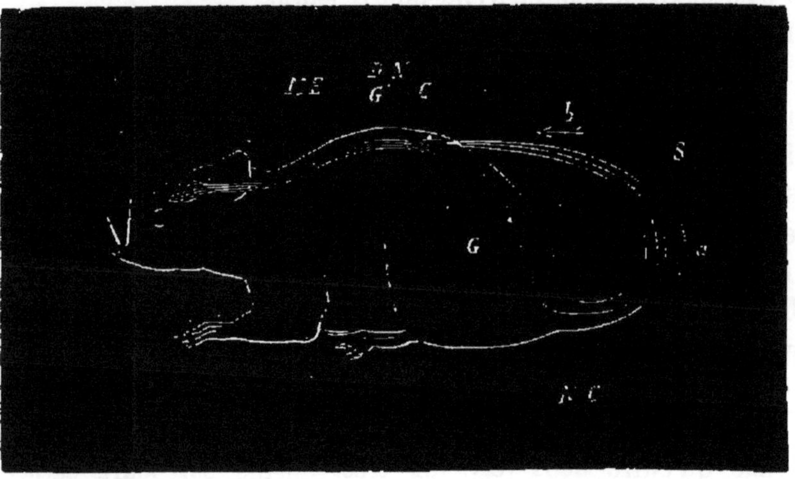

Fig. 83. Rat ayant a queue en anse, expérience de M. Paul Bert. ME, moelle épinière; C, point où le bout de la queue et le dos se sont réunis par cicatrisation; S, point où, après la cicatrisation, on peut couper la queue.

orme de la grande fonction qui a pour but d'entretenir la substance même des corps animaux.

Or, pour comprendre comment les aliments réalisent cet entretien, nous allons analyser ce que nous en faisons pour nous en nourrir.

Nous les saisissons d'abord avec les mains, directement ou indirectement, et nous les plaçons dans la bouche : c'est la *préhension*.

D'après ce que nous disions précédemment, ce mouvement doit être déterminé par une information reçue au cerveau. Nous avons, en effet, *la sensation de la faim*, dont le siège n'est pas bien défini et qui, d'abord agréable, devient en se prolongeant pénible et même douloureuse.

Normalement, c'est une sensation connue seulement de l'homme en bonne santé.

Presque toutes les maladies sont caractérisées par l'absence de la faim, par l'*anorexie*, comme disent les médecins.

Les effets de la faim et de la soif ont été observés trop de fois. Ils sont donc bien connus. Nous n'avons plus en Europe de ces famines qui ont si souvent désolé le moyen âge. Mais il est d'autres pays où les populations tout entières meurent littéralement de faim. L'Inde est une de ces contrées maudites. Les rajahs y ont les plus beaux diamants du monde, et des légions de pauvres n'ont pas, à de certains moments, un grain de riz à se mettre sous la dent.

Des naufrages amènent quelquefois la mort d'Européens par la faim. En 1874, le *Cospatrick*, chargé de 400 à 500 émigrés, sombra la nuit à la suite d'un incendie. Trente hommes se réfugièrent sur une chaloupe. Ils n'avaient aucunes provisions. Ils restèrent 9 jours sans secours. 27 personnes périrent. Les trois survivants donnèrent des détails sur l'horrible agonie. Les premières morts arrivèrent le cinquième jour. Comme il y en eut six, quatre le sixième jour, six le septième, le huitième jour le nombre des vivants était réduit à huit, dont trois étaient fous. Tous se plaignaient d'une sensation horrible de vide dans l'abdomen. Les facultés mentales étaient dans la torpeur et le corps dans une langueur extrême. Après les premiers décès, un silence presque complet régna dans le bateau, rompu seulement de temps en temps par des murmures de délire. La mort survenait avec l'apparence du sommeil. Le sixième jour, les faméliques burent le sang de ceux qui mouraient, et ils essayèrent même d'en manger le foie.

La soif fait peut-être encore plus souffrir que la faim ; mais, comme elle est causée par un manque d'eau dans le sang, il est plus facile de la calmer, puisqu'on peut y apporter remède autrement qu'en buvant. On lit dans l'*Histoire des voyages et découvertes dans le Nord*, par Forster : « Un vaisseau allant de la Jamaïque en Angleterre souffrit tellement d'une tempête qu'il fut sur le point de couler à fond. L'équipage eut aussitôt recours à la chaloupe... Bientôt, ils furent vivement pressés par la soif. Le capitaine leur conseilla de ne point boire d'eau de mer, parce que l'effet pouvait en être extrêmement nuisible. Il les invita plutôt à suivre son exemple, et sur-le champ il se plongea tout habillé dans la mer. Chaque fois qu'ils sortaient de l'eau, lui et ceux qui suivaient son exemple, leur soif était étanchée en grande partie. Plusieurs personnes se moquèrent de lui et de ceux qui suivaient ses conseils, mais elles devinrent si faibles qu'elles périrent bientôt... Quant au capitaine et à ceux qui, comme lui, se plongeaient dans la mer, ils conservèrent leur vie 19 jours, au bout desquels ils furent recueillis par un vaisseau qui faisait voile de ce côté. »

Si l'on admettait que l'expérience du fameux docteur Tanner ait été bien faite, l'eau seule serait capable de soutenir l'organisme humain pendant très longtemps. On sait que cet Américain avait pris l'engagement de s'abstenir de toute nourriture et de ne boire absolument que de l'eau pendant quarante jours. L'expérience, commencée le 20 juin 1880, se termina le 31 juillet. Ce jour-là, la salle où il se trouvait était remplie de spectateurs qui lui laissaient à peine de quoi respirer. Dès que le sifflet à vapeur eut annoncé que son jeûne était fini, le docteur avala une pêche, puis un verre de lait, puis un melon d'eau, malgré l'observation de ses médecins, qui lui déclaraient qu'il allait se tuer avec cet excès de nourriture après cet excès de jeûne. On le pesa, et l'on trouva qu'il avait perdu 36 livres. L'amaigrissement, en effet, est le plus constant effet de la faim, car il se produit alors une véritable *autophagie :* le famélique dévore ses propres tissus. L'absence de mouvement et d'effort cérébral contribue également à prolonger la période pendant laquelle l'homme peut jeûner.

Mais revenons aux gens qui mangent.

Une fois dans la bouche, l'aliment est soumis à l'action des mâchoires et des dents.

Les dents sont constituées par des masses dures et résistantes ; elles ne sont pas insensibles ; elles perçoivent parfaitement la température des aliments et leur dureté : c'est qu'elles renferment une *pulpe* molle où se ramifie un nerf : cette *pulpe* est au centre de la dent ; elle est recouverte à l'intérieur par l'*ivoire* ou *dentine*, qui est elle-même protégée par une couche d'émail, la partie radicale de la dent, celle qui est enfoncée dans la gencive, est formée de *cément* (fig. 84).

Vous savez que l'homme ne naît pas avec ses dents. Si l'on faisait une section dans le maxillaire d'un tout petit enfant, on y verrait des cavités contenant chacune un petit sac qui est comme la graine de la dent et que l'on appelle le *bulbe dentaire* (fig. 85).

Toutes les dents n'apparaissent pas à la fois, il s'écoule un intervalle de plusieurs mois entre leurs différentes séries. De plus, nous avons deux dentitions successives : l'une de 20 dents, l'autre de 32. C'est que beaucoup plus tard que poussent les quatre dernières dents, dites *dents de sagesse*, et encore manquent-elles quelquefois.

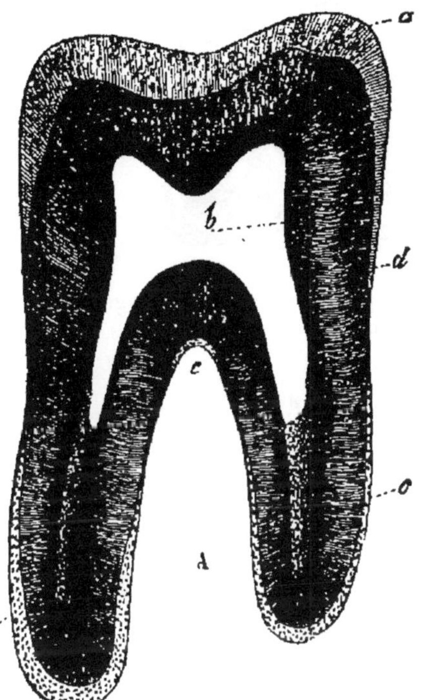

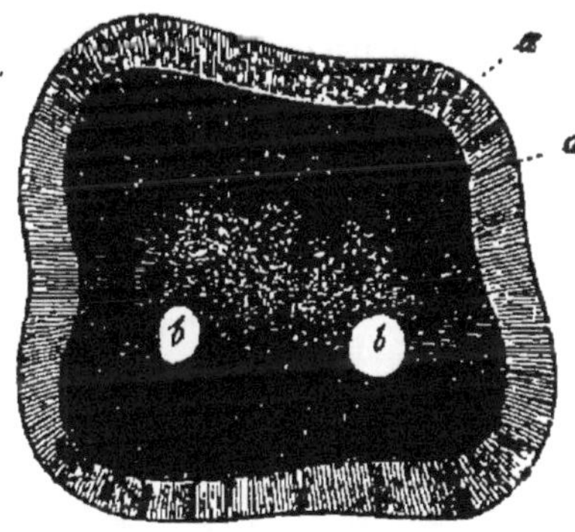

Fig. 84. Dent molaire humaine : A, coupe longitudinale ; B, coupe transversale ; *a*, émail ; *b*, cavité dentaire ; *c*, cément ; *d*, ivoire.

Les dents ne sont pas toutes de même forme. Nous en avons de trois sortes qui sont, pour chaque mâchoire, quatre *incisives* plates et tranchantes, destinées à couper les aliments, deux *canines* pointues qui les déchirent, enfin 10 *molaires*, grosses dents dont la surface supérieure est élargie et tuberculeuse.

Les mâchoires sont parfaitement symétriques, par rapport à une section verticale faite dans leur milieu : la partie droite est identi-

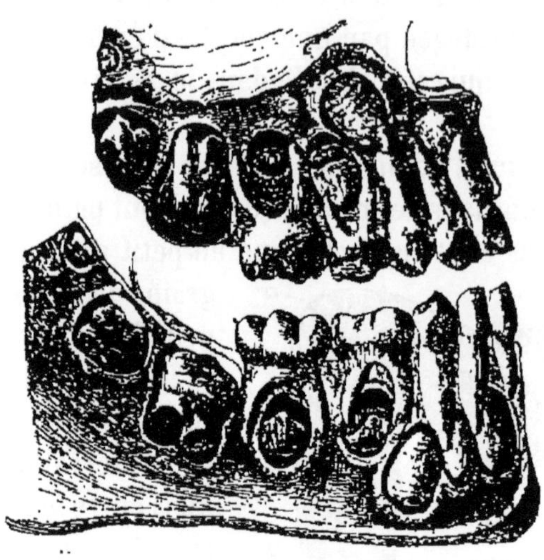

Fig. 85. Mâchoires humaines montrant la première dentition et les germes des dents de la deuxième dentition.

que à la partie gauche, de sorte que l'on a établi ainsi la formule

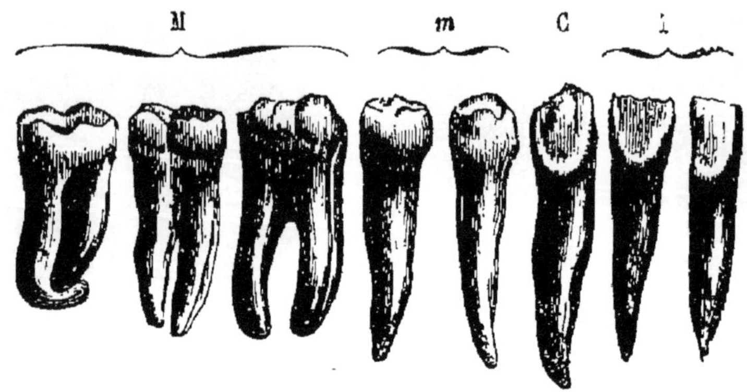

Fig. 86. Dents humaines : I, incisives ; C, canines ; *m*, petites molaires ; M, grosses molaires.

dentaire de l'homme, en considérant seulement un côté des mâchoires :

$$\left(\frac{2}{2}\ i\ \frac{1}{1}\ c\ \frac{5}{5}\ m\right) \times 2 = 32$$

Pour l'enfant de moins de sept ans qui en est à sa première dentition, la formule est :

$$\left(\frac{2}{2}\ i\ \frac{1}{1}\ e\ \frac{2}{2}\ m\right) \times 2 = 20$$

Les dents ont leurs maladies, qui sont toujours très douloureuses. La plus fréquente et la plus cruelle est la *carie*, dans laquelle l'émail et l'ivoire de la dent sont détruits.

Nous avons vu qu'on a greffé, à la place de mauvaises dents arrachées, des dents prises à des mâchoires saines.

Des dentistes exécutent maintenant de véritables ciselures sur les dents trop grosses. Après les avoir arrachées ils les liment, leur donnent la forme voulue et les remettent ensuite à leur place.

L'aliment, que nous ne devons pas perdre de vue, ne subit pas seulement dans la bouche l'action mécanique des dents; il est encore humecté de salive. Cette *insalivation* a un double but :

1° Elle le réduit en un *bol* qui va pouvoir pénétrer facilement par glissement dans les parties plus profondes de l'organisme;

2° Elle y développe certaines actions chimiques qui concourent à la nutrition.

Cette première transformation de l'aliment est du à la présence dans la salive de la *ptyaline*, substance comparable à la *diastase* que nous trouvons en abondance dans la graine de l'orge et de beaucoup d'autres plantes.

Dans la graine d'orge existe un petit germe qui doit se nourrir de l'amidon qui l'entoure; mais, comme le germe est de toutes parts enveloppé de membranes continues, il ne peut se nourrir qu'avec les corps capables de traverser les membranes. Or, l'amidon ne jouit pas de cette propriété. La diastase le transforme en dextrine, substance dont la solution peut passer par porosité et servir par conséquent de nourriture à la plante. La même chose se passe pour l'amidon contenu dans le pain : la ptyaline le transforme en glucose qui peut traverser la paroi stomacale.

Une action de ce genre est une *digestion* On peut réaliser des digestions artificielles en mettant de la ptyaline en présence d'une substance amylacée à la température de la bouche. Au bout d'un certain temps, la matière amylacée se sera transformée en glucose.

Le passage de la ptyaline au travers des membranes rentre dans la catégorie de phénomènes auxquels Graham a donné le nom de *dialyse*. Il a reconnu que tous les corps solubles se divisent en deux catégories : les uns, les *colloïdes*, associés avec de l'eau donnent une substance gélatineuse analogue à de la *colle*; les autres, les *cristalloïdes* se déposent de leur dissolution sous forme de cristaux.

Les propriétés de ces corps sont bien différentes, ainsi que le prouve l'expérience suivante :

Dans un liquide où l'on a mélangé un cristalloïde et un colloïde, par exemple du blanc d'œuf et du sel de cuisine, on introduit la partie inférieure d'un vase à parois poreuses rempli d'eau distillée. Au bout de peu de temps on reconnaît que l'eau du vase poreux est très nettement salée, tandis que les réactifs les plus délicats n'y décèlent pas trace d'albumine. En remettant un certain nombre de fois de l'eau pure dans le vase poreux à la place de la dissolution salée, on arrive ainsi à extraire tout le sel du blanc d'œuf.

Les principes nutritifs des aliments passent par dialyse dans le sang à travers des membranes, il faut donc que les corps colloïdes soient changés en corps cristalloïdes, qui peuvent seuls être absorbés.

C'est le rôle de la ptyaline, et des différentes autres substances que nous rencontrerons plus loin, d'opérer cette transformation.

Certains aliments n'ont point besoin d'être digérés, ce sont les corps alimentaires cristalloïdes, tels que le sel, le sucre, etc.

La *salive*, qui opère la digestion buccale, est sécrétée par des organes spéciaux appelés *glandes salivaires*.

Les *glandes* ont pour fonction de produire des liquides bien différents les uns des autres. Elles se distinguent très aisément des organes qu'elles avoisinent. La structure des glandes varie selon leur nature. Une section dans une glande salivaire y montre un grand nombre de petites vésicules posées sur un pédoncule tubulaire. Les pédoncules se réunissent sur une tige commune, et l'aspect général de la glande est celui d'une grappe de raisin (fig. 87). C'est par le tronc unique que la salive s'écoule dans la bouche. L'intérieur des vésicules est tapissé par une sorte de muqueuse.

Les glandes salivaires sont réunies en trois groupes principaux:

1° Les glandes *parotides*, placées de chaque côté de la tête, au-dessous des oreilles ; ce sont les plus volumineuses ; leurs conduits, dits canaux de Sténon, s'ouvrent à la hauteur des dernières molaires de la mâchoire supérieure, leur engorgement et leur inflammation produisent la maladie connue sous le nom d'*oreillons ;*

2° Les glandes *sous-maxillaires*, placées à l'intérieur des *maxillaires* inférieurs et qui s'ouvrent par les canaux de Wharton ;

3° Les *glandes sublinguales*, situées près du frein de la langue, avec les canaux de Rivinus, dont un, un peu plus volumineux que les autres, est appelé le conduit de Bartholin.

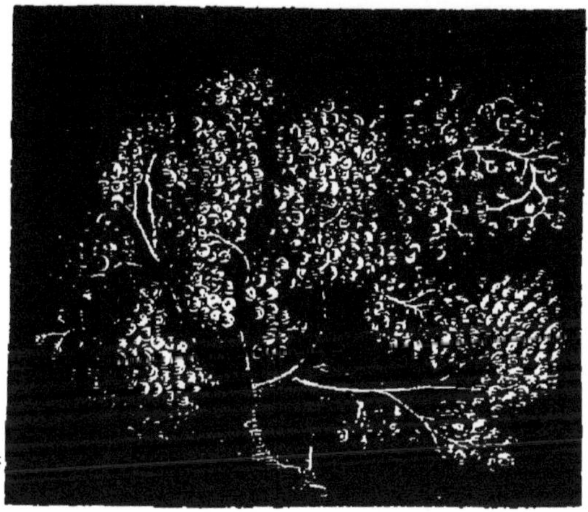

Fig 87. Structure d'une glande composée en grappe.

D'autres organes moins apparents que ces glandes, et qui sont comme des vésicules glandulaires séparées les unes des autres et disséminées, produisent dans la muqueuse des lèvres, du palais et de la langue un *mucus buccal* qui concourt à la constitution de la salive.

Les glandes salivaires ne donnent pas toutes le même liquide. Celui-ci contient toujours beaucoup d'eau, de l'albumine et un ferment, la *ptyaline*, mais les proportions varient d'une glande à une autre. Ainsi la salive des glandes parotides renferme moins d'albumine que celle des autres, et par conséquent est moins visqueuse.

Pendant la mastication, la salive est sécrétée en abondance ; mais dans certains autres cas, l'*eau*, comme on dit, *vient à la bouche* ;

par exemple, à la vue d'un aliment préféré. C'est là un phénomène nerveux qui rentre dans la catégorie de ceux qui plus loin nous occuperont.

Nous ne pouvons énumérer les glandes de la région buccale sans mentionner les *amygdales*, ainsi nommées de leur forme en amande et qui sont situées au voisinage des piliers du pharynx.

X

DIGESTION STOMACALE ET DIGESTION INTESTINALE

Muscles lisses. — Le pharynx et l'œsophage. — L'estomac. — Le suc gastrique. — Inflexibilité du pylore. — Lavage de l'estomac. — Études sur le suc gastrique : l'éponge de Spallanzani, la fistule stomacale. — La pepsine végétale. — L'intestin grêle. — Le pancréas et le foie. — La bile : son rôle. — Le gros intestin. — Le péritoine.

La mastication et l'insalivation ayant réduit l'aliment en la petite masse sphéroïdale appelée *bol alimentaire*, celui-ci passe entre les *piliers du pharynx* par l'*isthme du gosier;* et dès ce moment se trouve soustrait à l'action de notre volonté.

C'est ici, en effet, que nous trouvons le premier exemple de mouvements involontaires, s'exécutant au moyens de *muscles lisses*.

Les nerfs moteurs des trois muscles constricteurs du pharynx n'appartiennent pas au système nerveux cérébro-spinal, mais à un autre centre appelé *système nerveux grand sympathique*, et sur lequel nous reviendrons.

L'œsophage est un long conduit que suit l'aliment pour arriver dans l'*estomac* (fig. 88), cavité simple, en forme de cornemuse et dont la paroi consiste en quatre tuniques superposées. La plus extérieure, séreuse, dépend du péritoine ; la seconde, musculeuse, admet trois couches de fibres, successivement longitudinales, circulaires et elliptiques, ces dernières localisées dans le grand cul-de-sac ; la troisième est celluleuse et vasculaire ; la dernière enfin, qui fait la face interne de l'estomac, est muqueuse et pleine de glandes sur lesquelles nous allons revenir.

L'estomac a deux ouvertures : une entrée, le *cardia*, et une sortie, le *pylore*. Le cardia est ainsi appelé parce qu'il est placé à gauche, dans le voisinage du cœur. Le pylore, dont le nom est tiré d'un mot grec signifiant *portier*, est, en effet, un gardien rigoureux qui ne laisse sortir que les aliments transformés en une substance blanche et laiteuse qui est le *chyme*.

Cette transformation est l'œuvre du *suc gastrique*.

Le suc gastrique est un liquide sécrété par une multitude de petites glandes (fig. 89) qui garnissent la muqueuse de l'estomac. On trouve dans sa composition :

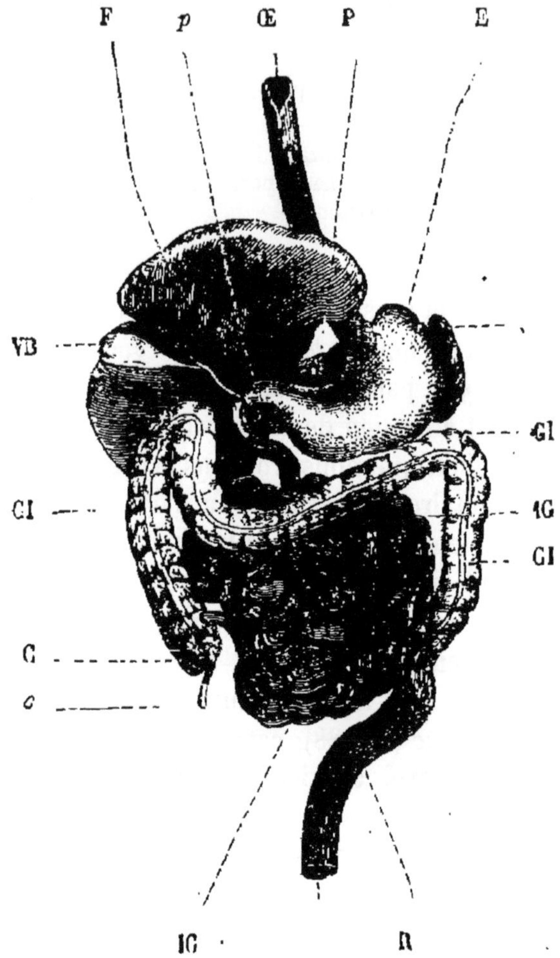

Fig. 88. Tube intestinal de l'homme : Œ, œsophage ; E, estomac ; r, rate ; p, pylore ; F, foie vu en dessous ; VB, vésicule biliaire ; P, pancréas ; IG, intestin grêle ; C, cæcum ; c, son appendice ; GI, gros intestin ; R, rectum.

1° Des *acides* (acide lactique et acide chlorhydrique) ;

2° Des ferments solubles, et tout spécialement la *pepsine*, qui transforme les albumines, substances colloïdes, en peptones, substances cristalloïdes, absolument comme la ptyaline transforme l'amidon en sucre,

3° Des petits corpuscules, appartenant à la catégorie des corps dits *ferments figurés*, qui semblent être des organismes microscopiques et qui réalisent, par le fait seul de leur vie, indépendante de la nôtre, des réactions chimiques mises à profit par notre propre travail digestif. L'allure de ces grains vus au microscope tend à les rapprocher des microbes, et l'on admet que certains aliments qualifiés de *digestifs* doivent la propriété qui les fait rechercher à la présence dans leur substance des petits corps qui nous occupent. Le fromage occuperait le premier rang parmi les comestibles propres à renforcer la garnison vivante renfermée normalement dans notre estomac.

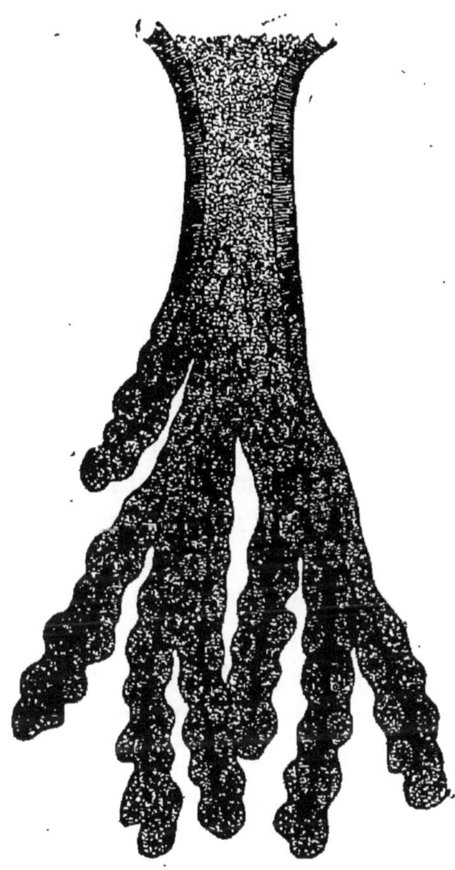

Fig. 89. Glandes composées de l'estomac grossies 100 fois.

Si, sous l'influence du suc gastrique, les aliments ne peuvent se changer en chyme, le pylore se refuse énergiquement à les laisser passer; et comme ils ne doivent pas séjourner longtemps dans l'estomac, ils n'ont d'autre issue que le cardia et l'œsophage : c'est là le *vomissement*.

Le cardia du cheval est aussi peu complaisant que son pylore; de sorte que si cette pauvre bête a une indigestion, elle est condamnée à en mourir.

Les morues, elles, ont trouvé mieux que le vomissement : quand elles éprouvent le besoin de se débarrasser l'estomac, elles le rejettent tout entier hors de leur bouche, ce qui le retourne comme un gant, le lavent et le ravalent tout disposé à bien servir de nouveau la gloutonnerie de la bête.

On peut laver à grande eau l'estomac humain, au moyen d un tube en caoutchouc, disposé en siphon qui introduit dans l'estomac une grande quantité de liquide, et l'en laisse sortir avec les résidus qu'il entraîne le plus facilement du monde.

Le travail de l'estomac a été étudié de très près. Le célèbre physiologiste italien Spallanzani, qui vivait au dix-huitième siècle, obtenait du suc gastrique d'une façon très ingénieuse. Il faisait avaler à un chien une éponge retenue par une ficelle, et la laissait quelques heures dans l'estomac de l'animal. Quand il la retirait, elle était toute imprégnée de *suc gastrique* que le physiologiste exprimait et enfermait dans un tube de verre avec des aliments colloïdes : le tout était maintenu à la température de l'estomac. Au bout de quelque temps, il avait des *peptones* résultant de la digestion des albuminoïdes.

Maintenant, c'est directement qu'on observe ce qui se passe dans l'estomac, au moyen de la *fistule* dite *stomacale.* On détermine d'abord chez un chien l'adhérence de la paroi de l'estomac avec celle de l'abdomen, puis le bistouri fait une entaille dans les régions ainsi réunies; et par un robinet d'argent, solidement maintenu dans l'ouverture, on obtient du suc gastrique à volonté. L'animal ne paraît pas s'en porter plus mal; et un jour le chien d'un physiologiste s'étant sauvé avec sa canule d'argent, le savant fut obligé d'aller le réclamer chez le commissaire.

Dans certains accidents, on a obtenu sur des hommes la fistule stomacale. Vous savez, comme tout le monde, la singulière histoire de l'*homme à la fourchette*, dont Paris parla pendant si longtemps. Pour extraire la fourchette que ce jeune homme avait avalée en faisant une très mauvaise plaisanterie, les chirurgiens ne trouvèrent d'autre moyen que de lui ouvrir l'estomac, et d'y prendre l'instrument avec des pinces. On profita de l'occasion pour enlever à différents moments du suc gastrique dans lequel on trouva les particularités que nous avons signalées.

Un autre individu, non par plaisanterie, mais pour se tuer, absorba de la potasse caustique. L'effet fut atroce, et la brûlure produisit l'adhérence de toutes les muqueuses de la partie supérieure du tube digestif : la mort que voulait ce malheureux ne pouvait se produire que par la faim. On ne la laissa pas venir.

L'estomac fut ouvert; et à l'aide d'une canule, on y introduisit des aliments. Ce jeune homme, qui vit toujours, qui probablement même a perdu l'envie de mourir, n'a plus d'autre moyen de prendre sa nourriture, mais son cas a fourni l'occasion de plus d'une observation intéressante.

Fig. 90. Papayer.

On extrait la pepsine de l'estomac des jeunes veaux, et on la donne comme remède aux personnes dont l'estomac paresseux n'opère pas assez activement la transformation voulue.

La pepsine animale peut, paraît-il, être remplacée par une *pepsine végétale* qu'on extrait d'un arbre de la famille des *Artocarpées*, le *papayer* ou *Carica papaya* (fig. 90). Cette plante, qui vit aux îles Moluques, donne, lorsqu'on fait des incisions dans son tronc, un liquide lactescent amer et de la détestable odeur d'une chair pourrie. MM. Wurtz et Bouchut, les premiers, en ont expérimenté les propriétés ; ils l'ont mis en contact avec de la viande crue, de la fibrine, du blanc d'œuf ou du gluten ; et ils ont constaté que le suc qui les avait ramollis en quelques instants les dissout au bout de quelques heures, à la température de 40 degrés.

Au point où nous sommes parvenus maintenant, les aliments féculents ont été transformés en glucose dans la bouche, sous l'action de la ptyaline ; les aliments albuminoïdes, par le suc gastrique, ont été changés en peptones dans l'estomac : avons-nous pour cela une digestion complète ?

Non, certes. Nous ne savons pas encore, en effet, ce que deviennent les matières grasses, parce qu'elles ne sont atteintes que dans la dernière partie — de beaucoup la plus considérable — de l'appareil digestif : un long tube contourné sur lui-même, qu'on appelle *tube intestinal*.

L'intestin est très long chez l'homme : il a sept fois la longueur du corps. Il est moins long chez les animaux qui se nourrissent exclusivement de chair, beaucoup plus considérable, chez les animaux herbivores. La muqueuse développée de l'intestin humain aurait environ 1 mètre carré de surface.

Il se divise, selon les dimensions de son diamètre, en *intestin grêle* et en *gros intestin*.

L'intestin grêle prend lui-même différents noms, *duodénum*, *jejunum* et *iléon*. Le *duodénum* a environ *douze doigts* de longueur ; il est droit ; le *jejunum* (ce mot veut dire *à jeun*) est toujours trouvé vide chez le cadavre ; l'*iléon* présente de nombreuses circonvolutions. Dans toute la longueur sont des replis internes dits *valvules conniventes* et des protubérances dites *villosités* sur lesquelles nous reviendrons ; la paroi contient dans son épaisseur des fibres musculaires, des vaisseaux, des nerfs et des glandes variées.

L'intestin est animé d'un mouvement dit *péristaltique* et par lequel il se contracte, pour faire avancer les aliments selon toute sa longueur.

Il paraîtrait que notre intestin grêle a plus de longueur qu'il ne nous en faut à la rigueur; car M. Kœberlé, chirurgien de Strasbourg, a pratiqué, sur un intestin gravement atteint, une ablation de deux mètres qui a sauvé la malade, dont les fonctions digestives se font maintenant très bien.

La digestion se continue dans l'intestin grêle sous l'action des sucs sécrétés par deux grosses glandes : le *pancréas* (fig. 91) et le *foie*.

On pourrait appeler le pancréas la *glande salivaire intestinale.*

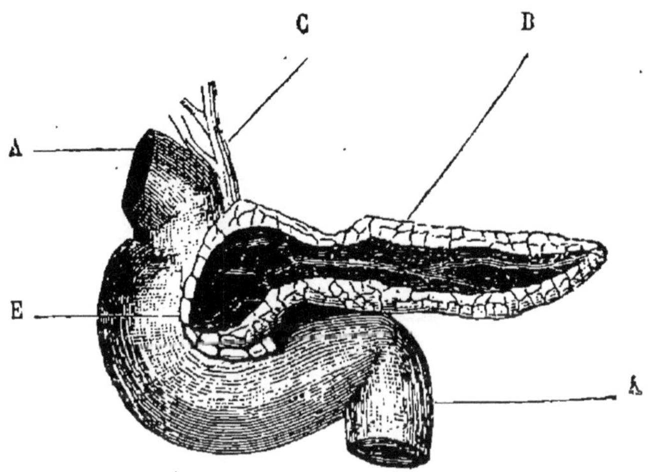

Fig. 91. Le pancréas : AA, duodénum ; B, pancréas fendu ; C, canal cholédoque venant du foie; E, point où débouchent ensemble dans l'intestin le canal cholédoque et le canal pancréatique.

Il présente, en effet, avec les glandes de la bouche de très grandes analogies de fonctions, et sa sécrétion agit sur les féculents comme la salive; dans la partie inférieure de l'intestin grêle il n'y a plus trace de féculents. Le pancréas complète aussi la digestion des albuminoïdes, ressemblant sous ce rapport au suc gastrique; le ferment du suc pancréatique s'appelle la *pancréatine.*

Le *pancréas*, dont le nom veut dire *tout chair*, n'a pas, comme les glandes salivaires, une structure en grappes; il est formé par un amas de petites cellules.

Le suc pancréatique est déversé dans le duodénum, tout près du pylore, par un canal assez large.

Le *foie* (fig. 92) est encore plus volumineux que le pancréas, il occupe toute la partie supérieure de l'abdomen en se portant surtout à droite.

C'est une glande en grappe, irrégulièrement concave et divisée en plusieurs lobes : le lobe droit, le lobe médian, le lobe gauche et le lobe de Spiegel.

Il porte une espèce de poche flasque, un véritable réservoir, la *vésicule biliaire*, qui renferme la *bile* ou *fiel*. Elle déverse son contenu dans le *canal cystique* qui s'embranche dans le *canal hépatique*, lequel est fait de la réunion de tous les *canalicules biliaires*

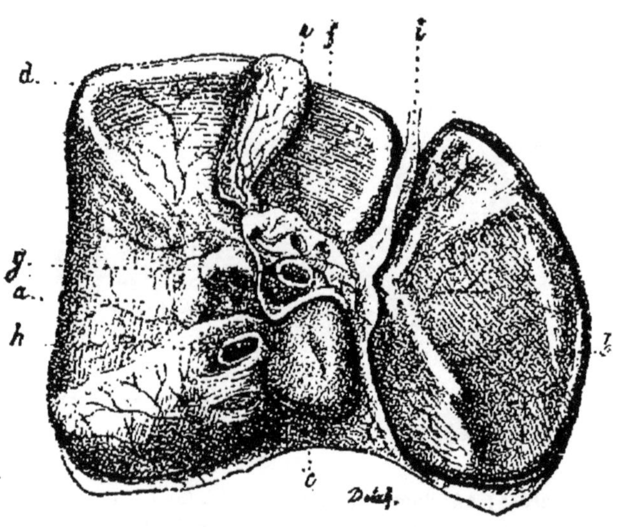

Fig. 92. Foie vu en dessous : *a*, lobe droit ; *b*, lobe gauche ; *c*, lobe de Spiege *d*, vésicule biliaire ; *e*, canal cholédoque coupé ; *f*, artère hépatique ; *g*, veine porte ; *h*, veine cave inférieure ; *i*, ligament suspenseur du foie.

Ces deux canaux forment par leur jonction le *canal cholédoque*, qu s'ouvre dans le duodénum tout à côté du canal du pancréas.

Pendant la digestion, la bile se rend directement dans l'intestin ; mais quand l'intestin se repose, elle s'accumule en passant par le canal cystique dans la vésicule biliaire.

La bile est un liquide alcalin, visqueux et filant, d'une couleur verdâtre, et d'une amertume extrême.

Lorsqu'elle est en contact avec les corps gras, elle en produit, à cause de la soude qu'elle contient, en grande quantité, une véritable saponification ; elle les émulsionne.

C'est ce dont vous pouvez vous convaincre lorsque, pour le dégraissage des objets tachés de graisse vous employez de l'*amer de bœuf*, lequel n'est que la bile du bœuf.

La fabrication des savons est fondée sur la propriété qu'a la soude de déterminer la séparation des corps gras en acides gras oléique, margarique et stéarique) avec lesquels elle se combine, et en glycérine qu'elle met en liberté.

Il se fabrique dans notre intestin, comme dans les savonneries, du savon et de la glycérine, substances solubles dans l'eau et qui peuvent, par conséquent, entrer dans le sang par dialyse comme la peptone et la glucose.

Il résulte des découvertes de Claude Bernard que le foie réalise une autre fonction encore. Aux dépens des substances que les actions vitales introduisent dans son propre tissu, il fabrique du sucre en très grande quantité.

C'est dans l'intestin grêle que se termine la digestion par l'intervention des innombrables glandes renfermées dans sa couche muqueuse. Les unes, très nombreuses et disposées en grappes, sont appelées *glandes de Brunner* : elles sont de la grosseur d'un grain de millet et sécrètent une liqueur fort analogue à la salive par son action sur la matière amylacée ; d'autres, en tubes ou en cæcum, mesurent 1/4 de millimètre de longueur sur 6 à 8 centièmes de millimètre de diamètre. On estime que l'intestin en possède une cinquantaine de millions, et on les qualifie de *glandes de Lieberkuhn*. Leur mucus est destiné avant tout à lubréfier l'intestin, et le rôle des purgatifs est d'augmenter sa sécrétion. Enfin de toutes parts sont des glandes vésiculeuses ou *follicules clos*, constituant par leur réunion les *plaques de Peyer*. Elles contribuent, comme les précédentes, à transformer la saccharose en ce mélange de glucose et de lévulose qu'on qualifie de *sucre interverti*.

A ce moment la digestion est entièrement terminée ; et les substances qui arrivent dans le gros intestin n'ont plus rien à voir avec la nutrition.

Le *gros intestin* ou *côlon* fait la suite de l'intestin grêle, en formant avec lui un angle droit. La jonction de ces deux tubes, si différents de diamètre, n'est pas à l'extrémité même du gros intestin : il reste en dehors de tout l'appareil un véritable cul-de-sac, le *cæcum*, sans utilité chez l'homme, où il tient simplement la place d'un organe actif chez d'autres êtres. Les matières non digestibles passent sans entraves de l'intestin grêle dans le gros intestin ; mais elles ne sauraient remonter de celui-ci dans l'autre, grâce à la valvule *iléo-cæcale* ou *barrière des apothicaires*, comme on disait autrefois.

Le gros intestin entoure à peu près complètement la masse de l'intestin grêle. Il commence par remonter : c'est le *côlon ascendant*, puis il passe au-dessus de l'intestin grêle : c'est le *côlon transverse;* il redescend : c'est le *côlon descendant*. Son seul repli est l'*S iliaque*, situé à la partie inférieure du côlon descendant, à la hauteur de la hanche. Il est enfin terminé par le *rectum*.

Tout le paquet intestinal est enveloppé dans une séreuse, — la plus grande de tout l'organisme, — qui en épouse les circonvolutions, et s'appelle le *péritoine*. Le péritoine a l'aspect d'une sorte de dentelle, il protège et maintient les organes qu'il renferme. Il est fort délicat, et s'il vient à s'enflammer, sa sérosité devient trop abondante, et une *péritonite* se déclare. On appelle *mésentère* un repli du péritoine qui le rattache à la colonne vertébrale et constitue une véritable suspension de tout le paquet intestinal.

XI

LES ALIMENTS

Structure de la paroi intestinale. — Les vaisseaux chylifères et les veines intestinales. — Les aliments respiratoires et les aliments plastiques. — Le végétarianisme. — Association du régime végétal et du régime animal. — Le lait et l'œuf, aliments complets.

Revenons aux substances nutritives que nous avons laissées dans l'intestin grêle, et qui ne portent plus le nom de *chyme* qu'elles

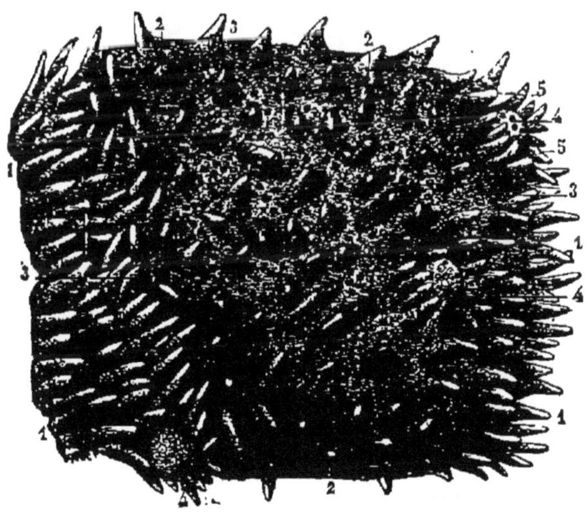

Fig. 93. Portion de la muqueuse de l'intestin grêle grossie, montrant les villosités (1 et 2), les orifices des glandes (3) et les follicules clos (4 et 5).

avaient au sortir de l'estomac ; mais désormais celui du *chyle*, qui désigne un liquide très fluide et d'un aspect laiteux. Nous avons vu agir déjà la salive, le suc gastrique, le suc pancréatique, la bile ;

il faut encore ajouter à ces liquides le *suc intestinal*, sécrété par d'innombrables petites glandes tapissant l'intestin.

La structure de la paroi intestinale mérite d'être examinée avec soin. Elle est constituée, de l'extérieur à l'intérieur, par une *couche séreuse*, puis par deux *couches musculaires*, l'une à *fibres longitudinales*, l'autre à *fibres transversales*, dont les anneaux résistants font mouvoir les aliments dans le tube, et enfin par une *muqueuse* (fig. 95) dans le *chorion* de laquelle se trouvent des

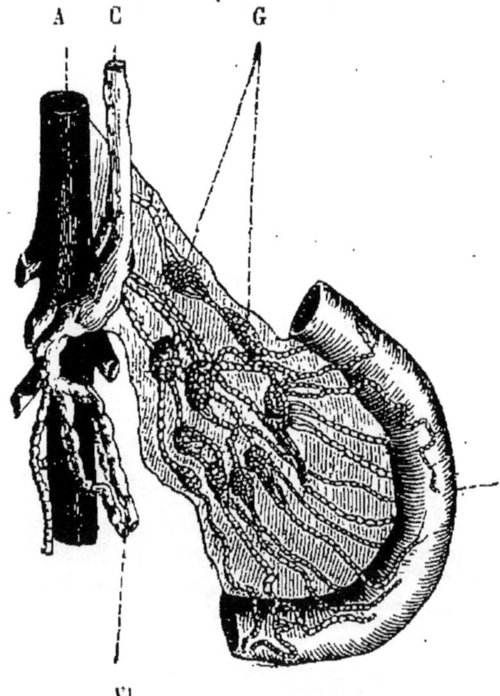

Fig 94. Vaisseaux chylifères : I, intestin ; A, aorte ; VL, vaisseaux lymphatiques ; C, canal thoracique ; G, ganglions lymphatiques.

glandes déjà décrites et qui se replie longitudinalement en innombrables *valvules conniventes*. Les *villosités* font saillie sur toute la surface interne de l'intestin, au nombre évalué de 10 millions.

C'est par les villosités que le chyle passe dans des vaisseaux de deux ordres bien différents : les *chylifères*, qui font partie du *système lymphatique*, et les *veines intestinales*.

Ces vaisseaux (fig. 94), dont la surface interne porte des valvules, rampent sous l'épiderme intestinal, mais nulle part ne s'ouvrent dans l'intestin.

Le chyle passe au travers de leurs parois par dialyse, parce qu'il est un corps cristalloïde ; tandis que la lymphe des vaisseaux étant colloïde, ne tend pas à passer dans l'intestin. Les vaisseaux chyli-

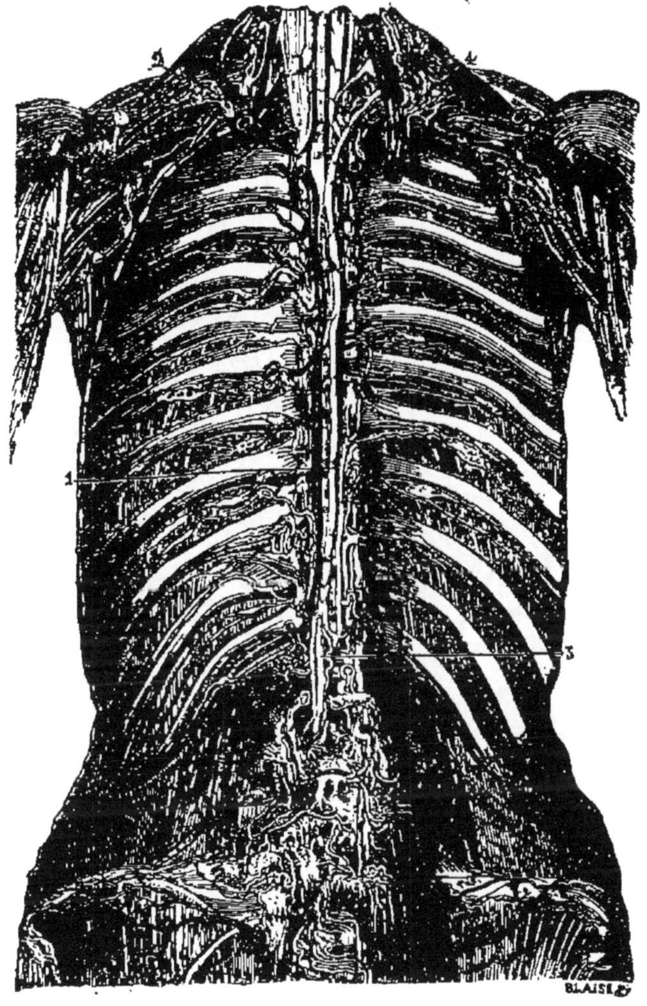

Fig. 93. Canal thoracique : 1, Canal thoracique ; 3, son orifice aux chylifères et aux ganglions lymphatiques de l'abdomen ; 4, sa terminaison dans la veine sous-clavière gauche ; 2 grands vaisseaux lymphatiques venant de la tête et du bras.

fères traversent les *ganglions lymphatiques*, puis ils se joignent en un tronc qui, partant d'une dilatation dite *citerne de Pecquet*, monte le long de la colonne vertébrale, sous le nom de *canal thoracique* (fig. 95). On trouve des lymphatiques dans la peau, dans les muqueuses, dans les séreuses et jusque dans les muscles.

Les *veines intestinales* s'anastomosent et se réunissent pour former la *veine porte* (fig. 96) et pénétrer dans le foie.

Des veines analogues absorbent dans l'estomac les substances qui déjà sont devenues assimilables. Les peptones et les glucoses sont absorbées indifféremment par les chylifères et les veines in-

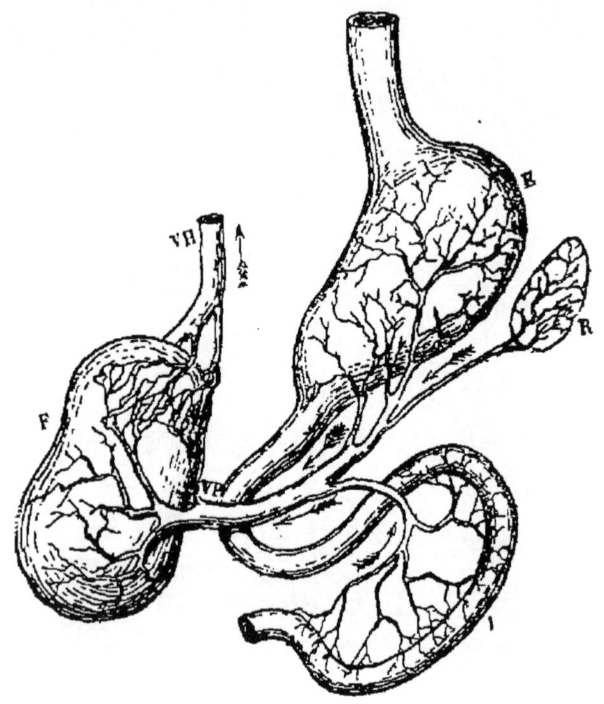

Fig. 96. E, estomac; *I*, intestin; F, foie; R, rate; VP, veine porte; VH, veine sus-hépatique.

testinales et stomacales; mais les matières grasses ne passent jamais que dans les chylifères.

Nous aurons dit tout ce qui concerne les faits généraux de l'alimentation lorsque nous aurons vu quelle doit être la nature des substances dont nous devons nous nourrir.

Vous venez d'apprendre que chaque portion de l'appareil digestif est affectée à la digestion d'une sorte particulière d'aliments: sucrés et féculents; matières albuminoïdes; graisses.

En observant les effets de ces divers aliments après leur digestion, on reconnaît que les uns servent à produire la force qui met les muscles en mouvement, tandis que les autres concourent à l'entretien des tissus de notre corps; les premiers sont nommés *aliments respiratoires;* les autres, *aliments plastiques.*

Les *aliments plastiques*, dits aussi *azotés*, sont *quaternaires*, c'est-à-dire qu'ils renferment quatre corps simples : *carbone, hydrogène, oxygène* et *azote.* L'albumine (blanc d'œuf) la caséine (fromage), la *vitelline* (jaune d'œuf) entrent dans cette catégorie.

Les *aliments respiratoires* sont *ternaires*, c'est-à-dire ne contiennent que les trois principes : *carbone, hydrogène* et *oxygène.* L'homme, en sa qualité d'omnivore, va chercher ces éléments, tantôt dans le règne animal, tantôt dans le règne végétal. L'idée de manger de la viande a de tout temps répugné à quelques personnalités qui en ont fait une affaire de philosophie : Pythagore, Plutarque, Newton, Milton, Bernardin de Saint-Pierre, Franklin, Montyon, Abraham Lincoln, ont, paraît-il, vécu fort longtemps, en suivant un régime exclusivement végétal. Les substances azotées, en effet, ne se trouvent pas que dans la viande; beaucoup de substances végétales, comme le froment, le maïs, les pois, les lentilles, les champignons, en présentent des quantités notables; le fromage en contient à poids égal plus que la viande. Le *fromage!* il faut dire que les *végétariens* admettent le lait dans leur régime, et les œufs mêmes aussi, je crois. Ce n'est cependant guère végétal; mais cela fait le plus clair de leur réserve d'azote. Quoi qu'il en soit, il vient de se fonder à Paris une société pour le végétarianisme, qui a trouvé pour son régime des choses merveilleuses. Ainsi, elle confectionne du pâté de cèpes truffés qui, « à l'œil, ressemble beaucoup au pâté de foie gras et qui n'est pas moins savoureux, quoique ayant un goût différent »; et elle remplace les sandwiches au jambon par des sandwiches au fromage et à la moutarde!

Les végétariens accusent, et avec raison, la viande de produire chez l'homme différentes maladies, mais il n'en est pas moins vrai que, sauf des cas tout individuels, le régime animal procure plus de force et plus de résistance. On en a fait l'expérience sur des ouvriers des forges du Tarn, qui pendant longtemps acceptèrent le régime purement végétal, avant de jouir d'un régime complet. Dans la première condition, il y avait par année et par homme quinze jours de travail perdu, tandis que lorsque la viande devint la partie principale de l'alimentation, il n'y eut plus qu'une perte de trois jours.

Le meilleur des régimes est celui qui consiste dans l'association en proportions convenables du régime végétal et du régime animal.

Il n'y a, pour nous, que deux *aliments complets* par eux-mêmes le *lait* et l'*œuf*.

Le lait, en effet, contient : outre une grande quantité d'eau, un corps albumineux : la caséine, un corps gras : le beurre, un corps amylacé : le sucre de lait, des sels : du chlorure de sodium et du phosphate de chaux, etc., etc.

La constitution chimique de l'œuf est identiquement celle du lait. On y retrouve des corps albumineux (blanc de l'œuf), des corps gras (vitelline), des substances amylacées et des sels.

Il est impossible de quitter ce qui concerne l'alimentation sans remarquer qu'il existe, entre l'organisme animal et la machine à vapeur que nous lui comparions, une différence radicale. Théoriquement, une locomotive qu'on fournirait sans relâche d'eau et de charbon pourrait marcher indéfiniment. Pour l'organisme animal il n'en est pas de même : un homme qui mangerait toutes les deux heures n'en serait pas moins forcé de tomber périodiquement dans cet état d'inaction sans analogue chez la machine qu'on appelle le *sommeil*, et durant lequel il se passe évidemment des phénomènes, non analysés jusqu'ici, et d'une importance incontestable.

XII

LE SYSTÈME CIRCULATOIRE

Structure de la veine. — La veine cave supérieure et la veine cave inférieure. — Le cœur. — Composition du sang. — Le caillot et le sérum. — La fibrine. — La gangrène. — La syncope. — L'hémorrhagie. — La transfusion du sang. — Le sang dans le cœur. — Force musculaire du cœur. — Structure de l'artère.

Nous avons, précédemment, prononcé le mot de *veine.*

On appelle ainsi les organes répandus dans tout l'organisme, et qui, à l'extérieur, ont la forme de tubes à peu près cylindriques. Ils sont formés de deux membranes : l'une *interne*, qui est *séreuse;* l'autre *externe*, qui est *celluleuse.* Celle-ci est lisse ; la séreuse, au contraire, offre une suite de replis, ou *valvules* (fig. 97), disposés en manière de soupapes, de sorte que le sang que charrie la veine circule aisément dans un certain sens, sans pouvoir rebrousser le chemin que lui barrent les valvules.

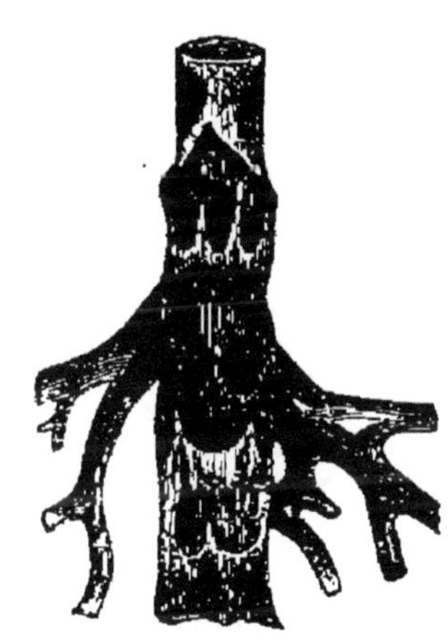

Fig. 97. Veine ouverte montrant les valvules.

Si, par une mauvaise circulation, le sang vient à affluer dans les valvules et à les dilater, il se produit les tumeurs, connues sous le nom de *varices*, et qui sont parfois fort grosses.

Toutes les veines du corps se réunissent en *deux gros troncs :* L'un d'eux, la *veine cave supérieure,* recueille pour le porter au cœur, par l'intermédiaire des deux veines sous-clavières (qui reçoivent en outre, l'une le canal thoracique et l'autre la grande veine lymphatique droite), tout le sang qui provient des vaisseaux de la tête et des bras; l'autre, la *veine cave inférieure*, représente le conduit collecteur du sang noir fourni par tout le reste du corps.

Le cœur (fig. 98), enveloppé dans une séreuse qu'on appelle *péricarde*, est l'organe central de tout le système circulatoire; c'est un muscle creux, d'une grande force, et qui est formé de fibres striées, bien qu'il échappe ordinairement à l'action de notre volonté. Il se divise en quatre cavités, dont les supérieures, qui sont les plus petites, s'appellent des *oreillettes*, et les inférieures des *ventricules*.

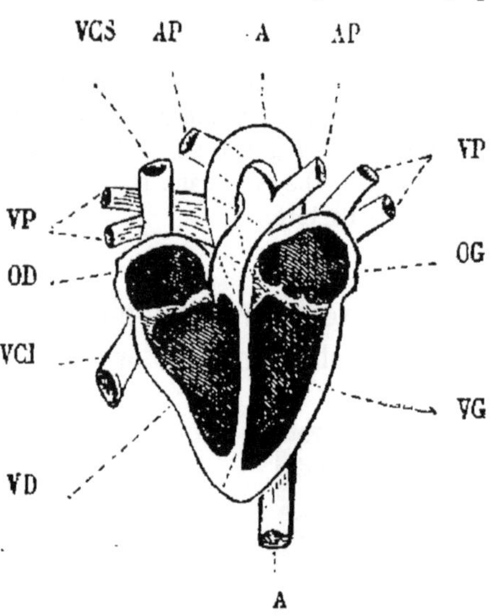

Fig. 98. Coupe du cœur : VG, ventricule gauche; VD, ventricule droit; OG, oreillette gauche; OD, oreillette droite; A, aorte; AP, artère pulmonaire; VCI, veine cave inférieure; VCS, veine cave supérieure; VP, veines pulmonaires.

Chaque oreillette communique avec le ventricule correspondant, par une valvule ou sorte de porte à battants, mais les oreillettes ne communiquent pas entre elles, non plus que les ventricules, de sorte que le cœur comprend deux parties bien distinctes qui ne sont jamais en rapport, et qui forment comme deux cœurs : le *cœur droit* et le *cœur gauche*.

C'est par l'oreillette droite que les veines arrivent au cœur.

Le sang qu'elles y apportent renferme :

1° Des *globules* (fig. 99), éléments figurés dont le nom est très impropre, puisqu'ils ont la forme de lentilles bi-concaves. Dès 1665, ils ont été entrevus par Malpighi; mais ils furent mieux étudiés par Leuwenhoeck. Leur diamètre est de 0mm,007; leur épaisseur moyenne 0mm,002. On ne se fait que difficilement une idée de leur nombre. Il y en a 5 *millions* par millimètre cube; et comme le corps de l'homme renferme 5 à 6 litres de sang, il possède 25 trillions de globules qui, si on les mettait bout à bout, donneraient une longueur de 175 000 kilomètres, c'est-à-dire 5 fois le tour de la terre;

2° D'un *liquide* dans lequel nagent les globules, et qui est formé par une dissolution dans l'eau, d'albumine, de différents sels, et d'une substance dite fibrinogène, parce que sa coagulation donne naissance à la fibrine;

3° De *globules blancs* ou *leucocytes* qui ont l'aspect de gouttes d'huile, et qui, dépourvus de noyau intérieur, peuvent varier dans leur forme : ils se développent, s'allongent, et semblent progresser par un mouvement amiboïde, c'est-à-dire à la façon de certains infusoires appelés *amibes* : on a supposé quelquefois que ce sont

Fig. 99. Globules de sang vus au microscope ; *a*, globules blancs; *b*, globules rouges.

des globules rouges en voie de formation, des intermédiaires entre ceux-ci et le chyle;

4° *Des gaz* dissous ou combinés : de l'oxygène dans les globules, et, dans la partie liquide, de l'acide carbonique et de l'azote.

Lorsque du sang est retiré des vaisseaux, il se sépare bientôt en deux parties : une masse rouge, qui est le *caillot*, et un liquide faiblement roussâtre, qui est le *sérum*.

Le caillot résulte de l'emprisonnement des globules sanguins dans le réseau formé par les filaments coagulés de fibrine. La fibrine est une substance albuminoïde des plus intéressantes à connaître; elle peut être obtenue à l'état de pureté par le battage du sang, soumis à l'action d'un petit balai de bouleau : entre les branchages s'amasse la substance fibrineuse, élastique et assez semblable au gluten.

Notons en passant que la fibrine est du très petit nombre des matières organiques qui jouissent de la propriété de dégager l'oxygène de l'eau oxygénée. Il est possible qu'on trouve dans ce fait l'explication d'une fonction utile du corps fibrinogène pendant l'acte de la respiration.

Nous verrons que les globules du sang sont de *vrais petits messagers de vie*, recevant dans le poumon leur chargement d'oxygène qu'ils vont porter aux tissus, dans toutes les parties du corps.

Une partie du corps momentanément privée de sang, *s'engourdit*, puis *meurt* et se décompose; c'est ce qu'on appelle la *gangrène*.

Si le sang cesse de monter au cerveau, on éprouve une *syncope*, caractérisée par l'extrême pâleur de la face et la perte du sentiment.

Une *hémorrhagie*, c'est-à-dire une *perte de sang*, amène, en se prolongeant, une syncope et enfin la mort, si l'on n'y apporte remède.

Le remède extrême, c'est la *transfusion du sang*, qui consiste à donner au malade du sang pris à une personne vigoureuse et bien portante (fig. 100). L'idée de cette difficile opération est fort ancienne. On la trouve dans les *Métamorphoses* d'Ovide, et elle a fort préoccupé les alchimistes du moyen âge. Elle fut mise en pratique au dix-septième siècle; on l'essaya d'abord sur les animaux, et plusieurs expériences ayant réussi, on fit de la transfusion du sang la panacée universelle.

Un fait qui nous surprend aujourd'hui, c'est que J.-B. Denis, qui paraît l'avoir pratiquée le premier à Paris, le 15 juin 1667, sur un homme, se servit du sang d'un veau. Le sujet était un maniaque dont l'agitation et le délire étaient extrêmes depuis quatre mois : après l'injection de six cents grammes de sang de veau, faite en deux fois et à deux jours d'intervalle, « cet individu, dit Denis, a paru beaucoup plus calme qu'auparavant, et peu à peu son esprit s'est remis, en sorte qu'il n'a maintenant aucun reste de folie. »

Mais, quelque temps après, le maniaque eut une rechute; on voulut renouveler l'opération, et il en mourut. On prétendit néanmoins que quelques cas de transfusion de sang d'animal à l'homme avaient réussi; mais nous sommes loin d'en avoir la preuve; et, d'autre part, les accidents devinrent si nombreux qu'en 1668, le Parlement de Paris et la cour de Rome crurent devoir intervenir, et défendre une pratique à laquelle, malgré ses dangers, les gens crédules semblaient tout disposés à demander le rajeunissement et l'immortalité.

Depuis, des essais plus rationnels furent tentés; on se servit du sang d'hommes robustes pour ramener la vie dans des veines épuisées: mais des accidents survenus à celui qui donnait son sang

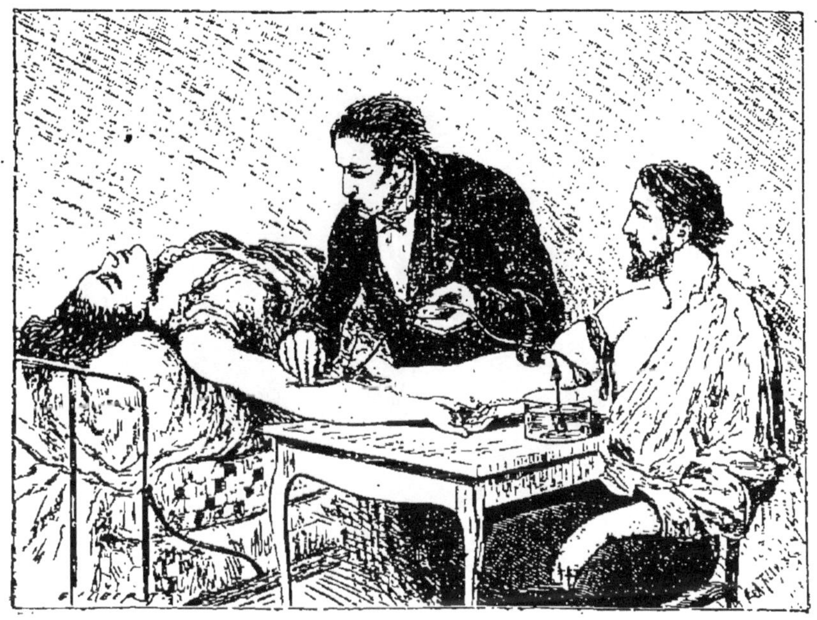

Fig. 100 Transfusion du sang.

firent regarder à bon droit comme un acte d'héroïsme cette générosité envers le malade, et cette docilité envers le médecin. Un étudiant en médecine, nommé Le Goff, mourut d'une phlébite occasionnée par l'ouverture de sa veine. Mais depuis, on a fait des opérations complètement heureuses : telle est la guérison de M. Siegfried, maire du Havre, et celle d'une foule d'autres personnes. Les appareils se perfectionnant sans cesse, on arrivera certainement à des résultats de plus en plus satisfaisants.

Une règle essentielle à observer, c'est de ne laisser pénétrer dans la veine injectée aucune trace de fibrine; autrement la mort surviendrait rapidement.

Mais revenons au sang que nous avons vu amené par la veine cave dans l'oreillette droite. Il passe aussitôt dans le ventricule droit par l'orifice auriculo-ventriculaire, sur lequel se referme la *valvule tricuspide* (fig. 101, n° 1), destinée à empêcher le sang du ventricule de remonter dans l'oreillette.

Le ventricule droit a une autre ouverture, fermée par une *valvule sigmoïde* (fig. 101, n° 4); c'est par là que s'échappe le sang qui vient d'y entrer, et qui se précipite dans l'*artère pulmonaire*.

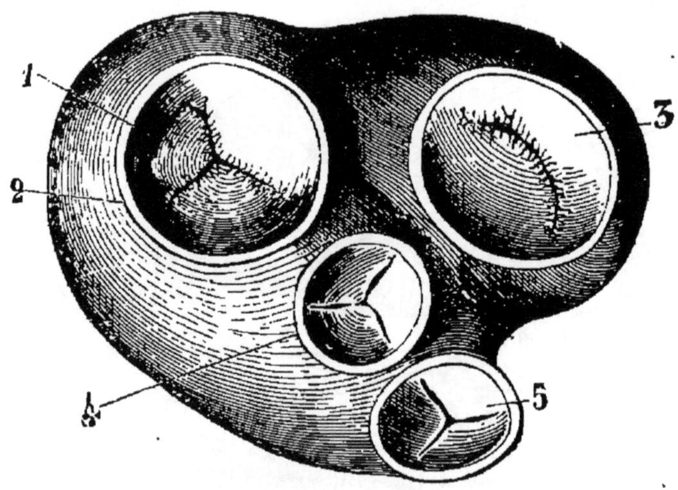

Fig. 101. Valvules du cœur vues par dessus : 1, auriculo-ventriculaire droite (V. tricuspide); 2, auriculo-ventriculaire gauche (mitrale); 3, artère aorte (valvule sigmoïde); 4, artère pulmonaire (*id.*).

Ce sont les *contractions* du cœur qui chassent ainsi le sang, de l'oreillette dans le ventricule; du ventricule dans l'artère. Il y a 60 à 80 contractions ou pulsations du cœur par minute.

On est parvenu à mesurer la force musculaire du cœur; on sait que sa pression équivaut à celle de 15 à 18 centimètres de mercure, ou de 2 mètres à 2m,50 d'eau, et elle explique l'effrayant jet de sang qui se produit lorsque le cœur est percé. Pour arriver à cette mesure, il a suffi de mettre en communication la grosse artère qui sort du cœur (aorte), coupée sur un animal vivant, avec le tube d'un manomètre ordinaire. La figure 102 montre une disposition applicable à l'homme.

D'ailleurs le cœur n'est pas le seul moteur du sang. Celui-ci reçoit aussi une impulsion de tout le système artériel; chaque artère agissant comme un petit cœur par sa force élastique.

Les artères partent du cœur. Elles présentent la même structure que les veines, avec cette particularité qu'une *tunique élastique* existe entre les deux tuniques séreuse et celluleuse. C'est cette tunique élastique qui a le pouvoir de se contracter, et elle est for-

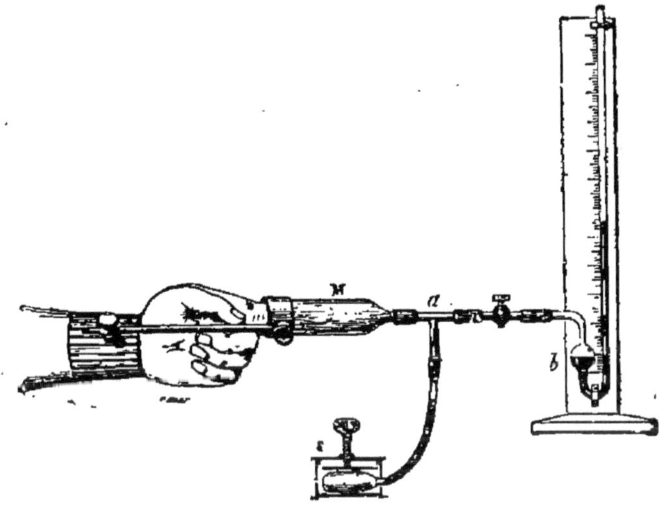

Fig. 102. Appareil pour mesurer la *pression du sang* chez l'homme au moyen d'un manomètre.

mée de tissu musculaire. De plus, les artères possèdent des fibres lisses qui contribuent à leur contraction.

Il arrive parfois qu'une portion de la tunique élastique subit un amincissement dans lequel elle a moins de force, ce qui détermine la production d'un gonflement appelé *anévrisme*. La paroi dilatée par le sang devient de plus en plus faible, et finit souvent par céder, en déterminant une hémorrhagie mortelle.

Une artère coupée ne se referme pas, à cause de l'élasticité de son enveloppe interne, qui reste béante, comme la section pratiquée dans un tube de caoutchouc : elle diffère en cela d'une veine, sur laquelle, en cas d'accident, se forme un caillot qui arrête l'hémorrhagie, et permet à la cicatrisation de se faire. Aussi, lorsqu'une artère a reçu une entaille, n'est-il qu'un remède : sa ligature, pratiquée au-dessous de la plaie s'il s'agit d'un membre supérieur, au-dessus, s'il s'agit d'un membre inférieur ; dans tous les cas, entre la plaie et le cœur. Le sang arrêté dans son passage se détourne et afflue dans les *artérioles*, qui se développent alors, augmentent de volume, et rétablissent entièrement la circulation. La gangrène est de la sorte évitée.

Dans plusieurs appareils spéciaux, le sang subit une véritable épuration et débarrasse ainsi la machine humaine d'une partie de ses résidus : outre les phénomènes de ce genre qui ont leur siège dans les poumons et sur lesquels nous allons revenir, il est indispensable de mentionner ici ceux qui ont leur siège dans les glandes sudoripares déjà représentées page 61 et dans les reins, qui sont deux grosses glandes en tubes situées dans l'abdomen. Leurs sécrétions, sueur et urine, présentent entre elles une évidente analogie de composition, si bien que la quantité totale qui en est produite dans un temps donné reste sensiblement la même, et que si l'une vient à augmenter, l'autre diminue d'autant. En outre, la sueur, par son évaporation à la surface de la peau, tend à régler la température du corps et agit comme réfrigérant énergique.

XIII

LA RESPIRATION

Le poumon. — Les mouvements du thorax et le diaphragme. — Les bronches et la trachée-artère. — Le larynx. — Le phonographe. — La muqueuse du canal aérien. — La mélanose charbonneuse. — La respiration artificielle.

La respiration est l'acte par lequel le sang se trouve amené en rapport avec l'air, de façon à échanger avec lui des matériaux gazeux.

L'organe principal de cette fonction est le *poumon* (fig. 103), qui est formé d'une infinité de *vésicules* appelées *vésicules pulmonaires*. On pourrait le comparer à une glande en grappe, mais à une glande dans laquelle les éléments glanduleux sont vides de tout liquide.

Il y a *deux poumons* : ils sont renfermés dans une cavité hermétiquement close qu'on appelle le *thorax* (fig. 104).

Les *ramuscules*, qui se terminent par les vésicules, forment par leur réunion des branches de divers ordres.

Ces branches se terminent, pour chaque poumon, en un seul canal dit *bronche*, qui débouche dans la *trachée-artère*.

Les poumons sont enveloppés dans une séreuse portant le nom de *plèvre*, et dont l'inflammation, caractérisée par une sécrétion considérable, constitue la pleurésie.

Des muscles permettent au thorax de changer de capacité en abaissant ou en relevant les côtes. Il se dilate pendant une inspiration, se rapetisse pour l'expiration. Mais son volume est surtout augmenté ou diminué par une vaste membrane musculeuse, le diaphragme, qui en forme comme le plancher et qui, légèrement convexe à l'état de repos ou pendant l'expiration, s'aplatit pendant l'inspiration.

C'est par la *trachée-artère* qu'arrive l'air destiné au poumon. La trachée-artère a la même direction que l'œsophage, contre lequel elle est appliquée ; mais ces deux conduits ont une structure bien différente : tandis que l'œsophage est membraneux, la trachée-artère, également membraneuse en arrière, est formée en avant d'anneaux cartilagineux, presque osseux.

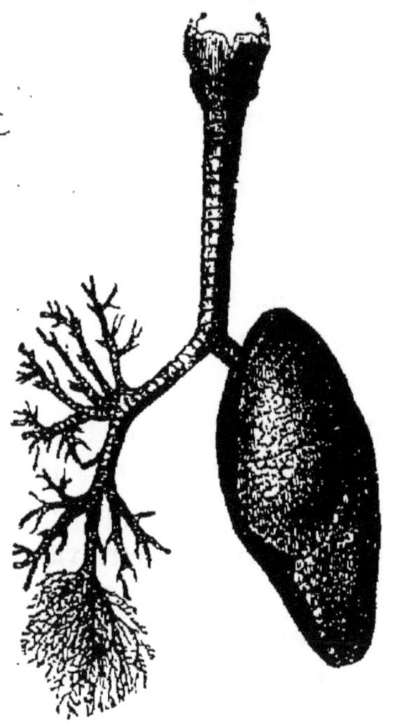

Fig. 103. Appareil respiratoire. Le tissu pulmonaire a été détruit à gauche de manière à montrer les ramifications des bronches.

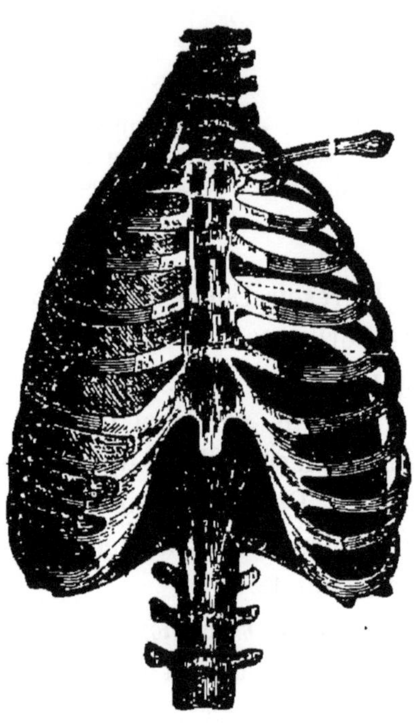

Fig. 104. Thorax humain avec le diaphragme en forme de voûte ; les muscles *intercostaux* ont été conservés à gauche, la clavicule à droite.

La trachée-artère s'ouvre dans le pharynx (fig. 105), et le chemin suivi par l'air croise celui qui conduit le bol alimentaire dans l'œsophage (fig. 106), de sorte que sa partie supérieure se trouve placée en avant de celle du canal alimentaire. Aussi, pour la protéger durant la déglutition, une petite membrane nommée *épiglotte* s'abaisse-t-elle sur la glotte et la ferme hermétiquement. En même temps, pour que le bol alimentaire ne pénètre pas, de son côté, dans les fosses nasales, une autre membrane, le *voile du palais*, se relève sur elles (fig. 107).

Le phénomène qui prend naissance dans le poumon, entre le sang amené par l'artère pulmonaire et l'atmosphère, est bien connu. Il repose sur les propriétés des membranes organiques, déjà signalées à propos de l'assimilation des matières alimentaires

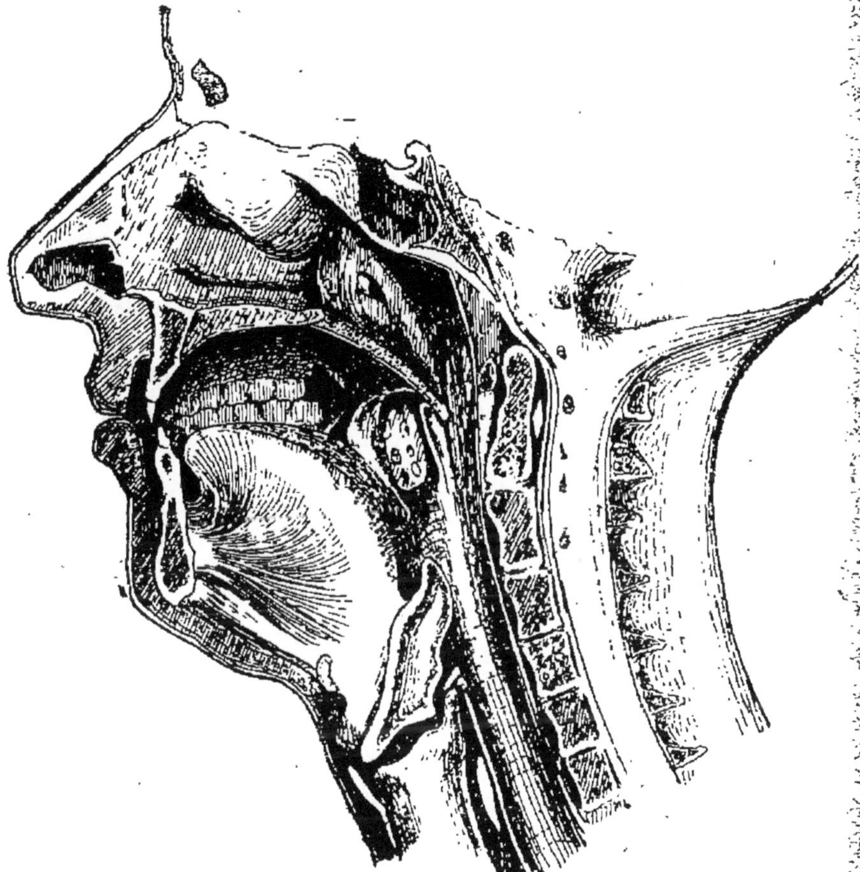

Fig. 105. Coupe à travers la tête humaine montrant la cavité buccale, la langue, le larynx au-dessous, surmonté de l'épiglotte, le pharynx, l'œsophage, les corps des vertèbres coupés, la moelle épinière.

et rentrant dans le grand fait de l'*osmose* ou dialyse des gaz. La membrane de la vésicule pulmonaire sépare le sang chargé d'acide carbonique de l'air chargé d'oxygène. Par suite de son excès dans le vaisseau et du vide relatif que présente l'atmosphère, l'acide carbonique quitte le sérum où il était dissous et se dégage.

En même temps l'oxygène traverse la membrane en sens inverse

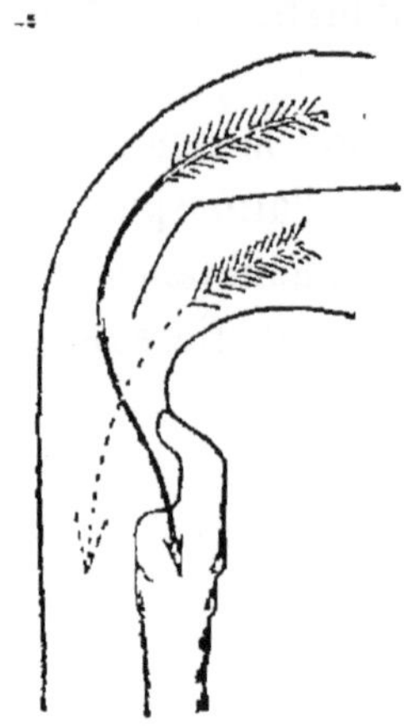

Fig. 106.
Disposition de l'arrière-gorge au repos.

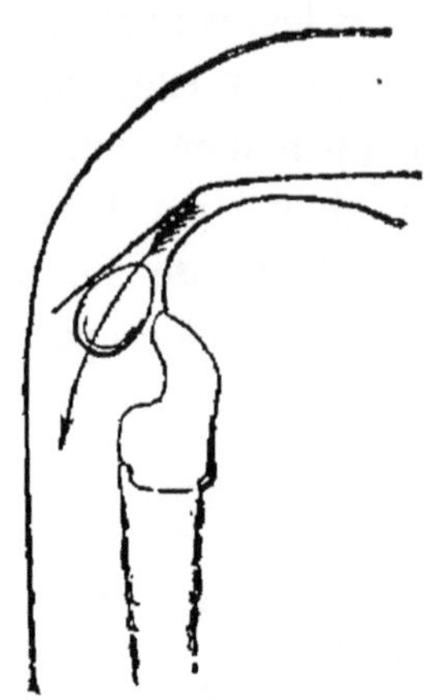

Fig. 107.
Disposition de l'arrière gorge pendant la déglutition.

et, sollicité par une véritable affinité chimique, il vient se combiner à la matière ferrugineuse des globules appelée *hémoglobine*.

Fig. 108. Eau de chaux placée dans deux verres. L'air du soufflet B la laisse limpide, l'air expiré, A, la trouble.

L'oxygène ne contracte d'ailleurs pas là une combinaison bien solide, car il quitte le globule pour déterminer la combustion des éléments de nos tissus dans toutes les parties du corps. C'est en se transformant en acide carbonique qu'il développe ainsi la chaleur animale. Une expérience bien simple permet de déceler l'acide carbonique dans l'air expiré (fig. 108). Elle consiste à souffler dans l'*eau de chaux*, qui ne tarde pas à se troubler.

La partie supérieure de la trachée-artère forme un renflement, le larynx (fig. 109), qui est l'organe de la voix.

Il est supporté par l'os hyoïde; ses parois sont cartilagineuses, de sorte que l'œsophage ne le comprime pas et ne le ferme jamais entièrement.

Les deux cartilages supérieurs présentent la forme, l'un, de

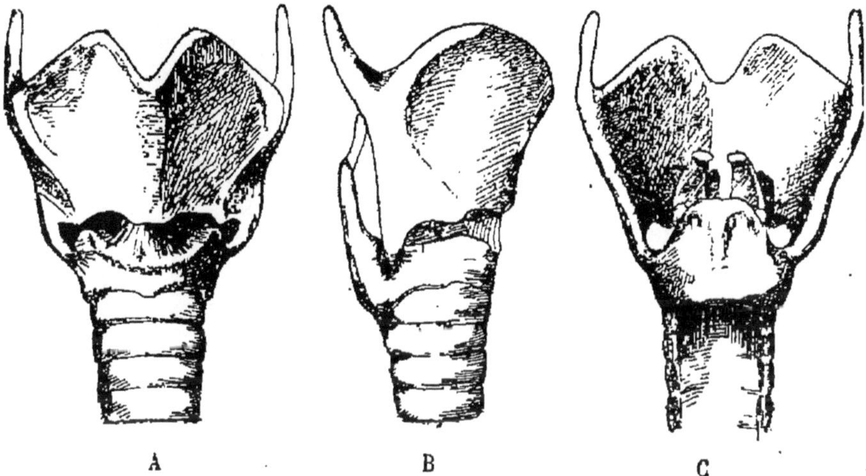

Fig. 109. Cartilages du larynx de l'homme vus : A, par devant; B, de profil; C, par derrière.

bouclier, c'est le cartilage *thyroïde*, qui forme la *pomme d'Adam*; l'autre, d'*anneau*, ou de bague, dont le chaton serait en arrière : c'est le *cartilage cricoïde*.

Intérieurement, deux autres cartilages : les cartilages *arythénoïdes*, donnant à l'intérieur du larynx la forme d'un *entonnoir*.

De chaque côté du larynx, deux saillies horizontales, les *cordes vocales* (fig 110), sont attachées en avant au cartilage thyroïde, en arrière au cartilage arythénoïde.

Les cordes vocales laissent entre elles cette fente qui a reçu le om de *glotte*, comme nous l'avons déjà dit.

Pendant bien longtemps les physiologistes ont posé en principe que la structure de notre appareil vocal est indispensable à la production de la parole articulée. Aussi a-t-on accueilli d'abord avec incrédulité l'annonce d'un instrument, fort simple cependant, permettant, disait-on, de reproduire la parole par un mécanisme absolument différent. Cet appareil, appelé *phonographe* (fig. 111), provoque l'étonnement et l'admiration de tous ceux qui en entendent les effets pour la première fois.

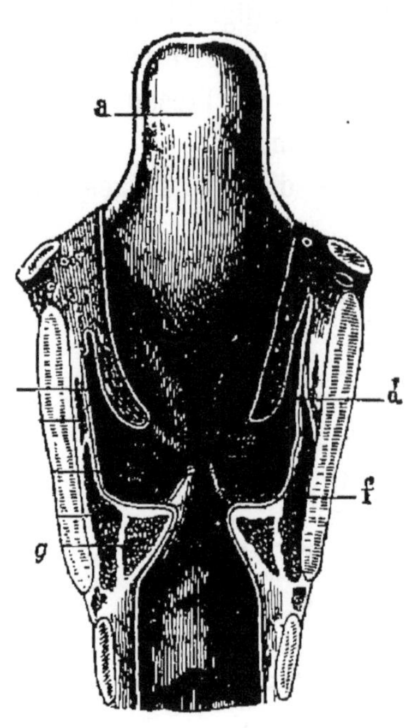

Fig. 110. Coupe verticale et transversale du larynx vue par derrière : *a*, épiglotte; *d*, coupe de la corde vocale supérieure ; *f*, corde vocale inférieure avec la coupe du muscle *g* qui la constitue.

Il se compose essentiellement d'une membrane devant laquelle on parle et qui vibre sous l'influence des sons qu'elle reçoit. Un style placé au-dessous d'elle transmet les vibrations à un cylindre recouvert d'étain sur lequel il repose et qui tourne d'un mouvement régulier. Le style creuse sur l'étain une hélice dont les différents accidents sont en rapport exact avec les impulsions qu'il reçoit à chaque instant, et cela avec une précision telle qu'on peut dire de cette hélice qu'elle représente réellement la parole emmagasinée.

Pour la faire sortir, il suffit de replacer l'appareil dans sa position primitive et d'imprimer au cylindre le mouvement même qu'il avait lors de l'enregistrement. Le style, pénétrant dans l'hélice, en suit tous les accidents et les transmet fidèlement à la membrane sous laquelle il est fixé. Celle-ci, reprenant exactement les diverses positions qu'elle avait sous l'influence de la parole, émet justement les sons qui l'avaient fait vibrer, et il est facile, surtout à l'aide d'un cornet acoustique, d'entendre sortir de l'appareil le discours qu'on avait prononcé devant lui.

Un fait bien curieux et qui montre à quel point les organisations d'élite savent prévoir les découvertes de l'avenir, tant elles se rendent bien compte des besoins du présent, c'est la prédiction que Théophile Gautier fit du phonographe dès 1847.

« Un jour peut-être, dit-il dans un feuilleton dramatique sur Mlle Mars, lorsque la critique, perfectionnée par le progrès universel, aura à sa disposition des moyens de notation sténographique pour fixer toutes les nuances du jeu d'un acteur, n'aura-

Fig. 111. Le phonographe d'Edison.

t-on plus à regretter tout ce génie dépensé en pure perte pour les absents et la postérité. De même qu'on a forcé la lumière à moirer d'images une plaque polie, l'on parviendra à recevoir et à garder, par une matière plus sensible et plus subtile encore que l'iode, les ondulations de la sonorité, et à conserver ainsi l'exécution d'un air de Mario, d'une tirade de Mlle Rachel ou d'un *couplet* de Frédérick-Lemaître; on conserverait de la sorte, suspendues à la muraille, la *serenata* de don Pasquale, les imprécations de Camille, la déclaration d'amour de Ruy-Blas, daguerréotypées un soir où l'artiste était en verve. »

Le canal aérien est entièrement tapissé à l'intérieur d'une muqueuse dont le rôle est très important.

Chaque cellule de l'épithélium de cette muqueuse a la forme d'un petit sac qui contient un noyau et qui, extérieurement, est garni de cils animés d'un mouvement vibratile. Les cils ont un double but : ils servent de tamis, et par leur agitation continuelle, expulsent les poussières et garantissent le poumon de tout contact impur.

Mais, dans certains cas, ils se trouvent débordés par leur tâche.

Fig. 112. Fragments du tissu pulmonaire à trois états de plus en plus avancés de la mélanose charbonneuse.

L'air est tellement encombré de poussières que le poumon ne peut faire autrement que d'en absorber une notable quantité. C'est ce qui arrive, par exemple, dans les houillères. Au bout de cinq années de travail, la couleur des poumons d'un ouvrier commence à s'altérer, au bout de douze ans la couleur normale est méconnaissable, et, après vingt ans, tout le tissu a acquis la couleur du charbon (fig. 112). Ce n'est qu'à ce degré de la *mélanose charbonneuse* que l'irritation se manifeste en donnant lieu à un catarrhe pulmonaire. Le mal peut rester stationnaire, mais ne rétrograde jamais, le charbon étant emmagasiné pour toujours.

D'autres substances sont autrement pernicieuses que la poussière du charbon. Dans les carrières de meulières de la Fertésous-Jouarre, pour éviter les fins éclats de la pierre, les ouvriers sont obligés de se couvrir la bouche d'un appareil respiratoire.

C'est presque toujours par asphyxie que survient la mort, et l'on a posé en principe qu'au moyen de la respiration artificielle on pourrait ramener à la vie un grand nombre de personnes qui paraissent avoir rendu le dernier soupir.

Une enfant de trois ans avait été ensevelie après trois heures et demie de mort apparente : on lui rendit la vie en pratiquant pendant quatre heures la respiration artificielle. Sur un noyé qui avait séjourné dix minutes dans l'eau et auprès de qui le médecin n'était arrivé qu'au bout d'une heure, quatre heures de respiration artificielle réussirent également bien. Dans des cas d'empoisonnement, par le laudanum par exemple, le remède a été la respiration artificielle pratiquée sans relâche pendant plusieurs heures.

La respiration artificielle consiste à dilater et à comprimer alternativement le thorax, soit en écartant et en rapprochant les bras de l'asphyxié, soit en donnant au corps différentes positions également propres à modifier le volume de la poitrine.

XIV

LA GRANDE CIRCULATION

Théorie de la double circulation de l'homme. — Le parcours de la grande circulation. — Rôle des globules. — Manomètre pour mesurer la pression des artères. — Sphygmographe. — Cardiographe. — Chaleur animale. — Le système nerveux grand sympathique.

En faisant abstraction des détails, vous avez vu que la circulation s'accomplit chez l'homme comme si chaque globule de sang parcourait dans l'organisme les sinuosités d'un *huit* de chiffre. Si vous aimez mieux, l'homme présente au plus haut degré une circulation double dont la disposition est résumée dans la figure théorique que voici (fig. 113).

La boucle supérieure a pour pôles le cœur et le poumon (fig. 114). Poussé hors du ventricule droit, le sang noir est conduit par l'artère pulmonaire jusque dans le poumon. Disséminé dans les capillaires de cet organe, il y subit l'hématose, puis est ramené par d'autres capillaires dans le gros tronc de la veine pulmonaire, qui le déverse dans l'oreillette gauche.

A cette petite circulation en fait suite une autre, la grande, inverse de la première et où tout ce qui s'y est fait se trouve défait. Devenu rouge par l'hématose, le sang lancé par le ventricule gauche suit l'*aorte*, gros vaisseau qui s'élève d'abord dans le thorax, puis se recourbe en crosse, et progressivement toutes les subdivisions de plus en plus ténues du système artériel jusqu'aux capillaires, dont les parois ouvrent leurs pores aux échanges de matière avec le liquide interstitiel des éléments anatomiques. Repris par les capillaires veineux, le sang devenu noir, mélangé au renfort provenant des chylifères et du système de la veine porte, se réunit dans les veines caves et pénètre dans l'oreillette droite, tout prêt à recommencer indéfiniment le même trajet.

Il faut d'ailleurs remarquer que les globules sanguins ne sortent jamais des vaisseaux pour pénétrer dans les tissus ; dans cette situation ils se comporteraient à la façon de corps aussi étrangers qu'une écharde de bois ou qu'un grain de plomb. On le reconnaît

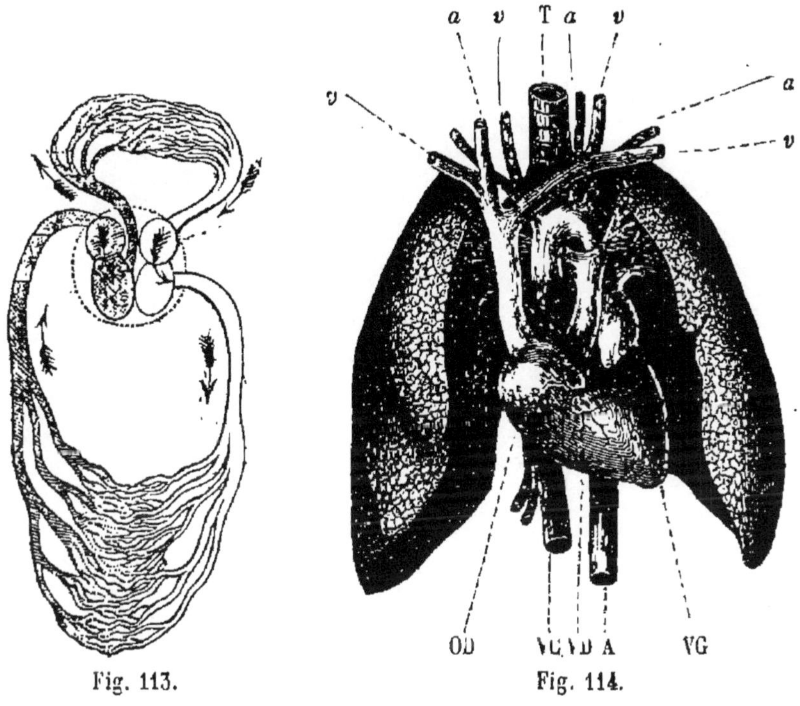

Fig. 113. Fig. 114.

Fig. 113. Figure théorique de la circulation.

Fig. 114. Cœur et poumons de l'homme : VG, ventricule gauche ; VD, ventricule droit ; OD, oreillette droite ; A, artère aorte ; VC, veine cave ; *a*, artères ; *v*, veines ; T, trachée-artère.

à la suite des meurtrissures qui donnent naissance à des *noirs*, comme on dit vulgairement, et on constate que le caillot est éliminé peu à peu par les mêmes procédés qui viennent à bout de tous les autres corps étrangers.

Quand on dit que le globule sanguin est un *messager de vie*, il faut comprendre qu'il transporte de l'oxygène jusqu'aux parties diverses de l'organisme auxquelles il le fournit par voie de dialyse au travers des parois des vaisseaux. De même il se charge de l'acide carbonique par la même voie parcourue en sens inverse.

Déjà nous avons dit que la pression du sang dans les vaisseaux est égale à celle de 2 mètres à 2m,50 d'eau ; de telle sorte que le liquide nourricier parcourt 30 centimètres par seconde dans les grosses artères.

On comprend que cette pression varie aux différents moments de la pulsation du cœur, et l'on doit à M. Marey des expériences qui permettent de l'évaluer en chiffres à chaque instant. Il emploie

Fig. 115.
Cardiographe appliqué sur le cœur, et sphygmographe sur l'artère radiale

pour cela un véritable manomètre à mercure sur le liquide duquel le sang d'une artère mise à nu chez un chien et sectionnée agit par l'intermédiaire d'un tube rempli d'eau. On reconnait qu'à chaque pulsation, le mercure s'élève de 5 à 8 centimètres au-dessus de son niveau primitif.

A première vue, il semble qu'une pareille pression soit inutile, mais on arrive à reconnaître bientôt qu'elle est tout juste suffisante pour que la circulation soit possible. Considérable dans les gros troncs artériels, la force d'impulsion est absorbée en proportion énorme par les frottements opposés à la marche du liquide par les petits vaisseaux. De telle sorte que, si l'on blesse les capillaires, le sang en sort sans jaillir, en *bavant.*

Tout le monde sait qu'on appelle *pouls* le choc produit dans les artères par l'ondée sanguine. Le *sphygmographe* (fig. 115) est un appareil destiné à soumettre le pouls à une étude précise. Il se compose d'une petite chambre en caoutchouc mise en rapport avec l'artère radiale, et d'un cylindre enregistreur où toutes les phases de la pulsation sont inscrites sur un papier fixé sur un cylindre qui tourne.

C'est à l'aide du *cardiographe* qu'on étudie le mode d'action du cœur. Cet appareil est analogue au sphygmographe. La boîte de caoutchouc est appliquée sur la poitrine à l'endroit où est tournée la pointe du cœur. On a trouvé de la sorte 80 pulsations par minute, ce qui donne pour chaque pulsation une durée de 0^{sec},7 qui a été décomposée en trois temps.

Durée d'une pulsation dans l'oreillette.	0^{s},07
— — dans le ventricule.	0^{s},28
Un temps de repos.	0^{s},35
Total.	0^{s},70

Les études sur le mouvement du cœur et sur celui du sang, par conséquent, ont conduit le docteur Mosso à construire un instrument dit *pléthysmographe*, qui a fourni des résultats bien curieux (fig. 116). C'est un cylindre plein d'eau, à l'une des extrémités A duquel est pratiquée une ouverture qui laisse pénétrer un manchon de caoutchouc. Ce manchon peut s'appliquer exactement sur le bras d'une personne, et il occupe plus ou moins de place, selon que le bras augmente ou diminue de volume. Un tube gradué M permet à chaque instant d'évaluer le volume du cylindre. Pendant l'expérience, la personne qui a le bras dans le manchon se livre à un travail quelconque. Le sang afflue alors au cerveau et par conséquent sa quantité diminue dans le bras. Le tube manométrique accuse une dépression, car il se fait un vide dans le cylindre qui y appelle le liquide du tube. On a fait la même expérience sur des personnes endormies, et l'on a constaté ainsi leurs préoccupations dans le sommeil, leurs rêves, leurs cauchemars.

Nous avons vu plus haut que l'oxygène, transporté par les globules sanguins après l'hématose, détermine dans toutes les parties de l'organisme la combustion des matériaux impropres à la vie. Cette combustion lente produit, comme toutes les oxydations, un dégagement de chaleur, et il en résulte une élévation de température de tout l'organisme.

On n'a pas connu de tout temps le mécanisme qui donne naissance à la chaleur animale ; pendant longtemps les chimistes et les physiologistes, interprétant mal les résultats de notre grand Lavoisier,

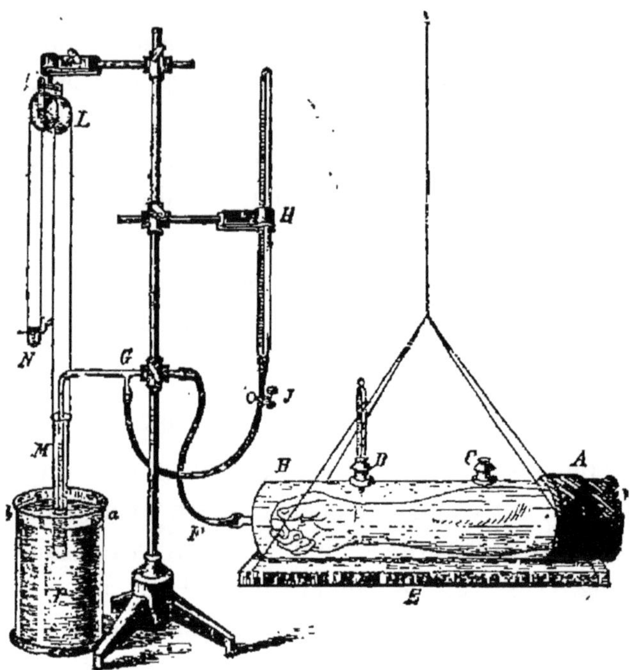

Fig. 116. Le pléthysmographe du Dr Mosso.

enseignaient que l'oxydation avait lieu dans le poumon. Mais on remarqua bientôt qu'il en résulterait pour cet organe un échauffement incompatible avec la vie. C'est récemment qu'on a retrouvé dans les écrits de Lavoisier la théorie, formulée de nos jours comme une nouveauté, de la combustion circulatoire.

C'est en effet l'opinion désormais démontrée que la combustion dont il s'agit se produit spécialement dans les capillaires et par conséquent dans toutes les parties de l'organisme. Il en résulte une température sensiblement constante qui est de 37° environ chez l'homme sain. Avec des thermomètres très délicats, on constate que les membres sont moins chauds que le tronc. Le sang artériel dans la région centrale est plus chaud que le sang veineux, et la différence de température entre l'aorte et la veine cave supérieure est d'environ 0°,8.

On ne peut impunément faire varier, hors de certaines limites, la température du corps. Lorsque, sous l'influence du froid, cette température s'abaisse de 15 à 18 degrés, c'est-à-dire d'un tiers de sa valeur totale, la mort arrive fatalement. Dans l'inanition, dans les maladies, la mort se produit à la suite du refroidissement, et celui-ci résulte de l'affaiblissement de la respiration. C'est pour cela qu'on arrive parfois à la conjurer, comme nous l'avons vu, par la pratique de la respiration artificielle.

Il suffit d'ailleurs du sommeil pour refroidir le corps, en ralentissant les fonctions organiques et spécialement la respiration. La différence thermométrique entre la veille et le sommeil est de 1° environ.

A l'inverse, dans les maladies fébriles, la température du corps est notablement augmentée, parfois de 7 degrés. Dans ces derniers temps, à la suite de M. le Dr Dumontpallier, on est parvenu en diverses circonstances à en diminuer les dangers en refroidissant artificiellement les malades par l'emploi d'une couverture dans le double de laquelle circule constamment un courant d'eau froide.

Nous terminerons cet aperçu de la vie végétative, en rappelant que les fonctions qui s'exercent dans l'intérieur du corps sont en rapport avec un système nerveux particulier : le *système grand sympathique* ; c'est le système qui préside, avons-nous dit, aux mouvements involontaires.

Dans la concavité des côtes sont logés deux gros filets nerveux parallèles, situés de chaque côté de la colonne vertébrale. Ils offrent de distance en distance des *ganglions* et des renflements de formes très irrégulières, auxquels on donne le nom de *plexus*. Des uns et des autres comme centres, partent des nerfs très nombreux qui vont se ramifier dans les différents viscères. C'est ainsi que le *plexus solaire* et le *plexus semi-lunaire* situés au-dessous du diaphragme sont le point de départ de filets nerveux destinés à l'estomac, à l'intestin et à ses annexes, tel le foie. Symétriquement, au-dessus du diaphragme, le *plexus coronaire* est chargé du cœur.

Mais dans tous les cas, les nerfs sympathiques sont associés d'une manière intime à des nerfs appartenant au système céphalo-rachidien, et déjà nous avons mentionné l'existence dans chaque nerf qui sort de la colonne vertébrale, d'un rameau faisant partie du système ganglionnaire (V. fig. 38, p. 45). Parmi les nerfs de la vie de relation qui ont avec le système sympathique les rapports les plus complets, il convient de citer spécialement le *pneumo-gastrique*, appartenant, comme nous l'avons vu (p. 47), à la neuvième paire des nerfs crâniens ; mais beaucoup d'autres pourraient être cités au même titre.

Peut-être l'association dont il s'agit explique-t-elle un ordre de faits extrêmement curieux, d'observation incessante et qu'on réunit sous le nom d'*actes réflexes*. Le type de ces phénomènes sera si vous voulez la sécrétion de la salive à la vue des aliments. Évidemment le système nerveux proprement dit intervient d'abord : c'est par l'œil que nous avons la perception de l'aliment ; mais la fibre sympathique se trouve consécutivement excitée de façon que les glandes salivaires, cependant soustraites à notre volonté, entrent en fonction. Un fait exactement comparable est le larmoiement qui succède à l'arrivée d'une très vive lumière dans l'œil, et l'on pourrait en citer beaucoup d'autres.

DEUXIÈME PARTIE

ZOOLOGIE

I

CLASSIFICATION DU RÈGNE ANIMAL; LES VERTÉBRÉS

Nécessité d'une classification. — Les sept embranchements du règne animal. — Caractères des vertébrés. — Les cinq classes des vertébrés. — Caractères des mammifères : sang chaud, poils, génération vivipare, lactation.

Après cette trop rapide description de l'homme, nous allons chercher à lui assigner sa place dans la série zoologique, c'est-à-dire faire un peu de *classification.*

Nous savons déjà qu'il faut renoncer à trouver une classification naturelle; et que nous ne pourrons nous servir que d'une classification artificielle reposant sur des conventions faites d'avance.

L'embranchement est la division la plus étendue du règne. Chacun des embranchements se divise en *classes*, celles-ci en *ordres*, celles-ci en *familles;* les familles en *genres* et les genres en *espèces.*

Nous compterons huit embranchements :

1° Les *vertébrés*, qui renferment les animaux supérieurs.

2° Les *tuniciers*, qui se rapprochent beaucoup des vertébrés dans les premiers temps de leur vie et qui, en se transformant, se rapprochent des mollusques.

3° Les *articulés* ou *arthropodes*, nom qui signifie *à membres composés d'articulations successives;* exemple, le homard.

4° Les *vers*, dont on faisait autrefois des articulés, mais qu'on ne saurait appeler des arthropodes, puisqu'ils n'ont pas de membres; exemple, la sangsue.

5° Les *mollusques* ou animaux à corps mou protégé ou non par une coquille; exemples, l'huître, la limace.

6° Les *échinodermes*, remarquables ainsi que les suivants par leur structure rayonnée, et dont le corps, ainsi que l'indique leur nom, est ordinairement recouvert de piquants ; exemple, l'oursin.

7° Les *cœlentérés*, qui sont pourvus de *tentacules*, et qui ont la forme d'étoiles ou de cylindres dont toutes les parties sont ordonnées autour d'un axe : exemple, le corail.

8° Les *protozoaires*, dont les représentants les plus intéressants sont peut-être ces animalcules microscopiques qui jouent un si grand rôle dans les fermentations et dans la transmission des maladies. L'éponge est également un protozoaire.

PREMIER EMBRANCHEMENT.

LES VERTÉBRÉS.

L'*homme* peut être pris comme le *type* des vertébrés, de sorte que pour décrire ceux-ci, nous n'avons qu'à nous reporter à ce que nous avons dit de sa propre structure.

Les vertébrés ont un ensemble si net de caractères communs, que leur groupe avait été distingué dès l'antiquité.

Aristote les réunissait sous le nom d'*animaux sanguins*, et mentionnait leur axe squelettique osseux ou cartilagineux.

Linné les définit : animaux ayant le sang rouge et un cœur composé d'oreillettes et de ventricules.

Mais c'est seulement Lamarck qui, le premier, reconnut dans la présence de la colonne vertébrale leur caractère le plus important.

Ce qu'il faut constater tout d'abord chez les vertébrés, c'est une *symétrie bilatérale*, c'est-à-dire une constitution telle qu'on peut les diviser en deux moitiés semblables entre elles.

Pourtant, quoique évidente à première vue, elle n'est pas rigoureuse chez les vertébrés supérieurs.

Ce n'est que chez les vertébrés inférieurs les plus simples, et dans l'embryon des supérieurs qu'elle se montre parfaite : dès que l'organisme s'élève, des déviations se dessinent.

Presque partout, par exemple, le tube digestif en s'allongeant, décrit des circonvolutions qui rejettent sur les côtés les glandes impaires (foie, rate).

Parfois l'atrophie d'une moitié d'organe détruit également la symétrie. Ainsi, chez l'homme adulte, l'aorte n'est point double, tandis que chez l'individu suffisamment jeune cette artère est divisée en deux crosses : la partie droite s'atrophie progressivement et la branche gauche subsiste seule.

Le cœur est rejeté à gauche dans la cage thoracique, parce que dans le premier âge un organe, appelé le *thymus*, dont la fonction n'est pas connue, le refoule de la sorte. Chez l'homme, cet organe disparaît, mais quelques animaux le gardent plus longtemps; c'est la glande délicate connue sous le nom de *ris-de-veau*.

Souvent même, quand des organes doubles existent, ils ne montrent pas de symétrie : les deux poumons, par exemple, ne sont pas semblables : l'un a trois lobes, l'autre deux seulement.

Enfin on peut citer des cas où le squelette lui-même n'est pas symétrique, et nous y reviendrons en traitant par exemple des poissons pleuronectes.

Donc, pour que la symétrie soit un caractère absolu, il faut aller la chercher dès le premier début de la vie, dont l'étude attentive est, comme vous avez pu déjà le constater, extrêmement féconde.

Second caractère distinctif des vertébrés : un *squelette interne ;* interne seulement par rapport à la peau et aux muscles, — externe par rapport aux organes importants sur lesquels il exerce ainsi une action protectrice, grâce à la constitution du canal vertébral et de la cage thoracique.

La peau des vertébrés, comme celle de l'homme, est formée de deux couches très distinctes : épiderme et derme. Elle porte des appendices qui sont, tantôt des productions épidermiques (poils, plumes), tantôt des productions originaires du derme (écailles des poissons, plaques des reptiles, carapace des tatous et des tortues).

Les êtres si variés qui ont des vertèbres se répartissent en cinq classes :

Mammifères,
Oiseaux,
Reptiles,
Batraciens,
Poissons.

Sauf les batraciens, qu'il mettait avec les reptiles, Aristote avait déjà séparé les unes des autres ces différentes classes d'animaux.

CLASSE DES MAMMIFÈRES.

Les mammifères ont pour caractères généraux le *sang chaud*, le *corps couvert de poils*, *des petits qui naissent vivants* et *qu'ils allaitent.*

Ces caractères s'appliquent à l'immense majorité des cas, mais ils ne sont pas tous absolus, et ici se présente encore l'occasion de répéter qu'il n'est pas en histoire naturelle de division rigoureusement tranchée.

Tous les mammifères ont un système circulatoire analogue à celui de l'homme, et la cause de la haute température de leur sang est la même que pour l'homme.

Les poils sont généralement abondants; cependant quelques animaux : la *baleine* et d'autres mammifères qu'on appelle des cétacés, en ont extrêmement peu ; il en est de même de certains autres qu'on appelle des édentés, et qui, comme le tatou, outre de rares poils disséminés, ont de véritables cuirasses produites par une ossification du derme.

Les poils, comme nous l'avons déjà dit, constituent de petits organes complets dont la racine renflée, le *bulbe du poil*, repose sur une papille vasculaire située dans un enfoncement du derme revêtu par l'épiderme, et qu'on appelle le *follicule pileux*.

Le poil est environné de glandes qui servent à le protéger et à lui donner la souplesse et le brillant convenables : les unes, *les glandes sébacées*, sont situées au fond du follicule pileux, et sécrètent une matière grasse, sorte d'enduit destiné à rendre la peau imperméable. Chez les mammifères qui vivent dans l'eau, la loutre, le phoque, etc., la matière grasse est sécrétée en abondance, et empêche le poil d'être jamais mouillé.

Les autres, les *glandes sudoripares*, sont des glandes en grappe en rapport avec les follicules pileux ; elles sécrètent la *sueur*, qui est un des résidus de la nutrition, au même titre que l'urine, sécrétée par le rein.

La transpiration se fait chez l'homme sur toute l'étendue de la peau, mais elle est différente pour quelques animaux ; le chien, par exemple, transpire par la langue, qu'il tient pendante quand il a très chaud.

On distingue deux sortes de poils : les *jarres*, qui sont les poils proprement dits, et le *duvet*.

Les jarres, naturellement assez longues, forment le vêtement lisse qui est pour la bête une sorte de waterproof. Elles deviennent quelquefois très rigides ; tels sont les *soies* du sanglier, les *piquants* du porc-épic, etc. Agglutinées ensemble, elles peuvent former des sortes d'écailles ; telles sont celles qui recouvrent la queue des rongeurs, du rat, par exemple, et les grandes écailles imbriquées qui font au pangolin une armure si bizarre.

Le *duvet* est le vêtement chaud des animaux. C'est un poil court et fin qui se développe surtout en hiver, et sur les mammifères des pays froids, dont l'aspect change complètement suivant les saisons. En outre, la jarre et le duvet sont souvent de couleurs différentes.

C'est ce qui explique pourquoi l'hermine est brune en été, blanche en hiver. Les jarres tombent l'hiver pour faire place au duvet, qui à son tour disparaît l'été.

Parmi les autres productions épidermiques, nous devons signaler : les *bois* du cerf ; l'*étui* de la corne des bœufs ; les *ongles* avec leurs modifications multiples : *griffes* et *sabots*, etc.

Tous ces organes sont toujours le résultat des poils agglutinés.

Nous avons dit que les petits des mammifères *naissent vivants* et non à l'état d'œuf, comme ceux des oiseaux et de la plupart des autres animaux.

Or, à cet égard, il y a, non pas tout à fait des exceptions, mais des atténuations qui constituent comme une transition vers la ponte.

Certains mammifères, appelés *marsupiaux*, donnent naissance à des petits si incomplètement conformés, qu'il leur faut continuer leur développement en se greffant pour ainsi dire à la mamelle de leur mère : beaucoup même, restent enfermés dans une poche ou sac que la femelle porte à l'abdomen.

Le kanguroo, destiné à avoir près d'un mètre de haut, n'est pas plus gros qu'une noix au moment de sa *première naissance.*

Certains mammifères sont encore plus éloignés du type : leur mode de reproduction est dit : *subovipare.* Ce sont les *ornithorhynques* et les *échidnés.*

Ces mammifères incomplets ont en même temps des caractères qui les rapprochent des oiseaux et mêmes des reptiles : ils ont un vrai *bec de canard* et des *pattes palmées.*

Les mammifères sont de tous les animaux les seuls qui *allaitent* leurs petits. Cette fonction a lieu au moyen d'organes en nombre variable, suivant les genres, et qu'on nomme des *mamelles*, d'où vient le nom de mammifères.

Les organes de la lactation sont des glandes en grappes. Le lait qu'ils sécrètent est un aliment complet, qui subvient efficacement à tous les besoins du petit.

La position des mamelles varie beaucoup d'un bout à l'autre de la série des mammifères. Chez les singes, chez les chauves-souris, chez les éléphants, elles sont situées sur la poitrine; au contraire, elles sont abdominales chez les carnassiers, les rongeurs et les pachydermes ordinaires; c'est plus en arrière encore qu'on les voit chez les solipèdes et surtout chez les mammifères ichthyomorphes, comme les baleines, les marsouins, les dauphins, etc.

Le nombre des mamelles est également fort variable et généralement en rapport avec celui des petits : les singes, les chauves-souris, les éléphants, les solipèdes n'en ont que deux ; le lion, la panthère, la chèvre, la vache en ont quatre; le chien et le chat, huit ; le lapin, le porc, dix, etc.

Des variations dans la composition du lait peuvent être notées d'un animal à l'autre ; elles portent plutôt sur la proportion relative des éléments que sur leur composition.

II

L'HOMME

Les hommes ne sont pas identiques entre eux. — L'hypothèse monogénique et l'hypothèse polygénique. — L'ethnographie. — Les trois grands types humains. — L'habitat du type blanc. — Ses caractères. — La *norma verticalis*, l'angle facial, et l'indice céphalique : mésocéphales, brachycéphales, dolichocéphales. — Les sous-types blond et brun. — Le type mongol. — Son habitat et ses caractères. — Le type nègre : habitat et caractères. — Infériorité de quelques races nègres.

Tous les hommes ne sont pas identiques entre eux : le *nègre*, le *blanc*, le *chinois*, diffèrent à première vue par des caractères importants. Il y a, en effet, une multitude de *races humaines*.

D'où sont venues ces foules si disparates? Telle est la question qu'ont agitée bien des fois les anthropologistes, sans arriver jamais à une solution satisfaisante.

Quelques-uns, faisant abstraction de la diversité de caractères, attribuent à une seule souche toutes les familles humaines ; ils font là l'hypothèse *monogénique*.

D'autres indiquent pour chaque race un centre spécial de création, défendant ainsi l'*hypothèse polygénique*.

Nous ne nous embarrasserons pas de ces théories et nous aborderons immédiatement la *description des races humaines*, c'est-à-dire l'*ethnographie*.

Depuis bien longtemps on rapporte tous les hommes à trois types parfaitement définis :

1° Le *type européen* ou *blanc ;*

2° Le *type mongol* ou *jaune ;*

3° Le *type nègre*.

Le type européen existe dans toute l'Europe, à l'exception de la Finlande et de la Laponie.

On le trouve aussi : en Asie, chez les *Sémites; les Perses; les Afghans; les Indous;* — en Afrique, chez les *Berbères.*

Le type européen est originaire de l'Asie; c'est par des migrations successives qu'il a peuplé toute l'Europe, d'où, dans les temps modernes, il a débordé sur l'Amérique et sur toutes les parties du monde. Ses caractères, vous les connaissez : teint blanc, barbe abondante; cheveux lisses et longs. Il a surtout un crâne admirablement conformé, d'une capacité plus élevée que celles de toutes les autres races, et dont la moyenne est de 1523 centimètres cubes. Les sutures crâniennes sont très compliquées, elles dessinent à peu près les irrégularités d'une feuille de persil; ce mode de jonction, propre au type européen, donne à la boîte crânienne une grande solidité. Le front, large à la base, s'élève droit, sans se bomber au sommet. Les pommettes sont peu saillantes.

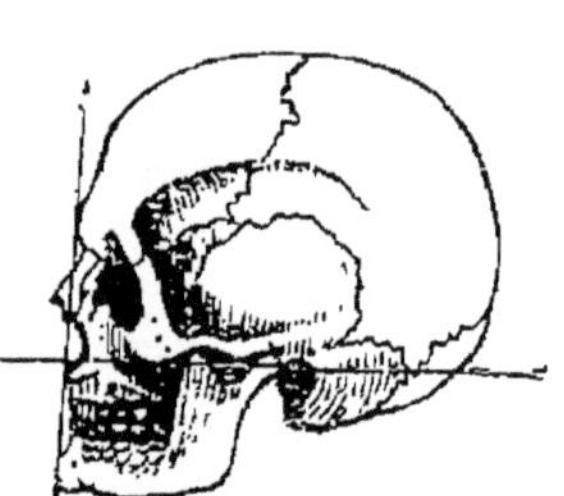
Fig. 117. Angle facial chez la race blanche.

Il en résulte que l'*angle facial* y est fort ouvert. Sous ce nom on désigne l'angle formé par deux lignes dont l'une est tangente au frontal et au maxillaire supérieur et dont l'autre joint l'extrémité de ce maxillaire au trou auditif (fig. 117)

La *norma verticalis* (V. fig. 118) du crâne est la ligne courbe qu'on obtient en regardant le sommet d'un crâne placé verticalement au-dessous de l'œil de l'observateur. Le rapport des longueurs des deux diamètres de cette courbe est désigné sous le nom d'*indice céphalique*, il est d'une grande importance dans l'étude des races.

Si l'on prend pour unité la longueur du grand diamètre, on trouve que l'indice céphalique de la race blanche est 80/100. Pour d'autres races le rapport varie de 86/100 à 70/100. Les têtes qui présentent l'indice 86/100 sont presque rondes; les autres, au contraire, très allongées dans le sens antéro-postérieur.

Les *mésocéphales* (80/100) ont le crâne dans des proportions moyennes quant au rapport des deux diamètres. L'indice 86/100 fait donner aux types chez lesquels il existe, le nom de *brachycé-*

phales, et ceux qui ont le rapport 70/100 sont *dolichocéphales* (fig. 118).

La majorité des Européens est mésocéphale. Cependant les Auvergnats, purs descendants des anciens Celtes, sont brachycéphales ; les Suédois, dolichocéphales.

Un dernier caractère de la race blanche est d'être *orthognathe*, c'est-à-dire de présenter les deux mâchoires inférieure et supérieure, de telle manière que leur tangente commune soit parallèle à l'axe du corps.

Le type européen comprend deux sous-types : le *blond* et le *brun*.

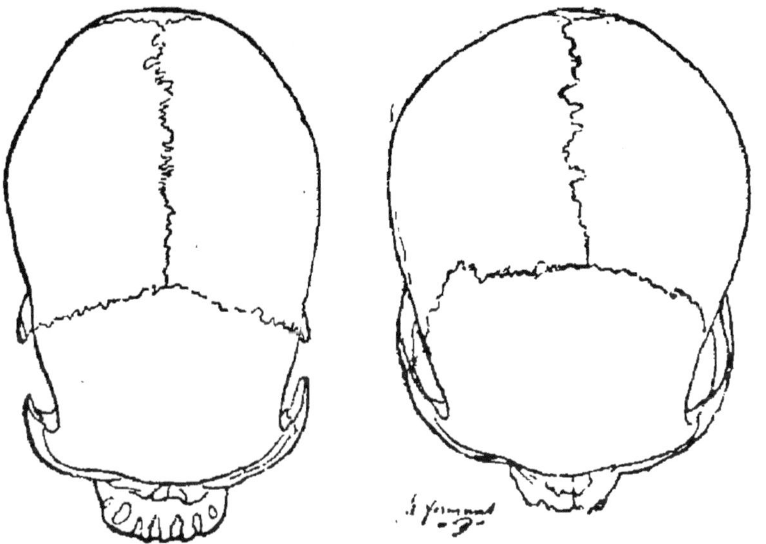

Fig. 118. Crânes brachycéphale et dolichocéphale.

Le sous-type blond a les yeux bleus, les cheveux blonds, la peau légèrement rosée. On le trouve en Islande, en Suède, en Norwège, en Danemark : c'est dans ces pays du Nord qu'il est le plus pur. Il existe aussi en Hollande, dans l'Allemagne du Nord, en Belgique, dans les Iles Britanniques, et en France au nord d'une ligne qui va de Granville à Lyon.

On retrouve ce sous-type en Asie chez les Tartares Mandchoux, chez les Kattees de l'Inde, et en Afrique chez les Berbères.

Les individus qui appartiennent au *sous-type brun* ont les cheveux et la barbe noirs; les yeux d'une teinte foncée, la peau blanche, mais se bronzant au soleil. Ils sont brachycéphales 85/100.

Les Circassiens, les Albanais (fig. 119), les Ligures, les Basques, les Sémites (Arabes), les Indous appartiennent à ce second sous-type.

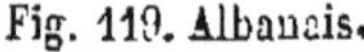

Fig. 119. Albanais.

Fig. 120. Mongol.

Le type mongol (fig. 120) se trouve dans toute sa pureté chez les peuples qui habitent au nord du grand désert de Gobi. En voici les

Fig. 121. Eskimos. (Reproduction d'après le journal « *La Nature* ». G. Masson, éditeur.)

caractères : peau blanc jaunâtre, cheveux droits, roides, noirs, assez longs, barbe rare, tête grosse, face aplatie et large aux pommettes, yeux tirés obliquement, mâchoires prognathes.

A ce type appartiennent les Eskimos (fig. 121), les Chinois, les Polynésiens (fig. 124), les Malais qui sont fortement dolichocéphales.

Fig. 122. Type des habitants des rivages du Rio Colorado (*Peau rouge*). (Extrait des « *Races sauvages* », par A. Bertillon. G. Masson, éditeur.)

Il faut peut-être y rattacher le *type américain* (fig. 122), qui cependant, outre sa peau rouge, offre de grandes différences, par exemple un nez parfois aquilin.

La race nègre (fig. 123) a la peau noire ou presque noire, les

Fig. 123. Type de nègre.

cheveux noirs crépus, la sclérotique terne jaunâtre, la langue

Fig. 124. Types de Polynésiens. (Extrait des « *Races sauvages* », par A. Bertillon. G. Masson, éditeur.)

tachée de noir, la barbe rare, le crâne dolichocéphale, les sutures crâniennes plus simples que chez les blancs, le front étroit, le nez épaté, un prognathisme très prononcé.

Ce type existe, en Afrique, chez les Éthiopiens noirs et chez les Cafres ; en Asie, sur quelques points isolés ; en Océanie, chez les Papous et les Négritos.

Il existe entre les Éthiopiens ou nègres du nord et les Cafres ou nègres du sud des différences assez importantes. Les Hottentots se rattachent aux nègres du sud.

Le prognathisme ne peut être observé nulle part mieux que sur les nègres ; chez eux, l'angle facial est particulièrement aigu, car il dépasse rarement 70° (fig. 125).

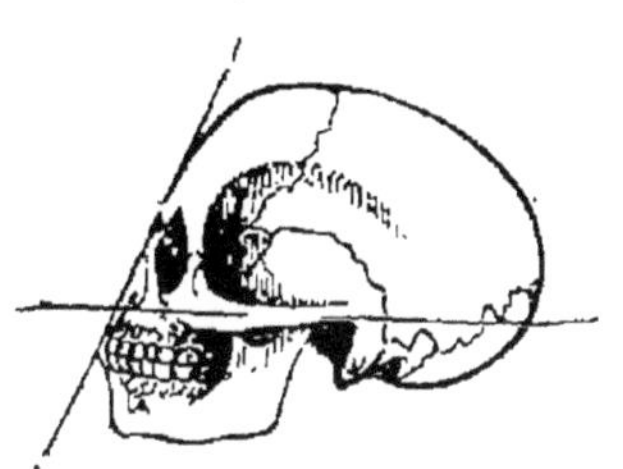
Fig. 125. Angle facial chez la race noire.

Le caractère qui frappe à première vue chez le nègre, c'est le noir de sa peau : il est dû à l'existence d'un *pigment* logé dans les cellules les plus profondes de la couche muqueuse du derme. Ce pigment n'est pas uniformément répandu ; ainsi la paume des mains et la plante des pieds des nègres sont de couleur claire.

Le type nègre paraît le plus inférieur de tous les types humains.

Il est cependant des nègres fort intelligents ; il en est même qui occupent aux États-Unis des postes très importants.

L'extrême infériorité est restreinte heureusement à un petit nombre de races : les Boschimans, les Hottentots, les Papous sont très mal organisés au point de vue intellectuel. On en a vu qui ne comprenaient absolument rien aux dessins les plus simples, et qui ne se reconnaissaient pas dans un miroir. D'autres ne savent pas compter et paraissent ne se servir que d'un nombre de mots très réduit.

Cuvier, qui observa la Vénus hottentote amenée et morte à Paris, assure qu'elle avait des allures de grand singe dans la façon de faire saillir les lèvres, dans ses mouvements brusques et capricieux. « Je n'ai jamais vu, dit-il, de têtes humaines plus semblables aux singes que celle de cette femme. »

Les cheveux pourraient servir à distinguer les races les unes des autres. Les sections qu'on y pratique, donnent des figures différentes selon les peuples.

On peut mentionner encore comme pouvant servir à caractériser les divers types humains, l'*indice scapulaire*, c'est-à-dire le rapport des deux diamètres de l'omoplate; et aussi, comme liée avec lui, la *torsion de l'humérus*, que Broca est arrivé à mesurer à l'aide d'un appareil spécial.

III

LES SINGES

Ressemblances et dissemblances des singes avec l'homme. — Les singes anthropomorphes. — Histoires de chimpanzés, de gorilles, d'orangs-outans et de gibbons. — Les catarrhiniens : magots, guenons, macaques, cynocéphales. — Les singes du nouveau continent ou platyrrhiniens : hurleurs, atèles, sajous, ouistitis. — Les lémuriens.

ORDRE DES SINGES.

Dans la série animale, le type *singe* se place immédiatement après l'homme ; il s'en rapproche par sa forme générale, quelquefois par sa taille, toujours par la structure de ses organes.

Ainsi, son squelette compte le même nombre d'os, et présente à peu près la même disposition que celui de l'homme.

Ses muscles aussi ne diffèrent que par leurs dimensions ; leur mode d'insertion est tellement semblable qu'avant André Vésale, qui le premier osa disséquer le cadavre humain, on ne connaissait l'anatomie humaine que sur la description donnée par Galien d'un grand singe.

Ces ressemblances ont amené beaucoup de naturalistes à supposer une filiation de l'homme au singe ; mais jusqu'à présent aucune preuve certaine n'est venue confirmer ou détruire cette hypothèse.

D'autre part, il y a entre la structure de l'homme et celle du singe des différences importantes.

Si le plus souvent la formule dentaire est la même chez l'un que chez l'autre $\left(\frac{2}{2}\text{ incisives, }\frac{1}{1}\text{ canines, }\frac{5}{5}\text{ molaires}\right)$, les dents sont assez dissemblables. Les canines des singes (fig. 126), grosses et allongées, exigent un vide dans la mâchoire opposée pour s'y loger quand la bouche est fermée, et les molaires tuberculeuses annoncent un régime entièrement végétal.

Les singes américains ont même 36 dents au lieu de 32, à cause d'une paire supplémentaire de petites molaires.

Les membres supérieurs de l'homme sont plus courts que ses membres postérieurs. C'est le contraire qui existe chez les singes, dont les bras sont d'autant plus longs que l'animal considéré est

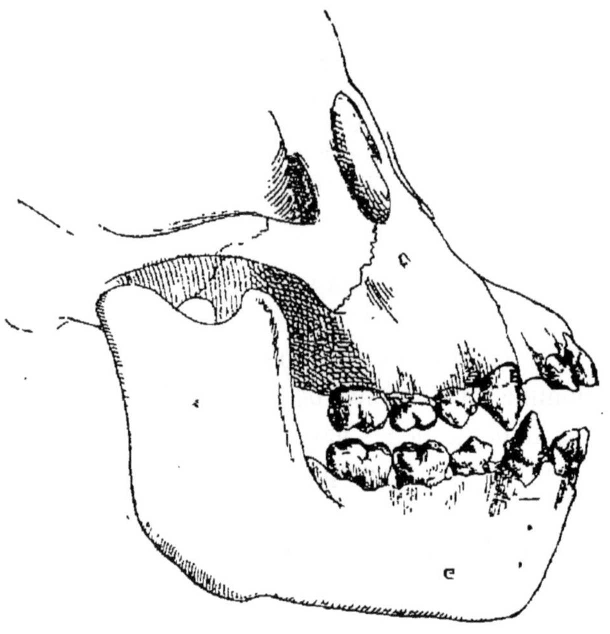

Fig. 126. Mâchoire de singe montrant les trois sortes de dents.

plus inférieur. Cette dimension des membres s'oppose à ce que le singe prenne facilement la station verticale; elle lui est utile au contraire pour grimper et sauter. De plus le singe est quadrumane, tandis que l'homme est bipède et bimane.

La plupart des singes ont une queue, qui est même *prenante* chez le plus grand nombre de ceux du nouveau continent; elle ne manque que chez les singes les plus élevés, dits *anthropomorphes*.

Ceux-ci méritent d'être cités en premier lieu. Ce sont : le chimpanzé, le gorille, l'orang-outan, le gibbon.

Ces singes appartiennent au vaste groupe des singes dits de l'ancien continent.

De tous, le plus voisin de l'homme est le *chimpanzé* (fig. 127), qui vit en Guinée ; il est remarquable par le peu de longueur relative de ses bras. Dans le jeune âge son crâne est très bien conformé ; mais il se déprime et se dégrade avec les années, aussi cet animal est-il beaucoup plus intelligent dans sa jeunesse que dans la suite de son

Fig. 127. Chimpanzé.

Fig. 128. Gorille.

existence. Les jeunes chimpanzés qui ont été vus à Paris aimaient beaucoup la société des hommes, et dédaignaient celle des animaux. Buffon, qui en a étudié un qu'il prenait pour un orang-outan, raconte de lui mille preuves de savoir-faire. Cette bête se tenait à table comme un homme, se servait de son couteau, de sa fourchette, trinquait avec les convives. Elle savait être polie, faisait les honneurs de la maison aux invités de son maître, se promenait avec eux, et les saluait en leur présentant la main.

Le *gorille* (fig. 128) est celui des grands singes le plus récemment connu; il a été découvert par du Chaillu dans un curieux voyage au Gabon. Il est d'une force extraordinaire; sa taille est celle d'un homme très grand; mais il est plus trapu et plus volumineux. Ses jambes sont beaucoup plus courtes que ses bras. Il a parmi les nègres une grande réputation de férocité. Mais il est courageux, défend vaillamment ses petits, et se fait tuer plutôt que de les abandonner. Il paraîtrait même que la charité ne lui est pas inconnue, et qu'après le combat, il soigne ses blessés.

Le mot *orang-outan* (fig. 129) est malais et veut dire *homme des bois*. Ce singe habite Sumatra et Bornéo. Il a des bras démesurément longs qui touchent presque terre lorsqu'il essaye de se tenir debout. Malgré cette infériorité de structure, il montre beaucoup d'intelligence. Un orang-outan du Muséum d'histoire naturelle a fourni à Frédéric Cuvier l'occasion de plusieurs observations intéressantes. Il était admis dans la famille du gardien, qui lui avait appris à se tenir parfaitement à table. Un jour on lui servit de la salade qu'il trouva trop vinaigrée. Il commença par l'essuyer à ses poils, pour en enlever l'acidité; puis, ce moyen n'étant pas commode, il eut l'idée de presser sa pitance entre deux couvertures; il la mangea ensuite avec plaisir. C'était quelquefois un hôte gênant pour le gardien, qui essaya de se débarrasser de lui en l'enfermant. L'animal déploya alors un véritable génie pour recouvrer sa liberté. Il ouvrit d'abord, en se servant de la serrure, la porte de la chambre où son maître l'avait placé. Le gardien changea la serrure de place et la mit plus haut. L'orang-outan, resté seul, prit une chaise, la porta près de la porte, monta dessus et tourna la clef. Il revint triomphalement auprès de son maître qui le ramena à sa prison, et crut assurer sa tranquillité en enlevant les chaises. Mais l'animal ne se reconnut pas battu pour si peu. Il avisa une corde qui pendait du plafond de la chambre, et, en s'y balançant, arriva à la serrure. Le gardien fit un nœud à la corde. Le singe comprit que le nœud était un obstacle; il essaya de

Fig. 129. Orang-outan.

le défaire; mais comme tout d'abord il se tenait à la corde sous le nœud, le poids de son corps empêchait qu'il pût le desserrer. Il se rendit compte de la chose, grimpa au-dessus du nœud et vint à bout de le défaire. Le gardien fut touché, peut-être un peu effrayé de tant de persévérance, et garda près de lui son ami trop fidèle.

Le *gibbon* est le plus inférieur des singes anthropomorphes; l'excessive longueur de ses bras l'empêche de jamais se tenir debout. Il vit en bandes dans les forêts des îles de la Sonde. Quoiqu'il soit très craintif et très agile et qu'il ne se laisse pas facilement approcher, on sait qu'il a plusieurs qualités remarquables. Les mères, par exemple, prennent le plus grand soin de leurs petits : elles leur font la toilette tous les matins, en les lavant, malgré leurs cris, dans la rivière; puis, avec leurs mains, elles leur lissent le poil.

Fig. 130. Cynocéphale mandrill

Les autres singes de l'ancien continent ont une queue, quelquefois très longue, mais elle n'est jamais prenante. La cloison de leur nez est très mince, de sorte que leurs yeux sont fort rapprochés; aussi les réunit-on souvent sous le nom de *catarrhiniens*. Ils se répartissent dans les trois familles des *semnopithéciens*, des *cercopithéciens* et des *cynocéphales*.

On rencontre le *magot* à Gibraltar; c'est le seul singe qui vive encore en Europe; il abonde surtout dans le nord de l'Afrique. Les *guenons* ont le même habitat; elles préfèrent l'Algérie à toute autre région.

Les *macaques* sont propres à l'Asie.

Les *cynocéphales* (fig. 130) méritent leur nom parce que leur tête a beaucoup de ressemblance avec celle du chien; comme ce dernier, ils marchent toujours à quatre pattes, mais en appuyant sur la paume des mains. Malgré leurs énormes canines, ils ont un régime exclusivement frugivore. Une espèce de cynocéphales, l'hamadryas, qui vit en Arabie, a été divinisée : les Égyptiens l'adoraient sous le nom de Tot et lui donnaient à peu près les mêmes attributions que les Romains à leur Mercure, les Grecs à leur Hermès. Tous ces singes ont des *abajoues*, c'est-à-dire des espèces de poches situées dans la bouche, à l'intérieur des joues, et où ils peuvent conserver longtemps, comme en un magasin, des substances alimentaires.

Les *singes du nouveau continent* ou *platyrrhiniens* sont caractéri-

Fig. 151. Sajou.

sés par leur large cloison nasale, par leur queue souvent prenante, dont ils usent pour s'accrocher comme d'une cinquième main singulièrement commode. Ce sont généralement de jolis singes, très doux, qui seraient pour nous de véritables animaux d'ornement si l'on parvenait à les acclimater. Ils comprennent les deux familles des *cébidés* et des *pithécidés*.

Les *hurleurs* sont ainsi nommés à cause des cris épouvantables qu'ils poussent et qui glacent d'effroi les voyageurs qui les entendent pour la première fois. Cette voix énorme est due au volume de leur larynx. Ils vivent en bandes nombreuses dans les forêts du Brésil.

Les *atèles* sont dépourvus de pouce, comme l'indique leur nom, ou tout au moins ils n'en ont que les rudiments. Leur forme grêle, leurs membres allongés leur ont valu le surnom de *singes-araignées*.

Le *sajou* (fig. 131) est un gracieux animal, très frileux, que vous avez vu dans toutes les ménageries et chez beaucoup de marchands d'animaux d'agrément.

Il en est de même des *ouistitis*, qui sont les plus petits de tous

Fig. 132. L'aye-aye.

les singes et qu'une dame peut cacher dans son manchon. Ils ont de chaque côté de la face une aigrette de poils blancs ou noirs, et le reste de leur pelage est très moelleux.

ORDRE DES LÉMURIENS, OU PROSIMIENS.

Les *lémuriens* sont comme une annexe de l'ordre des singes, avec lesquels ils offrent de grandes ressemblances. Ils ne se rencontrent guère qu'à Madagascar et dans les îles voisines. La formule dentaire du maki est $\frac{2}{2} i, \frac{1}{1} c, \frac{6}{6} m$; celle des autres genres est peu différente.

Les *makis*, les *indris*, les *nycticèbes*, qui sont des animaux nocturnes.

L'*aye-aye* (fig. 132), qui ressemble à la fois à l'écureuil et aux singes, présente cette particularité de faire dans les branches des arbres un nid semblable à celui des oiseaux, où les petits sont nourris par leurs parents jusqu'à ce qu'ils puissent se suffire à eux-mêmes. La forme de ses membres le fait appeler aussi *tarsier*.

IV

CHEIROPTÈRES ET CARNIVORES

L'aile des cheiroptères. — Les roussettes. — Les vampires. — Les chauve-souris de nos pays. — Le régime des carnivores : leurs dents, terribles canines et molaires coupantes. — Les griffes. — L'ours. — Les vermiformes. — Les chiens : innombrables variétés du *Canis familiaris*. — Les renards. — Les chats : tigre, lion, chat domestique. — Tous les chats peuvent être apprivoisés. — L'hyène.

ORDRE DES CHEIROPTÈRES.

Les *cheiroptères* ou *chauves-souris* sont des mammifères pourvus d'ailes, ne ressemblant d'ailleurs en aucune façon à celles des oiseaux ; ils se rapprochent cependant des oiseaux par la crête osseuse de leur sternum. L'aile de la chauve-souris est une membrane soutenue par les quatre membres et qui s'étend entre quatre

Fig. 133. Chauve-souris oreillard.

doigts très allongés des mains ; le pouce est réduit à sa grandeur normale et reste libre. Les pieds recourbés servent à l'animal à s'accrocher, la tête en bas, dans les lieux sombres où il se cache pendant le jour. Les dents (fig. 134), qui rappellent assez celles des singes, sont cependant plus aiguës et propres à déchirer des proies. La formule dentaire de nos petites chauves-souris est $\frac{2}{3}\,i,\ \frac{1}{1}\,c,\ \frac{6}{6}\,m.$ La plupart des cheiroptères, en effet, ont un régime insectivore. Quelques-uns, faisant exception, sont frugivores : les roussettes, par exemple, qui vivent aux Moluques, dont elles dévastent les vergers. Ce sont les plus grandes des chauves-souris ; leurs ailes ont de deux à cinq pieds d'envergure. On les chasse, et pour se garantir de leurs déprédations, et pour manger leur chair, assez estimée, malgré son goût de musc.

Les chauves-souris de nos pays et les vampires qui habitent les pays chauds sont carnivores.

Le *vampire*, dont la figure est des plus bizarres, à cause de ses oreilles énormes, de ses dents canines longues et pointues et de

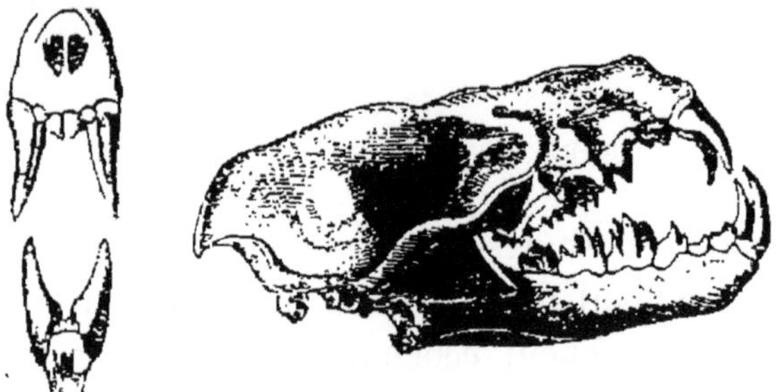

Fig. 134. Crâne de vampire.

son nez entouré d'une membrane qui a quelquefois la forme d'un fer de lance, le vampire possède une réputation détestable. On l'accuse de sucer le sang des animaux et des hommes jusqu'à leur épuisement complet, et de les éventer doucement de ses larges ailes pendant la perpétration de ce meurtre. La chose est vraie, mais ne va pas jusqu'à mort d'homme, et comme la blessure n'est pas venimeuse, on la guérit facilement si on la soigne.

Les chauves-souris carnivores sont réparties en deux familles caractérisées, celle des *phyllorhines* par des appendices foliacés sur le nez et celle des *gymnorhines* par l'absence de ces ornements.

Les chauves-souris tombent ordinairement en léthargie pendant l'hiver, qu'elles passent accrochées dans des cavernes ou dans les cheminées abandonnées des vieilles maisons de campagne. Dans nos pays, dont elles dédaignent les fruits, ce sont des animaux utiles, à cause de l'active destruction qu'elles font des insectes.

ORDRE DES CARNIVORES.

Ainsi que l'indique leur nom, les animaux de cet ordre se nourrissent de *chair*. Il en est dont c'est le régime exclusif; d'autres, tels que le chien, sont plus tolérants, et acceptent volontiers du pain. L'ours est très friand de miel et de fruits.

Les carnivores ont les trois sortes de dents, mais seulement $\frac{3}{3}$ *i*. Ce qui fait leurs véritables armes, ce sont les *canines*, dont le nom est tiré de celui du chien, qui les a très développées. Quelques animaux fossiles en avaient de si fortes, de si acérées, de si effilées, qu'aucun carnivore actuel ne saurait rivaliser sous ce rapport avec eux. C'est ce qu'exprime le nom du *machærodus* (fig. 135), qui signifie *dent-poignard :* les canines de ce *chat* avaient dix à douze centimètres de longueur.

Les molaires, autres couteaux dans la gueule du carnivore, n'ont plus cette forme de meule si propre à broyer les aliments, que nous avons constatée dans la bouche de l'homme et du singe : chacune a l'air d'être faite de plusieurs lames qui déchirent et qui coupent : c'est ce qu'on appelle plus particulièrement des *mâchelières*. La dernière mâchelière, qui est plus grande que les autres, est dite *dent carnassière;* elle est tout à fait caractéristique des carnivores; par sa force et sa position, elle leur est fort utile pour broyer les os.

Fig. 135. Crâne de machærodus.

Les saillies des mâchelières glissent les unes le long des autres, à la manière des lames de ciseaux; de sorte qu'elles ne s'émoussent jamais, et qu'elles tranchent la chair au lieu de la triturer.

Les carnivores trouvent dans leurs ongles un renfort pour leurs dents; ils sont solides et pointus. Ce sont les *griffes*, dont ils retiennent et blessent leur proie. Afin de ne pas s'user, elles sont rétractiles chez les chats, c'est-à-dire que par une disposition spéciale, elles rentrent, quand l'animal n'a pas à s'en servir, dans un repli de la peau : vous connaissez toutes la *patte de velours* du chat, et aussi sa patte, si différente, de chat fâché.

On établit ordinairement cinq familles parmi les carnassiers :

celles des Ours, des Vermiformes, des Chiens, des Chats et des Hyènes.

L'*ours* (fig. 136) est un type de carnassier plantigrade. Il a $\frac{6}{7}$ molaires qui sont relativement peu tranchantes. Il se présente sous trois types principaux :

L'*ours brun* est relativement commun dans les Pyrénées. C'est un animal peu féroce lorsqu'il n'est pas pressé par la faim ; il est fort intelligent, et s'apprivoise au point de faire à la campagne les délices des foires. Il est si gourmand de fruits qu'à l'époque des vendanges il s'enivre de raisin.

Fig. 136. Ours brun.

L'*ours gris* (*grizzly* des Américains) habite les Montagnes Rocheuses : il est très carnassier.

Il en est de même de l'*ours blanc*, dont la belle fourrure lui est bien utile dans les pays polaires qu'il habite. Il est plus grand que les autres ours ; mais il a la tête plus petite et plus plate et il est moins intelligent. Cet animal vit surtout de poisson et de phoque, aussi est-il fort bon nageur. Une grande partie de son existence se passe sur des glaces flottantes, qu'il abandonne lorsqu'il les voit s'éloigner des régions froides de la mer.

La deuxième famille, celle des *vermiformes*, se distingue par un corps très allongé soutenu par des pattes très courtes. Les animaux qui le composent entrent facilement dans les petits souterrains ou terriers qu'ils se creusent pour leur habitation.

L'*hermine*, que nous avons déjà signalée pour ses changements de couleur dus à son plus ou moins de duvet, est un *vermiforme*.

Les *martes* s'en rapprochent, et par la beauté de leur fourrure et par leurs habitudes. Elles ont $\frac{5}{6}$ molaires.

Le *furet*, autre genre, est utilisé à la chasse : il pénètre dans

Fig. 137. Belette.

les terriers et en expulse les lapins, dont on s'empare alors facilement.

Signalons aussi la *belette* (fig. 137), animal nuisible qui dévaste les basses-cours, et *la loutre*, qui vit au bord de l'eau, pêchant les poissons dont elle se nourrit. Elle a une si belle fourrure, qu'on lui fait une guerre acharnée qui l'aura bientôt fait complètement disparaître.

Fig. 138. Chien.

Vient la famille des *chiens*, qui comprend le *chien proprement dit* (fig. 158), le *chacal*, le *loup* (fig. 139) et le *renard* (fig. 140). Leur dentition est assez compliquée ; ils ont des incisives, des canines, $\frac{3}{4}$ prémolaires, $\frac{1}{1}$ carnassières, et $\frac{2}{3}$ dents *tuberculeuses*. Ces dernières sont placées tout au fond de la bouche, derrière les carnassières.

Les variétés de chiens sont innombrables, et cependant elles dérivent toutes d'une même espèce (*Canis familiaris*) dont le type apparaît nettement dans le chien sauvage, qui n'est autre chose que le chien domestique redevenu libre. C'est de toute antiquité que le chien s'est fait notre serviteur, car partout on retrouve son squelette en compagnie de celui de l'homme fossile. Nous avons toujours eu de l'amitié pour cette bonne bête si intelligente et si dévouée, si nerveuse, si démonstrative, dont la tendresse se manifeste dans tous les mouvements. Victor Hugo l'a peinte d'un trait inoubliable : « Un animal étrange qui rit avec la queue et sue avec la langue. »

Fig. 139. Loup.

Le chien se transforme, pour ainsi dire, comme nous le voulons ; il prend tous les pelages, toutes les dimensions, toutes les habitudes.

Exemple : Les grands chiens de Terre-Neuve, qui sont presque

Fig. 140. Renard.

amphibies, et qui forment une race si puissante, descendent tous de chiens amenés dans l'île en 1662, qui n'avaient pas aux doigts la grande palmure, et qui n'aimaient pas l'eau.

C'est peut-être la domestication qui a donné au chien son aboiement : on avait apporté au Muséum d'histoire naturelle des chiens sauvages venant d'Amérique et d'autres, appelés dingos (fig. 141), venant de l'Australie; on remarquait que ces chiens étaient muets. Au bout de quelques jours, ayant entendu l'aboiement d'autres chiens, ils se mirent à les imiter, et après quelques efforts, à aboyer comme des chiens civilisés.

L'éducation qu'un chien reçoit, par les leçons de son maître

Fig. 141. Chien sauvage (dingo) d'Australie.

ou par sa propre expérience, profite à ses descendants. Dans l'Amérique du Sud, on emploie les chiens à chasser les *pécaris*, espèces de sangliers, dont la chair est très bonne à manger (voir p. 213). Tout d'abord, beaucoup de chiens furent éventrés par le gibier en fureur; c'est alors que, pour se préserver, ils découvrirent une certaine attitude qui les met à l'abri des blessures graves. Et maintenant, tous les chiens, dès qu'ils se trouvent même pour la première fois en présence d'un troupeau de pécaris, savent d'instinct prendre la position indiquée à leurs pères par l'expérience.

La chasse n'est pas le seul service que le chien rende à l'homme; il lui garde ses troupeaux; il protège ses maisons; en Hollande, en Belgique, il tire les voitures des petits marchands; au pôle, les traîneaux des voyageurs et des Eskimos. Dans les montagnes, les religieux du mont Saint-Bernard l'avaient dressé à découvrir sous la neige le voyageur égaré, et à le conduire au monastère. Dans les foires et dans les cirques, il nous amuse par sa *science* et les tours compliqués qu'il exécute. Enfin, il est notre aimable et joyeux compagnon, sous toutes ses variétés : lévrier, caniche, basset, havanais, épagneul, etc., etc.

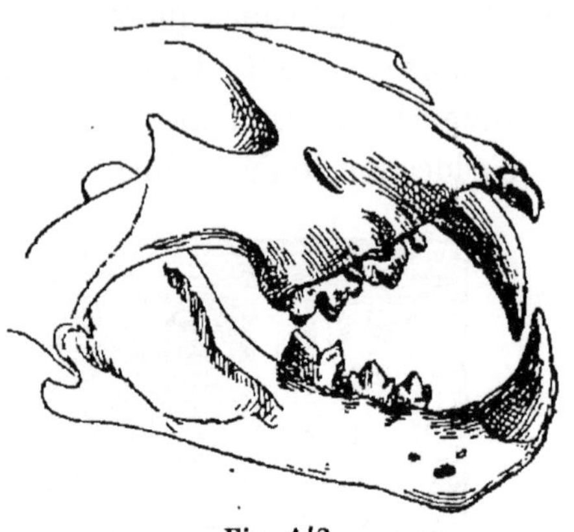

Fig. 142.
Mâchoire de tigre, type de carnivore.

Bien différents sont les *renards*, animaux nocturnes, dont la pupille est fendue comme celle des chats, silencieux, vivant en terriers, pourvus d'une belle fourrure et d'une queue touffue. Les Anglais, qui n'ont pas de loups, ont en revanche beaucoup de renards, dont la chasse est une de leurs grandes distractions.

La famille des *chats* se distingue nettement de celle des chiens.

Ils ont une dentition redoutable (fig. 142), mais composée de molaires moins nombreuses que celles des autres carnassiers. Leur formule dentaire est :

$$\frac{3}{3}\ i,\ \frac{1}{1}\ c,\ \frac{2}{2}\ \text{prémolaires},\ \frac{1}{1}\ \text{carnassières},\ \frac{1}{0}\ \text{tuberculeuse.}$$

Leur mâchoire très courte est mue par des muscles très puissants. Leur langue, extrêmement dure, agit comme une râpe sur la chair qu'elle lèche, et peut la réduire en une sorte de pulpe.

Tous, à l'exception d'un seul, — le guépard, — ont les ongles rétractiles (fig. 143) dont nous avons déjà parlé.

Leurs yeux, dont l'ouverture est longitudinale, leur permettent de voir clair la nuit.

Le premier des félins, par sa force, son agilité, la beauté de sa fourrure, c'est le *tigre*, qui vit dans l'Inde, en Cochinchine, en Malaisie. Il désole par ses meurtres les contrées qu'il habite. Il enlève toutes les nuits des bœufs et des moutons; et les hommes sont si fréquemment ses victimes que la mort par le tigre entre pour une part notable dans la statistique. On fait à ce chat une

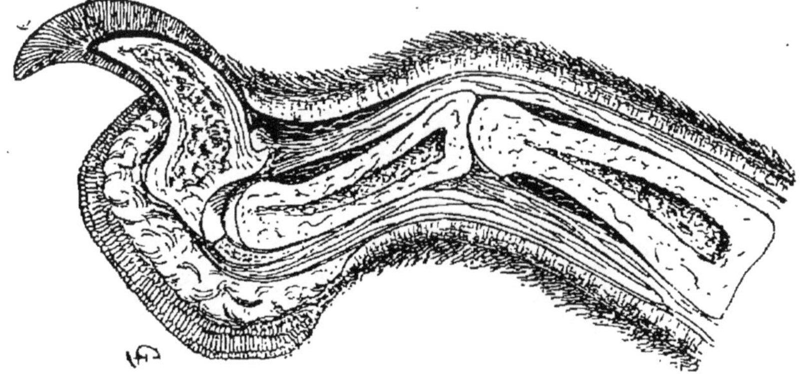

Fig. 143. Doigt de chat avec l'ongle rétractile ou griffe.

guerre terrible, qui peut faire espérer sa destruction prochaine. Dès maintenant, du reste, son habitat est fort restreint. En Amérique, il a son équivalent dans le *jaguar*. La *panthère* (fig. 144) en est comme un diminutif.

Fig. 144. Panthère.

Viennent ensuite les *lions* (fig. 145), qui demeurent en Afrique, et parmi lesquels on reconnaît deux types : le lion du nord, si célèbre en Algérie et dans le désert par sa force et sa férocité; et le lion du sud, dont l'histoire est beaucoup moins glorieuse, beaucoup moins

Fig. 145. Lion.

terrible, par conséquent. Au Cap, il y a une espèce qui se nourrit surtout de souris : ce n'est qu'en temps de disette qu'elle ose s'attaquer à l'homme.

Le *chat* proprement dit est le plus petit des félins. Il en a toute la grâce, toute la beauté de fourrure et de forme, toute la souplesse, toute l'agilité, tous les vices, sans en avoir la force et l'appétit qui rendent dangereux ses congénères. Il nous est utile à la campagne en mangeant nos souris ; il nous plait à la ville par ses manières câlines, sa gentillesse et sa drôlerie. Ce n'est pas un serviteur, car il ne se livre jamais. C'est un *commensal* qui s'associe à nous, non par dévouement, mais par réflexion. Cette association date de longtemps, car on a retrouvé des restes de chats domestiques dans les tombeaux des anciens Egyptiens.

Nous ne pouvons nous arrêter sur les autres félins, panthères, lynx, couguar, guépard, etc. Les chats sont tous capables de s'apprivoiser, parce que tous sont des animaux relativement intelligents. Malgré leur courage, ils sont accessibles à la peur : ils se laissent dompter; et malgré leur cruauté native (sans laquelle en liberté ils ne sauraient subsister), ils sont susceptibles d'attachement envers les êtres les plus faibles. Il y a en ce moment au Jardin des Plantes une lionne qui vit en bonne intelligence avec une chienne, et qui joue avec elle, en prenant bien garde de ne lui faire aucun mal.

Fig. 146. Hyène.

Faisons une famille spéciale pour l'*hyène* (fig. 146), qui diffère des chats par une fausse molaire en plus. Elle se nourrit d'animaux putréfiés, et va même quelquefois déterrer les cadavres des cimetières. Ses ongles ne sont pas rétractiles. Voici sa formule dentaire : $\frac{3}{3}i$, $\frac{1}{1}c$, $\frac{3}{3}pm$, $\frac{1}{1}m$, $\frac{1}{0}t$.

V

LES AMPHIBIENS, LES INSECTIVORES, LES RONGEURS LES PROBOSCIDIENS

Conformation des amphibiens. — Le phoque. — Le morse. — Caractère des insectivores. — Leurs principaux genres : hérisson, musaraigne, desman, taupe. — Les dents des rongeurs. — Autres caractères. — Le lièvre. — Le rat. — Le castor et ses maisons. — L'écureuil. — La marmotte. — Les proboscidiens actuels et fossiles. — La trompe de l'éléphant. — Ses dents. — Ses qualités. — Les services qu'il rend aux Indes. — L'éléphant d'Asie et l'exploration de l'Afrique.

ORDRE DES AMPHIBIENS.

L'ordre des *amphibiens* se compose, ainsi que son nom l'indique, d'animaux organisés pour la nage. Leurs membres antérieurs sont munis de pattes onguiculées, c'est-à-dire à doigts distincts ; ces

Fig. 147. Phoque.

doigts sont palmés. Quant aux membres postérieurs, ils ne sont pas sortis de la peau de la bête, et ils se réunissent en arrière pour former, en quelque sorte, une nageoire caudale.

Les amphibiens comprennent deux familles : les *phoques* (fig. 147) et les *morses*. Ils ont : $\frac{5}{2}\,i,\ \frac{1}{1}\,c,\ \frac{6}{5}\,m.$

La tête du phoque est comparable à celle du chien, non seulement pour la forme extérieure qui est tout à fait analogue, mais encore pour la structure du cerveau; aussi est-ce un animal très intelligent qu'on apprivoise facilement, et à qui l'on peut apprendre des choses très compliquées.

Certains phoques, tels que ceux qu'on chasse en si grande abondance dans la mer de Behring aux îles Pribylow, ont une fourrure très estimée, connue vulgairement sous le nom de *loutre* à cause de sa ressemblance avec celle du vermiforme mentionné précédemment.

Fig. 148. Otaries.

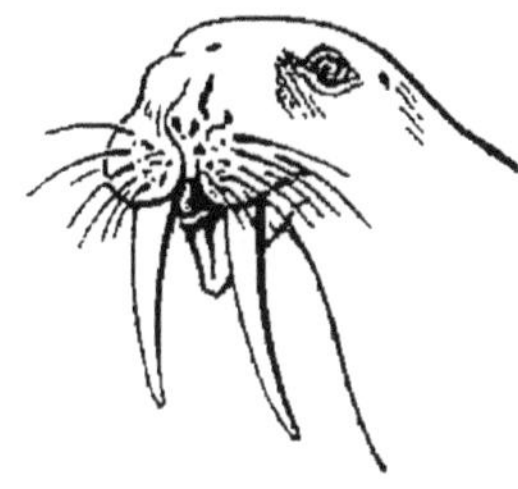

Fig. 149. Tête de morse.

On appelle *otaries* ou *phoques à oreilles* (fig. 148) ceux de ces amphibiens chez qui le pavillon de l'oreille apparaît; les autres en sont dépourvus. Ils courent sur l'herbe (d'une façon disgracieuse, il est vrai). Vous avez pu voir des otaries au Jardin des Plantes et au Jardin d'acclimatation. Ces phoques marchent mieux que les autres; leur cri tient à la fois de l'aboiement du chien et du mugissement de la vache.

Les *morses* ou *lions marins* (fig. 149) sont plus grands, plus forts et moins intelligents que les phoques. Les canines de leur mâchoire supérieure, démesurément allongées, leur constituent des défenses qui contiennent assez d'ivoire pour tenter les pêcheurs. La guerre qu'on leur fait n'est pas sans dangers, car le morse est un animal courageux, qui défend bien sa vie. On retire aussi de sa graisse une huile abondante.

ORDRE DES INSECTIVORES.

Les *insectivores* forment un ordre mixte voisin de plusieurs autres. Leurs mœurs et leur dentition les rapprochent des carnivores : la dentition pourtant présente quelques légères différences; car les carnassières sont au nombre de trois à chaque demi-mâchoire. Leur forme les a parfois fait comparer aux rongeurs que nous allons voir plus loin; enfin leur régime est analogue à celui des chauves-souris; ils sont généralement petits : leurs proies, par conséquent, doivent

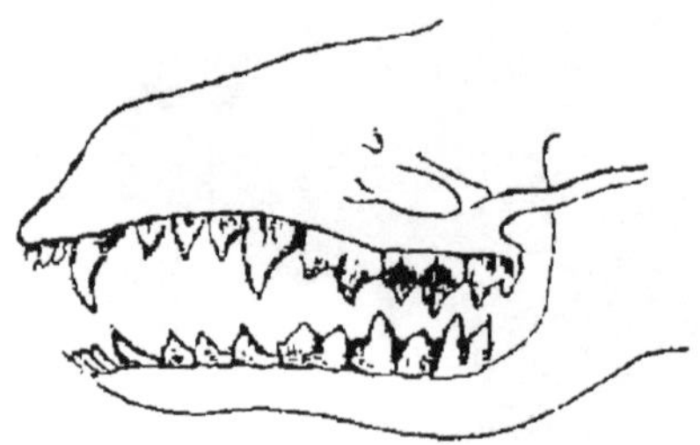

Fig. 150. Dents d'un insectivore.

Fig. 151. Hérisson

être faibles, et se composent surtout d'insectes. Leurs larges molaires (fig. 150) sont hérissées de pointes; ils sont hibernants, et un animal bien remarquable, — le galéopithèque, — peut traverser les airs, grâce à des expansions cutanées.

Les insectivores sont presque tous des animaux fouisseurs qui passent sous terre la plus grande partie de leur existence.

On peut les répartir en trois familles : celles des Hérissons, des Musaraignes et des Taupes.

Le *hérisson* (fig. 151), dont l'armure épineuse, faite de piquants que l'animal redresse quand il est irrité, est ce qui frappe tout d'abord. Un hérisson dont on veut s'emparer se roule en boule, et ressemble à une énorme châtaigne que l'on ne peut saisir d'aucun côté avec la main. Il a $\frac{3}{3}$ *i*, $\frac{7}{5}$ *m*.

Fig. 152. Musaraigne.

La ***musaraigne*** (fig. 152), dont le nom veut dire ***souris des sables***, tient beaucoup à la souris pour l'aspect général, mais s'en sépare par la dentition, qui comprend 28 à 33 dents suivant les espèces. La *musaraigne étrusque* est le plus petit des mammifères ; elle mesure 35 millimètres de la tête à la naissance de la queue et 25 millimètres pour la queue : total 6 centimètres.

Les gens de la campagne ont des préjugés contre ce faible animal, qu'ils appellent *musette* et qu'ils accusent à tort de mordre les chevaux et de les rendre malades.

Fig. 153. Desman.

Le *desman des Pyrénées* (fig. 153) est une musaraigne à trompe, qui exhale une forte odeur de musc. Son genre de vie est aquatique.

Fig. 154. Taupe.

La *taupe* (fig. 154) a une forme trapue ; elle est constituée avant tout en vue du perpétuel fouissement qu'elle est destinée à réaliser. Ses membres antérieurs sont des sortes de bêches d'une solidité extrême. Les mains (fig. 155) ont les os du carpe très développés; elles ne se posent sur le sol que par le côté; de sorte qu'à la surface de la terre, la bête n'avance que fort lentement. Mais à l'intérieur du sol, les membres antérieurs lui ouvrent la route, en creusant et rejetant la terre en arrière comme le ferait un soc de charrue, et la taupe parcourt sa galerie souterraine rapidement et sans contrainte. On prend quelquefois pour des taupinières les amas de déblais que les taupes, de place en place, mettent sur leur terrier; les vraies taupinières sont situées profondément, et présentent une distribution régulière compliquée.

Fig. 155.
Patte de taupe.

Les yeux de la taupe sont tellement réduits, qu'on a cru qu'elle était aveugle, d'autant plus qu'outre leur extrême petitesse, une membrane protectrice les dissimule presque entièrement. Ce qui manque vraiment, c'est l'oreille externe, néanmoins le sens de l'ouïe est très délicat.

Pendant bien longtemps, la taupe a été considérée comme un animal nuisible, et ce préjugé existe encore dans beaucoup de campagnes. On l'accusait de se nourrir de végétaux et de manger les moissons par la racine. Elle en coupe quelquefois par accident, lorsqu'elle creuse sa taupinière; mais elle est exclusivement carnassière, elle meurt de faim à côté des fruits et des légumes, auxquels elle ne pense même pas à toucher. Sa voracité pour les petits animaux est, au contraire, extraordinaire : il n'est pas de bête plus féroce; elle mange jus-

Fig. 156. Galéopithèque.

qu'aux taupes, lorsqu'elle est affamée; ses besoins sont en effet très pressants : il lui suffit pour mourir de faim de rester quelques heures sans nourriture. Les vers blancs n'ont pas de plus mortelle ennemie; comme ils passent longtemps sous terre, elle s'en délecte, et s'en engraisse. La destruction des vers blancs c'est la richesse du cultivateur : s'il entendait bien ses intérêts, il protégerait la aupe, au lieu de l'anéantir. Il faut dire cependant que l'épaisse ourrure de cet insectivore sera toujours un appât pour le chasseur.

Sa formule dentaire est $\frac{3}{4}i$, $\frac{1}{1}c$, $\frac{7}{6}m$.

Le *galéopithèque* (fig. 156), que vous verrez parfois placé parmi les lémuriens, se sert des replis de sa peau, qui comprennent ses quatre membres, comme d'un parachute pour voler de branche en branche.

ORDRE DES RONGEURS

Les *rongeurs* sont des onguiculés dont le système dentaire est tout à fait spécial (fig. 157). Ils n'ont pas de canines, la place reste vide entre les incisives et les molaires qui varient de $\frac{2}{2}$ à $\frac{6}{6}$. Les incisives croissent constamment, et si, constamment aussi elles ne s'usaient contre les corps durs que l'animal ronge sans cesse, elles grandiraient de façon à barrer la bouche. On en a la preuve par les dimensions considérables que prend une de ces dents quand celle qui lui faisait face, ayant été brisée par accident, ne l'use plus sans cesse par son frottement. Tout l'émail de la dent se porte en avant, où il forme une couche épaisse; comme il est beaucoup plus dur que l'ivoire, l'incisive s'use plus en arrière qu'en avant, de sorte qu'elle garde toujours sa crête supérieure taillée en biseau, et qu'elle coupe comme un véritable couteau.

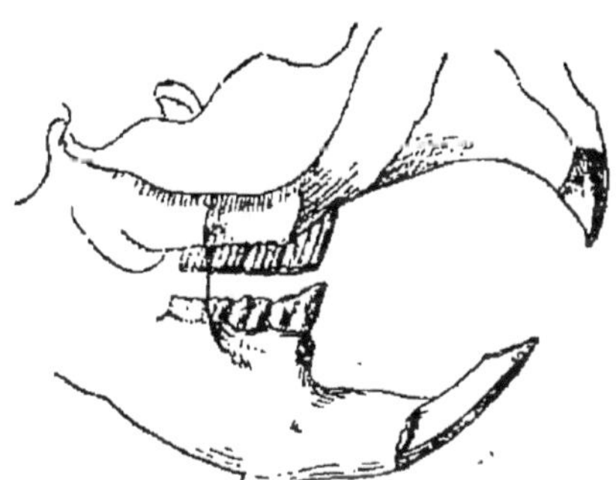

Fig. 157. Mâchoires du castor; type de rongeur.

Les molaires ont des *replis d'émail* disposés en travers, pour remplir à la fois la besogne d'une râpe et celle d'une meule

Beaucoup de rongeurs ont un régime exclusivement végétal (le *lapin*), d'autres sont omnivores, et ils ont alors des incisives plus pointues; tels sont le *rat* et la *souris*, qui mangent absolument de tout : le bois, les fruits, le papier, le lard, et même les proies vivantes : on raconte qu'ils ont dévoré en détail des prisonniers.

Tous les rongeurs sont des animaux faibles et timides qui ne vivent qu'à force de vigilance et d'agilité; leurs longues oreilles à conque mobile les avertissent des moindres bruits, tandis que

Fig. 158. Rat des moissons et son nid.

leurs pattes postérieures, qui sont très longues, leur permettent des bonds prodigieux. Nous en ferons six familles principales.

1° Les *lièvres* ont à la mâchoire supérieure quatre incisives, dont deux petites situées derrière les grandes et $\frac{5}{6}$ molaires; ils n'ont pas de clavicules.

Le genre Lièvre comprend le *lièvre* et le *lapin;* l'un et l'autre ont une chair très estimée. Le croisement des deux espèces donne un métis, le *léporide*, dont la chair ressemble beaucoup plus à celle du lapin qu'à celle du lièvre. Le lapin creuse des terriers; le lièvre n'en creuse pas.

Il existe plusieurs variétés de lapins : le lapin angora a une belle fourrure, assez estimée.

2° Les *rats* comprennent plusieurs espèces : le rat proprement dit, la *souris*, le *surmulot*. Souvent ces différentes espèces ne vivent pas en bonne intelligence. Elles n'ont pas envahi l'Europe toutes à la même époque; mais elles apparaissent toujours en abondance prodigieuse. Ainsi les Romains n'ont pas connu la souris. Le rat noir nous a été apporté par les Croisés; puis, après s'être répandu avec une incroyable rapidité, il a été à peu près chassé à

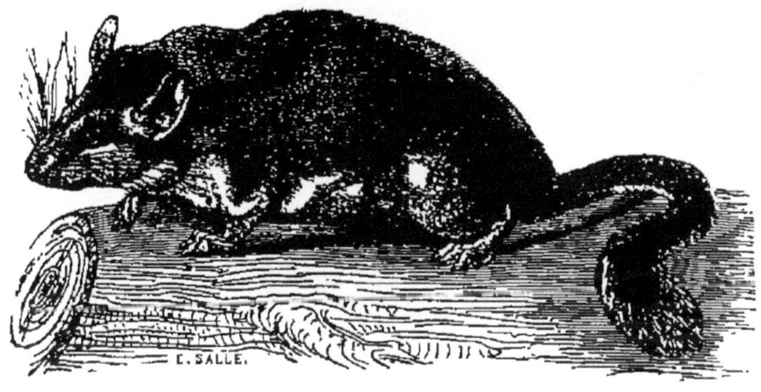

Fig. 159. Loir.

partir du dix-huitième siècle par le surmulot, et ne se trouve plus maintenant que dans très peu de villes. Le surmulot est ce que nous appelons le *rat d'égout;* il est très carnassier, et c'est par légions qu'il infeste Paris.

Le *rat des moissons* (fig. 158) est tout petit; il se construit dans les chaumes de graminées des nids ronds fort élégants semblables à ceux des oiseaux.

3° Les *loirs* (fig. 159) et les *lérots* sont voisins des rats.

4° Le genre le plus intéressant des rongeurs est sans contredit celui du *castor* (fig. 160) qui, malheureusement, tend de jour en jour à disparaître. Il était jadis abondant en Europe et même en France, où on l'appelait *bièvre*, du nom de la petite rivière qui empoisonne un quartier de Paris après avoir embelli des campagnes charmantes. On voit encore quelques castors isolés sur les bords du Gardon et de la Durance.

Au Canada, dans l'Amérique russe et dans la Russie d'Asie, cet animal est encore assez nombreux.

Les castors comptent parmi les plus sociables des animaux. En été ils vivent séparés dans des terriers; mais, quand l'hiver approche, ils se réunissent par bandes de plusieurs centaines pour construire des demeures très solides.

Leur structure les rend éminemment propres au métier de maçon : une queue aplatie horizontalement, de forme presque ovale et couverte d'écailles, leur compose une véritable truelle.

Fig. 610. Castor.

Comme leurs maisons doivent avoir leurs fondations dans l'eau, leurs pieds de derrière ont les doigts réunis par des membranes, ce qui indique toujours des habitudes aquatiques; enfin, leurs incisives sont si puissantes qu'elles peuvent couper des arbres.

C'est tout un village que se construit une peuplade de castors. Les maisons, invariablement à deux étages, attestent le génie uniforme des architectes. L'étage inférieur, qui est seul muni d'une porte, se trouve tout entier sous l'eau ; c'est là qu'est le garde-manger de la famille, où sont amassées d'abondantes provisions de foin, de racine et d'écorces pour l'hiver. Au second étage se prennent repas et repos. Les murs, d'une épaisseur remarquable, mesurent quelquefois jusqu'à plusieurs pieds.

Les castors construisent non seulement des maisons, mais encore des digues et des chaussées à travers les rivières et au bord des étangs.

Fig. 161 Écureuil.

Les *écureuils* (fig. 161) vivent dans les branches ; l'un deux, le *polatouche*, a pour le soutenir, quand il s'élance d'un arbre à l'autre, un parachute comme le galéopithèque

Les écureuils sont de jolis petits animaux dont la queue est très touffue. Assis sur leur train de derrière, ils se servent de leurs membres antérieurs comme de mains, quoiqu'ils n'aient pas de pouces ; aussi est-ce avec tous les doigts qu'ils portent à la bouche les noisettes ou les glands qu'ils grignottent; et vous connaissez bien ce joli geste de l'écureuil. Fort prévoyants, ils amassent des provisions pour l'hiver. Quelquefois ils ont des abajoues.

Eux aussi changent de couleur, suivant les saisons; leur pelage est roux l'été, gris l'hiver : c'est cette fourrure d'hiver qu'on appelle le *petit gris*. Elle provient de Sibérie.

6° La *marmotte* diffère de l'écureuil en ce qu'elle est plantigrade. C'est un animal hibernant, intelligent et sociable ; il vit en troupes toujours protégées par des sentinelles très vigilantes à donner l'alarme au moindre danger. Les *chiens des prairies* sont des marmottes.

ORDRE DES PROBOSCIDIENS.

L'ordre des *proboscidiens* comprend les *animaux à trompe*, non pas à trompe courte et inutile comme celle des tapirs, mais à trompe longue et faisant office de main. Il se réduit maintenant à un seul genre qui ne renferme que deux espèces : l'éléphant d'Asie et l'éléphant d'Afrique. L'éléphant (fig. 162) est encore un animal bien intéressant qui disparaît peu à peu. D'autres proboscidiens, abondants dans les temps géologiques, n'existent plus maintenant

Fig. 162. Éléphant.

qu'à l'état de squelette; le *mastodonte*, qui avait quatre défenses, et le *mammouth*, dont le corps était couvert de poils.

La trompe de l'éléphant, qui peut prendre à terre les plus menus objets et qui attrape facilement les feuilles, les fleurs et les fruits dans les arbres, qui aspire dans les fleuves l'eau dont il se désaltère, est indispensable aux éléphants, vu le volume de leur tête, la grosseur et le peu de longueur de leur cou. Leurs incisives supérieures, très fortes et très allongées, forment des défenses terribles dont l'ivoire est avidement recherché. Leurs molaires sont énormes. Ils se nourrissent exclusivement de végétaux, se montrent très friands de pain et de fruits, et absorbent d'énormes quantités de paille et de foin. Leur peau rugueuse et épaisse leur fait un vaste bouclier.

Ces énormes bêtes sont douces et sociables. A l'état sauvage elles vivent en grandes troupes dont les vieux sont les chefs, et dont toute la protection se concentre sur les petits. A l'état domestique ils se comportent comme de bons et fidèles serviteurs. Leur intelligence très remarquable est expliquée par le grand nombre de circonvolutions de leur cerveau. Les peuples qui se servent de l'éléphant comme auxiliaires, vivement frappés de sa figure imposante et bizarre, et des choses surprenantes qu'ils lui voient faire, ont pour lui, tout en l'utilisant, un superstitieux respect. Le dieu hindou de la Sagesse, Ganeça, a une tête d'éléphant; et dans l'île de Java, l'éléphant blanc, animal très rare, est sacré, possède un temple, des prêtres pour le servir à genoux dans des plats d'or, et jouit de la vénération de tous sans exception, qui se prosternent sur son passage.

Aux Indes, c'est avec l'éléphant qu'on chasse le tigre, les chasseurs ne se sentant en sûreté que sur cette forteresse vivante. L'armée anglaise lui fait porter ses plus lourds canons, et grâce à lui, peut passer avec son artillerie dans les chemins les plus difficiles. Il y a actuellement plus de mille éléphants attachés dans les Indes aux services militaires. C'est un retour à l'antiquité, qui avait bien compris l'immense profit à tirer pour les batailles de la masse et du courage de ces animaux. Les historiens rapportent même qu'on les enivrait pour les rendre furieux.

Les éléphants sont également employés à des travaux plus pacifiques; ils deviennent volontiers maçons. Quand on élève une grande construction, par exemple, un de ces merveilleux palais de rajahs, ils apportent eux-mêmes des pierres et les posent si délicatement, qu'il suffit, pour les ajuster, de quelques coups de la pince du maçon. Quand un éléphant veut retourner un bloc de pierre très lourd, il commence par le soulever avec le front autant que possible; il appuie ensuite les genoux contre le bloc qu'il fait rouler en le poussant en avant, et il continue de la sorte jusqu'à ce qu'il ait placé la pierre à l'endroit indiqué par l'homme.

L'éléphant est appelé à rendre dans la conquête pacifique de l'Afrique d'immenses services. L'association internationale africaine a imaginé de substituer des éléphants aux porteurs indigènes attachés jusqu'ici au service des voyageurs qui traversent les pays sauvages de l'Afrique. Les porteurs étaient trop souvent des auxiliaires indisciplinés et infidèles; souvent aussi la fatigue et la maladie les mettaient hors de service. Dans une première étape, 314 kilomètres d'un pays très accidenté couvert de forêts à clairières, puis de vallées plus ou moins marécageuses, puis de grands cours d'eau, et enfin de véritables montagnes, les éléphants, chargés chacun d'environ 500 kilogrammes, ont en un mois gravi les montagnes, traversé les rivières et les ravins en supportant héroïquement toutes les privations. Une fois, ils sont restés sans boire pendant quarante-deux heures et trente et une heures sans manger; et tout chargés qu'ils étaient, ils aidaient les hommes à franchir les obstacles, à abattre des arbres et à percer des jungles épaisses. Il n'est point de bête qui nage plus admirablement qu'eux; et, point bien important en Afrique, ils ne sont pas incommodés du venin de l'horrible mouche tsé-tsé, qui fait mourir tous les bœufs qu'elle attaque. L'enthousiasme de leur habile cornac, à la fin de ce voyage, était sans mélange. « Les éléphants, disait-il, n'ont pas seulement réussi; ils se sont montrés en outre des prodiges de patience. Ils constituent le moyen le plus efficace de civilisation en Afrique. »

A côté de l'éléphant il faut mentionner l'*Hyrax*, petit mammifères des contrées montagneuses du Cap de Bonne-Espérance, de l'Abyssinie et de la Syrie.

VI

MAMMIFÈRES ARTIODACTYLES OU ONGULÉS-PARIDIGITÉS. RUMINANTS ET PACHYDERMES

La rumination. — Les caméliens. — Conformation du chameau et du dromadaire. — Leurs vertus. — Subdivision des ruminants sans incisives supérieures. — La girafe. — Les cerfs. — Antilope, chamois, moutons, chèvre, bœuf. — Les pachydermes. — Le sanglier. — L'hippopotame. — Utilité des pachydermes. — Les maladies du porc.

ORDRE DES RUMINANTS.

L'ordre des *ruminants* tire son nom d'un acte spécial qui complique la digestion chez les animaux qui en font partie. Cet acte, c'est la *rumination*.

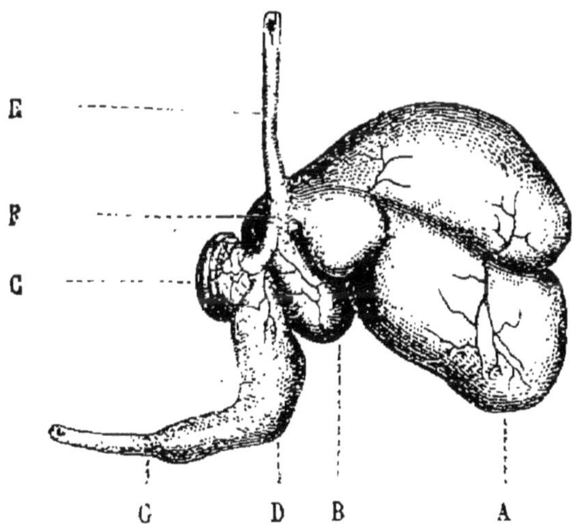

Fig. 163. Estomac de ruminant : A, panse ; B, bonnet ; C, feuillet ; D, caillette E, œsophage ; F, cardia ; G, pylore.

Voyons le bœuf au pâturage; il broute abondamment, avale avec précipitation. Les aliments tombent alors dans une sorte de poche qui s'appelle la *panse* et qui n'est que l'une des subdivisions de l'estomac (fig. 163). Une fois sa panse pleine, le bœuf cesse de manger; il commence à ruminer. Petit à petit, en effet, la panse laisse passer les herbes dans une seconde cavité, qui est le *bonnet*. La fonction de celui-ci est de mouler en petites pelotes ce qu'il reçoit de la panse. Les pelotes remontent une à une par l'œsophage dans la bouche. A ce moment l'animal aime à se tenir tranquille, il *rumine*, c'est-à-dire mâche et insalive les provisions que renvoie l'estomac.

Fig. 164. Pied de ruminant.

Les aliments ruminés passent directement dans le *feuillet* et commencent à y subir la digestion stomacale. Ils pénètrent ensuite dans une quatrième et dernière cavité, la *caillette*, — ainsi nommée à cause de l'action, sur le lait, des sucs qu'elle sécrète, — et qui répond à la partie de notre estomac qui est en communication avec l'intestin. Chez le mouton l'intestin a vingt-huit fois la longueur du corps.

Le pied des ruminants (fig. 164) est constitué par deux doigts très développés aux dépens des trois autres.

Généralement, la mâchoire supérieure des ruminants est dépourvue d'incisives (fig. 165).

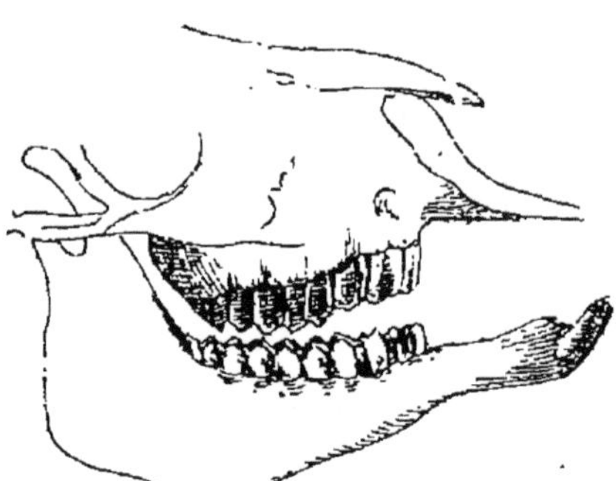
Fig. 165. Mâchoires de bœuf; type de ruminant.

Le chameau (fig. 166), l'alpaca, la vigogne font exception à cette règle. On les réunit dans une première famille dite des *caméliens*, et ils constituent aussi une catégorie à part parmi tous les mammifères, à cause de la forme elliptique de leurs globules sanguins, singularité qui les rapproche des oiseaux. Ils n'ont pas de corne.

Le chameau et le dromadaire sont les espèces les plus intéressantes. Ces animaux, destinés à vivre dans des pays arides et brûlants, dans des déserts mêmes, ont une organisation toute spéciale. Leurs larges pieds mous sont propres à marcher sur le sable sans s'y enfoncer ni s'y dessécher. Leur bosse, double chez le chameau, unique chez le dromadaire, constitue de vraies réserves alimentaires qui leur permettent de supporter une longue abstinence : ils se nourrissent en effet de leur appendice graisseux qui, au bout d'un jeûne suffisamment prolongé, se trouve flasque et vide, tandis qu'il se montre bien résistant aux jours d'abondances. A la panse sont adjointes des *cellules à eau,* véritables bouteilles élastiques dans lesquelles l'animal met d'amples provisions lorsqu'il a la fortune de se trouver en face d'une source. Grâce à ces dispositions, ces bonnes bêtes peuvent rester dix jours sans boire ; et quand elles traversent, chargées de palanquins ou de lourds fardeaux, le Sahara ou le Gobi, leurs maîtres les nourrissent surtout des noyaux des fruits dont ils mangent la pulpe. Une bonne organisation ne suffit pas pour une vie toute de privations et de labeurs ; il y faut aussi les qualités morales qui la font accepter. Ces qualités, le chameau et le dromadaire les possèdent : ils sont résignés et ils sont patients ; ils sont mélancoliques, mais ils aiment l'harmonie, et leurs guides, pour leur faire presser leurs pas fatigués, n'ont qu'à chantonner un air animé. Le chameau vit dans l'Asie centrale ; l'Afrique est la patrie du dromadaire. Tous deux sont habillés de poils soyeux qui leur font des colliers et des manchettes. On utilise ce poil de mille manières. On en tisse des tentes, des cordes, des seaux imperméables. Le poil des autres caméliens, des vigognes et des alpacas, donne des tissus d'une merveilleuse finesse.

Fig. 166. Chameau.

Une deuxième famille sera pour nous celle des *girafes*, caractérisée par la présence de deux cornes couvertes de peau auxquelles, chez le mâle, s'ajoute une protubérance impaire au milieu du front. La langue très mobile fait fonction d'un organe préhenseur. La queue porte une grosse touffe de crins.

La girafe (fig. 167) est un animal de 5 à 6 mètres de haut, qui se nourrit des feuilles des arbres. Elle vit dans l'Afrique du Sud, où elle ne fut découverte qu'au siècle dernier par un voyageur appelé Levaillant. Les premières qui furent amenées à Paris y causèrent une sensation énorme. Ce sont des animaux très frileux et très sauvages, que nos ménageries conservent difficilement.

Fig. 167. Girafe.

La famille des *cervidés* est caractérisée par une ramure caduque. Cet ornement, qui porte le nom de *bois*, est ordinairement l'apanage des mâles; chez le *renne*, cependant, qui fait une exception unique, la femelle en a aussi la tête chargée. Nous avons déjà indiqué la nature de ces cornes non osseuses, et qui sont de simples excroissances de l'épiderme; elles tombent tous les hivers, pour repousser tous les printemps, et très rapidement, avec un rameau en plus; aussi l'âge d'un cerf peut-il s'évaluer au nombre des *andouillers* ou *cors* portés par la *perche* ou *merrain*.

Le genre *cerf* (fig. 168) est répandu dans le monde entier, sauf en Australie. Il comprend un grand nombre d'espèces, la plupart jolies et élégantes, qui servent au trop cruel plaisir des grandes chasses à courre. L'élan, le daim, le chevreuil, le renne sont des cerfs. Le plus intéressant est le renne, qui vit très loin dans le Nord, et qui est un animal géologiquement récent, puisqu'il n'apparut qu'à l'époque quaternaire, lorsque l'homme existait déjà. On retrouve ses restes jusque dans les Pyrénées, ce qui indique que notre pays supportait alors une température beaucoup plus basse qu'aujourd'hui. Le renne est la richesse du Lapon, dont la fortune s'estime au nombre de têtes dont se compose son troupeau. Ce précieux ruminant lui donne son lait, sa chair, son cuir; et tire avec rapidité son traîneau sur la neige. Avec cela, il se nourrit de rien, et sait trouver jusque sous la neige les maigres lichens dont il se contente. C'est pour le Nord l'équivalent du chameau.

Fig. 168. Cerf.

Enfin dans une dernière famille nous réunissons les ruminants à *cornes creuses avec noyau osseux.* — Dans cette catégorie se présentent tout d'abord des ruminants fort analogues aux cerfs, les *antilopes*, qui vivent surtout en Afrique et en Asie, et les *chamois*, qui habitent les Alpes, et qui sont connus sous le nom d'*isards* dans les Pyrénées. Sur ces hauteurs, où il faut les poursuivre malgré la glace et les précipices, la chasse est fort périlleuse et demande une adresse et un courage à toute épreuve.

Le *mouton* (fig. 169), dont les cornes sont roulées en spirale, souvent à plusieurs tours, nous rend des services sans nombre. Il nous donne sa chair, son suif, sa laine, son lait, et un engrais excellent. En Angleterre, c'est surtout pour sa chair qu'il est cultivé ; en Espagne, c'est pour sa laine, dont la plus estimée est celle du mérinos. Le principal produit du lait de brebis est le fromage de Roquefort, qui provient d'une certaine partie de l'Aveyron, appelée le Lar-

Fig. 169. Mouton.

zac. Sur ce haut plateau, tout couvert d'herbes parfumées, paissent de nombreux troupeaux. On les trait deux fois par jour ; et au lait qui a subi plusieurs opérations compliquées, on mêle du pain moisi, soigneusement préparé par des fabricants spéciaux. Le fromage s'achève dans de belles caves où règne la plus scrupuleuse propreté, et arrive dans le commerce avec cette horrible odeur qui fait l'un de ses charmes.

Les *chèvres* sont les voisines des moutons, dont elles diffèrent par leur taille plus grande et plus élancée, par leurs cornes droites, par leur pelage et par la barbe qu'elles portent au menton. On les trouve sauvages dans quelques montagnes, dans quelques îles, notamment dans l'île de Capri. Leur cuir est employé par la ganterie et la cordonnerie ; leur poil sert à fabriquer des tissus grossiers ; leur lait est très bon et peut fournir du fromage. Les chèvres, en somme, ne sont qu'à demi domestiquées, et ne prospèrent que si on leur laisse une certaine indépendance.

Fig. 170. Bœuf.

Fig. 171. Bison.

Le genre *bœuf* (fig. 170) est très considérable : aussi bien que le bœuf domestique, le bison, l'yack, le buffle, le zébu, l'ovibos, l'aurochs lui appartiennent.

Fig. 172. Yack.

Le *bison* (fig. 171), lourde bête trapue et bossue, avec de gros yeux saillants, forme de grands troupeaux dans l'Amérique du Nord. C'était autrefois le gibier qui donnait l'abondance aux Peaux-Rouges. L'*yack* (fig. 172), qui a une *queue de cheval*, est le bœuf des Chinois. Le *buffle* (fig. 173) se montre en Italie, où il traîne des chariots, et vit sauvage en Asie et en Afrique. Le *zébu* (fig. 174) sert dans l'Inde. L'*ovibos*, qui ressemble vaguement au mouton, est un bœuf musqué, d'une odeur et par conséquent d'un goût très désagréable.

Fig. 173. Buffle.

Comme il vit fort au nord, les Eskimos, obligés par la nature de se montrer peu difficiles, lui font la chasse et s'en régalent. L'*aurochs* est un bœuf quaternaire, tout près de s'éteindre, et qui, confiné en Lithuanie, ne doit son reste d'existence qu'à la protection dont l'entoure l'empereur de Russie.

Le *bœuf domestique* est une des plus grandes richesses de

l'homme. Il est fort patient, recueilli ; il excelle à tirer la charrue. Sa viande nourrissante est la meilleure pour les gens qui travaillent, son fumier est un des plus fertiles engrais.

Fig. 174. Zébu

Les Égyptiens, grands agriculteurs et portés à adorer les bêtes, en avaient fait un dieu, et c'est à leur exemple qu'Israël se fit un veau d'or. Le bœuf Apis avait un temple magnifique ; quand il mourait, l'Égypte prenait le deuil, jusqu'à ce qu'un animal exactement semblable eût succédé au défunt.

Au point de vue des services rendus par les bœufs, on peut distinguer :

1° Les races de boucherie, qu'on reconnaît à la longueur du corps, à la petitesse des jambes, à la profondeur du thorax ; sur ces caractères, on peut juger si l'animal donnera peu ou beaucoup de viande. La rapidité avec laquelle il s'engraissera est indiquée par la finesse des membres. La France possède d'excellentes races de boucherie, parmi lesquelles il faut citer la race charolaise. En Angleterre, la célèbre race de Durham fournit des bœufs qui deviennent énormes ; l'un de ces animaux, qui pesait 370 kilogrammes, fut acheté 50000 francs à son propriétaire, qui le montrait comme objet de curiosité.

2° Les *races travailleuses* sont en première ligne la race vendéenne ; en seconde, la race auvergnate, et la race gasconne. La race de la Camargue fournit les taureaux aux allures sauvages qui, dans le Midi, servent aux jeux du cirque. Toutes ces races sont fort bonnes pour la boucherie, si on ne les fait travailler trop longtemps.

3° Les *races laitières*, au contraire, ne fournissent pas de viande de bonne qualité : les principales sont les races hollandaise, d'Ayr, bretonne et normande.

D'immenses troupeaux de bœufs vivent dans les pampas de l'Amérique du Sud à l'état sauvage. On suppose qu'ils descendent des bœufs domestiques importés en Amérique par les compagnons de Christophe Colomb. Et en effet ils ont des propriétaires qui, de temps à autre, procèdent à des chasses où les bœufs, d'abord attrapés au lazzo par des cavaliers bien montés, sont ensuite assommés sur place. Ces immenses hécatombes n'eurent pendant bien longtemps d'autre objet que le trafic des cornes et des peaux. Encore aujourd'hui des navires rapportent de Bueynos-Ayres dans nos ports des chargements considérables de ces débris. Les squelettes calcinés des bœufs sont employés à la fabrication du noir animal. Quant à la viande, elle était perdue. C'est Liebig, un illustre chimiste allemand, qui eut le premier l'idée d'en tirer parti. Il lui fit subir diverses préparations de manière à en concentrer les sucs nutritifs dans des tablettes assez semblables, pour l'aspect, à de la colle à bouche. Ces tablettes, placées dans l'eau chaude, donnent un bouillon d'un goût assez agréable, dont on a vanté les qualités nutritives.

Plus récemment, on tenta d'amener les bœufs vivants de la Plata en Europe, mais le transport des bêtes et des provisions de fourrage qu'il leur fallait, mettait à l'arrivée la viande à un prix trop élevée. Enfin un ingénieur français, M. Charles Tellier, conçut l'audacieuse pensée de nous apporter (en petite vitesse), et sans la moindre préparation, la viande simplement débitée en grands morceaux. Il la conserve en entretenant autour d'elle une atmosphère suffisamment froide. Nous avons mangé nous-même ainsi le filet d'un bœuf de la Plata tué depuis 120 jours : il était excellent.

ORDRE DES PACHYDERMES.

L'ordre des *pachydermes* était autrefois très compliqué. Son nom, qui semble indiquer qu'il renferme tous les *animaux à peau épaisse,* était fort mal choisi, et on l'appliquait à des genres si différents les uns des autres, qu'on les a aujourd'hui séparés dans des ordres distincts. L'éléphant, le cheval étaient des pachydermes.

Le seul pachyderme que nous ayons en Europe est le *sanglier*, qui est également répandu en Asie et dans le nord de l'Afrique. Le *porc* est la forme domestique du sanglier.

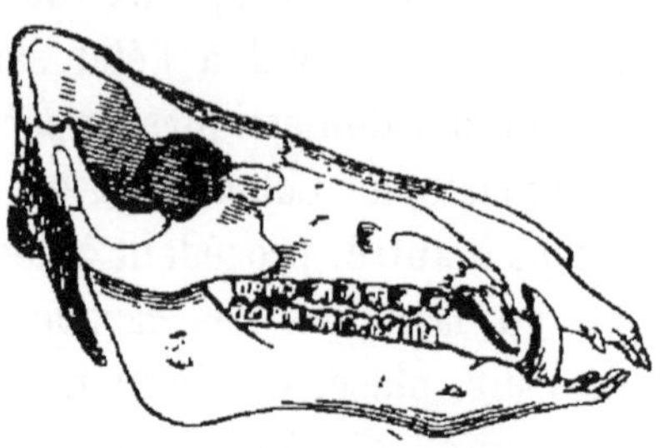
Fig. 175. Tête de sanglier.

Sa formule dentaire est $\frac{3}{3}i, \frac{1}{1}c, \frac{7}{7}m$. Ses canines que l'on appelle les *boutoirs* (fig. 175) sont très fortes et recourbées vers le haut, de sorte qu'elles servent à l'animal, non pour la mastication, mais pour la défense et l'attaque. Son régime est omnivore; il mange des fruits et de la chair : on cite des exemples d'enfants dévorés par des porcs. Ses poils raides et grossiers s'appellent des *soies*.

Fig. 176. Pécari.

Le pied est terminé par quatre doigts. Il est fourchu (*bisulque*) et fort analogue à celui des ruminants.

D'autres animaux se placent naturellement dans le genre sanglier. Ce sont les *phacochères*, qui vivent en Afrique, et dont les canines deviennent démesurément grandes; les *babiroussas*, que l'on trouve aux Moluques, et les *pécaris* (fig. 176), petits sangliers d'Amérique que nous avons déjà mentionnés.

Fig. 177. Hippopotame.

Quoique bien différent de taille, l'*hippopotame* (fig. 177) ou *cheval de rivière* forme un genre voisin du sanglier. Il en a le pied. Sa peau est presque nue. On le trouve dans les bois et les rivières du centre de l'Afrique. Il nage très bien et peut rester longtemps au fond de l'eau sans respirer. Il se nourrit de plantes. Ses grosses incisives donnent un ivoire employé dans les arts. Sa formule dentaire est $\frac{2}{2} i, \frac{1}{1} c, \frac{6}{6} m.$

Tous les pachydermes fournissent un gibier excellent. Le porc, qui est, avons-nous dit, le produit de la domestication du sanglier, est un véritable trésor pour le cultivateur. Il a une tendance à l'engraissement, qu'on développe considérablement, et c'est ainsi qu'on obtient cette chair très succulente, très nourrissante, mais un peu lourde, qui convient aux appétits féroces et aux estomacs robustes.

La multiplication du cochon est des plus rapides; il peut avoir douze petits tous les ans. C'est à six ans que la bête est « mûre pour la saignée ». Dans les petites fermes, le moment où l'on tue le porc est un moment solennel, car il ouvre une ère d'abondance. Avec le sang et l'intestin on fait le boudin. Une partie de la chair est vendue. Deux jambons sont accrochés dans la noire et haute cheminée. La ménagère met le lard dans son saloir, d'où petit à petit, pendant l'hiver, elle le retirera pour l'accommoder aux choux. Divers autres produits seront livrés à l'industrie : toutes les membranes de l'intestin n'entrent pas dans la confection du boudin ; le reste fera de la corde à boyau et de la baudruche; les soies enfin serviront à coudre de la cordonnerie.

Le cochon n'est pas une bête aimable; aussi les paysans, trop oublieux du triste sort de l'animal qui doit les enrichir, ne lui accordent-ils que mépris et mauvais traitements. On ne lui nettoie ses étables que fort mal; on l'entretient dans la malpropreté, où il se complaît d'ailleurs; et la bête contracte des maladies qu'elle peut communiquer à l'homme. Moïse l'avait déclaré impur, et avait interdit aux Hébreux de le manger. On fait mieux aujourd'hui en s'en nourrissant, mais après avoir pris des précautions convenables.

Il se développe souvent en lui des parasites : le *tænia* et la *trichine*, qui s'acclimatent très bien dans le corps de l'homme. Les porcs européens, qui ont quelquefois le tænia, ont rarement la trichine; c'est d'Amérique que nous arrivent les viandes infectées de ces horribles animalcules. On les refuse maintenant sur les marchés européens; mais il est regrettable que l'alimentation soit privée d'une ressource très précieuse par son bon marché. Un moyen sûr existe de manger du porc en toute sécurité; c'est de le manger *bien cuit.* Les trichines et les tænias ne résistent pas, en effet, à une température élevée et prolongée. Dans la vallée du Rhône, les porcs sont décimés par le *mal rouge*, causé par le développement dans leur sang d'innombrables *bactéridies* analogues à celles du charbon. On assure que des vaccinations convenables peuvent préserver le porc de cette maladie.

VII

LES SOLIPÈDES, LES CÉTACÉS, LES ÉDENTÉS LES MARSUPIAUX, LES MONOTRÈMES

Étymologie du mot *solipède*. — Le pied des solipèdes. — Leurs dents. — Tapir. — Rhinocéros. — Beauté du cheval. — Le centaure. — Les races chevalines. — Le cheval arabe. — Produits utiles du cheval. — L'âne. — Les mules du Poitou. — L'ordre des Cétacés : caractères. — Marsouins et dauphins. — Cachalots et narvals. — Baleines. — L'ordre des Siréniens. — Origine de la fable des sirènes. — Les édentés : fourmilier, tamanoir, pangolin, tatou, paresseux. — Marsupiaux ; caractères. — Le kanguroo et le sarigue. — Les monotrêmes.

ORDRE DES SOLIPÈDES, MAMMIFÈRES PÉRISSODACTYLES OU ONGULÉS IMPARIDIGITÉS.

L'ordre des Solipèdes comprend trois familles dont les types sont le tapir, le rhinocéros et le cheval.

On n'est pas d'accord sur l'étymologie du mot *solipède :* pour les uns, il veut dire *pied unique ;* pour les autres, *pied solide.* En tous cas, ce qui ressort de son examen, c'est qu'il résulte du développement incomparable d'un seul doigt coïncidant avec l'atrophie de tous les autres (fig. 179). Ce doigt unique, devenu pied à lui tout seul, montre à la suite d'un carpe très raccourci un énorme métacarpe connu sous le nom de canon, puis les trois phalanges dont la dernière est entièrement prise dans l'ongle, appelé sabot.

Le *sabot* s'use constamment ; il est produit par la couche de la peau si riche en vaisseaux qui répond au *lit de l'ongle* (fig. 180). Cette couche est sensible, le sabot ne l'est pas. C'est sur le sabot que s'exerce l'art du maréchal-ferrant. Le fer à cheval empêche le sabot de s'user trop vite, et la sécrétion de la corne de devenir trop abondante.

Une remarque très importante à propos des solipèdes, c'est que leur pied n'est pas toujours aussi simple que celui dont on vient d'avoir la description. Par exemple on conserve au Musée de l'École vétérinaire d'Alfort le pied d'un poulain normand formé,

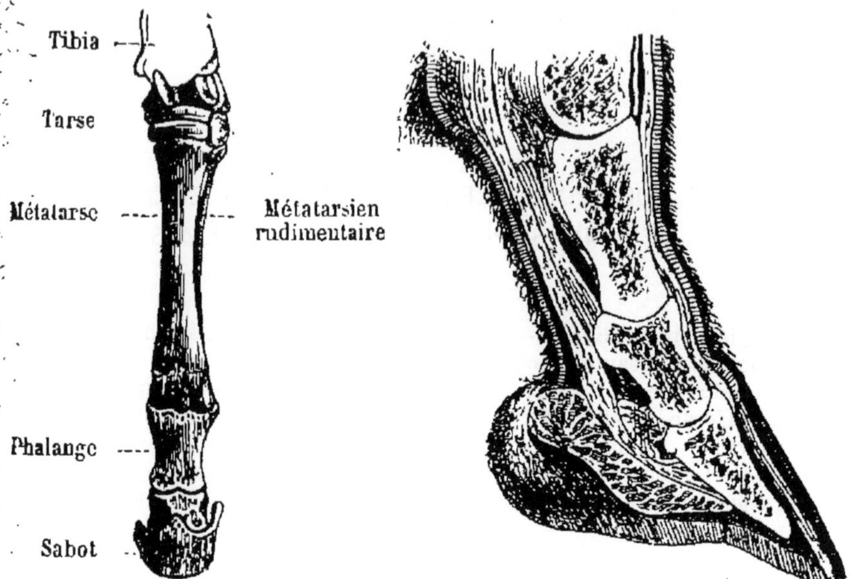

Fig. 179. Pied de cheval.

Fig. 180. Coupe du doigt du cheval terminé par le sabot.

outre le gros doigt normal, d'un autre doigt latéral, un peu plus petit, mais terminé lui-même par un second sabot d'ailleurs ballant.

Il ne s'agit pas là d'une simple monstruosité comparable aux veaux à deux têtes et aux moutons à six pattes. Le doigt surnuméraire du poulain normand est comme un souvenir de la constitution normale des chevaux à l'époque géologique appelée tertiaire. Alors on eût vainement cherché un cheval à un seul doigt : l'animal qui se rapprochait le plus du cheval actuel, l'*hipparion*, avait (fig. 181) le pied constitué par trois doigts terminés chacun par un sabot, mais dont le médian seul touchait à terre et servait à la marche.

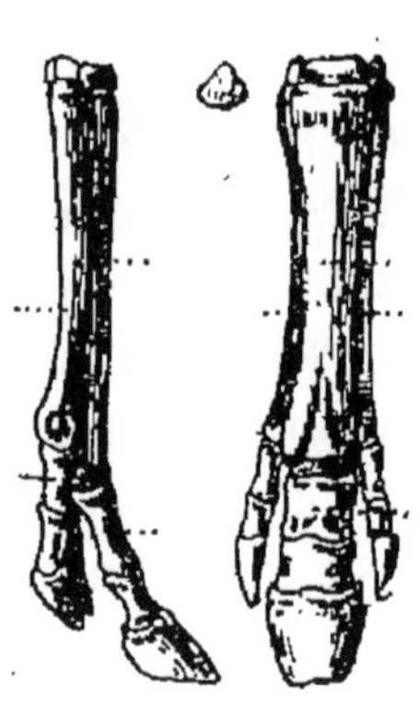

Fig. 181. Pied d'hipparion.

Voici la formule dentaire du cheval :

$$\left(\frac{3}{3} \; i. \; \frac{1}{1} \; c. \; \frac{7}{6} \; m. \right) \times 2 = 42$$

Entre les canines et les molaires existe un espace libre appelé *barre* (fig. 182), dans lequel on place le *mors*.

L'étude des dents et surtout des incisives permet de préciser l'âge du cheval jusqu'à *neuf* ans. L'émail, en effet, entoure le cément en formant une circonvallation sur la surface de la dent: le relief de cette circonvallation diminue avec l'âge et finit même par ne plus marquer la moindre saillie, ce qui arrive au bout de

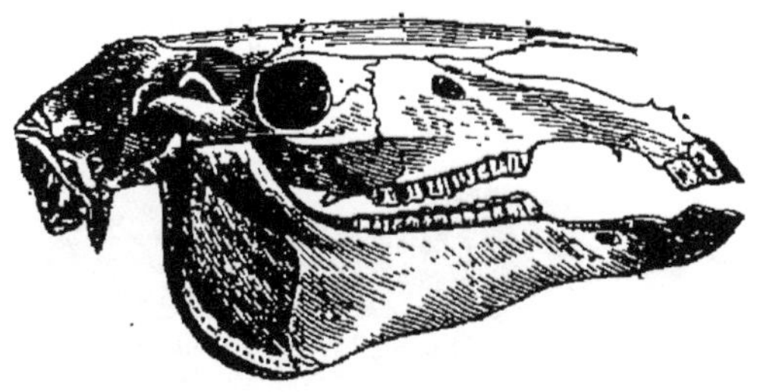

Fig. 182. Crâne de cheval.

neuf ans. C'est d'après l'état d'usure de cet émail qu'un œil exercé peut déterminer l'âge de l'animal.

Les dents molaires sont marquées à la couronne de replis de l'émail assez compliqués et enveloppés de cément, matière osseuse particulière.

Tous les solipèdes sont herbivores et granivores.

1° Les *tapirs* ont quatre doigts aux membres antérieurs et trois aux autres. Leur denture est fort analogue à celle du cochon ; leur nez se prolonge en une sorte de trompe qui ne sert qu'à respirer et non à prendre, comme celle de l'éléphant. Ils habitent les parties chaudes de l'Amérique et la presqu'île Malaise.

2° Le *rhinocéros* (fig. 178) n'a que *trois doigts* à tous les membres. Sa formule dentaire est $\frac{2}{2}i$, $\frac{0}{0}c$, $\frac{7}{7}m$. Il porte sur le nez une ou deux cornes parfois très longues, qui n'ont pas de noyau osseux, et qui sont par conséquent des productions épidermiques.

Quoique herbivore, c'est un animal souvent féroce qui donne, avec son museau si formidablement armé, des coups terribles. En même temps, il est protégé par la grande épaisseur de son cuir, sur lequel les balles viennent s'aplatir. Il aime les pays chauds et humides, et habite dans les parties tropicales et méridionales de l'Afrique, dans l'Inde, à Sumatra et à Java.

3° Le *cheval* forme avec l'*âne* et l'*hémione* un seul genre, qu'on appelle en latin *Equus*.

Le cheval (fig. 183) est un des plus beaux animaux de la création, et il n'est pas de poëte ni d'écrivain qu'il n'ait inspiré. « La plus belle conquête que l'homme ait jamais faite, dit Buffon, est

Fig. 178. Rhinocéros.

celle de ce fier et fougueux animal qui partage avec lui les fatigues de la guerre et la gloire des combats; il l'aime, il le cherche, il partage aussi ses plaisirs. »

L'accord du cheval et du cavalier est si absolu, ils sont si bien proportionnés l'un à l'autre, que les Mexicains, qui n'avaient jamais eu l'idée de monter les animaux, crurent, en voyant Fernand Cortez et ses compagnons sur leurs chevaux, apercevoir des êtres fantastiques, tout-puissants, moitié hommes, moitié animaux : hommes pour l'intelligence, animaux pour la force et la rapidité. Ils s'enfuirent épouvantés. Jadis les Grecs éprouvèrent semblable frayeur à la vue des Scythes, inventeurs de l'art du cavalier, et leur gracieuse et féconde imagination créa le Centaure, être presque divin, habile dans l'art de guérir, instituteur des fils de Jupiter.

La culture a tiré une foule de races du cheval.

Le cheval de course — ce cheval qui remporte les grands prix du derby — est surtout anglais. Le cheval du Nivernais et celui du Bourbonnais sont aussi d'excellents coureurs. Comme bêtes de trait, le Boulonnais nous fournit des chevaux très forts et très résistants. Dans le Midi de la France, on élève de charmants chevaux de selle qui sont le produit du croisement des chevaux français et des chevaux arabes. On les emploie surtout dans la cavalerie légère de l'armée française.

Fig. 183. Cheval.

Mais c'est la race arabe qui est entre toutes la plus belle. Quelques-unes de ses qualités se retrouvent dans les chevaux anglais. Le cheval est chez les Arabes l'objet des soins les plus familiaux. Chez un peuple pasteur et nomade, dit le général Daumas dans son beau livre, les *Chevaux du Sahara;* — chez un peuple qui rayonne sur de vastes pâturages et dont la population n'est pas en rapport avec l'étendue de son territoire, le cheval est une nécessité de la vie. Avec son cheval, l'Arabe commerce et voyage, il surveille ses nombreux troupeaux, il brille aux combats, aux noces, aux fêtes de ses marabouts; l'espace n'est plus rien pour lui.

« L'amour du cheval est passé dans le sang arabe. Ce noble animal est le compagnon d'armes et l'ami du chef de la tente, c'est un des serviteurs de la famille; on étudie ses mœurs, ses besoins, on le chante dans des chansons, on l'exalte dans les causeries. Chaque jour, dans les réunions en dehors du douar, où le privilège de la parole est au plus âgé seul et qui se distinguent par la décence des auditeurs assis en cercle sur le sable ou sur le gazon, les jeunes gens ajoutent à leurs connaissances pratiques les conseils et les traditions des anciens. La religion, la guerre, la chasse et les chevaux, sujets inépuisables d'observations, font de ces causeries en plein air de véritables écoles où se forment les guerriers et où ils développent leur intelligence en recueillant une foule de faits, de préceptes, de proverbes, de sentences dont ils ne trouvent que trop l'application dans le cours de la vie pleine de périls qu'ils ont à mener. C'est là qu'ils acquièrent cette expérience hippique que l'on est étonné de trouver chez le dernier cavalier du désert. »

Voici le portrait que les Arabes donnent du cheval de race, de ce *buveur d'air* qui peut faire 80 lieues en vingt-quatre heures : il est bien proportionné ; il a les oreilles courtes et mobiles, les os longs et minces, les joues dépourvues de chair, les naseaux larges « comme la gueule du lion », les yeux beaux, noirs, à fleur de tête, l'encolure longue, le poitrail avancé, les hanches fortes, la croupe arrondie, les crins fins et bien fournis, la chair dure, la queue très grosse à sa naissance, diluée à son extrémité. Les couleurs les plus estimées pour la robe sont le blanc, avec le tour des yeux noir, le noir, le bai. Le Prophète affectionnait les alezans. Les chevaux pies sont méprisés; les Arabes disent qu'ils sont « les frères de la vache ».

La viande de cheval est bonne et nourrissante, mais l'*hippophagie* ne fera jamais de sérieux progrès, à cause des trop grands services que le cheval nous rend pendant sa vie. L'homme fossile de l'époque quaternaire mangeait du cheval.

Le lait de jument est estimé par les Tartares, qui en font du fromage et du *koumys*. Le koumys est une liqueur fermentée, à laquelle récemment on a cru trouver certaines vertus thérapeutiques. Les Russes la prennent comme une tisane rafraîchissante.

Le crin du cheval se vend cher et entre dans la fabrication de beaucoup d'objets : coussins; matelas, etc.; le plus fin sert à faire des archets.

Le cheval est évidemment originaire d'Asie. Il n'existait pas en Amérique, nous l'avons vu, lors de la découverte de ce continent ; mais aujourd'hui on en rencontre d'immenses bandes sauvages dont les mœurs sont très intéressantes à étudier, et qui se laissent dompter avec une facilité merveilleuse.

L'*âne* (fig. 184) est bien voisin du cheval, avec lequel il peut être croisé pour donner le mulet ; il en diffère par sa taille généralement plus petite, par ses oreilles plus longues, par sa queue semblable

Fig. 184. Anon d'un an du Poitou.

à une queue de vache, par le son de sa voix. Mais comme le cheval, il est originaire d'Asie, et la patrie où il est encore choyé et justement traité en animal de mérite, c'est l'Orient, où ce modeste trotteur apprend à galoper comme un cheval ; aussi y acquiert-il une grande valeur. Dans nos pays d'Occident, on abuse de ses précieuses qualités, de sa patience et de sa sobriété, pour le nourrir à peine, lui imposer des charges trop lourdes et l'accabler de coups. C'est de l'injustice et de l'inintelligence. Les ânes bien soignés par leurs propriétaires leur rendent des services que ne peuvent même pas soupçonner les stupides paysans qui n'ont pour les leurs d'autre éducation que des mauvais traitements.

Le pays des mules, c'est le Poitou. Elles sont recherchées par l'Auvergne, la Provence, le Languedoc, l'Espagne même. La naissance d'une mule y est plus fêtée que celle d'un fils. Vers Mirabeau, un bel âne vaut jusqu'à 3000 francs.

Fig. 185. Zèbre.

Le *zèbre* (fig. 185) est très voisin du cheval; il est propre à l'Afrique.

ORDRE DES CÉTACÉS.

L'ordre des *cétacés* se compose de mammifères *pisciformes* ou *ichthyomorphes*, c'est-à-dire en forme de poissons. Ils ne peuvent, en effet, vivre à l'aise que dans l'eau.

Chez ces animaux, les membres postérieurs, manquent ou ne sont représentés que par des vestiges de squelette cachés sous la peau. Les membres antérieurs sont transformés en nageoires. La queue très élargie, constitue de son côté une nageoire horizontale. Enfin, sur le dos existe le plus souvent une nageoire verticale. La peau est à peu près nue. Les narines placées loin de la bouche sur le dessus de la tête s'appellent les *évents*. C'est par là qu'en expulsant l'air de leurs poumons, les cétacés font jaillir un jet d'eau et de vapeur qui leur a valu le nom de *souffleurs*.

C'est par la présence ou l'absence de dents aux mâchoires que se distinguent les différentes familles de cétacés.

Les *marsouins* (fig. 186) et les *dauphins* ont des dents aux deux mâchoires.

Les *cachalots* et les *narvals* ont des dents seulement à la mâchoire inférieure.

Fig. 186. Marsouin commun.

Les *baleines* n'ont pas de dents à l'âge adulte, mais elles en ont des vestiges avant leur naissance

Les dents des marsouins et des dauphins (fig. 187) sont coniques et toutes semblables entre elles. Sous la peau de ces animaux se trouve une couche très épaisse de lard qui les a fait comparer par les Allemands à des cochons de mer (*meerschwein*) dont *marsouin* est une simple corruption. Les dauphins ont un museau allongé en forme de bec.

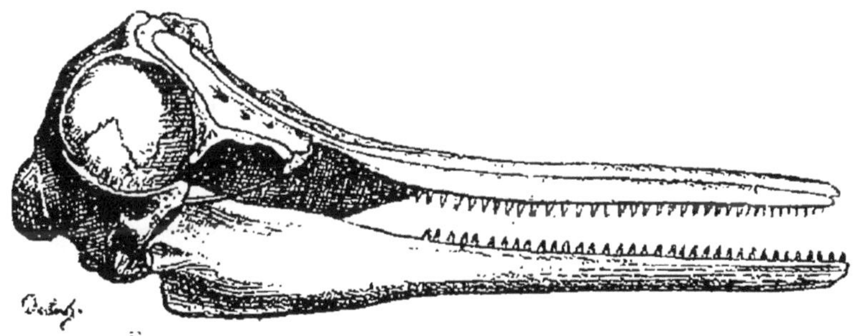

Fig. 187. Crâne de dauphin.

Les *cachalots* sont des animaux énormes, dont la tête est extrêmement grosse, même proportionnellement à la masse du corps, et dont l'ossature du crâne rappelle la forme d'un char antique. Dans une espèce de bassin osseux constitué par un prolongement vertical de la voûte du crâne, se trouve un dépôt considérable de graisse, qui sous le nom de *blanc de baleine* entre dans la fabrication de bougies, de savons, et de différents autres produits.

Les *narwals*, qui ont 4 à 5 mètres de long, sont remarquables par une dent démesurément longue, projetée en avant et tordue sur elle-même. Exclusivement formée d'émail, elle est une véritable

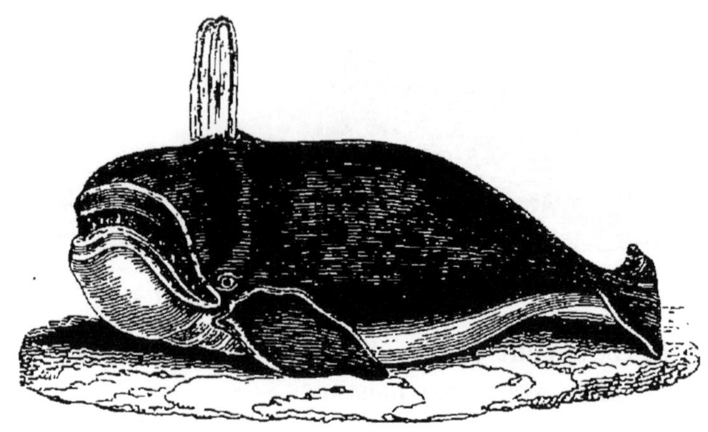

Fig. 188. Baleine.

épée qui peut servir avec avantage contre les plus robustes ennemis.

Les *baleines* (fig. 188), comme nous l'avons déjà dit, n'ont pas de dents à l'âge adulte; mais elles en ont possédé durant la première période de leur vie, qui se sont résorbées peu à peu. Leur mâchoire supérieure est garnie de *fanons* qui atteignent 3 mètres de long (fig. 189); il y en a 300 de chaque côté. Ce sont ces fanons qui donnent au commerce la véritable baleine.

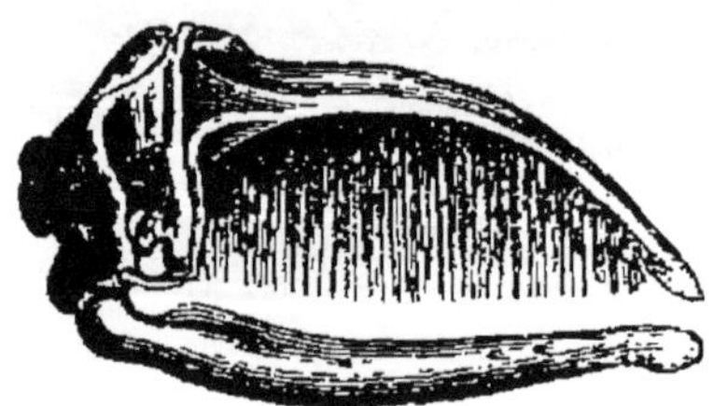

Fig. 189. Crâne de baleine.

La baleine, qui est de beaucoup le plus grand de tous les animaux, qui a 20 mètres de long, et qui pèse 150000 kilogrammes, c'est-à-dire autant que trente éléphants, a un gosier très étroit, circonstance qui, jointe à son manque de dents, ne lui permet de se nourrir que de proies très petites, de crustacés, de mollusques, de zoophytes. Pour manger, elle nage très vite sous la surface de la mer avec la bouche toute grande ouverte. Pour avaler, elle ferme les mâchoires; l'eau s'échappe de tous côtés; mais les fanons la filtrent et retiennent tous les éléments solides.

La force de la baleine est prodigieuse. Les récits de pêche sont pleins d'histoires de barques chavirées par un simple coup de sa queue. Quoiqu'elle ne puisse pas rester plus d'un quart d'heure sans respirer, elle plonge avec tant de vigueur qu'elle peut aller jusqu'aux plus grandes profondeurs de la mer. Cette puissance lui est quelquefois fatale, car si par accident elle choisit un endroit où il n'y a pas assez d'eau, elle va s'assommer contre les rochers du fond.

Elle n'a pas de voix, mais elle fait un bruit très grand, avec ses évents, dont le jet est de 12 à 13 mètres, et qui apparaît au loin comme un panache de fumée.

C'était jadis un animal français qui habitait le golfe de Gascogne. On vendait, au moyen âge, sa chair pour la table, au marché de Bayonne.

On l'a tellement pourchassée qu'elle est devenue rare partout, même dans les mers polaires où elle s'est réfugiée.

La pêche de la baleine est, en effet, des plus productives. Les fanons ont un grand prix. La masse de graisse qu'on retire de l'animal est considérable, son épaisseur autour du corps est de 15 à 20 pouces. Les lèvres sont presque entièrement composées de cette substance et fournissent chacune deux tonnes d'huile pure. En moyenne quatre tonnes de gras de baleine donnent trois tonnes d'huile; et une baleine en fournit de 20 à 30 tonnes. La chair qui, aujourd'hui, est pour nous un mets épouvantable, fait le régal des habitants des régions polaires. Les Eskimos mangent avec gourmandise la chair et le gras, et boivent l'huile avec délices; la portion interne de la peau, celle qui est en contact avec le gras, est principalement recherchée.

On distingue trois grands genres de baleines: la baleine proprement dite, privée de nageoire dorsale; le mégaptère, dit poisson à bec, avec nageoire dorsale longue et peu élevée, et le balénoptère ou rorqual, avec une grande nageoire adipeuse sur le dos.

ORDRE DES SIRÉNIENS

Les *siréniens* constituent un ordre voisin de celui des cétacés, dont ils ont l'aspect pisciforme. Mais ils n'ont pas d'évents et ils sont herbivores. Comme leur nom l'indique, ce sont eux qui ont donné naissance à la fable des sirènes. Ils nagent le corps à moitié hors de l'eau, et c'est ainsi qu'ils ont frappé les imaginations vives des hommes primitifs, qui en ont fait aussitôt des créatures charmantes et perfides.

Un genre, celui des *lamantins*, vit dans l'océan Atlantique.

Un autre, celui des *dugongs*, ne se rencontre que dans l'océan Pacifique. Il présente cette particularité d'avoir un cœur à deux pointes.

ORDRE DES ÉDENTÉS.

Les *édentés* tirent leur nom de l'aspect de leur mâchoire, qui est dépourvue d'incisives (fig. 190). Quelques-uns, comme les pango-

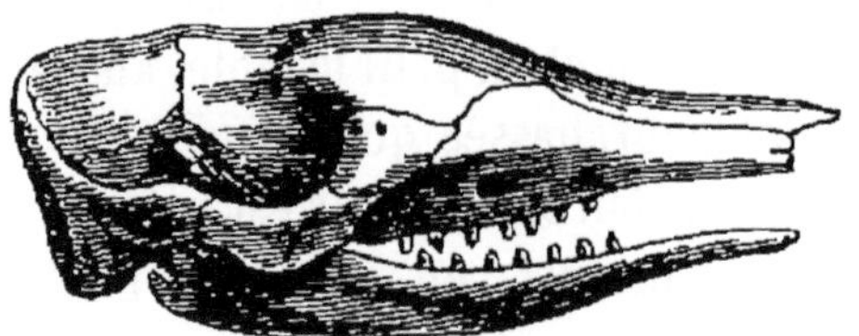

Fig. 190. Crâne d'édenté.

lins, n'ont pas de dents du tout, d'autres en ont beaucoup : les tatous ont près de 100 molaires.

On répartit les édentés entre les trois familles des vermilin-

Fig. 191. Pangolin.

gues (Tamanoirs, Fourmiliers, Pangolins, Oryctéropes), des tatous et des bradypes, ou paresseux.

Certains ne se nourrissent que d'insectes. Ce sont : le *fourmilier* et le *tamanoir*, dont la langue, très longue, très mobile, très visqueuse, englue les fourmis en masse ; le *pangolin* (fig. 191), dont le corps est couvert d'écailles qui le font ressembler à une grosse

Fig. 192. Tatou

pomme de pin avec tête et pattes ; le *tatou* (fig. 192), qui porte une cuirasse de petites pièces osseuses sur tout son corps, même sur la queue.

Le régime herbivore est représenté par le *bradype* ou *paresseux* (fig. 193). Ses membres antérieurs sont tellement longs que l'animal pour marcher s'appuie sur son avant-bras ; aussi marche-t-il très mal et très peu. Il vit dans les arbres. Quand il en a dépouillé un de ses feuilles, la famine l'oblige à le quitter ; alors c'est bien péniblement qu'il en gagne un autre. En revanche, il grimpe très bien.

Fig. 193. Bradype.

ORDRE DES MARSUPIAUX.

Les *marsupiaux* sont caractérisés par l'état informe dans lequel leurs petits viennent au monde. Chez des espèces qui à l'âge adulte sont de la taille d'un chat, c'est une petite masse, grosse tout au plus comme un grain de café, entièrement nue, sans aucune force, dépourvue de membres. Nous avons déjà dit que pendant un temps plus ou moins long, le petit reste fixé à la mamelle de sa mère, qui souvent porte sous l'abdomen une poche dans laquelle il revient pour se mettre à l'abri, même lorsqu'il est déjà grand. Le squelette porte deux os dits marsupiaux, destinés à supporter le fond de la poche (fig. 194). Le cerveau indique des animaux fort inférieurs : les hémisphères sont petits et presque lisses et le corps calleux est rudimentaire, quand il existe.

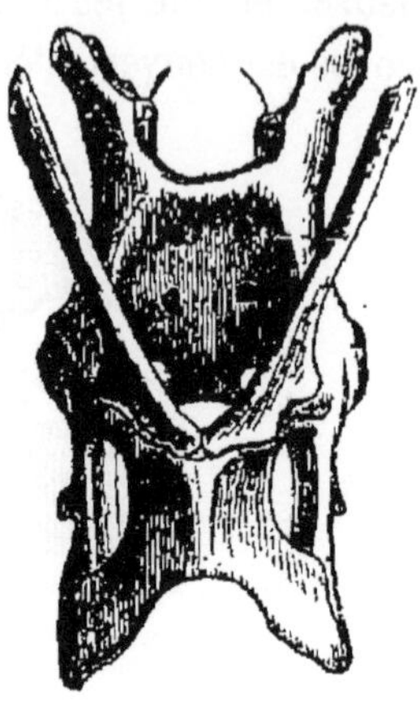

Fig. 194.
Bassin d'un marsupial.

On peut répartir ces intéressants animaux en quatre sous-ordres.

1° Les *macropodes* ou kanguroos (fig. 195) sont les plus grands des marsupiaux connus ; ils ont été découverts par Cook en 1779, à la Nouvelle-Hollande. Ce qui distingue surtout ces animaux,

Fig. 195. Kanguroo.

c'est l'inégalité de leurs jambes, celles de derrière étant très longues, et celles de devant très courtes. Les pattes antérieures ont 5 doigts, et les pattes postérieures en ont 4 dont les deux internes soudés entre eux. Ils marchent avec beaucoup de peine à quatre pattes; mais ils sautent avec vigueur. Souvent les kanguroos marchent sur les deux pieds de derrière en s'appuyant sur la queue, qui est énorme à la base. Ils peuvent même, en se tenant sur un pied et sur la queue, donner avec l'autre pied de derrière des coups fort violents, car leur gros ongle du milieu est épais et en forme de sabot. Pour en venir là, il faut qu'ils soient atta-

Fig. 196. Sarigue.

qués, car ce sont des animaux très doux, qui ne vivent que d'herbes et se tiennent en troupes. Le *kanguroo géant* est le plus grand animal de l'Australie.

La formule dentaire des macropodes : $\frac{3}{1}\,i$, $\frac{0}{0}\,c$, $\frac{5}{5}\,m$, rappelle celle du cheval.

2° Un deuxième sous-ordre concerne les *marsupiaux rongeurs* dont le type est le *phascolome wombat*, gros comme un blaireau, lourd à la façon des ours, couvert d'une épaisse fourrure et ayant une denture de lapin : $\frac{1}{1}$ *i*, $\frac{0}{0}$ *c*, $\frac{5}{5}$ *m*. C'est un animal nocturne, spécial au sud de l'Australie et à Van-Diémen.

3° Les *marsupiaux grimpeurs* forment un troisième sous-ordre. Le phalangiste de la Nouvelle-Galles du Sud ressemble à notre écureuil. Sa formule dentaire donne : $\frac{3}{1}$ *i*, $\frac{1}{1}$ *c*, $\frac{6}{6}$ *m*. Le petaurus, qu'on pourrait comparer au polatouche (*v.* p. 200), a comme lui des membranes en forme d'ailes, qui lui permettent de faire d'arbre en arbre des sauts prodigieux.

4° Enfin les *marsupiaux rapaces* comprennent des animaux essentiellement carnivores, dont la denture rappelle celle des insectivores et des carnassiers. Le sarigue, par exemple, donne : $\frac{5}{4}$ *i*, $\frac{1}{1}$ *c*, $\frac{7}{6}$ *m*. Les genres principaux sont les dasyures, les phascogales, les peramelès, les sarigues, etc. Ces derniers (fig. 196), qui sont de jolis marsupiaux de la taille d'un chat, extrêmement carnassiers, font une guerre acharnée aux basses-cours. Les petits sont quelquefois au nombre de 16, et adhèrent aux mamelles pendant 50 jours. Certains sarigues ont une poche, d'autres en sont dépourvus. Ainsi le moyen-sarigue de Cayenne ne porte plus à l'abdomen qu'un repli de la peau, qui est un vestige de poche. Quand les petits commencent à quitter la mamelle, la mère les porte sur son dos, leurs queues entortillées autour de la sienne.

ORDRE DES MONOTRÈMES.

Un mot seulement sur l'ordre des *monotrèmes*, dont nous avons déjà indiqué les bizarreries. Il comprend deux genres : les *échidnés* (fig. 197) et les *ornithorhynques* (fig. 198). Les échidnés manquent de dents, et ont le corps recouvert à la fois par des poils et des piquants. Ils ont des ongles très forts qui leur servent à fouir. Les ornithorhynques, dont le nom signifie *bec d'oiseau*, ont des dents de consistance cornée renfermées dans un bec fort compa-

Fig. 197. Échidné

rable à celui du canard; étant aquatiques, ils possèdent des pieds

Fig. 198. Ornithorhynque.

palmés. Ces deux genres ne se trouvent que dans la Nouvelle-Hollande.

VIII

GÉNÉRALITÉS SUR LES OISEAUX

Les plumes : tectrices, rectrices, rémiges. — Les membres des oiseaux : ailes et pattes. — Tous les oiseaux ne volent pas. — Presque tout le corps de l'oiseau contribue au vol : les muscles, les os, la respiration. — Les organes digestifs de l'oiseau. — Cerveau. — Œil. — Structure de l'œuf. — Nids.

CLASSE DES OISEAUX

Les oiseaux sont, comme les mammifères, des vertébrés à sang chaud. La forme elliptique de leurs globules, la courbure de leur aorte à droite et non à gauche, sont les caractères distinctifs relatifs à la circulation. Le squelette lui-même a ses particularités : la tête n'offre qu'un seul condyle occipital ; l'apophyse coracoïde est devenue un os distinct et volumineux ; les clavicules sont soudées entre elles ; les côtes, formées chacune de deux os, butent contre leur voisine par un prolongement osseux (apophyse uncinée) ; les vertèbres du dos sont solidement soudées ensemble.

Le *vol* est la faculté distinctive des oiseaux. Ils volent parce qu'ils ont des ailes et que ces ailes ainsi que tout leur corps, sauf le bec et les pattes, sont recouverts de plumes.

La plume se compose d'une tige qui forme un axe et de barbes insérées sur deux côtés opposés de cette tige.

Dans sa partie moyenne et dans sa partie supérieure, l'axe est plein d'une matière spongieuse qui ressemble à de la moelle de sureau ; il est alors longitudinalement traversé par un sillon qui le sépare en deux moitiés qui semblent deux axes différents.

Ces deux moitiés se réunissent à la partie inférieure pour former un cylindre creux d'un tissu très serré. Les barbes insérées sur la tige sont elles-mêmes composées de barbes très petites, dites *barbules* qui engrènent les unes dans les autres, de façon à constituer un tissu très serré ; ce tissu semble se déchirer lorsqu'on en sépare les éléments qui n'ont pourtant aucune soudure entre eux.

On distingue deux parties dans la moelleuse enveloppe de l'oiseau, les *plumes* proprement dites et le *duvet :* le duvet préserve le corps du froid, et la plume, de l'eau.

Mais les plumes ont une autre fonction que de servir de manteau à l'oiseau; aussi en est-il qui, particulièrement longues, raides et élastiques, ne sont évidemment pas faites pour cet emploi. Telles sont les plumes des ailes, qu'on appelle *rémiges*, c'est-à-dire les

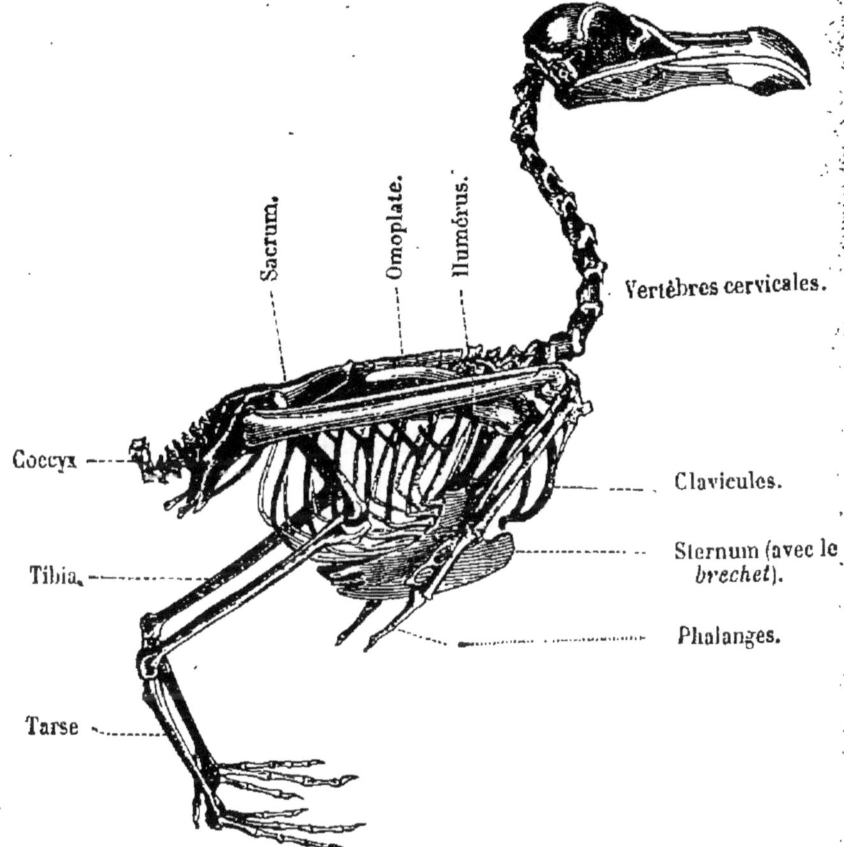

Fig. 199. Squelette de goéland.

rames, et celles de la queue, qu'on appelle *rectrices*, parce qu'elles dirigent l'oiseau dans son vol à la manière d'un gouvernail.

Quant aux autres plumes, elles sont dites *tectrices*, parce qu'elles affectent la disposition des tuiles sur un toit.

Les plumes des oiseaux sont souvent d'une admirable beauté.

Nous citerons, parmi les plus merveilleuses, les rectrices du paon. qui se redressent en faisant une roue étincelante.

Un autre caractère distinctif de l'oiseau, c'est d'avoir pour membres deux ailes et deux pattes (fig. 199); ces dernières montrant de deux à quatre doigts, dans plusieurs sortes de situations relatives.

L'aile est faite de la main profondément modifiée. Les os du bras et de l'avant-bras sont très atténués. Les os du métacarpe sont soudés ensemble, et les plumes sont placées sur les phalanges, les phalangines et les phalangettes, c'est-à-dire sur toute la longueur du doigt.

Nous avons vu que quelques mammifères peuvent se soutenir dans les airs. A l'inverse, certains oiseaux sont dépourvus de cet apanage qui paraîtrait au premier abord si exclusivement réservé à l'oiseau.

L'aptérix, un oiseau de la Nouvelle-Zélande, l'autruche, en dépit de ses belles plumes, n'ont pour transporter leur lourde masse que la ressource d'une course rapide.

Le manchot, le pingouin ont des nageoires à la place d'ailes.

L'aile seule ne suffirait pas au vol de l'oiseau. Il faut que la disposition du squelette et celle de plusieurs autres organes viennent la seconder. Ainsi, on peut reconnaître aux os d'un oiseau s'il vole peu ou s'il vole beaucoup.

Le sternum des bons *voiliers* est muni d'un *large brechet*. C'est sur cette crête saillante et solide que les muscles pectoraux prennent leur point d'appui. Le brechet est extrêmement développé chez la frégate, qui a un vol très puissant. L'hirondelle, le martinet, le pigeon, qui font de grandes traversées, ont aussi des brechets très forts. L'autruche, qui ne vole pas, a le sternum aussi plat qu'un mammifère.

L'énergie des muscles pectoraux et la disposition tout entière de l'aile permettent aux oiseaux non seulement de se soutenir dans l'air, mais encore d'y progresser avec rapidité. Il est des pigeons voyageurs qui vont aussi vite qu'un train express. Des martinets se sont rendus en trois jours de l'intérieur de l'Allemagne en Algérie. Les frégates dorment en l'air.

La respiration de l'oiseau est également établie par rapport à son vol. Le diaphragme est incomplet, et le poumon s'étend jusque

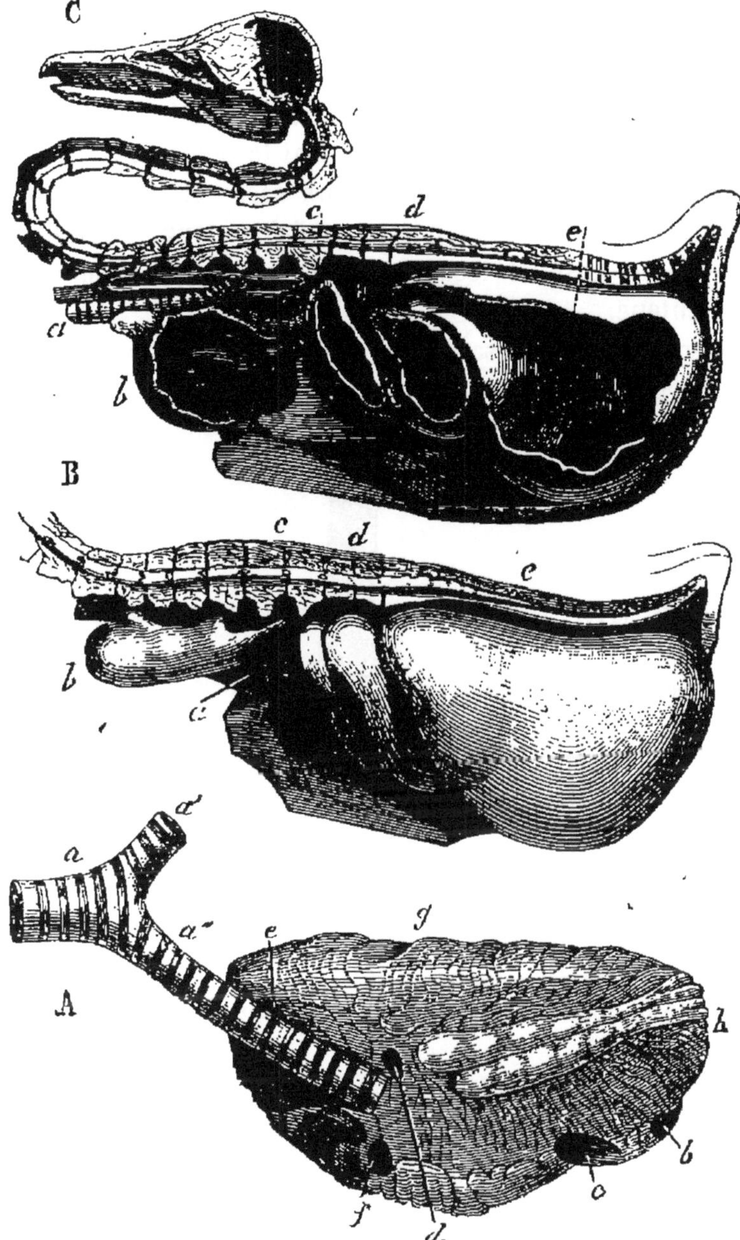

Fig. 200. Appareil respiratoire des oiseaux.

A, l'un des poumons, isolé. — *a*, trachée-artère; *a'*, bronche gauche; *a''*, bronche droite; *c*, *d*, *e*, *f*, *g*, ouvertures des bronches à la surface des poumons conduisant aux poches pneumatiques; *h*, bord inférieur du poumon.

B, section du tronc montrant les principaux sacs pneumatiques distendus par l'air. — *a*, partie de la bronche s'enfonçant dans le poumon; *b*, poche sous-clavière; *c*, poche thoracique antérieure; *d*, poche pneumatique antérieure; *e*, poche abdominale.

C, les mêmes poches ouvertes

dans l'abdomen (fig. 200). Il est dépourvu de plèvre et solidement attaché à la colonne vertébrale et aux côtes.

En outre, les poumons communiquent avec neuf *sacs aériens*, réservoirs qui se remplissent d'air à chaque inspiration de l'oiseau, et qui allègent considérablement le poids de son corps. On distingue : un sac claviculaire, deux sacs cervicaux, quatre sacs thoraciques et deux grands sacs abdominaux. Chez le pélican existent de grandes lacunes aérifères dans le tissu conjonctif sous-cutané.

Presque tous les os, sauf l'avant-bras, la main, la jambe et le pied, sont en outre remplis de lacunes communiquant avec les poumons. Il

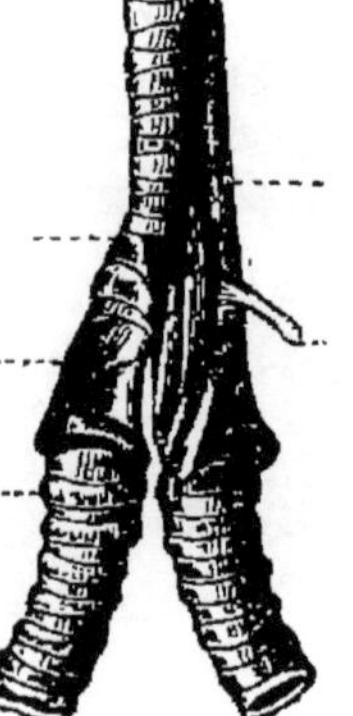

Fig. 201. Larynx inférieur (ou syrinx) de la corneille

il résulte de tous ces détails que la densité du corps est sensiblement diminuée.

On peut rattacher à la description de l'appareil respiratoire la mention d'une particularité intéressantes du larynx. Chez les oiseaux, cet organe, incapable de faire vibrer l'air qui sort des poumons, est compliqué d'une sorte de larynx accessoire situé à la base de la trachée-artère et qui est construit de façon à pouvoir émettre des sons (fig. 201). Cette circonstance explique que des poules dont on a tranché la trachée-artère continue néanmoins à pousser des cris.

Tous les oiseaux ont un bec dépourvu de dents, mais qui, étant formé d'une matière dure, peut faire subir aux aliments un premier broyage.

L'absence de dents est caractéristique des oiseaux de notre époque ; mais pendant les temps géologiques, il en est apparu dont

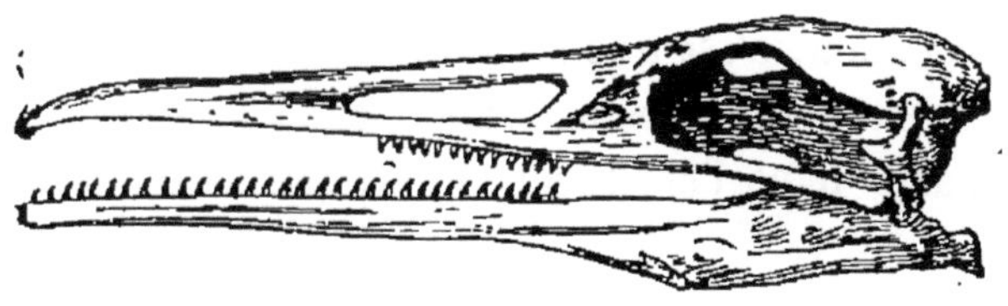

Fig. 202. Crâne d'hespérornis, oiseau fossile dont le bec est muni de dents.

la mâchoire allongée portait des dents. L'*hespérornis* (fig. 202), oiseau américain ; le *gastornis*, oiseau plus grand que l'autruche, découvert dans le terrain parisien ; l'*archéoptéryx*, de Bavière, sont des types d'oiseaux à dents.

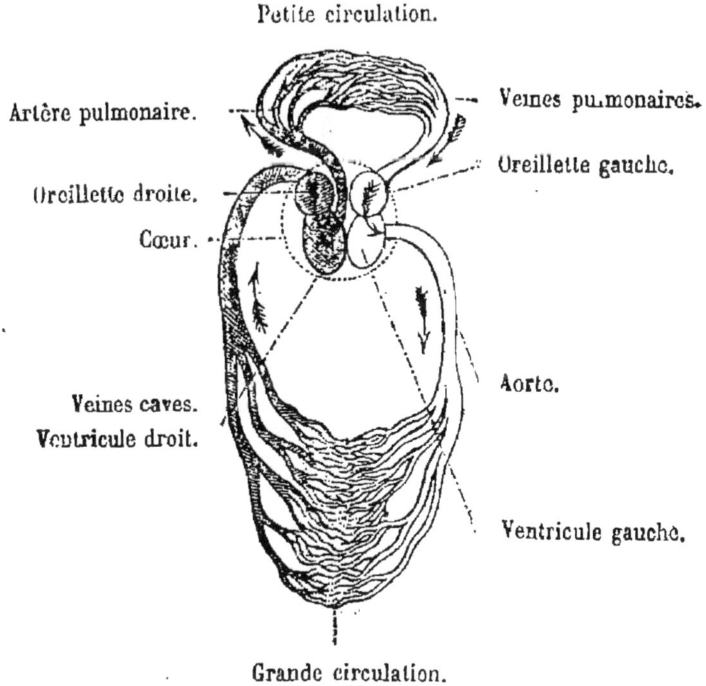

Petite circulation.

Artère pulmonaire.

Veines pulmonaires.

Oreillette gauche.

Oreillette droite.

Cœur.

Aorte.

Veines caves.

Ventricule droit.

Ventricule gauche.

Grande circulation.

Fig. 203. Théorie de la circulation chez les mammifères et chez les oiseaux.

Le bec, par exemple, chez le canard, semble être l'organe du tact.

La circulation se fait chez les oiseaux de la même manière que chez les mammifères (fig. 203). Le cœur est construit sur le modèle que nous connaissons déjà (fig. 204).

L'appareil digestif de l'oiseau présente trois estomacs : le *jabot*, le *ventricule succenturié* et le *gésier* (fig. 205). Le premier de ces renflements n'est pas à proprement parler un estomac : il ne s'y passe aucune digestion ; c'est une sorte de réservoir où se commence le broyage des aliments, à peine tenté par le bec. Le *ventricule succenturié* est garni dans l'épaisseur de ses parois d'une multitude de

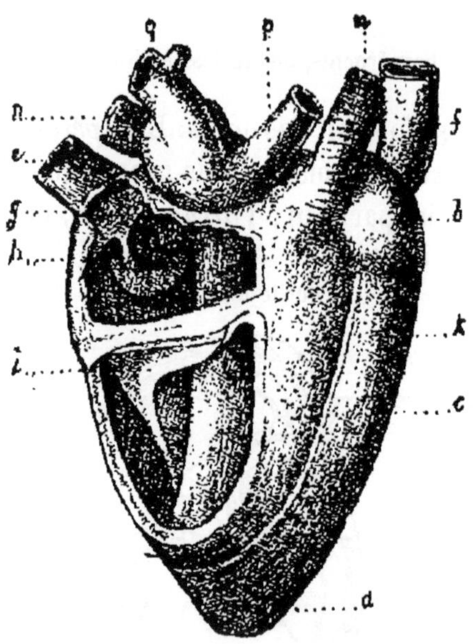

Fig. 204. Cœur d'un oiseau. — *i*, valvule charnue qui ferme l'orifice auriculo-ventriculaire ; *k*, orifice des artères pulmonaires qui se divisent en deux branches *p*, *q*. ; *c*, cloison interventriculaire ; *d*, pointe du cœur ; *h*, orifice des veines caves ; *e*, *g*, veines caves ; *b*, oreillette gauche ; *f*, veine pulmonaire ; *m*, aorte.

glandes dont la sécrétion imbibe les aliments. Le *gésier* est fait de deux muscles, extrêmement vigoureux chez les oiseaux qui se nourrissent de grains, beaucoup plus faibles chez les oiseaux canassiers. Le gésier a un travail considérable à faire pour réduire en bouillie tous ces aliments si peu préparés. Afin d'aider à son action, quelques oiseaux avalent des corps durs, cailloux, ferrailles, qui, mis en mouvement par l'estomac, contribuent au broyage. On a trouvé jusqu'à des morceaux de verre et des lames de rasoirs dans le gésier de l'autruche.

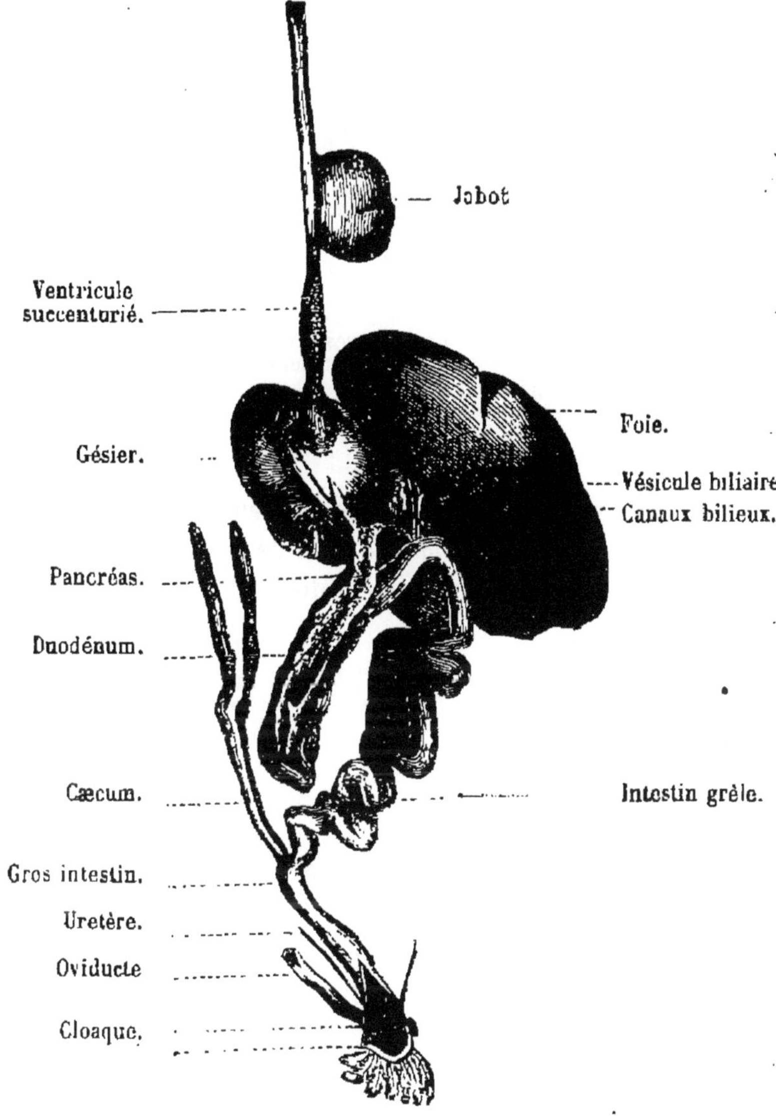

Fig. 205. Appareil digestif de la poule.

Le cerveau (fig. 206) présente des hémisphères peu développés et sans circonvolutions; la moelle allongée, plus considérable que chez les mammifères, fait un angle très prononcé avec la moelle épinière.

L'œil (fig. 207) offre aussi quelques particularités : il est pourvu de trois paupières dont l'une consiste en une sorte de membrane clignotante placée au-devant du globe. Les oiseaux sont naturel-

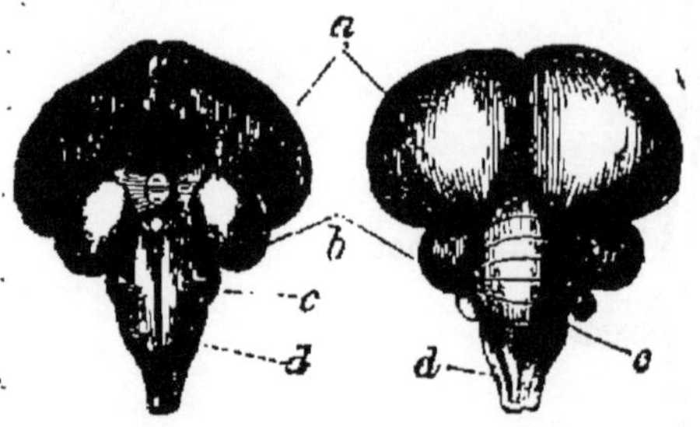

Fig. 206. Cerveau d'oiseau : *a*, hémisphères cérébraux ; *b*, lobes optiques ; *c*, cervelet ; *d*, moelle allongée et moelle épinière.

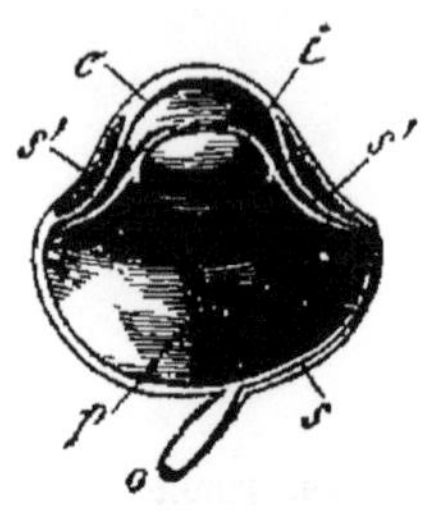

Fig. 207. Coupe de l'œil d'un oiseau : *c*, cornée transparente ; *i*, iris ; *e*, nerf optique ; *p*, peigne ; *s*, sclérotique ; *s's'*, cercles osseux de la sclérotique.

lement presbytes, et pour accommoder leur vue aux distances, ils ont un organe appelé le *peigne*, qui va de la choroïde au cristallin et rapproche plus ou moins celui-ci du fond de l'œil.

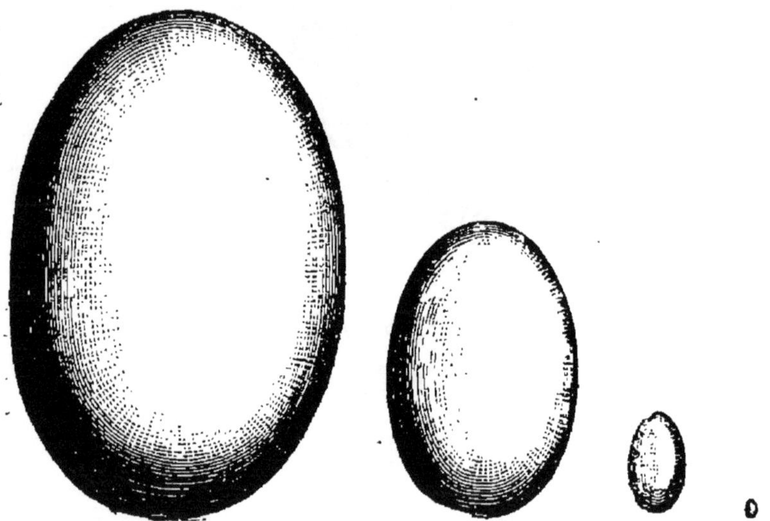

Fig. 208. Œufs d'épiornis, d'autruche, de poulet, et d'oiseau-mouche (dimensions relatives).

Les oiseaux diffèrent essentiellement des mammifères par leur mode de reproduction.

Tout le monde sait que leurs petits sortent, au bout d'un temps plus ou moins long d'incubation, d'un œuf dont ils brisent la coquille ou enveloppe calcaire. Le volume de l'œuf est très variable d'une espèce à l'autre (fig. 208). La coquille est de couleur très variable ; elle est blanche chez la poule, pointillée, tachetée chez une multitude d'espèces.

Un œuf se compose de deux parties essentielles (fig. 209).

La plus interne est le *jaune* ou *vitellus;* il est sphérique, de substance huileuse formée par un grand nombre de cellules, et enveloppé dans une membrane extrêmement mince appelée *membrane vitelline.*

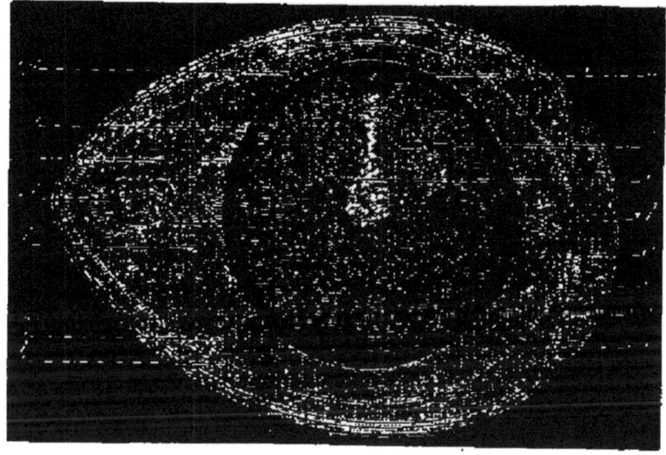

Fig. 209. Constitution de l'œuf d'oiseau : *a*, chambre à air ; *bb'*, le blanc de l'œuf ; *c*, coquille ; *ch*, chalazes ; *q*, cicatricule ; *j*, jaune ; *m c*, membrane coquillère ; *v g*, vésicule germinative.

La seconde partie, le *blanc* ou albumen, qui entoure le jaune est contenue dans une membrane spéciale qui tapisse la face interne de la coquille, mais qui s'en détache vers le gros bout, et laisse ainsi un espace rempli d'air. Cet air est destiné à la respiration de l'œuf. Le blanc est formé de couches concentriques d'albumine.

Une petite tache de couleur claire, qui se voit à la surface du jaune, s'appelle la *cicatricule.* C'est cette portion du jaune qui se sépare du reste, lorsque le travail commence dans l'œuf, et forme le commencement de l'embryon.

On appelle *chalazes* des espèces de cordons tortillés, qui maintiennent le jaune au milieu de l'œuf et qui traversent celui-ci suivant son grand axe.

Un des premiers organes qu'on peut découvrir dans l'œuf couvé, c'est le rudiment de la colonne vertébrale; puis apparaît le cœur, au milieu de systèmes de vaisseaux dans lesquels se trouvent déjà du sang. Bientôt le corps du petit se dessine, avec de gros yeux visibles dès les premiers temps et des moignons pour membres.

C'est sous l'influence de la chaleur que le petit se développe dans l'œuf. Dans la nature, la femelle et parfois aussi le mâle *couvent* les œufs. Certains oiseaux ont recours à une chaleur artificielle, et par exemple le talégalle, qui recouvre ses œufs d'un énorme tas de fumier. Nous nous sommes rencontrés avec lui en imaginant les couveuses artificielles.

Presque tous les oiseaux construisent des *nids* pour y déposer, y couver leurs œufs et pour y abriter leurs petits. La plus grande variété règne dans ces gracieuses constructions, dont nous dirons un mot à propos des espèces qui y mettent le plus d'industrie.

IX

RAPACES ET PASSEREAUX

Les armes du rapace. — Les rapaces diurnes : faucons et vautours. — Le serpentaire. — Les rapaces nocturnes : leurs caractères. — Le hibou. — L'ordre des passereaux. — Les conirostres : mésange, chardonneret, serin, pinson, alouette, corbeau, républicain. — Les dentirostres : rossignol et fauvette, pie-grièche. — Les ténuirostres : huppe, oiseau-mouche, colibri. — Les fissirostres : hirondelle, martinet, engoulevent. — Les syndactyles : martin-pêcheur, guêpier, callao. — Utilité des passereaux.

La classe des oiseaux se répartit en plusieurs ordres que nous allons passer successivement en revue.

ORDRE DES RAPACES.

Les *rapaces* se nourrissent exclusivement de chair : ils sont par conséquent bien armés, et leur bec et leurs ongles (fig. 210) les distinguent aisément de tous les autres oiseaux.

Fig. 210.
Tête et serre de l'aigle.

La mandibule supérieure, qui dépasse la mandibule inférieure, est fortement recourbée vers le bout, disposition qui permet à l'oiseau de couper et de déchirer sa proie.

Les narines sont percées dans la *cirre*, membrane jaune le plus souvent et qui enveloppe la cavité buccale ainsi que la partie supérieure de la grande mandibule.

La *patte* du rapace, terminée par quatre doigts, porte de gros ongles ou griffes qu'on appelle des *serres*.

C'est avec ses serres que l'oiseau saisit sa victime et l'emporte à travers les airs jusqu'à ses petits.

On répartit les oiseaux de proie en deux groupes : les *diurnes*, qui chassent le jour, et les *nocturnes*, qui chassent la nuit.

Les diurnes sont caractérisés par trois doigts en avant, un en arrière, opposable aux trois autres; par des yeux latéraux médiocrement grands; et par des plumes garnies de barbes rigides Le vol de ces oiseaux est puissant; aussi leurs ailes sont-elles munies de rémiges très longues.

Fig. 211. L'aigle.

Les rapaces diurnes comprennent deux tribus : les *falconiens* et les *vautours*.

La première se compose des oiseaux les mieux armés et qui se nourrissent de proie vivante. L'ancienne fauconnerie y a fait deux divisions, d'après l'éducation qu'ils peuvent recevoir. Elle appelait *nobles* ceux qu'elle pouvait dresser à prendre et à tuer des animaux pour le compte d'un maître; et *ignobles* ceux qu'elle ne pouvait plier à ce travail. Le *faucon* est le type de l'oiseau noble; l'*aigle* (fig. 211), celui de l'oiseau ignoble.

Le faucon a des ailes très pointues, assez longues pour atteindre le bout de la queue quand elles sont repliées. C'était autrefois la bête de luxe par excellence du grand seigneur. On l'a appelé le *lévrier de l'air*. Aujourd'hui encore les Arabes et les Turcomans le dressent à fondre sur les lièvres et sur les antilopes. Il y a plusieurs races ou espèces de faucons ; le gerfaut est l'une des plus célèbres.

Les aigles se distinguent des faucons par leurs tarses emplumés. Ils vivent dans les montagnes, où se trouve facilement le gibier qu'il leur faut pour eux et leur progéniture. Leur nid ou *aire*, grossièrement fait de branchages, est établi sur des hauteurs souvent inaccessibles.

Fig. 212. Le vautour.

Les *vautours* (fig. 212), qui se nourrissent de charogne, ont des ongles moins crochus que les précédents. Ils ont le cou nu, à l'exception du *gypaète* ou vautour des agneaux, le plus grand des rapaces d'Europe. Dans les régions tropicales et généralement malpropres où les hommes ne prennent aucun soin de débarrasser le sol des immondices qui s'y amassent, le vautour est le grand nettoyeur qui fait disparaître dans son vaste corps les cadavres qui, sans lui, répandraient la peste aux alentours.

Parmi les vautours se trouve l'oiseau qui vole le plus haut : le *condor* ou *vautour des Andes*. Le voyageur qui, arrivé aux sommets les plus élevés, se trouve à 7000 mètres au-dessus de la mer, aperçoit encore le condor au zénith comme un point à peine visible sur le ciel.

Les vautours nous amènent à citer à un autre oiseau, également très utile, et dont les caractères ambigus rendent la classification fort embarrassante. Échassier pour la longueur de ses jambes, il est rapace pour son bec et pour son régime : c'est le *secrétaire du Cap* ou *serpentaire*. Il fait la guerre aux serpents, les attaque, les assomme avec son aile et s'en nourrit. On l'apprivoise, on le garde dans les maisons ; et dans la ville du Cap on le voit se promenant d'un pas grave, ses deux longues plumes derrière la tête et de l'air important d'un écrivassier.

Ce qui distingue d'abord les rapaces nocturnes des rapaces diurnes, ce sont leurs yeux placés de face, et dont la pupille ronde est extrêmement dilatée. Cette dilatation permet au hibou (fig. 213) de recueillir dans la nuit les moindres lueurs, tandis que le jour il se trouve aveuglé par le soleil ; aussi un hibou surpris par une vive lumière est-il étourdi et comme pris de folie. Sa patte aussi est différente de celle des diurnes ; le doigt externe est réversible à volonté, de sorte que l'oiseau peut avoir tantôt deux doigts en avant, et deux en arrière, tantôt trois en avant et un en arrière.

Fig. 213. Le hibou.

Le hibou (nous le prenons comme type de la famille) avale sa proie entière ; elle est dissoute dans le jabot, où se fait un travail qui consiste à séparer les parties non digérables de celles qui doivent être assimilées : les plumes et les os se ramassent en boulettes que l'oiseau rejette ensuite.

Le vol du hibou est silencieux, son cri lugubre : on avait et l'on a encore contre lui dans les campagnes les préjugés les plus étranges. Les petits oiseaux eux-mêmes montrent de la haine pour cette bête nocturne ; haine justifiée d'ailleurs, car le hibou les prend souvent durant leur sommeil pour les dévorer. Les oiseleurs tirent parti de cette disposition hostile. Ils attachent un hibou vivant dans un filet. Aussitôt une légion de jolis et courageux oiseaux arrivent pour frapper à coups de bec le triste rapace; c'est le moment que prend le chasseur pour fermer son filet et emporter toute l'armée.

Le hibou, et ses voisins : orfraie, chouette, grand-duc, etc., sont des animaux utiles qui, en somme, mangent plutôt des reptiles, des rongeurs et autres animaux nuisibles, que des petits oiseaux. Il y a en Angleterre une loi qui les protège.

ORDRE DES PASSEREAUX.

L'*ordre des passereaux* est innombrable, en partie parce qu'on y range tous les oiseaux qui n'ont pas de caractères très accusés, et qui ne peuvent être mis dans les autres ordres. Ce sont généralement des oiseaux percheurs, à pattes courtes, dont le régime est insectivore, frugivore ou omnivore.

Fig. 214. Moineau

Fig. 215. Mésanges à longue queue, en hiver.

C'est d'après la forme de leur bec ou celle de leurs pattes qu'on a établi des subdivisions parmi les passereaux.

Les *conirostres* ont le bec en cône; il est peu allongé, et assez large à sa base. Ils se nourrissent de grain et de débris de matières animales. Le *corbeau*, utile comme le vautour, en nettoyant le sol des charognes, la *pie*, coquette et voleuse qui pare son nid d'objets brillants, le *moineau* (fig. 214), véritable parisien que les gamins mêmes n'effarouchent pas, la *mésange* (fig. 215), le *chardonneret* (fig. 216), le *serin*, le *pinson*, si jolis et si bons chanteurs, l'*alouette*

Fig. 216. Chardonneret.

qui monte au ciel en chantant à pleine voix, et qu'on entend encore lorsqu'on ne la voit plus, — ces légions enfin de petits oiseaux qui égayent la solitude des bois et des campagnes, sont des *conirostres*. Conirostre aussi le *républicain* du sud de l'Afrique, qui construit dans les arbres des nids (fig. 217) en forme de parasols sous lesquels cent couples peuvent s'abriter, chacun dans sa loge particulière. Beaucoup de conirostres sont très habiles dans la construction de leurs nids. La fig. 218 représente celui du chardonneret.

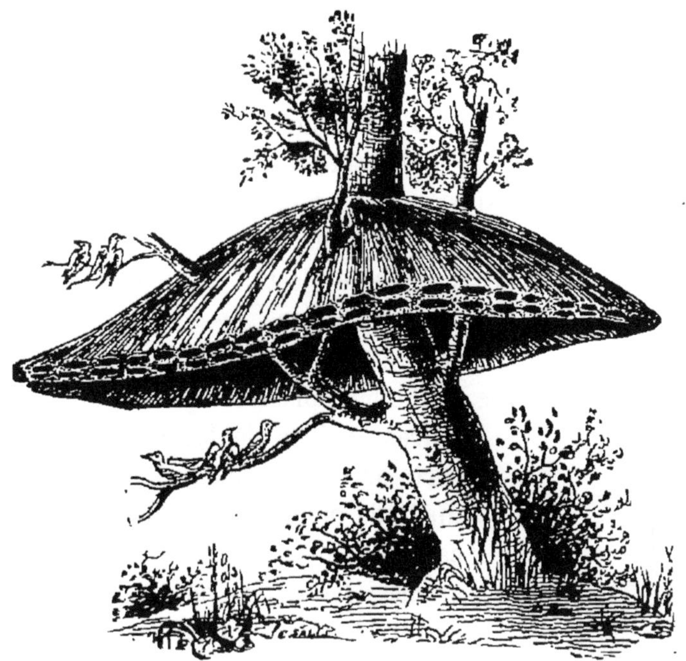

Fig. 217. Nid du républicain.

Fig. 218. Nid du chardonneret.

Les *dentirostres* (fig. 219) ont le bec grêle, court, *échancré près du bout*, ce qui fait comme une petite *dent*. Ils sont frugivores ou carnassiers. C'est parmi eux que se placent les plus merveilleux artistes du monde emplumé : le *rossignol* et la *fauvette*. Le mérite du rossignol est si connu qu'on peut se dispenser d'en rien dire, et la réputation du gosier de la fauvette n'est plus à faire. Ce que l'on connaît moins, c'est le talent d'une charmante *fauvette couturière* (fig. 220), qui choisit sur un arbre une feuille bien placée et qui y coud plusieurs autres feuilles de façon à former une sorte de cornet qu'elle garnit intérieurement de plumes et d'aigrettes de fleurs : cela lui fait son nid. Les *roitelets*, les *merles*, les *grives* sont également des dentirostres. La *pie-grièche* dépare cette jolie collection ; ce n'est pas une pie, et le nom d'*écorcheur* qu'on lui donne dans les campagnes lui convient bien mieux. Elle s'attaque à de petits animaux, les déchire, mange les parties assimilables et attache aux buissons la peau de ses victimes.

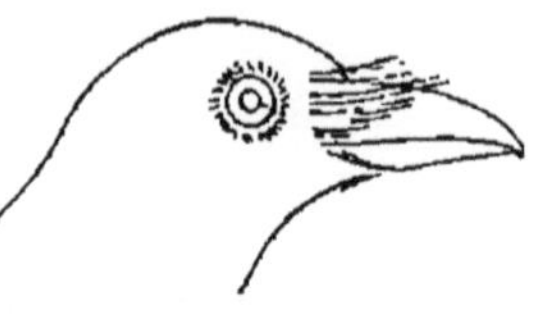
Fig. 219. Tête de merle.

Des becs grêles, allongés sans échancrure, très *ténus*, caractérisent les *ténuirostres*, sous-ordre d'ailleurs peu important. La *huppe* et la *sitelle* (fig. 221) sont des ténuirostres français ; les *oiseaux-mouches*, les *colibris*, des ténuirostres exo-

Fig. 220. Nid de fauvette couturière.

Fig. 221. Tête de sitelle.

tiques, d'une petitesse merveilleuse et dont la parure est d'une éclatante richesse.

D'autres passereaux, les *fissirostres*, ont un bec largement fendu avec lequel ils attrapent les insectes au vol. Il en est qui sont diurnes, d'autres qui sont nocturnes. Parmi les diurnes nous avons

Fig. 222. Hirondelle de cheminée.

deux genres français : l'*hirondelle* (fig. 222) et le *martinet*. L'hirondelle chinoise s'appelle salangane. Son nid, fait avec certains fucus, est fort apprécié des gourmets chinois et même de beaucoup d'Européens qui le payent un prix exorbitant. C'est même le prix qui, selon les incrédules, lui donnerait toute sa saveur.

Fig. 223. Engoulevent.

Fig. 224. Martin-pêcheur.

L'*engoulevent* (fig. 223) est un fissirostre nocturne ; son nom pittoresque peint bien sa façon de chasser en volant le bec grand ouvert. On l'appelle aussi le *crapaud-volant*, parce qu'il n'est pas bien élégant de forme.

Les *syndactyles* tirent leur nom de la forme de leur patte, dont le doigt externe et le doigt médian sont soudés ensemble. Ce sous-ordre ne comprend que peu d'oiseaux de notre pays. Nous avons cependant, entre autres, le *martin-pêcheur* (fig. 224), remarquable à la fois par l'éclat de ses couleurs et par son genre de vie : il vole bas et très vite, guette les poissons et les insectes aquatiques, les saisit et les emporte avec la rapidité d'une flèche. Le *guêpier* vit dans le midi de la France, en Provence, et fait aux guêpes une chasse acharnée. Comme oiseaux exotiques, nous citerons le bizarre *calao*, qui habite l'Afrique et dont le bec étrange est orné d'un appendice sans utilité connue. Cet oiseau n'a dans la constance maternelle de sa femelle qu'une médiocre confiance, car dès qu'elle est entrée dans le trou d'un arbre pour y pondre, il s'empresse de boucher l'ouverture, en ne laissant qu'une toute petite place pour la tête de la mère, à qui il apporte, du reste, exactement sa nourriture. Et il ne la délivre qu'après l'éclosion des petits.

Bien que les passereaux prélèvent sur les fruits et sur les grains une large dîme, on doit respecter leur existence à cause des services qu'ils rendent en détruisant une multitude de vers et d'insectes.

X

GRIMPEURS, COLOMBINS, GALLINACÉS, BRÉVIPENNES ÉCHASSIERS, PALMIPÈDES

Caractères et divisions des grimpeurs. — Les perroquets. — Aras, cacatoès, perruches. — Les pics : leur manière d'attraper les insectes. — Les coucous usurpateurs. — Caractères des colombins. — Les pigeons voyageurs. — Le dronte. — Caractères des gallinacés. — Le coq. — Richesse qu'il met en France. — Le coq de combat. — Le faisan. — Le paon. — Le dindon, la pintade, la caille et la perdrix. — Les brévipennes. — L'autruche. — Élevage au Cap et incubation artificielle. — Les échassiers. — La grue. — Le héron. — La cigogne. — Le marabout. — La bécasse. — Le flamant. — L'ibis. — Les palmipèdes. — Les longipennes : mouettes, pétrels, goëlands. — Le guano. — Les totipalmes : pélican et frégate. — Les lamellirostres : cygne, canard, eider. — Les brachyptères : plongeons, grèbes, pingouins, manchots

ORDRE DES GRIMPEURS.

On appelle *grimpeurs* des oiseaux qui s'élèvent en *grimpant* le long des arbres, et s'y accrochent par leurs pattes, terminées par deux doigts en avant et deux doigts en arrière.

On les divise en grimpeurs *curvirostres* et en grimpeurs *conirostres* ou *ordinaires*. Les grimpeurs curvirostres, dont le perroquet est le type, se servent de leur patte comme d'une sorte de main pour *prendre* leur nourriture. Cela leur donne une allure qui rappelle tout à fait celle des singes; aussi les a-t-on appelés les *singes des oiseaux*, ce qui est d'autant plus mérité qu'ils sont doués comme ces mammifères d'un grand talent d'imitation; ils vont même jusqu'à répéter les mots qu'ils entendent souvent. Ils sont frugivores. Malgré leurs ailes courtes, ils volent assez haut. Leur plumage est ordinairement éclatant; et ils font l'ornement des forêts tropicales. Un certain perroquet qui vit en Australie a des habitudes nocturnes : on l'appelle *strygops*, du nom latin du hibou (*stryx*). Il est noir comme la nuit.

Les *aras*, les *cacatoès* (fig. 225), les *perruches* sont des grimpeurs curvirostres. Leurs couleurs sont variées à l'infini, et les nègres du Brésil ont trouvé des procédés pour ajouter à l'œuvre de la nature, et produire des perroquets habillés autrement qu'elle ne l'avait prévu.

Nous n'avons dans nos pays que des *grimpeurs conirostres*. Leur pied est analogue à celui du perroquet, mais ce n'est pas un organe préhenseur.

Les *pics* (fig. 226), à l'aide de leurs pattes, s'accrochent aux arbres

Fig. 225. Cacatoès.

Fig. 226. Pic.

dont ils percent le tronc pour chercher des insectes; ils les attrapent à l'aide de leur langue, construite d'une façon toute spéciale. Elle est grêle, cornée, barbelée au bout, très extensible, et enduite d'une salive visqueuse qui y colle les insectes, au milieu desquels l'oiseau la lance comme piège naturel.

Les *coucous*, qui sont aussi des grimpeurs ordinaires, ont des mœurs très curieuses. Ils ne se donnent pas la peine de couver eux-mêmes leurs œufs : ils vont les déposer dans le nid d'un passereau. Sous la chaleur d'une mère étrangère, les petits coucous éclosent, et sont nourris comme les enfants légitimes; mais bientôt héritiers de l'instinct de leur espèce, ils veulent s'approprier entièrement le nid qui ne fut pas construit pour eux : ils se glissent sournoisement sous les petits passereaux, les soulèvent et les jettent les uns après les autres par-dessus le bord du nid.

ORDRE DES COLOMBINS.

Les *colombins* forment un ordre qui a quelque analogie avec celui des gallinacés dont nous allons parler, mais s'en distingue en ce que les ménages sont formés de deux membres dont le mâle donne des soins au nid, aux œufs et aux petits, tandis que chez les gallinacés plusieurs femelles vivent sous la protection d'un seul mâle ou coq qui ne s'occupe en aucune façon des petits. Aussi les pigeons sont-ils désignés par quelques naturalistes sous le nom d'*épouseurs*.

Fig. 227. Pigeon voyageur.

C'est une sorte de lait qu'ils apportent en nourriture à leurs petits, et qui est sécrété par l'estomac du père et de la mère au moment de la naissance des jeunes. Pour le leur distribuer le mâle et la femelle ouvrent au-dessus du nid leur bec rempli de cette substance, et les petits viennent y puiser à tour de rôle ; c'est pourquoi l'on appelle quelquefois les colombins, *dégorgeurs*.

Les *pigeons* (fig. 227), vous le savez, sont des voiliers remarquables ; ils savent revenir à leur famille, quelle que soit la longueur de la route qui les en sépare. Aussi est-ce depuis bien longtemps qu'on utilise l'instinct de ces jolis oiseaux, en leur faisant transporter des dépêches.

Des pigeons emportés dans les régions polaires sont revenus en Amérique chargés des nouvelles des voyageurs. Vous avez entendu parler des services qu'ils nous ont rendus pendant le siége de Paris. C'était par leur moyen seul que la capitale savait quelque chose de ce qui se passait au dehors. Des ballons emportaient des pigeons qui revenaient peu de temps après de la province avec une dépêche attachée à la queue. Bien des fois les Prussiens visèrent et les ballons et les oiseaux. Pour détruire les aérostats, nos ennemis avaient même fait faire chez Krupp un canon spécial. Heureusement, ils n'atteignirent jamais leur but.

Fig. 228. Dronte.

Le *dronte* (fig. 228) est un oiseau disparu, qui vivait encore à l'île Rodrigue au dix-septième siècle. Il était assez singulier, car il ne savait pas voler. Le voyageur Leguat en avait donné la description, mais on n'ajoutait pas foi à ses récits. C'est en retrouvant le squelette de cet oiseau qu'on a été convaincu de la véracité du vieux naturaliste. On l'a rattaché aux pigeons.

ORDRE DES GALLINACÉS.

L'ordre des *gallinacés* renferme beaucoup de nos oiseaux de basse-cour. Il est caractérisé par un corps lourd, des ailes courtes, des pattes conformées pour la marche, un bec robuste et peu aigu, un régime granivore. C'est *gallus*, *coq*, qui lui donne son nom.

Le coq (fig. 229) a une queue *en toit*, porte à la patte un *ergot* ou *éperon*, sur la tête une *crête* charnue et sous le bec un *barbillon* de même nature.

Les statisticiens évaluent à 40 millions le nombre des poules qui existent en France ; à 2 fr. 50 l'une, c'est un produit alimentaire qui représente une valeur de 100 millions. Celle de leurs œufs est de 24 millions. Si l'on y joint le produit des poulets, des chapons et des plumes, on a pour ces gallinacés une circulation d'environ 400 millions de francs.

Pour sortir de l'œuf, le poussin brise la coquille au moyen d'un onglet placé sur son bec. Il sort avec le corps couvert de duvet, et se met immédiatement à marcher.

Il y a un grand nombre de races de *poules* (fig. 230), dont quelques-unes sont fort étonnantes. La poule de Bankiva ou poule naine est celle qui fournit la chair la plus estimée. Les poules qui donnent les œufs les plus gros sont des races de Crèvecœur, de la Flèche; la poule de Nankin ou de Cochinchine, excellente pondeuse, peut pe-

Fig. 229. Coq.

ser jusqu'à 5 kilogrammes. La Belgique possède des races indiennes perfectionnées. La race Walikiki est complètement dépourvue de queue.

Dans la même famille se rangent les *faisans*, dont les nombreuses espèces sont toutes fort jolies : faisans commun, doré, argenté, vénéré, à collier, d'Amherst.

Le *paon* ne leur cède rien quant à la beauté du plumage, tandis que sa taille plus grande et la longueur de sa queue lui donnent une incomparable majesté.

La *pintade* est originaire d'Afrique, elle a un joli plumage gris cendré et une chair délicate.

Une deuxième famille comprend la *gelinotte*, le *coq de bruyère*, le *lagopède*, qui sont de succulents gibiers.

On a fait une famille spéciale pour le *dindon*, si remarquable par les caroncules dont sa tête est ornée; près de lui se range la *pénélope*.

Enfin une dernière famille concerne les *perdrix*.

Fig. 250. Poule.

Les *perdrix* et les *cailles* ne sont pas des animaux de basse-cour, mais un gibier excellent. Les cailles, malgré l'imperfection de leurs ailes, ont un vol assez soutenu pour pouvoir, à l'approche de l'hiver, traverser la Méditerranée et aller vivre en Afrique.

ORDRE DES BRÉVIPENNES.

Le plus beau type de l'ordre des *brévipennes* ou *coureurs* est l'*autruche* (fig. 231), qui est en même temps le plus grand oiseau des temps actuels. Elle ne vole pas, nous l'avons dit, malgré ses longues et belles plumes qui sont à Paris d'un prix si élevé. Les sortes de moignons qui lui tiennent lieu d'ailes, lui sont d'un grand secours pour la marche, et contribuent avec ses longues et fortes jambes à en faire un coureur de premier ordre. L'autruche vit en Afrique et n'a que deux doigts à ses pattes.

Fig. 231. Autruche.

La tête de l'autruche est extrêmement faible et petite, son cou long et rouge. Nous avons parlé précédemment de la puissance de son estomac, dans lequel on a trouvé les choses les plus invraisemblables.

Fig. 232. Autruches élevées en captivité.

Les autruches vivent en troupes, et sont de la part des tribus du Sahara l'objet de grandes chasses où, pour les forcer à la course, il ne faut rien moins que la vitesse des chevaux arabes, et une connaissance approfondie des habitudes de ces pauvres oiseaux qui sont promptement haletants et affolés.

Fig. 233. Le héron cendré.

Les gens civilisés trouvent la chasse trop destructive de cette précieuse bête, et ils se mettent, au Cap, à élever l'autruche, pour lui prendre annuellement ses plumes (fig. 232). L'entreprise réussit à merveille. Dans une ferme où l'on avait commencé avec 9 autruches, il s'en trouve actuellement 900 qui prospèrent et qui pondent. On soumet les œufs de ces bêtes à l'*incubation artificielle* : c'est-à-dire qu'on les met dans des caisses bien doublées où l'on maintient pendant le temps voulu la température nécessaire au développement de l'oiseau.

L'autruchon, dont le bec n'est pas armé comme celui du poulet, ne saurait briser seul l'épaisse coquille de son œuf; dans l'état de liberté, ce sont ses parents qui le délivrent en rompant eux-mêmes la paroi qui l'emprisonne. Mais quand on emploie l'incubateur, il faut guetter l'époque où l'éclosion doit se faire, et, à défaut de bec, employer un marteau à la libération des jeunes élèves. Rien de curieux comme de voir ces petits êtres remuants remplacer tout à coup dans la chambre d'éclosion les œufs polis et inertes d'où ils sortent.

A côté de la famille des autruches il faut en mentionner trois autres, dont les types respectifs sont : 1° le *nandou*, autruche à trois doigts spéciale à l'Amérique; 2° le *casoar*, qui vit en Australie; 3° l'*aptéryx*, de la grosseur d'une poule et qui est spécial à la Nouvelle-Zélande.

ORDRE DES ÉCHASSIERS.

L'ordre des *échassiers* ou des *oiseaux de rivage* se compose d'oi-

Fig. 234. Bécassine.

seaux remarquables par la longueur de leur tarse et par celle de leur cou.

Le *héron* (fig. 233), commun au bord de nos rivières, dont il détruit le poisson, qu'il attrape très facilement grâce à la longueur de ses pattes et de son cou, est le type d'une famille nombreuse.

La *grue* est un oiseau du Nord qui passe en France tous les ans, au printemps et en automne; elle voyage la nuit en bandes triangulaires. Son bec est droit et peu fendu; elle a environ 1^m,30 de hauteur.

Fig. 235. Cigogne à sac. Fig. 236. Flamant.

La *cigogne blanche* est une voyageuse qui passe l'été en France, l'hiver en Afrique. Elle niche sur le toit des maisons, et en Alsace, en Hollande, sa présence est regardée comme un signe de bonheur. Elle est d'humeur douce et familière, et se rend utile en détruisant les vers et les insectes.

La *cigogne à sac* ou *marabout* (fig. 235) ne quitte guère le Sénégal; elle porte au-dessous du cou une sorte de poche flasque.

Les *ibis*, sacrés chez les anciens Égyptiens, sont encore de la même famille.

La *bécasse* commune et la *bécassine* (fig. 234) appartiennent à une deuxième famille qui compte beaucoup d'autres oiseaux de passage estimés pour leur chair délicate, tels que les *combattants*, les *chevaliers*, le *vanneau*, le *pluvier* et beaucoup d'autres.

ORDRE DES PALMIPÈDES.

L'ordre des *palmipèdes* est celui des oiseaux spécialement *nageurs*, dont la patte, assez courte, sauf chez le flamant, porte une longue palmure (fig. 237).

On fait parmi eux quatre familles.

1° Les *longipennes* ont des ailes fort longues et un vol très

Fig. 237. Pied d'oiseau palmipède.

Fig. 238. Goéland.

puissant. Les *mouettes*, les *pétrels*, les *goélands* (fig. 238) sont des oiseaux de mer qui peuvent voler au milieu des plus furieuses tempêtes. Leurs narines sont réunies en un tube placé sur le bec. Ces espèces vivent de poissons; et sur certaines côtes désertes des mers chaudes, notamment sur celles du Pérou et du Chili, elles sont si nombreuses et si gloutonnes que leurs déjections forment des couches de 17 à 20 mètres d'épaisseur que l'on exploite comme de véritables carrières, pour en tirer un engrais très énergique bien connu sous le nom de *guano*.

2° Les *totipalmes* ont une patte dont le pouce même est pris dans la palmure. Tels sont le *pélican* (fig. 239), qui a un sac sous le bec, en guise de garde-manger, le *cormoran* et la *frégate* (fig. 240).

Fig. 239. Pélican.

Celle-ci, qui habite les régions tropicales, a des ailes encore plus

Fig. 240. Frégate.

longues que les longipennes; elle peut séjourner un temps considérable dans l'air.

3° Les *lamellirostres* (fig. 241) ont un bec épais, aplati, revêtu d'une peau molle, et garni sur ses bords de *lamelles* parallèles, ou de sortes de petites dents : ils ne s'attaquent pas aux grosses proies comme les précédents, mais se nourrissent d'herbes auxquelles ils

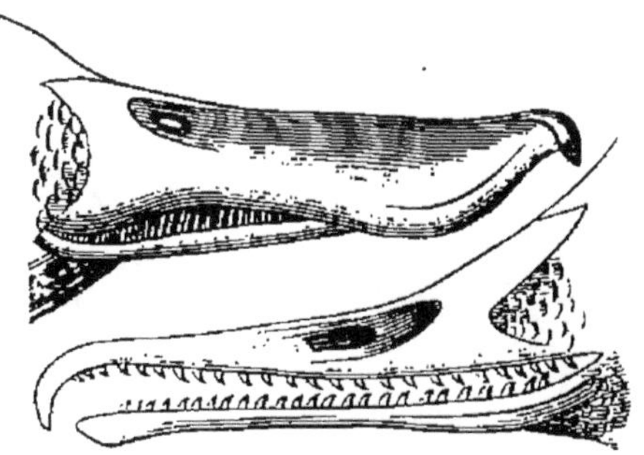

Fig. 241. Becs d'oiseaux lamellirostres.

joignent des vers, des mollusques, des petits poissons, des grenouilles. Ils vivent surtout dans les eaux douces. Leurs ailes sont médiocres, citons : le *cygne* (fig. 242), dont le cou est très long; l'*oie* (fig. 243), dont la chair est nourrissante, et que l'on cultive

Fig. 242. Cygne.

Fig. 243. L'oie.

en lui donnant une maladie dans laquelle son foie prend des proportions volumineuses : culture cruelle dont le délicieux résultat est le pâté de foie gras; le *canard* (fig. 244), excellent en rôt, aux petit pois et aux navets. Ces trois oiseaux donnent un duvet estimé, mais dont la valeur n'approche pas de celle du duvet de l'*eider* (fig. 245). Cet oiseau vit surtout en Islande, dans l'île d'Ingoë, près de Reykiavik, qui est presque entièrement couverte de ses nids. C'est quand il s'apprête à y déposer ses œufs, que l'eider s'arrache le duvet du ventre pour leur faire un lit moelleux.

Fig. 244. Le canard

Fig. 245. L'eider.

Ce premier duvet est enlevé par le propriétaire de la bête. Elle recommence aussitôt un autre nid et s'enlève tout ce qu'elle peut donner encore de plumes. On prend encore les nouvelles plumes. Alors c'est autour du mâle de se sacrifier, et de donner son duvet Le dernier nid est respecté, sans quoi l'industriel compromet son exploitation. Le duvet d'eider se vend 30 francs la livre de 400 grammes.

Fig. 246. Manchot.

Le bec du *flamant* ressemble un peu à une bêche; l'oiseau s'en sert pour fouiller la terre, dont il aime les vers et les larves. C'est un grand oiseau (fig. 236) qui a de belles plumes blanches ou roses. Pour couver facilement en dépit de ses longues pattes, il met ses œufs dans un nid d'argile conique et élevé juste à la hauteur de ses longues jambes.

4° Les *brachyptères* sont de tous les oiseaux les meilleurs nageurs; mais ils marchent difficilement et souvent ne volent pas.

Les *plongeons* et les *grèbes*, dont la peau est employée comme fourrure, ont des doigts palmés seulement à la base. Ils volent très mal. Ils vivent constamment dans l'eau, où ils se construisent des nids flottants.

Les *pingouins* et les *manchots* (fig. 246) sont incapables de voler; leurs ailes se trouvent réduites à des nageoires; ils nagent verticalement, enfoncés dans l'eau jusqu'au cou.

XI

LES REPTILES

Généralités sur les reptiles. — Les tortues. — Tortues terrestres. — Tortues paludines. — Tortues pluviatiles. — Tortues marines. — Les sauriens. — Crocodiles. — Lézards : lézard des murailles, lézard vert, lézard ocellé, orvet, caméléon. — Les ophidiens. — Serpents non venimeux. — Boa, python. — Serpents venimeux. — La vipère. — Le serpent à sonnettes. — Le naja. — Le cinco minutos. — Terribles effets du venin. — Remèdes. — Charmeurs.

CLASSE DES REPTILES

Les reptiles tirent leur nom de l'allure rampante qu'ils affectent d'ordinaire : si des formes actuellement vivantes on rapprochait les types devenus fossiles, on verrait que les anciens reptiles étaient loin de ramper tous. Nous verrons, en faisant de la géologie, que certains d'entre eux, tels que l'*ichthyosaure*, nageaient à la façon des poissons ; d'autres, comme les *iguanodontes*, devaient courir sur le sol comme les mammifères ; il y en avait même, et le *ptérodactyle* est du nombre, qui volaient au travers des airs.

Le squelette des reptiles ressemble à celui des mammifères ou des oiseaux, pourvu que l'on compare les os qui le composent aux points d'ossification de ces derniers ; comme les oiseaux, les reptiles n'ont qu'un seul condyle occipital.

Beaucoup de reptiles ont quatre membres : lézards, crocodiles, tortues, etc. Certains n'en ont que deux, comme les scinques ou bipèdes du Cap, et alors on voit tantôt manquer, suivant les espèces, les pattes de devant (bipèdes) ou les pattes de derrière (bimanes). Chez d'autres enfin, tels que les serpents, ils sont nuls à l'extérieur, et ce n'est qu'intérieurement qu'on peut en trouver quelques vestiges. La peau est recouverte de *fausses écailles* provenant de l'ossification des follicules pileux.

Nous noterons dans le système circulatoire (fig. 247) des reptiles une modification importante, l'existence de trois cavités seulement dans le cœur : les deux oreillettes sont distinctes ; mais les ventricules sont confondus, sauf chez le crocodile (fig. 248), où ils sont séparés par une cloison, percée quelquefois du reste de quelques trous,

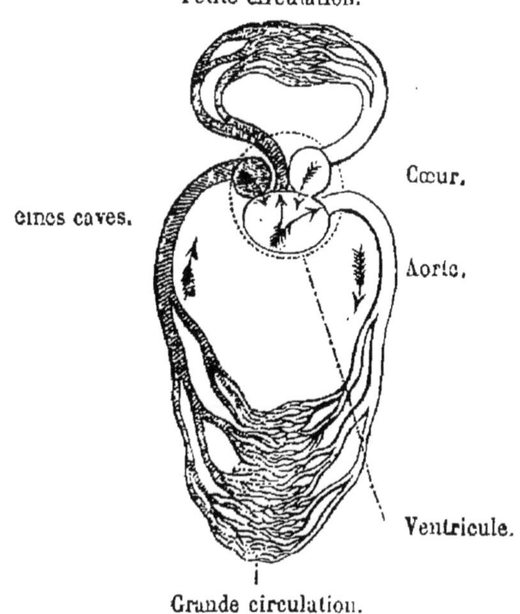

Fig. 247. Théorie de la circulation chez les reptiles.

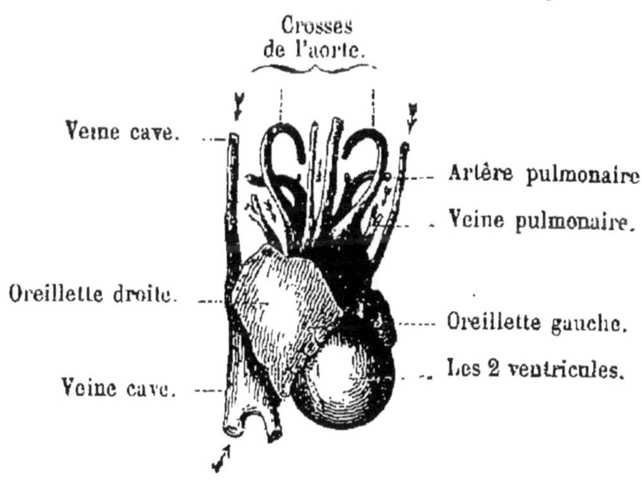

Fig. 248. Cœur de crocodile.

même dans l'âge adulte, cas dans lequel le sang noir et le sang rouge se mêlent dans le ventricule.

L'aorte d'ailleurs n'envoie le sang presque entièrement artériel qu'à la tête et aux membres antérieurs ; une branche latérale met bientôt le liquide nourricier en communication largement ouverte avec le canal artériel persistant, de sorte que la partie postérieure du corps est fournie d'un sang mélangé.

La respiration des reptiles est pulmonaire. Les poumons (fig. 249) sont formés de grandes cellules ou de cavités spongieuses qui s'étendent jusqu'à la portion postérieure de la cavité viscérale.

L'un des poumons s'atrophie souvent, et parfois même disparaît complètement.

Les grandes cellules des poumons sont des réservoirs d'air utilisés pendant l'acte très lent de la déglutition.

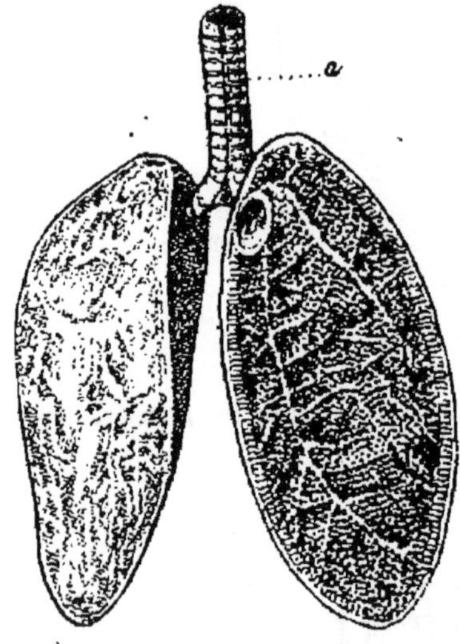

Fig. 249.
Poumon de lézard : *a*, trachée-artère; *b*, poumon droit entier; *c*, poumon gauche ouvert pour montrer la structure intérieure des parois.

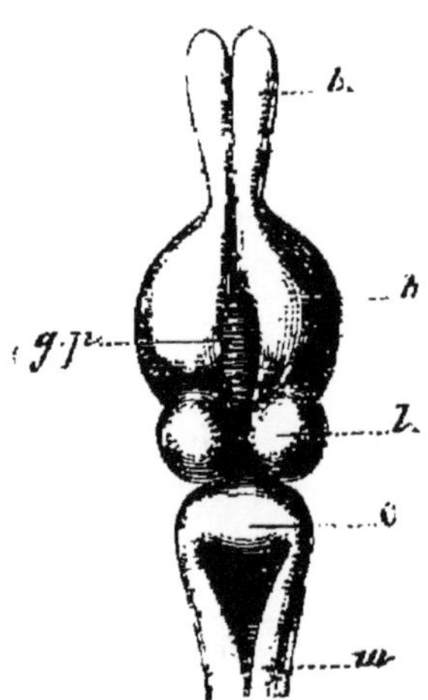

Fig. 250.
Encéphale de lézard : *b.o*, lobes olfactif ; *h*, hémisphères ; *g.p*, plande pinéale ; *l.o*, lobes optiques ; *c*, cervelet ; *m*, moelle épinière.

La lenteur de la respiration se joint chez les reptiles au mélange des sangs pour empêcher le développement d'une température propre et constante, comparable à celle des vertébrés supérieurs.

Les reptiles sont donc des animaux *à température variable,* qui subissent toutes les influences thermométriques ; cependant, dans les circonstances ordinaires, ils sont de quelques degrés plus chauds que l'air ambiant.

Plus la température extérieure est élevée, plus ils se montrent agiles. Le froid les engourdit. Aussi n'y a-t-il pas de reptiles vers les pôles.

Leur système nerveux ne diffère pas essentiellement de celui des vertébrés précédents. Cependant on remarque dans leur encéphale (fig. 250) une concentration beaucoup moins avancée. Le cerveau d'un crocodile de 3 mètres de longueur pèse seulement 6 grammes.

ORDRE DES CHÉLONIENS.

L'ordre des *chéloniens* ou des *tortues* est caractérisé avant tout

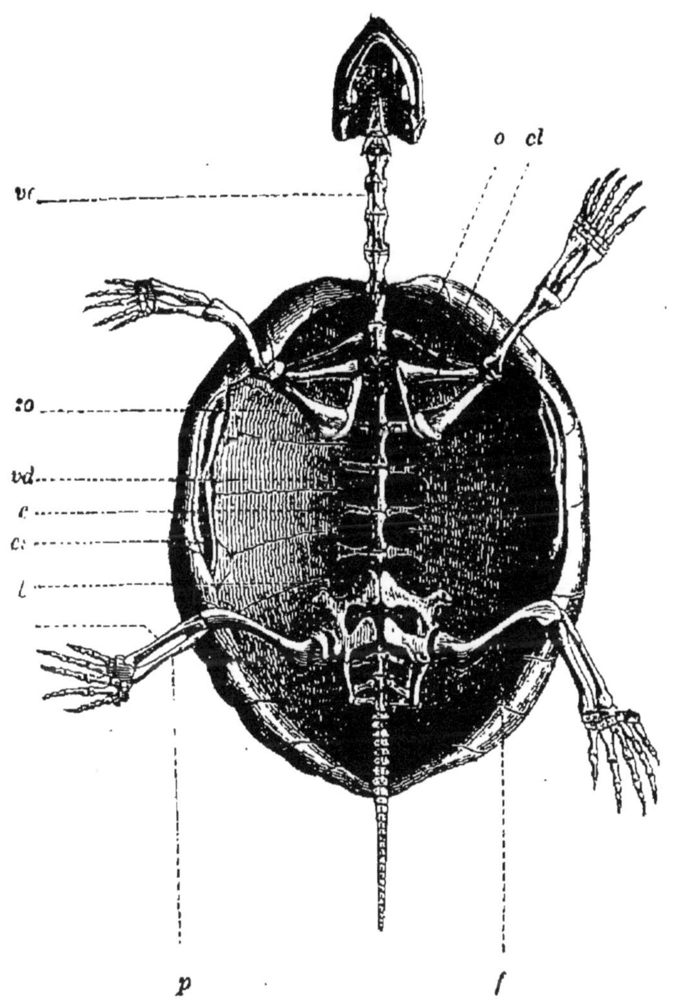

Fig. 251. Squelette de tortue : *vc*, vertèbres cervicales ; *vd*, vertèbres dorsales ; *c*, côtes ; *cs*, côtes sternales ou pièces marginales de la carapace ; *o*, omoplate ; *cl*, clavicule ; *co*, os coracoïdes ; *b*, bassin ; *f*, fémur ; *t*, tibia ; *p*, péroné.

par une *carapace solide* qui résulte de la fusion d'un *squelette cutané* avec le *squelette proprement dit* (fig. 251).

Sur la tortue de terre jeune, on distingue fort bien ces deux différents squelettes.

Chez certaines tortues marines, dites à cuir (*sphargis* ou *luths*), la carapace cutanée, qui rappelle celle du tatou, ne se joint pas aux vertèbres, et les côtes ne sont point soudées entre elles ni au sternum.

Le squelette cutané, résultant d'une sorte d'induration de l'épiderme qui passe à l'état d'*écaille*, est d'ailleurs formé de pièces juxtaposées qui ne correspondent pas aux pièces sous-jacentes du squelette osseux.

Les tortues ont quatre membres qui leur servent soit à la marche, soit à la nage. Elles n'ont pas de clavicules, mais le coracoïdien est fort développé.

Elles pondent des œufs qu'elles enfouissent dans le sable.

Elles ont le plus souvent un régime herbivore. Leur bec corné est dépourvu de dents. Les parotides sécrètent un venin spécial.

Leur habitat les a fait classer en quatre groupes différents :

Tortues : 1° terrestres, ou Chersydés ; 2° paludines, ou Émydés ; 3° fluviatiles, ou Trionychidés ; 4° marines, ou Chélonidés.

Les tortues terrestres ont des pattes tronquées et des doigts très courts, non palmés. Leur carapace est fortement bombée. Elles atteignent quelquefois des dimensions considérables. La tortue joue un grand rôle dans la cosmogonie indienne : c'est elle qui soutient dans le vide l'éléphant sacré porteur du monde ; croyance qui est à rapprocher de l'existence d'une tortue fossile dont les gigantesques débris se retrouvent dans les terrains de l'Inde.

Fig. 252. Tortue grecque.

Une certaine espèce, la *tortue grecque* (fig. 252), est très commune en Algérie.

Les *tortues paludines* se distinguent par la palmure qui réunit leurs doigts courts. Leur carapace est peu élevée. Les *émydes*, les *cistudes* se nourrissent de petits batraciens, de vers, de mollusques; la *tortue boueuse* vit dans le midi de la France. La grande tortue *matamata* prospère sous l'humide et chaud climat de la Guyane.

Les pattes des *tortues fluviatiles* sont impropres à la marche. Deux de leurs doigts sont atrophiés, de sorte qu'elles n'ont que trois ongles, d'où leur nom latin de *trionyx*. Les doigts qui soutiennent la palmure sont longs. On les désigne aussi sous le nom de *tortues molles*, parce que le pourtour de leur carapace est cartilagineux.

Fig. 255. Caret.

Les *tortues marines* sont pourvues de pattes en forme de palettes natatoires; leurs doigts, enveloppés dans une peau commune, sont complètement immobiles. Elles ne sortent de la mer que pour pondre.

La tortue franche ou *tortue verte* (ce dernier nom lui est donné à cause de la couleur de sa graisse), a plus de deux mètres de long; sa chair est très estimée, et l'on en fait un excellent potage.

Le *caret* (fig. 255) a des écailles imbriquées très grosses, qui donnent la précieuse substance du même nom. Cette tortue est carnassière, et sa chair est mauvaise.

ORDRE DES SAURIENS.

Ordinairement, les *sauriens* ont quatre membres, bien que la locomotion se fasse aussi par *reptation*.

Il en est dont le corps est semblable à celui des serpents. Tel est l'*orvet* ou *serpent de verre*.

Les mâchoires sont garnies de dents variées. Le mode de reproduction est, sauf quelques rares exceptions, l'oviparit

La peau est ou écailleuse ou nue ; dans ce dernier cas, elle est colorée par un pigment, changeant chez le caméléon.

Des genres très différents les uns des autres se répartissent en deux groupes : les *crocodiliens* et les *sauriens proprement dits.*

La bouche des crocodiles (fig. 254) est puissamment armée de

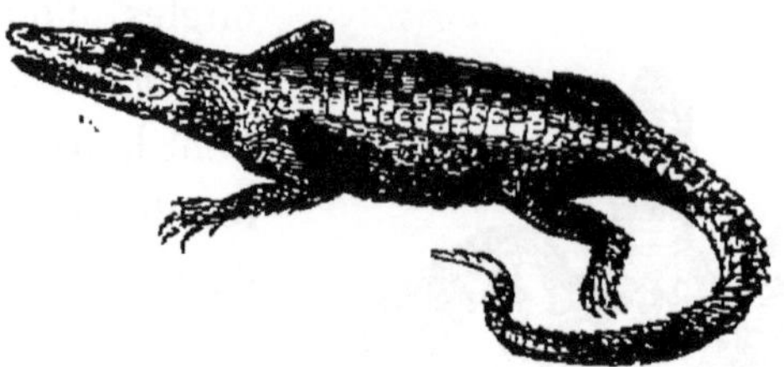

Fig. 254. Crocodile.

dents coniques ; aussi sont-ce des carnassiers très voraces, mais à terre peu agressifs, car ils sont surtout organisés pour la nage, et ils infestent toutes les rivières des pays chauds.

Le squelette des crocodiles est remarquable par le grand nombre de ses os, qui se rapproche du nombre des points d'ossification chez les vertébrés supérieurs. Ainsi, dans le crâne, l'occipital est

Fig. 255. Lézard vert.

formé de quatre os : basilaire, occipital supérieur et deux occipitaux latéraux ; l'ossification semble avoir été frappée d'arrêt.

A la suite des côtes osseuses qui forment la cage thoracique, des *cartilages costiformes* placés sous l'abdomen complètent la série des arcs squelettiques.

Les crocodiliens se répartissent en trois familles : celle des *crocodiles* spéciaux à l'Afrique et abondants dans le Nil ; celle des *gavials*, à museau plus allongé, qui pullulent dans les fleuves de l'Inde ; celle des *alligators* ou *caïmans*, qui sont américains.

Les sauriens proprement dits comprennent plusieurs familles :

1° Celle des *lézards* est la plus connue. Le lézard des murailles se montre sur les pierres des endroits peu habités dès qu'elles sont échauffées par le soleil; le *lézard vert* (fig. 255), d'une belle couleur émeraude, vit en abondance dans la forêt de Fontainebleau; le *lézard ocellé* ne se montre que dans le Midi.

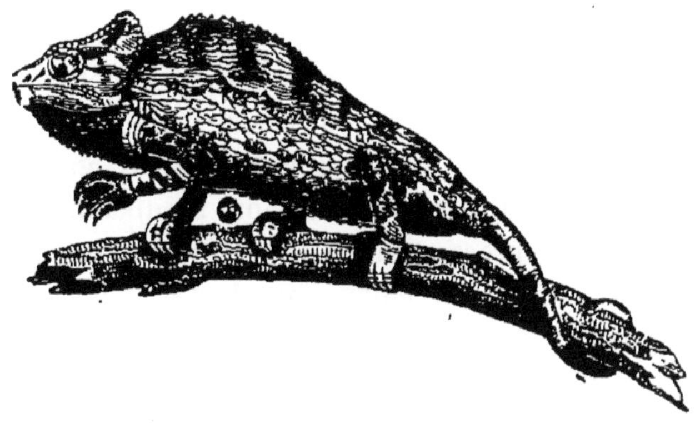

Fig. 256. Caméléon.

Tous ces animaux ont une queue très fragile, mais qui repousse assez vite. On les apprivoise facilement, et ils montrent de l'amitié pour leur maître. Ils sont fort sensibles aux charmes de la musique.

2° L'*orvet* se distingue des serpents par ses mâchoires non dilatables. En outre, bien qu'il ne possède pas de membres, il est pourvu d'un véritable bassin. On classe avec lui les *scinques*.

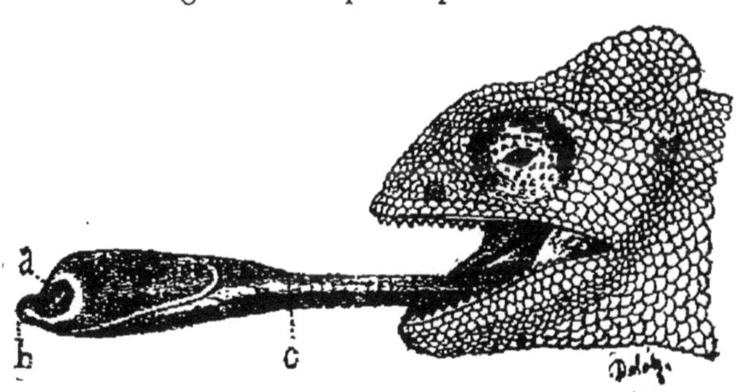

Fig. 257. La langue du caméléon projetée hors de la bouche : *a*, fossette terminale; *b*, bouton charnu; *c*, point où la langue commence à se renfler.

3° Le *caméléon* (fig. 256) est un genre très différent des précédents. Ses doigts sont réunis en deux paquets, et forment une sorte de main. Il attrape les insectes dont il se nourrit avec sa langue charnue, de constitution compliquée (fig. 257) et très extensible. Nous avons déjà signalé ses changements de couleur.

A la suite, on pourrait mentionner les deux familles des *iguanes* et des *jeckos*, qui ne sont connues que dans les régions très chaudes.

ORDRE DES OPHIDIENS.

L'ordre des *ophidiens* comprend tous les *serpents*. Leurs caractères les distinguent aisément des reptiles précédents. Leur forme est allongée et cylindrique ; ils n'ont pas de membres, et ne peuvent avancer qu'en rampant. La bouche et le pharynx, grâce à l'élasticité de la peau et à l'écartement des os, se dilatent et leur permettent d'avaler de grosses proies. Leurs dents sont nombreuses et recourbées en arrière. Leur langue fourchue est pourvue d'un fourreau d'où elle est *dardée* à chaque instant. Ils se nourrissent exclusivement d'animaux vivants. Leur peau se renouvelle sous l'épiderme, qui, à de certains moments, se fend d'un bout à l'autre, et tombe comme un manteau inutile.

Les serpents pondent des œufs qu'ils enfouissent dans le sable. La vipère fait une exception à cette règle : ce n'est que lorsque ses œufs sont éclos qu'elle les met au jour ; on la dit ovovivipare.

Les serpents sont à peu près tous terrestres ; on n'en connaît de marins qu'aux îles de la Sonde ; leur queue comprimée leur sert de nageoire.

Deux subdivisions naturelles s'établissent parmi les ophidiens. L'une se compose des *serpents non venimeux*, l'autre des *serpents venimeux*. Nos pays possèdent un exemplaire des premiers : la couleuvre, jolie bête dont la taille varie de 20 centimètres à 1 mètre. Les pays chauds en nourrissent d'autres, redoutables par leur taille : les *boas* et les *pythons*, qui ont de 8 à 9 mètres de longueur sur 30 centimètres environ de diamètre. Tous les serpents non venimeux ont des dents dont la mor-

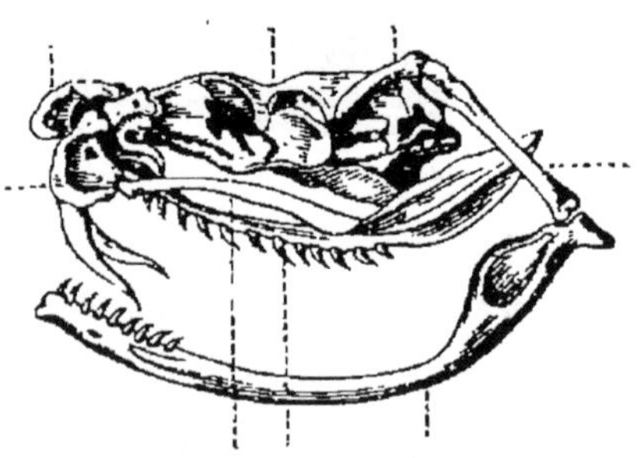

Fig. 258. Crâne de serpent venimeux.

sure est terrible, dès qu'ils ont quelque force : très nombreuses, au point de garnir quelquefois non seulement les mâchoires, mais encore les os palatins, leurs dents sont dirigées d'avant en arrière, de sorte que les efforts de la proie pour s'échapper ne tendent qu'à la faire déchirer davantage par ces crocs.

Les serpents venimeux sont caractérisés par des dents ou *crochets* (fig. 258) implantés sur leurs maxillaires supérieurs, et qui sont percés à l'intérieur d'un canal ou cannelés sur leurs bords. Ces *crochets* communiquent avec des glandes placées près des joues, qui sécrètent un venin dont les effets sont plus ou moins rapides, et qui, s'écoulant par le canal du crochet, empoisonne la morsure du serpent. Nous n'avons en Europe qu'un serpent venimeux, la *vipère*, qu'il ne faut pas confondre avec la *couleuvre*, bête inoffensive, et avec laquelle elle a quelques rapports d'aspect : elle s'en distingue par sa tête plus triangulaire et plus large en arrière, par ses pupilles, verticales et non arrondies, enfin par sa queue.

Les vipères aiment les endroits sablonneux, secs et montueux. On les rencontre en grand nombre dans la forêt de Fontainebleau. Les pays tropicaux abondent en serpents venimeux. Les *crotales* ou *serpents à sonnettes* infestent les parties chaudes de l'Amérique. Leur nom leur vient de la structure de leur queue, qui est terminée par plusieurs étuis cornés, mobiles les uns sur les autres, et qui produisent, quand l'animal remue, un bruit de crécelle qui a souvent averti le voyageur. Le *naja* ou *serpent à lunettes*, le *cobra*, le *coral*, le *flosculus* sont aussi de redoutables espèces des pays chauds. Il en est dont le poison agit avec une rapidité singulière. Ainsi, un serpent porte à la Nouvelle-Grenade le nom de *cinco minutos*, parce que sa morsure tue en cinq minutes. Le venin du *manddalanaga* a la propriété de rester à tout jamais dans le corps de ses victimes, et d'amener des sortes de taches assez semblables aux plaies de la lèpre, et qui peu à peu envahissent la peau tout entière. Plus terribles encore, la *podridora américaine* et la *kollaga manddana* de l'Inde donnent lieu à une lente gangrène, à la pourriture des chairs, d'abord autour de la blessure, puis sur une surface et à une profondeur qui vont toujours croissant,

On a essayé de bien des remèdes contre la morsure des serpents venimeux. On peut sucer la plaie (si l'on n'a pas d'écorchure à la bouche), la cautériser avec un fer rouge; dans l'Amérique du Sud on emploie les fleurs du *guaco*, un élégant arbuste. Depuis quelque temps on espère avoir trouvé l'antidote dans le permanganate de potasse. Les charmeurs de serpents de l'Inde, qui jouent avec des serpents venimeux, s'en font obéir et s'en font mordre, sans qu'on ait pu découvrir encore une supercherie, ont probablement un remède certain, mais ils en gardent le secret avec un soin jaloux.

XII

BATRACIENS

La peau des batraciens. — Leur appareil respiratoire. — Circulation. — Les têtards. — Les urodèles : axolotl et amblystome. — La salamandre terrestre. — Les anoures. — Mérites des crapauds. — Les grenouilles.

CLASSE DES BATRACIENS

Naguère les batraciens étaient réunis aux reptiles, avec lesquels ils ont, quand ils sont adultes, de nombreuses analogies. Relativement au squelette, une différence notable existe pourtant dans la possession de deux condyles occipitaux et dans l'existence constante des deux ceintures scapulaire et pelvienne. Les côtes sont rudimentaires et souvent mêmes nulles.

La peau des batraciens a un rôle respiratoire, qui permet l'ablation du poumon, sans production d'asphyxie. Cette peau visqueuse est absolument nue et pourvue de glandes qui sécrètent divers liquides dont quelques-uns, fournis par la région parotidienne, sont caustiques. Parfois les sécrétions sont si abondantes qu'elles forment un enduit protecteur, et c'est ce qui a valu à la salamandre le nom de *fille du feu*. Cette bête, qu'on avait autrefois la cruauté de mettre sur des charbons ardents pour se donner le plaisir de la voir *danser dans le feu*, jetait alors tant de viscosité qu'elle éteignait momentanément quelques étincelles autour d'elle, et ses contorsions de souffrances semblaient aux absurdes expérimentateurs des gambades de joie.

La peau n'adhère au corps par les muscles qu'en de rares endroits. En y insufflant de l'air, on gonfle de larges lacunes connues sous le nom d'espaces lymphatiques.

L'appareil respiratoire se compose, chez les adultes, de deux grands sacs pulmonaires ; chez les jeunes, de branchies, tantôt internes, tantôt externes.

Les poumons sont symétriques et à plis saillants ; ils ressemblent fort à ceux des reptiles. C'est par les parois des sacs que se fait l'hématose, de sorte que la respiration est peu active et le renouvellement de l'air très incomplet. Il n'y a pas de diaphragme distinct. Le batracien déglutit l'air comme les aliments; il n'a pas de trachée-artère.

La circulation est dans le jeune âge analogue à celle des poissons que nous décrirons plus loin.

Plus tard elle devient double. Une cloison divise le cœur en deux oreillettes, droite et gauche; mais le ventricule reste simple.

Le système nerveux comprend un cerveau très égrené et lisse, et une moelle d'où partent des nerfs nombreux facilement visibles.

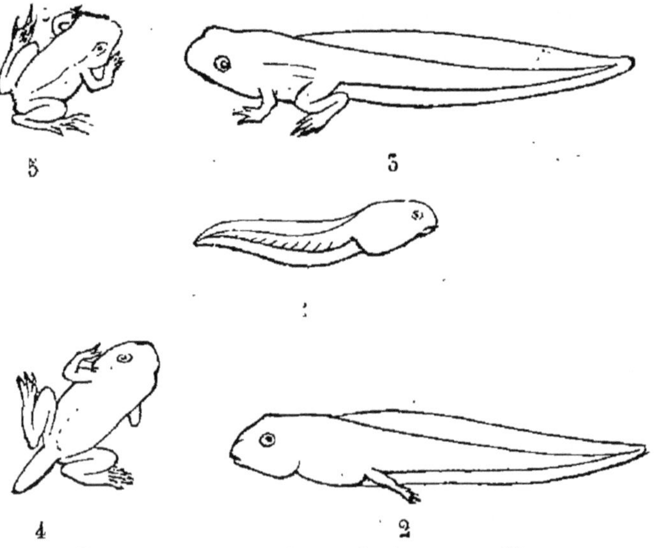

Fig. 259. Métamorphoses de la grenouille.

Le petit qui sort de l'œuf de la grenouille est bien différent de ses parents. Il s'appelle un *têtard* (fig. 259), parce qu'il paraît formé d'une grosse *tête* (qui en réalité comprend le tronc) et d'une queue. Ce têtard ne peut vivre que dans l'eau; car s'il a déjà des germes de poumons, ces organes sont tout à fait insuffisants. C'est avec des *branchies* qu'il recueille dans l'eau l'air qui lui est nécessaire. Ces branchies, constituées par du tissu vasculaire, sont déchiquetées en dents, en houppes ou *branches* supportées par un arc cartilagineux. Les vaisseaux sanguins circulent dans les branchies. Lorsque le têtard avance dans la vie, il prend des pattes; ses poumons se développent, tandis que ses branchies s'atrophient, et la *métamorphose* s'achève par la disparition de la queue. Le têtard est devenu alors la grenouille coassante ou le crapaud couvert de pustules qui vit dans l'herbe humide au voisinage des mares. Les batraciens aquatiques ne subissent qu'une métamorphose incomplète.

La présence ou l'absence de la queue a fait partager les batraciens en *urodèles* et en *anoures*.

ORDRE DES URODÈLES

Les *urodèles* ont un corps allongé terminé par une queue com-

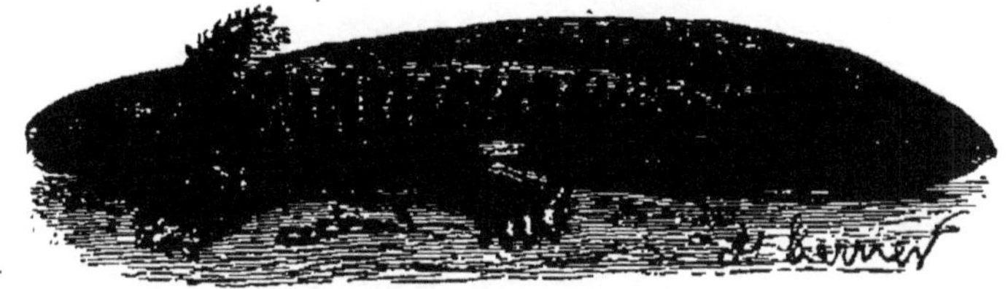

Fig. 260. Axolotl.

primée latéralement. Ce sont, à l'exception de la salamandre terrestre, des animaux aquatiques, dont certains, outre leurs poumons, ont des branchies persistantes.

Les urodèles se répartissent dans les trois familles des *salamandrines*, des *ichthyodes* et des *apodes*.

1° Le type de la première famille est la *salamandre terrestre*,

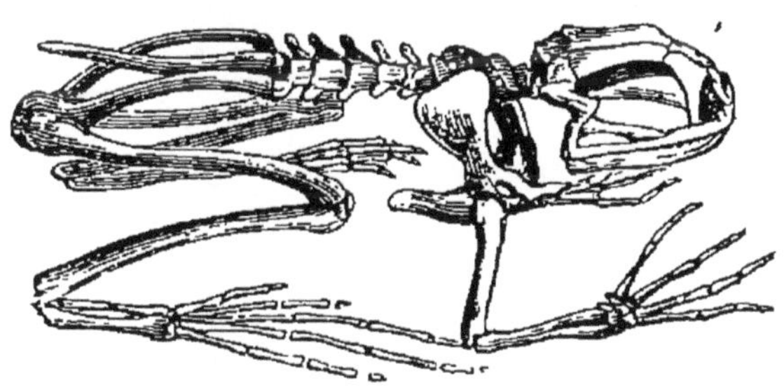

Fig. 261. Squelette de grenouille.

noire avec des taches jaunes. A côté se placent nos petits *tritons*, si abondants dans les mares des bois. Tous ont des vertèbres convexes en avant et concaves en arrière.

L'axolotl (fig. 260), batracien du Mexique, offre des caractères éminemment aquatiques. Sa métamorphose, généralement incomplète, a son dernier terme, chez des individus exceptionnels, dans l'*amblystome*, animal que, pendant bien longtemps, on a mis dans un sous-ordre différent de celui où l'on plaçait l'axolotl.

2° La famille des ichthyodes a son type dans l'*andryas*, qui existe au Japon et qui atteint parfois 1m,50 de longueur. Les débris fossiles d'un animal du même genre se rencontrent dans les terrains tertiaires de France et de Suisse.

Fig. 262. Crapaud.

On place encore parmi les ichthyodes le *protée*, qui vit dans les lacs souterrains de la Carniole et de la Dalmatie, et le *siren*, dont le corps anguilliforme ne possède que les deux pattes antérieures;

il est de la Caroline du Sud. Ces animaux ont des vertèbres biconcaves.

3° La famille des *apodes* comprend des batraciens vermiformes et sans membres, ayant des vertèbres biconcaves et des écailles comme les poissons. La *cécilie* de l'Amérique du Sud, qui compte 230 vertèbres, avait d'abord été prise pour un serpent, mais elle sort de l'œuf à l'état de vrai têtard.

ORDRE DES ANOURES

Les *batraciens anoures* subissent des métamorphoses complètes. Ils présentent une forme ramassée (fig. 261) et des membres développés qui indiquent que ces animaux ne sont pas exclusivement

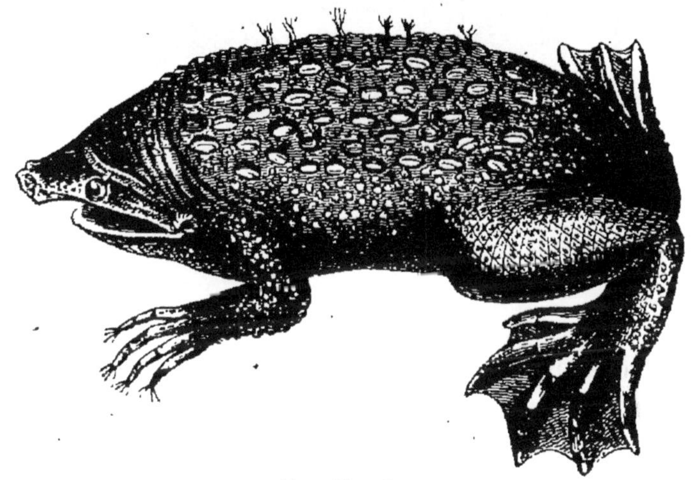

Fig. 263. Pipa.

destinés à vivre dans l'eau. Leurs vertèbres sont peu nombreuses et biconvexes ; leurs côtes sont nulles et remplacées par de longues apophyses transverses. Ils ont des organes vocaux qui produisent parfois des sons éclatants. On connaît le bruit formidable qui part d'un étang habité par des grenouilles. Le crapaud (fig. 262) a souvent une voix harmonieuse. Tel est le *crapaud sonneur*, qui pousse des sons de cloche et qui est un habile ventriloque ; sa mélodie semble venir de loin lorsqu'il crie dans une flaque d'eau toute voisine de l'observateur. Les crapauds, malgré leur laideur, sont des animaux intéressants. Ils soignent souvent leurs œufs. C'est ce que fait l'*alytes*. La femelle pond un chapelet d'œufs entourés d'une peau épaisse, qui se durcit au point de ressembler à du caoutchouc. Le mâle l'aide à mettre au jour cette masse d'œufs, qu'il enroule autour de ses jambes; puis il va, avec son fardeau, se cacher, souvent à plusieurs pieds de profondeur, dans de l'argile humide, et reste là des semaines entières, dans un trou noir, pour y faire éclore les œufs, et ne se donnant d'autre distraction que de pousser des sons très doux, semblables à ceux d'un harmonica dans le lointain. Un autre, le *pipa* (fig. 263), dépose avec précaution tous les œufs sur le dos de sa femelle; la peau se tuméfie autour,

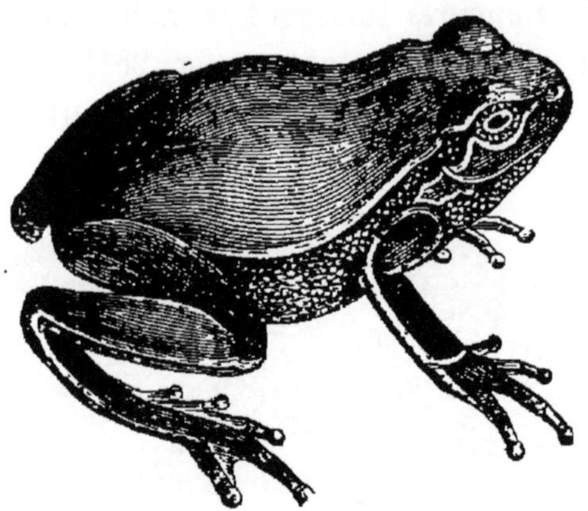

Fig. 264. Rainette.

et ils se trouvent enchâssés dans une sorte de cellule où les petits reviennent quelquefois après leur éclosion. Très carnassiers, les crapauds font une grande consommation de limaces, de larves et autres petits animaux nuisibles. Les gens intelligents, au lieu de les tuer, en achètent à la douzaine pour sauvegarder leurs jardins.

On divise les anoures en deux groupes :

Les *discodactyles*, dont les orteils se dilatent en pelottes adhésives, et qui ne comprennent guère que les *rainettes* (fig. 264) ou grenouilles d'arbres;

Les *oxydactyles*, ou anoures à doigts pointus, qui fournissent trois familles : 1° les *crapauds*, qui n'ont pas de dents; 2° les *pelobates*, comprenant l'*alyte* et le *sonneur*, qui se distinguent des précédents par la présence de dents; 3° les *grenouilles*, qui ont la peau lisse, des dents à la mâchoire supérieure et aux os palatins, et des pattes postérieures longues et favorables au saut.

XIII

LES POISSONS. — LES TUNICIERS

Habitat des poissons. — Leur forme. — Leurs organes locomoteurs. — Écailles. — Squelette et système nerveux. — Vessie natatoire. — Respiration. — Reproduction des poissons. — Euichthyes. — Cyclobranches. — Branchiostomes. — Les tuniciers. — Les ascidies. — Les salpes.

CLASSE DES POISSONS

L'organisation des poissons est réglée, avant tout, pour l'habitat aquatique : hors de l'eau, presque tous meurent vite; mais comme dans la nature il n'est pas de règle sans exception, nous voyons ceux qui sont dits labyrinthiformes (les anabas par exemple) entreprendre sur terre de véritables voyages, et même grimper sur les palmiers.

La forme la plus fréquente du poisson est la forme *en fuseau;* elle peut être aussi *cylindrique :* anguille; *sphérique :* môle, poisson-lune; *aplatie :* raie, plie.

L'aplatissement mérite une observation. Il est des poissons qui, comme les raies, semblent avoir subi une pression verticale, de haut en bas : chez eux la symétrie bilatérale subsiste toujours, tandis que sur d'autres, où la prétendue pression semble avoir été latérale et oblique, la symétrie n'existe plus. Ainsi, dans les poissons appelés pleuronectes : plies, soles, turbots, les deux yeux sont placés du même côté de la tête; l'un des flancs du corps est convexe, l'autre est plat. A la sortie de l'œuf ces poissons sont parfaitement symétriques : la dyssymétrie ne se manifeste que peu à peu.

Les organes locomoteurs des poissons se composent : d'abord ed muscles qui infléchissent la colonne vertébrale alternativement en sens contraire avec plus ou moins de rapidité, ensuite de membres qui forment les nageoires *dites paires,* c'est-à-dire les nageoires pectorales et abdominales, et qui jouent le rôle secondaire de véritables avirons; enfin les *nageoires impaires*, qui sont les principaux agents de la locomotion; on les appelle du nom de la région sur laquelle elles sont placées, *dorsale*, *caudale* et *anale*.

Ces nageoires impaires sont des replis de la peau soutenus par des rayons tantôt osseux, tantôt cartilagineux.

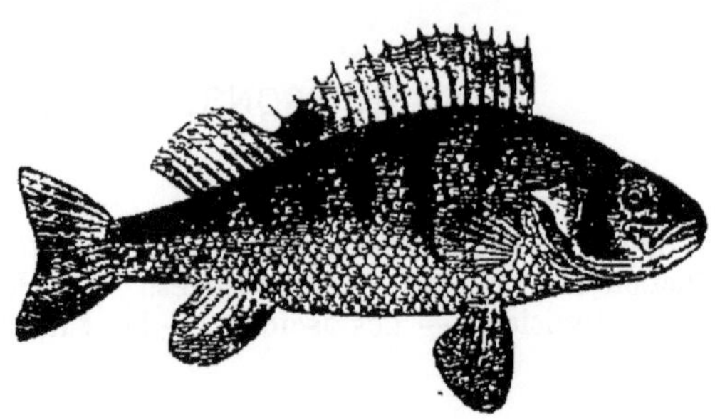

Fig. 265. Perche, comme type de poissons homocerques.

Le nombre et la forme des nageoires sont très variables; la nageoire anale est parfois nulle; la nageoire dorsale est tantôt unique, s'étendant depuis la nuque jusqu'à la nageoire caudale, tantôt divisée en deux lobes. On distingue aussi deux types de nageoires caudales d'après lesquels on divise les poissons en *poissons homocerques* et en *poissons hétérocerques*. Chez les premiers, tels que la perche (fig. 265), la queue est simple ou plus généralement bilobée, et la colonne vertébrale se termine à la nais-

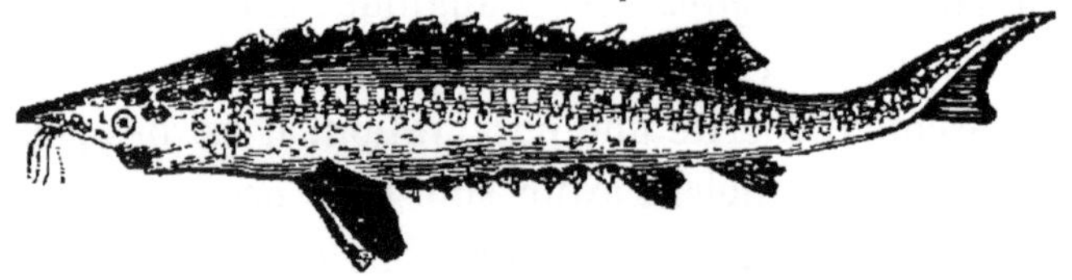

Fig. 266. Esturgeon, comme type de poissons hétérocerques.

sance de la nageoire caudale suivant une ligne qui partagerait cette nageoire en deux parties égales; chez les poissons hétérocerques, au contraire, la colonne vertébrale se prolonge jusqu'à l'extrémité de la queue, en la divisant de telle sorte que la portion située à la partie supérieure de la colonne vertébrale est presque nulle; la portion située à la partie inférieure est donc pour ainsi dire la nageoire caudale divisée en deux lobes. L'*esturgeon* (fig. 266) est un des rares poissons hétérocerques de l'époque actuelle. Pendant les anciens temps géologiques, au contraire, les poissons homocerques ont été en minorité.

La peau du poisson est recouverte de petites lamelles diversement colorées qui portent le nom d'*écailles*. Ces téguments sont produits par une papille qui s'indure, s'épaissit, perce la peau, et s'étale au dehors en ne tenant plus que par un léger pédicelle : c'est pourquoi il est si facile d'enlever à un poisson toutes ses écailles.

La forme des écailles est très variable d'une espèce à l'autre. Sur la carpe on trouve les écailles *cycloïdes* (fig. 267) ; ce sont de

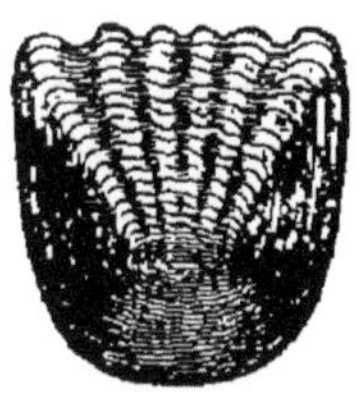

Fig. 267. Écaille cycloïde.

Fig. 268. Écaille cténoïde

Fig. 269. Boucle de la raie.

petits disques dont l'extrémité du pédicelle occupe le centre. Les écailles de la perche sont dites *cténoïdes* (fig. 268), parce qu'elles ont un bord libre ressemblant à un peigne. Les écailles *placoïdes*, qui se trouvent sur les raies, les requins, et généralement sur les poissons cartilagineux, sont formées par des masses très épaisses, au centre desquelles se trouve une sorte d'épine recourbée ; on les appelle aussi *boucles* (fig. 269). Les poissons hétérocerques

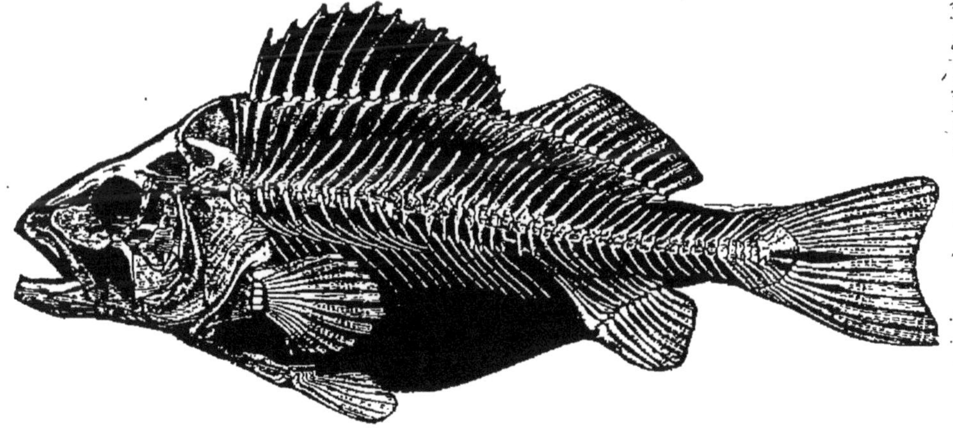

Fig. 270. Squelette de la perche.

désignés sous le nom de *ganoïdes* présentent des écailles qui sont grandes, plates et carrées, et présentent cette particularité d'être recouvertes d'émail.

Le squelette des poissons (fig. 270) est très variable. Tantôt il est osseux, et tantôt cartilagineux. Aux os proprement dits s'ajoute souvent le résultat de l'ossification de tendons; ce sont les *arêtes*. Les poissons très inférieurs, chimères, lamproie, etc., n'ont pas de côtes.

Le système nerveux est parfois fort simplifié : l'amphioxus n'a pas de cerveau distinct. Chez d'autres il se présente comme une

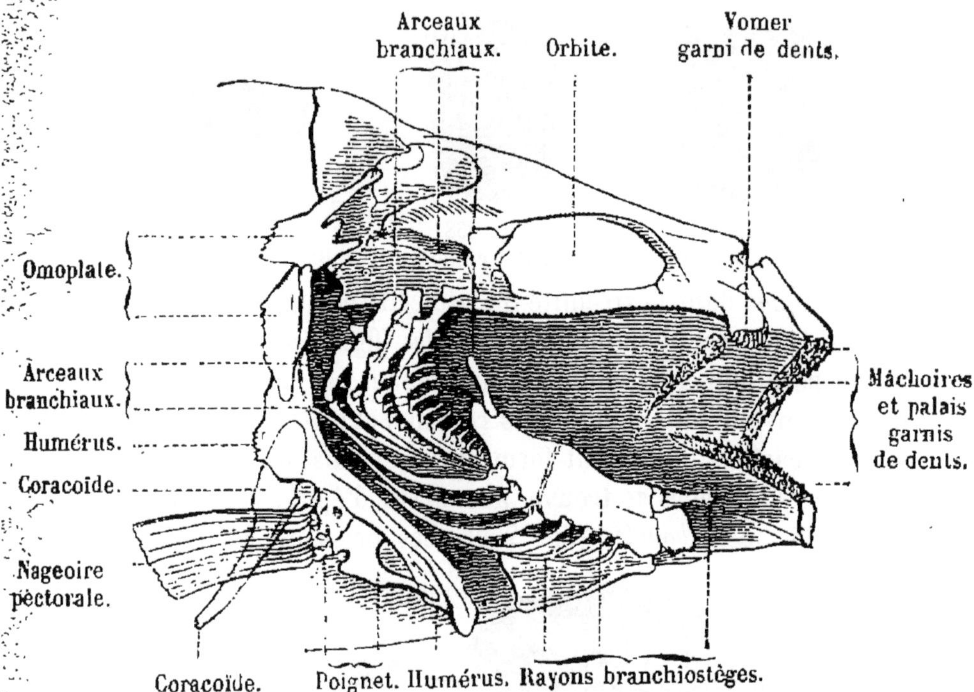

Fig. 271. Tête et appareil respiratoire d'un poisson téléostéen.

série linéaire de renflements dont chacun correspond à l'insertion d'une paire de nerfs (fig. 272).

L'appareil digestif est parfois compliqué. Signalons un prolongement du tube digestif qui donne naissance à la vessie natatoire, organe correspondant au poumon pour son mode de développement. C'est, cependant, bien moins un appareil respiratoire qu'un appareil *hydrostatique* destiné à alléger le corps du poisson. Des analyses ont démontré que le gaz renfermé dans la vessie natatoire est parfois extraordinairement riche en oxygène.

La respiration des poissons s'effectue par des branchies portées sur des axes osseux ou cartilagineux (fig. 271). Déjà nous avons décrit les branchies à propos des batraciens; nous n'avons donc pas à y revenir.

Les *dipnées* pourtant ont deux respirations, et c'est de là que vient leur nom; elles possèdent, outre leurs branchies, de véritables poumons qui leur permettent de vivre très longtemps dans le lit desséché des rivières qu'elles habitent au Sénégal.

L'amphioxe, au contraire, n'a ni poumons ni vraies branchies.

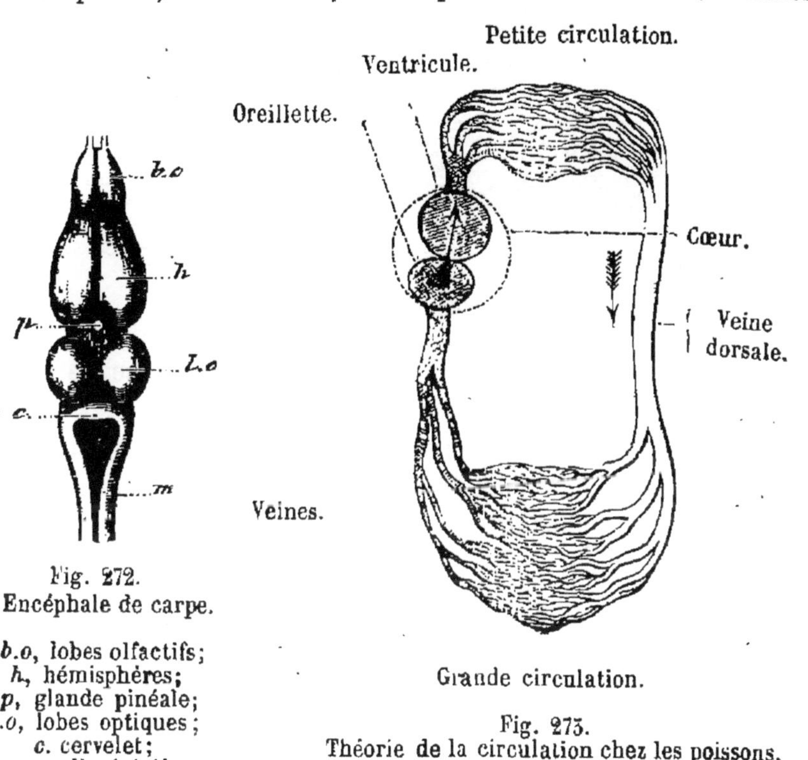

Fig. 272.
Encéphale de carpe.

b.o, lobes olfactifs;
h, hémisphères;
p, glande pinéale;
l.o, lobes optiques;
c. cervelet;
m, moelle épinière.

Fig. 273.
Théorie de la circulation chez les poissons.

La respiration se fait par l'œsophage, qui est percé de nombreuses fentes.

Cet amphioxe est toujours dans les exceptions : ainsi son sang est blanc, tandis que celui des poissons ordinaires est rouge.

Le cœur des poissons (fig. 272) a deux cavités, et il correspond au cœur droit des vertébrés supérieurs. Il possède ordinairement un bulbe artériel.

Les poissons sont presque tous ovipares, et ils déposent leur ponte dans des endroits peu profonds.

Plusieurs donnent des soins à leurs petits : les *épinoches* qui vivent en France (fig. 274), l'*arc-en-ciel*, dont la Chine est la patrie, et l'*antennarius*, qu'on ne rencontre que dans la mer des Sargasses, construisent des nids pour leur jeune famille. Le *Chro-*

Fig. 274. L'Épinoche et son nid.

mys pater-familias du lac de Tibériade, couve la sienne dans sa bouche, ce qui donne à sa figure un bien singulier aspect.

Dans ces derniers temps, on s'est livré à des pratiques fort ingénieuses qui constituent l'art de la *pisciculture*, et qui ont pour but d'assurer la multiplication des poissons et par conséquent le repeuplement des eaux.

La classe des poissons comprend, outre les vrais poissons ou *euichthyes*, les deux autres sous-classes des *cyclobranches* et des *branchiostomes* ou *leptocardiens*.

SOUS-CLASSE DES POISSONS VRAIS (EUICHTHYES).

Quatre ordres se partagent la sous-classe des euichthyes.

1er ORDRE : DIPNOÏQUES.

Déjà nous avons mentionné ces animaux à cause de leur particularité principale relative au mode de respiration, qui est à la fois pulmonaire et branchiale. On ne les connaît que depuis une cinquantaine d'années et on les a d'abord considérés comme étant des reptiles. Le genre principal est connu sous le nom de *lépidosiren*.

2me ORDRE : TÉLÉOSTÉENS OU POISSONS A SQUELETTE OSSEUX.

Les poissons osseux se subdivisent en *malacoptérygiens*, qui ont aux nageoires des rayons mous, et en *acanthoptérygiens*, dont la nageoire dorsale, soutenue par des rayons durs, est comme épineuse.

MALACOPTÉRYGIENS SUBBRANCHIAUX.

Certains malacoptérygiens ont les nageoires ventrales suspendues au-dessous des os de l'épaule : ce sont les *malacoptérygiens subbranchiaux;* exemples : la morue (fig. 276), qu'on pêche en si grande abondance à Terre-Neuve, et dont la voracité, qui n'a pas d'égale, nous sera prouvée par les singulières découvertes qu'on peut faire dans son estomac (fig. 277); et les pleuronectes : *sole, plie* (fig. 278), *turbot*, etc., qui se rangent également dans ce sous-ordre.

Fig. 276. La morue.

Fig. 277. Engins de pêche trouvés dans l'estomac d'une morue.

MALACOPTÉRYGIENS ABDOMINAUX.

Les *malacoptérygiens abdominaux* ont les nageoires ventrales situées en arrière de l'abdomen. On peut le constater sur le *saumon* (fig. 279), magnifique et délicieux poisson qui vit une partie de l'année dans la mer, l'autre dans les fleuves ; — sur la *truite*, si excellente aussi et couverte également de belles écailles d'argent ; — sur la *carpe*, célèbre par la longueur de son existence ; — sur le *brochet* (fig. 280) ; — sur le *hareng*, qui parfois forme sur nos côtes de véritables bancs ; — sur la *sardine*, autre richesse de la mer, etc.

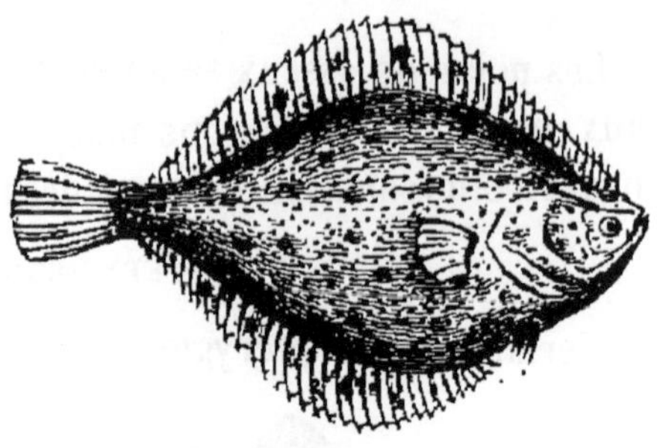

Fig. 278. Plie.

MALACOPTÉRYGIENS APODES.

Enfin, il y a des *malacoptérygiens apodes*, qui sont dépourvus de nageoires ventrales. La glissante anguille (fig. 281) en est un exemple. Le gymnote électrique est aussi à citer.

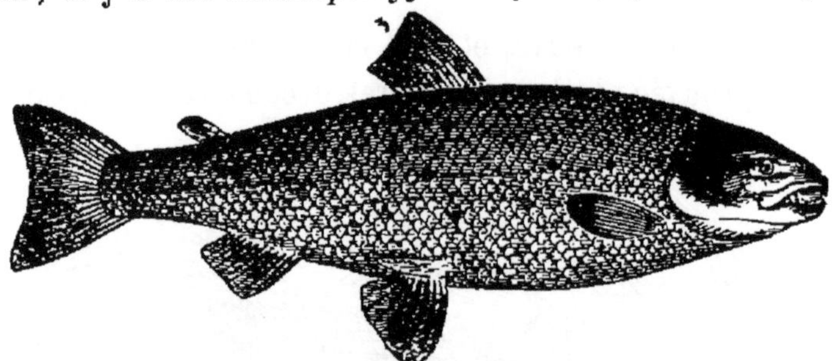

Fig. 279. Saumon.

Fig. 280. Brochet.

ACANTHOPTÉRYGIENS.

Parmi les *acanthoptérygiens*, poissons beaucoup moins nombreux que les précédents, nous citerons les *maquereaux* (fig. 282)

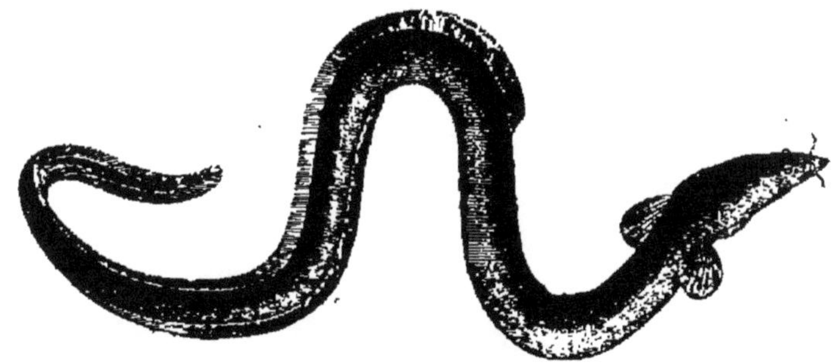

Fig. 281. Anguille.

et les *thons*. La *perche*, les *trigles*, certains poissons volants appelés

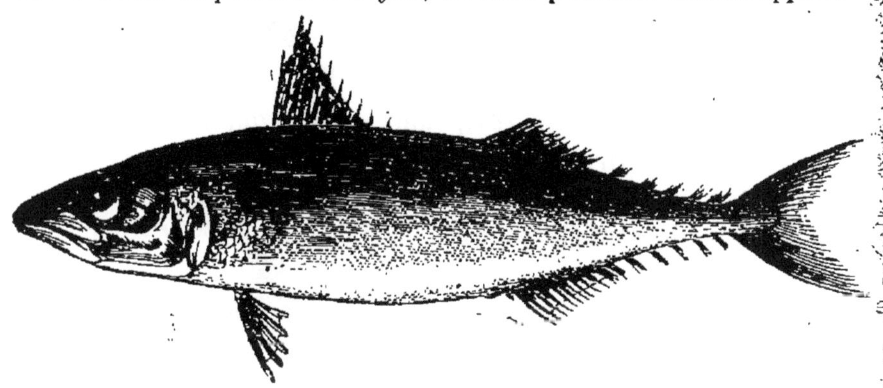

Fig. 282. Maquereau.

dactyloptères, le *chromys* déjà cité, sont aussi des acanthoptérygiens.

3me ORDRE : GANOÏDES.

Caractérisé avant tout par d'épaisses écailles où l'on distingue une couche d'émail superposée à une couche osseuse, les ganoïdes, essentiellement hétérocerques, et fort nombreux aux époques géologiques anciennes, sont réduits aujourd'hui à l'esturgeon (Voir plus haut, fig. 266), qu'on pêche surtout dans la région de la mer Caspienne et de la mer Noire. Ses œufs font la base du caviar et c'est avec sa vessie natatoire qu'on fabrique la colle de poisson.

4me ORDRE : CHONDROPTÉRYGIENS.

Les chondroptérygiens désignés aussi sous le nom de *sélaciens* ont le squelette cartilagineux : les dents seules, parfois des rayons de nageoires ou des boucles noyées dans la peau ont une consistance osseuse. Ces poissons qui sont tous hétérocerques possèdent de grandes nageoires, les unes pectorales, les autres abdominales. Nous y distinguerons trois familles.

1° La famille des *squales* comprend les chiens de mer ou roussettes, si communs sur nos côtes, et le requin.

Fig. 283. Le requin.

Le *requin* (fig. 283 et 284), dont le nom, qui vient de *requiem*, indique bien l'effroi et la désolation qu'il cause dans les mers, a une gueule dont le contour atteint six mètres.

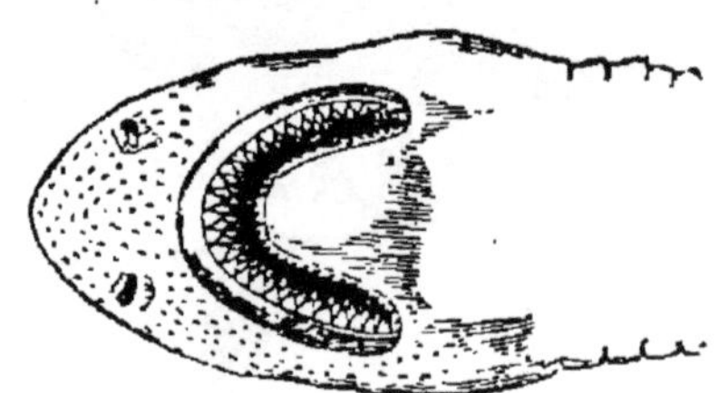

Fig. 284. Le requin. Sa tête vue en dessous, pour montrer la gueule.

2° Aux *raies* appartient la *torpille* (fig. 285) qui, avec ses décharges électriques, engourdit sa proie ou son agresseur.

3° Une dernière famille très nombreuse comprend une foule de poissons étranges de forme, tels que les *marteaux*, les *chimères*, les *scies*, etc.

SOUS-CLASSE DES CYCLOBRANCHES.

La *lamproie* (fig. 287) mérite d'être mentionnée à part à cause des singularités de son organisation, qui conduisent à en faire le type d'une sous-classe qu'elle représente presque à elle seule.

C'est un poisson vermiforme dépourvu de membres. Son squelette cartilagineux ne comprend pas de vraies vertèbres, la colonne vertébrale est remplacée par un corps cartilagineux qui la précède d'ailleurs chez tous les vertébrés, mais qui persiste ici jusqu'à l'âge adulte et qu'on désigne sous les noms de *chorde* et de *notochorde*. La lamproie respire à l'aide de 6 ou 7 paires de branchies en forme de bourse, dissimulées de chaque côté de la tête dans des cavités où l'eau pénètre par des petits trous alignés. Il

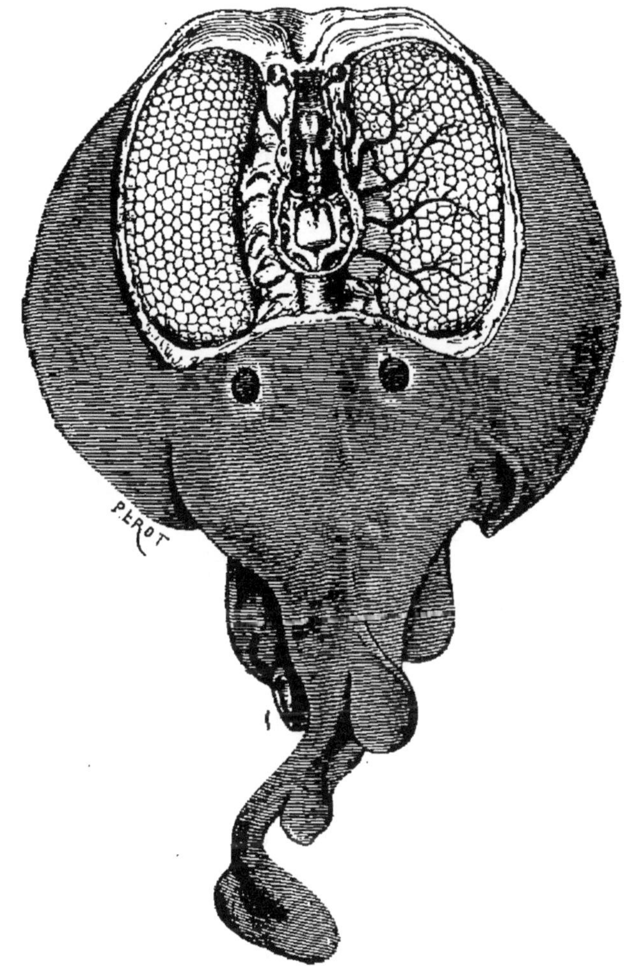

Fig. 285. Torpille.
(On a enlevé une portion des téguments pour montrer les organes électriques.)

n'y a qu'une fosse nasale et la bouche est circulaire, dépourvue de mâchoire et disposée pour sucer.

SOUS-CLASSE DES BRANCHIOSTOMES

C'est à la suite de tous ces animaux et comme dernier terme de la série des vertébrés, qu'il faut mettre l'*amphioxe* (fig. 288), dont nous venons déjà de signaler quelques particularités. Il est long de 6 centimètres ; son corps acuminé présente un rudiment de nageoire dorsale. Sa colonne vertébrale est représentée par un simple cordon gélatinoso-cartilagineux qui se rétrécit aux deux bouts.

Au-dessus de cette *corde dorsale* est un rudiment de moelle

Fig. 287. Lamproie.

épinière qui, en avant, ne donne pas lieu par son renflement à un encéphale. Rien chez cet être qui rappelle un crâne, et en ceci il est, comme vous verrez, inférieur à certains mollusques tels que le poulpe. L'œil est unique et l'on n'a pas trouvé d'organe de l'ouïe.

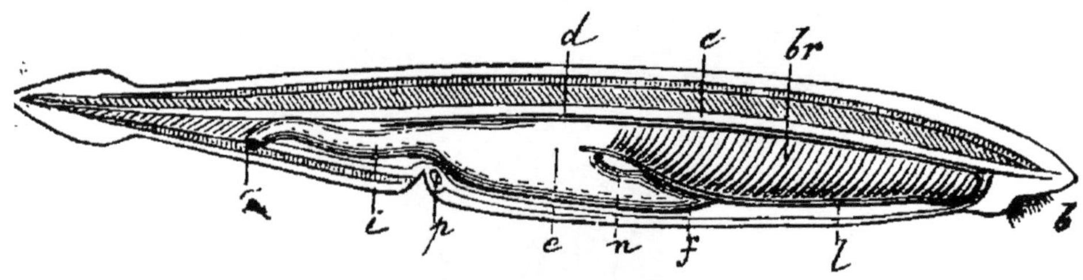

Fig. 288. L'amphioxe.

b, bouche ; *br*, fentes respiratoires ; *cd*, corde dorsale ; *e*, estomac ; *i*, intestin ; *f*, dilatation stomacale comparée au foie ; *l*, vaisseau sanguin ; *p*, pore abdominal.

D'ailleurs la tête n'est nullement séparée du reste du corps, une fente bordée de cils et dépourvue de mâchoire représente la bouche, qui s'ouvre sur un grand sac destiné à la fois à la respiration et à la digestion. On n'a pas découvert de cœur, et cet organe est simplement remplacé par des portions vasculaires contractiles. Cette disposition est analogue à celle que nous montreront les vers.

L'amphioxe n'a pas de système lymphatique et son sang ne renferme pas de globules blancs.

Une pareille réunion de caractères explique comment le grand naturaliste Pallas avait pu voir un mollusque dans ce vertébré rudimentaire et l'avait appelé *limace lancéolée*.

DEUXIÈME EMBRANCHEMENT

LES TUNICIERS

Nous devons nous borner à signaler le deuxième embranchement, relatif à des animaux qui ressemblent beaucoup à des mollusques quand ils sont adultes, mais qui, dans les premiers temps de leur vie au moins, présentent une corde dorsale comme les vertébrés. La position du système nerveux, où domine un ganglion, relativement à la cavité respiratoire et à l'intestin, est également semblable à celle que présentent les premières ébauches des centres nerveux chez les vertébrés. Le corps renferme une grande cavité générale ayant sur l'extérieur deux ouvertures dont l'une permet l'entrée de l'eau ambiante et l'autre sa sortie. La première se continue par une sorte d'œsophage dans lequel se présente un organe dit *endostyle*, sur lequel adhèrent des particules alimentaires qui sont portées au contact de la paroi stomacale. Le cœur est un tube musculaire enveloppé dans un sac membraneux et qui bat alternativement dans deux sens opposés entre lesquels il subit une courte pose : les mêmes vaisseaux sont donc alternativement veines et artères. A l'extrémité antérieure du tube digestif sont des branchies. Le nom de ces animaux leur vient de la *tunique* générale qui enveloppe leur corps et qui est composée d'une matière (tunicine) extrêmement analogue à la cellulose végétale.

CLASSE DES ASCIDIES.

Les *ascidies* sont des tuniciers en forme d'outres qui commencent par des larves en forme de têtards. Les unes sont libres, les autres agrégées en colonies plus ou moins volumineuses.

Comme type du premier groupe nous citerons la *molgule* qui, avec trois centimètres de diamètre à peu près, vit enfouie dans le sol des grèves sablonneuses. Elle agglutine autour d'elle de très petits cailloux, et ne laisse apercevoir que ses deux siphons. A la moindre alerte, l'animal se contracte et l'on n'a plus sous les yeux, suivant l'expression des pêcheurs, qu'un *œuf de sable*, qui se dissimule admirablement dans le gravier qui l'entoure.

Parmi les ascidies composées, les unes sont fixées comme le *botrylle* et les autres flottantes dans la mer comme le *pyrosome*.

Le botrylle se présente en abondance sur nos côtes à l'état d'étoiles visqueuses collées sur les algues et les pierres. Chaque rayon de l'étoile est une ascidie dont la constitution rappelle celle de la molgule ; tous les orifices branchiaux sont vers la circonférence et les orifices excréteurs vers le centre, ceux-ci s'ouvrent dans une chambre centrale surmontée d'une sorte de cheminée membraneuse par laquelle le courant d'eau efférent et les déjections diverses des individus du système arrivent au dehors. Chaque individu envoie une languette membraneuse à cette cheminée centrale, qui devient ainsi véritablement un organe commun à tous les membres de la colonie.

Le pyrosome, dont le nom signifie *corps enflammé*, est également une colonie d'individus, mais flottante et douée de la faculté de produire une phosphorescence des plus vives : un pyrosome placé dans un bocal est parfois assez lumineux pour qu'on puisse lire auprès de lui pendant la nuit. Ces animaux nagent obliquement près de la surface de l'eau en pleine mer, semblables à des manchons de cristal sur lesquels seraient taillées mille facettes miroitantes. Ces manchons parfaitement cylindriques sont fermés à une extrémité, ouverts à l'autre ; leurs parois sont constituées par une infinité d'animaux dont chacun ressemble en gros à une molgule.

CLASSE DES SALPES.

Les *salpes* sont des tuniciers nageurs ayant la forme d'un cylindre ou d'un petit tonneau. Le type est fourni par les salpes proprement dites, que l'on rencontre tantôt à l'état solitaire, tantôt en longue chaînes d'animaux agrégés : ç'a été une découverte bien imprévue que celle de Chamisso, qui trouva que ces deux formes si différentes procèdent nécessairement et alternativement l'une de l'autre. C'était le premier cas connu d'un mode de reproduction très fréquent dans la série animale et qu'on désigne sous le nom de *génération alternante*. L'individu solitaire pond une chaîne de salpes, dont chaque individu émet des œufs qui produisent des salpes solitaires. Les *tonnelets* se comportent de même, mais avec plus de complication encore, puisque les mêmes formes ne reviennent jamais qu'à la quatrième génération.

XIV

LES ARTICULÉS OU ARTHROPODES — LES INSECTES

Caractères généraux des arthropodes; leurs divisions principales. — Les insectes. — Principaux ordres d'insectes.

TROISIÈME EMBRANCHEMENT

LES ARTHROPODES

Les animaux innombrables dont se compose l'embranchement des articulés présentent des caractères qui les séparent nettement des vertébrés. Chez eux, le corps est constitué par une série de segments ou *somites* placés bout à bout et qui, sauf en ce qui concerne le premier et le dernier, se ressemblent souvent mutuellement d'une manière intime. Examinez, par exemple, un mille-pieds (fig. 289), cet animal bien connu qui affectionne les lieux sombres et humides : son corps, sauf la tête et l'extrémité tout à fait opposée, est formé de la succession de parties toutes pareilles les unes aux autres. Chacune d'elles est comme un bout de cylindre aplati limité par des lignes perpendiculaires à l'axe de la bête et portant

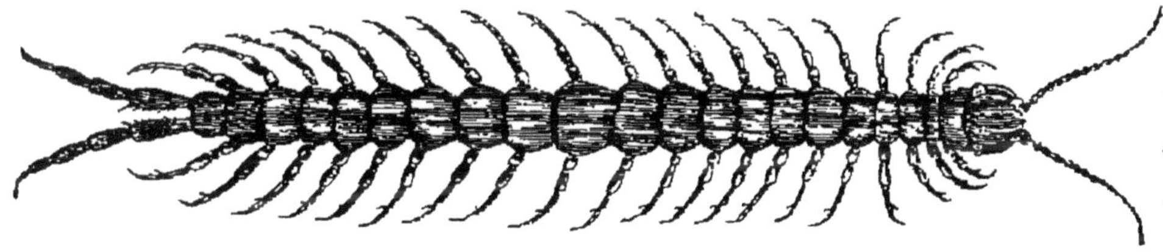

Fig. 289. Scolopendre.

des pattes ; de façon que si sur un animal mort on séparait ces articles, il serait très difficile ensuite et peut-être impossible de retrouver dans quel ordre ils se suivaient.

Mais, comme si cette division en articles ne suffisait pas, il se trouve que les pattes elles-mêmes sont constituées aussi par des petits segments reliés bout à bout.

C'est cette dernière circonstance qu'on a voulu rappeler par le nom d'*arthropodes* imposé à tous les animaux qui vont nous occuper, et qui littéralement signifie : *pieds articulés*.

En résumé nous comprendrons dans l'embranchement des articulés ou arthropodes tous les animaux dont le corps est divisé en articles successifs et qui possèdent des pattes également articulées.

Comme vous pouvez le remarquer en regardant simplement les êtres qui nous entourent, les arthropodes sont très variés : le hanneton, les papillons, les crevettes, le scorpion, les araignées présentent les caractères qui viennent d'être indiqués. Il nous sera facile tout à l'heure de distinguer des types fort différents les uns des autres parmi ces longues séries. Mais auparavant, il importe de bien savoir que les arthropodes jouissent d'un nombre assez grand de caractères communs. Il faut en citer quelques-uns afin de n'avoir plus à nous y arrêter plus loin.

La présence d'organes locomoteurs est constante [1], comme nous l'avons déjà dit, et cette constance contraste avec la variété extrême des modes de locomotion adoptés par les arthropodes. Les uns marchent sur la terre (le carabe, les araignées, le cloporte) ou sur l'eau (le girin, la ranatre) ; d'autres rampent sur le sol comme le mille-pieds ; il en est qui grimpent à la façon des termites, ou qui sautent comme les criquets. La courtilière fouit la terre ; l'écrevisse, le ditisque nagent ; tous les papillons et beaucoup d'autres insectes volent à travers les airs.

Dans tous les cas, la locomotion a lieu par le moyen de muscles fixés à des parties dures correspondant aux pièces du squelette des vertébrés, et développe une force mécanique que l'on serait loin de prévoir. M. Félix Plateau, savant naturaliste belge, a entrepris des

1. Il faut cependant, pour être tout à fait exact, faire quelques exceptions, par exemple pour des crustacés fixés comme les balanes et les anatifes.

expériences très ingénieuses démontrant l'énergie musculaire des insectes. Ces recherches ont établi tout d'abord que la puissance musculaire des insectes est en raison inverse de leur taille. En second lieu, on a reconnu qu'un hanneton peut traîner une charge égale à 14 fois son poids, et une abeille un poids 20 fois égal au sien.

Il existe chez l'arthropode d'intéressants indices de squelette. On trouve par exemple, dans la patte de l'écrevisse ou du homard, une vraie charpente cartilagineuse, et dans les mêmes crustacés des cloisons qui séparent des chambres viscérales et qu'on appelle des *sternum*. Toutefois ce qui conserve sa forme à l'animal c'est la portion la plus superficielle de son corps. Celle-ci se trouve donc être à la fois la peau et le squelette, c'est-à-dire qu'elle présente une importance bien grande.

Vous savez comment, chez certains arthropodes tels que la langouste, la peau, parfois recouverte de piquants, acquiert une épaisseur et une solidité extrêmes. Dans d'autres animaux, tels que les araignées et beaucoup d'insectes, elle est bien moins résistante. Dans tous les cas elle est constituée en majeure partie par une substance coriace spéciale dont les chimistes ont déterminé la composition, et qu'on appelle *chitine*, d'un mot grec signifiant *cuirasse*.

Cette peau, composée de deux couches dont l'extérieure est la plus solide, se prête mal aux accroissements de volume de l'animal qu'elle renferme ; aussi dans beaucoup de cas tombe-t-elle à différentes époques, laissant pendant ce temps la bête sans protection. On connaît bien ce fait chez l'écrevisse et chez les crabes qui *muent*, comme on dit, et qui, sortis de la peau devenue trop étroite avant le durcissement de leur nouvelle enveloppe, présentent une mollesse qui contraste avec leur consistance normale.

La peau des arthropodes est composée de pièces dont chacune recouvre un des articles du corps ou des pattes. Ces anneaux sont reliés les uns aux autres par des portions membraneuses qui permettent leur mouvement relatif. C'est à leur face interne que sont fixés les muscles composés de fibres striés et dont la disposition est dans chaque région en rapport avec les mouvements à réaliser.

L'indépendance relative des articles tient à ce qu'ordinairement ceux-ci sont vraiment des organismes complets se répétant presque exactement de la tête jusqu'à la queue. En étudiant des animaux suffisamment jeunes, on trouve que les anneaux y sont réellement semblables entre eux; mais les progrès du développement ont souvent pour effet soit d'en souder plusieurs ensemble, soit d'en atrophier d'autres, en partie ou complètement. Ainsi, chez l'écrevisse, chaque anneau porte normalement une paire d'appendices mobiles et contient des organes appartenant à tous les systèmes physiologiques. On y trouve en effet un centre nerveux ou ganglion d'où irradient des fibres nerveuses, une portion de l'appareil digestif, une portion de l'appareil circulatoire, une portion de l'appareil respiratoire. Cependant certains anneaux se sont développés aux dépens des autres de façon que toute la *carapace* appartient seulement à l'un de ses articles. D'un autre côté, les appendices mobiles des segments ne sont pas identiques entre eux et leur variation chez l'écrevisse est très intéressante : d'abord, c'est-à-dire à la partie tout à fait antérieure de la tête, ce sont des sortes de bosses terminées par les yeux; viennent ensuite les antennules, puis les antennes, longs filaments dont l'animal se sert quoique bon voyant, à peu près comme fait un aveugle de son bâton, palpant tous les objets qui sont à sa portée. Les anneaux suivants portent des palpes mandibulaires, des mâchoires proprement dites, des pattes mâchoires ; puis les pattes locomotrices, puis les fausses pattes auxquelles sont fixés les œufs à l'époque du *frai;* puis la nageoire caudale; et l'écrevisse a ainsi vingt et un articles, dont chacun, sauf le dernier, porte sa paire d'appendice propre à telle ou telle fonction suivant la région du corps où il se trouve.

Si l'on fait dans la région moyenne d'un arthropode une section perpendiculaire à l'axe, on constate dans la position relative des organes les plus essentiels un contraste parfait avec ce que présentent les vertébrés. Au lieu d'avoir comme ceux-ci le système nerveux dans le dos et les viscères digestifs et circulatoires dans la région antérieure, on y trouve le cœur sous forme d'un gros vaisseau dorsal, tandis qu'*au-dessous de lui*, c'est-à-dire vers le ventre, sont le tube digestif et le cordon nerveux. Cette disposition avait conduit Étienne Geoffroy-Saint-Hilaire à dire que l'*arthropode est un vertébré renversé.*

Le système circulatoire des articulés (fig. 290) est bien moins compliqué que celui des vertébrés. Outre le cœur ou vaisseau dorsal, qui par exception prend chez l'écrevisse et les animaux analogues la forme d'une poche contractile, ce système ne comprend que des artères de plus en plus ramifiées. Quant aux veines, elles n'existent pas et sont remplacées par des systèmes de vides ou *lacunes* situés entre les organes et grâce auxquels le sang revient jusqu'au cœur. On trouve même des arthropodes (cyclopes, etc.) où il n'y a plus de cœur proprement dit. Certains organes, comme les intestins, sont animés d'un mouvement rythmique qui agit sur le sang pour déterminer une vraie circulation. Quant au sang, il est bien différent de ce que nous avons vu précédemment. C'est un liquide renfermant des globules relativement fort peu abondants et qui sont généralement irréguliers, dans leur forme (fig. 291) et tout à fait incolores. Ils bleuissent cependant à l'air et contiennent une matière bleue dite *hémocyanine* en même temps qu'une substance rose moins abondante.

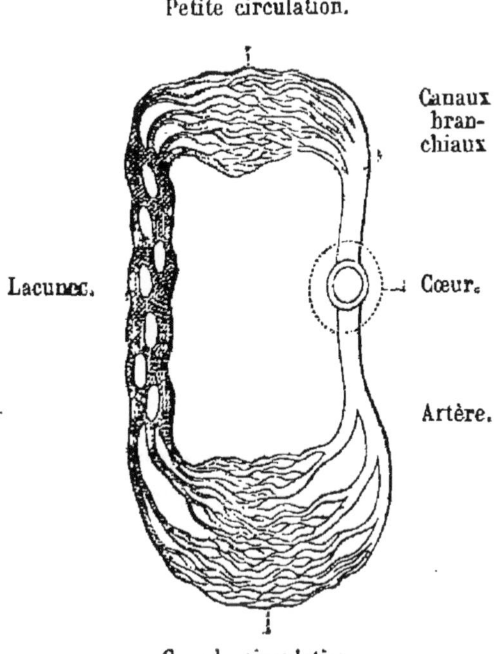

Fig. 290.
Théorie de la circulation chez les crustacés.

En ce qui concerne la fonction respiratoire, les arthropodes sont loin de se comporter tous de la même manière. Les uns ont des branchies comme les crustacés (fig. 292) et quelques autres (scorpion et certaines araignées) des poumons; mais le plus grand nombre disposent d'un appareil que nous n'avons pas eu l'occasion de décrire encore et qu'on appelle *trachée* (fig. 293).

Les trachées sont des tubes qui, à l'inverse des autres vaisseaux

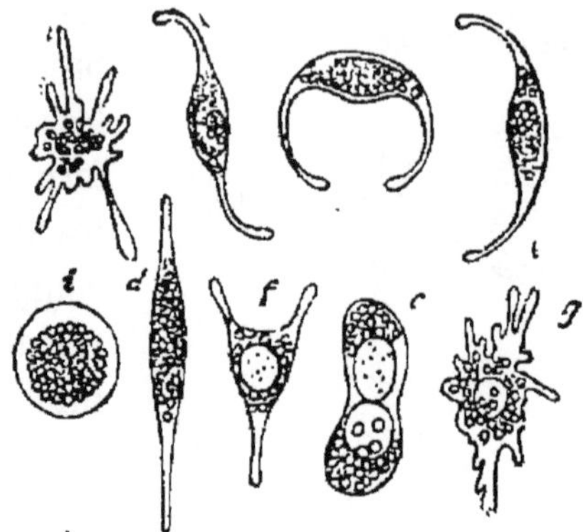

Fig. 291. Globules sanguins de l'écrevisse.

de l'organisme, sont vides de liquide et viennent communiquer avec l'atmosphère par des petits pores ou *stigmates* ouverts dans chaque

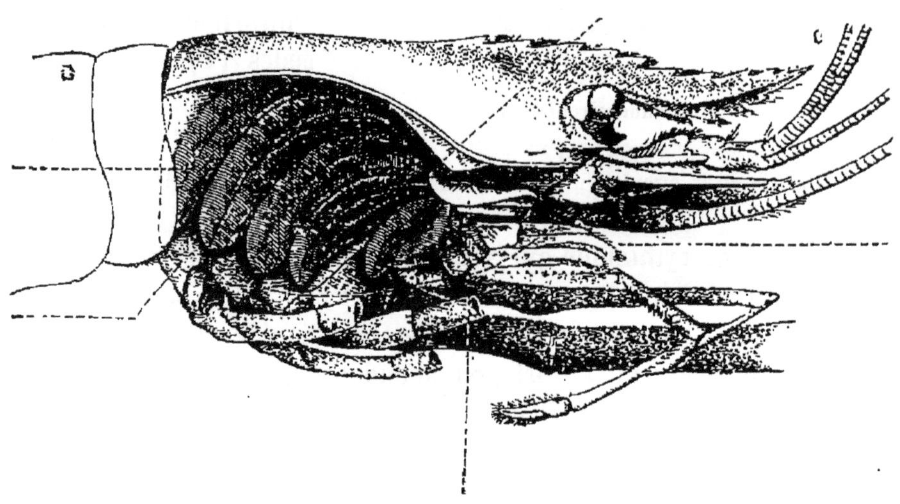

Fig. 292. Chambre branchiale d'une crevette.

anneau des deux côtés du corps. Parfois ces canaux, formés d'un tissu élastique qui les empêche de s'aplatir sur eux-mêmes et de se fermer ainsi, présentent de distance en distance de petites ampoules qui sont comme des magasins d'air. Grâce aux trachées, l'air vient dans toutes les parties du corps au contact du sang, tandis que les poumons ou les branchies supposent que le sang

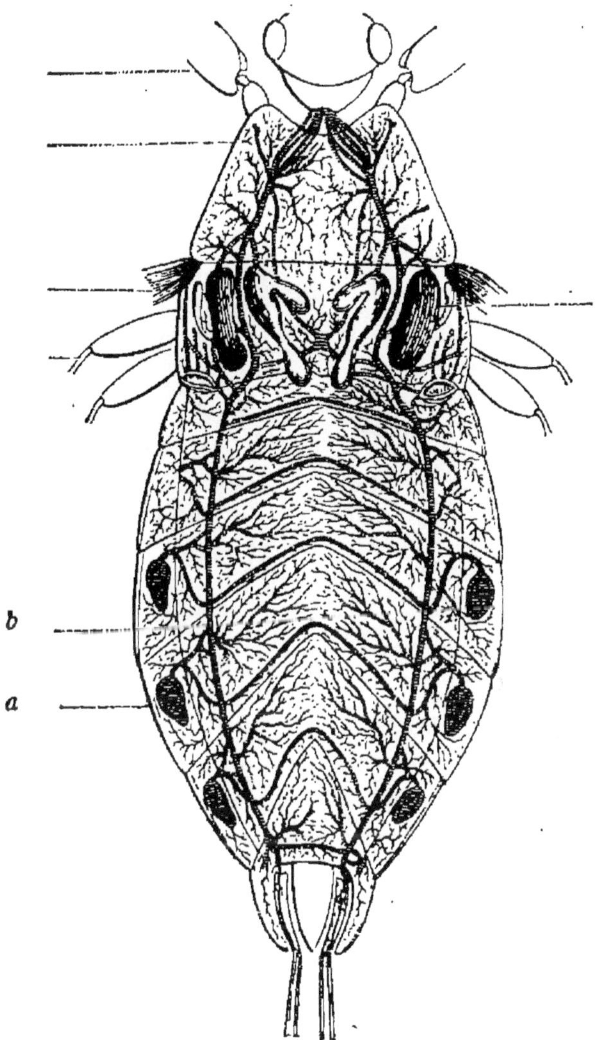

Fig. 293. Appareil respiratoire d'un insecte : *a*, stigmate ; *b*, trachées ; *c*, vésicules aériennes.

vient au contact de l'air : et il en résulte qu'avec les trachées la circulation peut être beaucoup moins active.

Comme l'articulé n'a pas de côtes, il ne respire pas comme le vertébré. Le mouvement respiratoire est produit soit par l'allongement et le raccourcissement alternatifs du corps, soit par le rapprochement et l'écartement, reproduit successivement, des arceaux qui composent les anneaux. Les enfants ont tous remarqué ces mouvements chez le hanneton qui va prendre son vol et qui, selon une expression populaire, *compte ses écus*. Certains arthropodes,

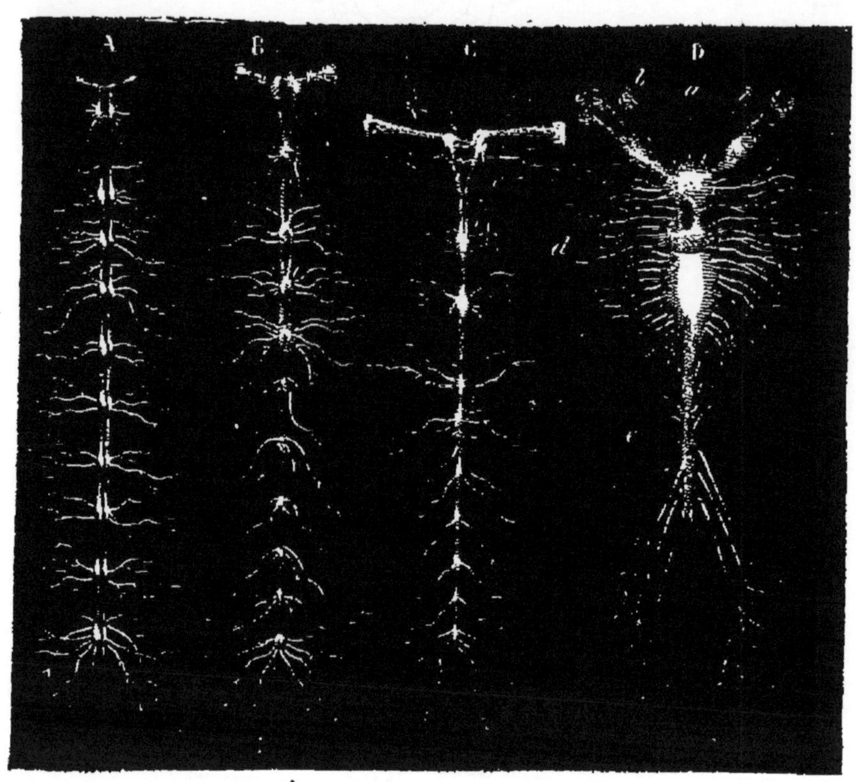

Fig. 294. Système nerveux des insectes.
A, forficule (perce-oreille); B, sauterelle; C, lucane cerf-volant; D, punaise des bois. — *a*, ganglions cérébroïdes soudés; *b c*, nerfs des yeux; *d*, ganglions thoraciques; *e*, ganglions abdominaux.

l'abeille par exemple, ont cependant une respiration très active.

Le système nerveux (fig. 294) est en général représenté par une double chaine ventrale plus ou moins confondue en une seule de ganglions nerveux reliés entre eux par des cordons longitudinaux. Normalement, il y a, comme nous l'avons déjà dit, une paire de ganglions par anneau. Dans la tête, le ganglion qui existe dans la moitié supérieure du corps et peut être comparé au cerveau, porte au-dessous de lui un anneau par lequel passe le tube alimentaire. Le *collier œsophagien*, comme on dit, relie le ganglion céphalique à la chaîne ventrale.

Outre ce système nerveux central, on connaît chez les arthropodes un autre système qu'on a rapproché du sympathique des vertébrés, mais qu'il nous suffira ici d'avoir mentionné.

L'étude des sens chez les articulés a fourni des résultats fort curieux ; nous y reviendrons à propos des diverses classes.

Ces caractères généraux une fois énumérés, vous serez étonnés du nombre considérable d'arthropodes qui existent dans la nature, et tout d'abord vous reconnaîtrez que des types évidemment fort divers doivent être séparés les uns des autres.

En effet, si le hanneton, les araignées, le cloporte ont comme le mille-pieds le corps et les pattes formés d'articles successifs, ils présentent cependant un aspect et une structure générale qui ne sont pas moins éloquents que leur genre de vie pour justifier des coupures de premier ordre.

Les savants qui se sont occupés spécialement des arthropodes y admettent en effet les quatre classes des *insectes*, des *myriapodes*, des *arachnides* et des *crustacés*.

Examinons ici successivement les points les plus saillants de chacune d'elles.

CLASSE DES INSECTES

Il est toute une catégorie d'arthropodes reconnaissables au premier coup d'œil par des caractères très saillants. Leur corps présente nettement trois régions successives (fig. 295) : la *tête*, qui porte la bouche, les yeux et des organes spéciaux dits antennes ; un *thorax* ou corselet où sont attachées trois paires de pattes et quelquefois une ou même deux paires d'ailes ; enfin un *abdomen* plus ou moins long, dépourvu de membres et nettement divisé en anneaux.

Le thorax se décompose en *prothorax*, *mésothorax* et *métathorax*.

Tous les animaux qui répondent à cette description sont appelés des *insectes*.

Bien que les insectes des naturalistes actuels ne représentent

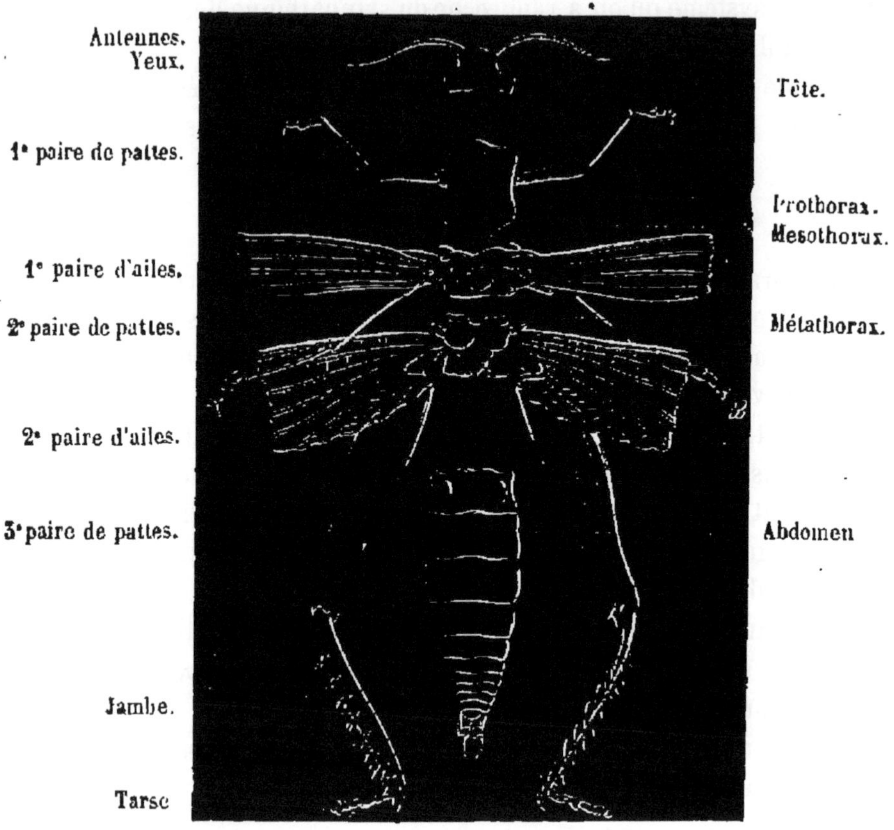

Fig. 295. Constitution générale du corps d'un insecte.

qu'une très faible fraction des êtres réunis jadis sous ce nom, ils constituent encore un ensemble des plus considérables, dont l'étude nous touche de diverses manières, au point que l'*entomologie* ou science des insectes a ses journaux spéciaux et ses sociétés savantes spéciales, et qu'on organise périodiquement dans un grand nombre de villes des expositions exclusivement entomologiques.

Le tout est d'ailleurs pleinement justifié par ce fait que nous avons à compter avec les insectes à chaque instant et dans les circonstances les plus variées.

Les uns sont extrêmement utiles, au point qu'ils contribuent parfois à la richesse des nations; d'autres, au contraire, sont si nuisibles qu'ils déterminent la ruine de régions tout entières. Le ver à soie, le phylloxéra, peuvent être pris comme types de ces deux catégories si différentes.

Dans chacune d'elles le nombre des insectes est immense et des légions viennent s'ajouter à elles, dont les rapports avec nous sont indéterminés, de sorte qu'on peut dire que les insectes, à eux seuls, constituent un monde.

Il est donc indispensable, pour les étudier, de les classer, et pour cela on a eu égard à des considérations dont il est nécessaire de dire un mot tout d'abord.

Ainsi on constate que, malgré une unité remarquable de constitution essentielle, la bouche des insectes présente, d'un type à l'autre, des variations considérables. Tandis que chez le carabe doré elle est armée de deux fortes mâchoires mobiles latéralement comme les lames d'une cisaille, chez les papillons elle affecte la forme d'une trompe. Il y a dans ce caractère les éléments d'une grande coupure de la classe des insectes, dont les ordres se répartiront en *broyeurs* et en *suceurs*.

Pour aller plus loin, il faut considérer les *métamorphoses*. Les insectes sortent d'un *œuf* qui éclôt un temps plus ou moins long après la ponte; et à la sortie de l'œuf ils n'ont jamais leur forme définitive. Au lieu d'avoir des ailes comme les papillons ou les libellules, ils affectent tout d'abord une forme de ver ou de chenille que vous connaissez bien et que l'on appelle l'état de *larve* ou de *pupe*. Les larves subissent parfois des *mues* plus ou moins nombreuses, à chacune desquelles elles s'engourdissent et changent de peau. On s'est assuré récemment que lors des mues et durant l'engourdissement dont il s'agit, les larves perdent momentanément l'organisation dont elles jouissaient. Leurs tissus disparaissent et leur ensemble retourne à un état tout à fait comparable à celui de l'œuf. De sorte que leur histoire apparait comme celle d'un œuf qui de temps en temps prendrait la forme d'un animal proprement dit pour pouvoir aller au dehors chercher un complément d'approvisionnement grâce auquel il pourrait poursuivre plus avant la série de ses développements. Quoi qu'il en soit, à un moment donné, la larve s'enferme dans une *coque* ou *cocon* où elle est à l'état de *nymphe* et d'où elle sort sous la forme d'*insecte parfait*.

Cette succession de phénomènes se présente, par exemple, chez le ver à soie, papillon qu'il vous sera aisé d'étudier de très près, en l'élevant dans une petite boîte.

Mais il est un nombre assez grand d'insectes qui n'ont pas de *métamorphoses complètes* comme celles que nous venons de décrire. Par exemple chez les sauterelles, dont la bouche est propre à broyer, chez les punaises des bois, qui ont une trompe, on ne trouve pas les trois états types de larve, de nymphe et d'insecte parfait. Leurs larves ont déjà, à quelques détails près, la forme définitive.

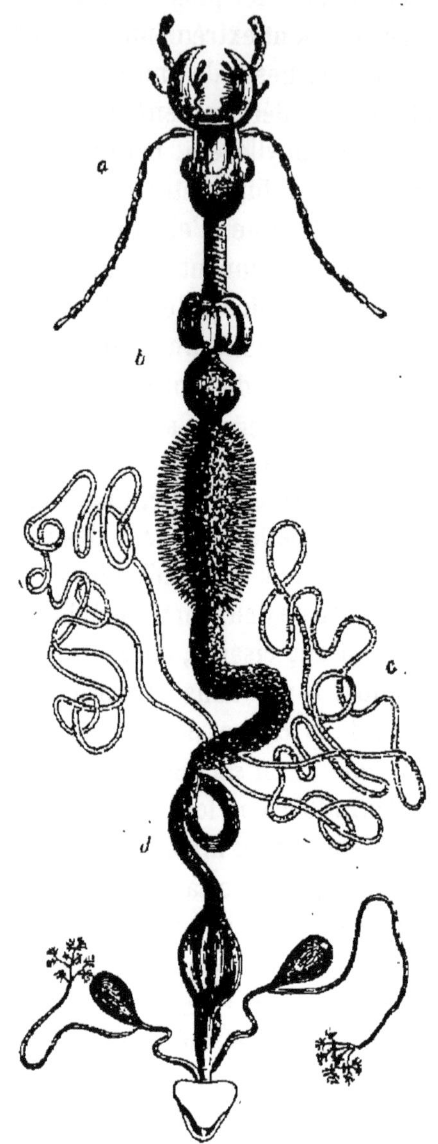

Fig. 296. Appareil digestif d'un insecte : *a*, la tête; *b*, jabot, gésier et vésicule chylifique; *c*, vaisseaux biliaires; *d*, intestin; *e*, organe excréteur.

De là une nouvelle distinction à faire et qui est fort importante, entre les insectes à métamorphoses complètes et ceux à métamorphoses incomplètes.

Enfin, dans les quatre catégories de broyeurs à métamorphoses complètes, broyeurs à métamorphoses incomplètes, suceurs à métamorphoses complètes et suceurs à métamorphoses incomplètes, on institue des ordres d'après la disposition ou le nombre des ailes.

Les généralités qui précèdent sur les arthropodes nous dispensent d'entrer maintenant dans beaucoup de détails à l'égard des insectes. Pour ce qui concerne leur circulation et leur respiration qui est trachéenne, nous n'avons rien à ajouter. Leur appareil digestif (fig. 296) est très complexe, comprenant un œsophage, un estomac multiple, un intestin et des glandes accessoires correspondant plus ou moins exactement au foie et au pancréas des animaux supérieurs.

En général, les organes des sens sont bien développés, et vous

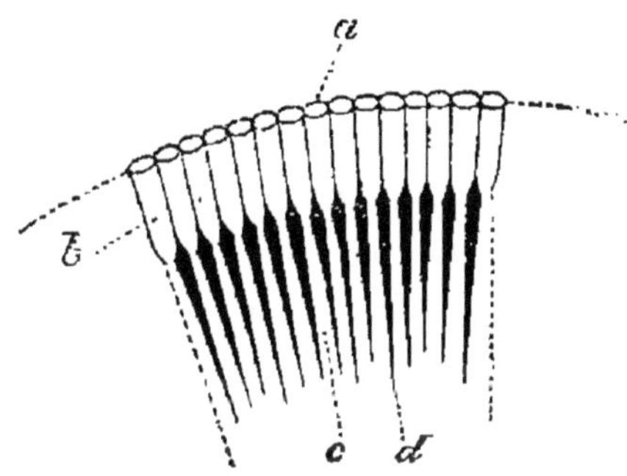

Fig. 297. Yeux composés des insectes : *a*, facette de la cornée; *b*, cones transparents; *c*, fibres du nerf optique; *d*, pigment qui les sépare.

avez vu comment est disposé le système nerveux. Le toucher paraît s'exercer surtout par les antennes. Les yeux sont ordinairement de deux sortes : à côté de petits yeux simples et lisses, peu nombreux et difficiles à observer, il existe des yeux composés (fig. 297) faciles à voir, par exemple, chez la mouche commune.

Les ordres d'insectes sont au nombre de sept principaux. Nous allons les passer rapidement en revue.

ORDRE DES COLÉOPTÈRES.

Le nom de l'ordre des coléoptères rappelle que les insectes dont il est composé possèdent deux ailes très résistantes, des *élytres* constituant un fourreau protecteur pour deux autres ailes membraneuses propres au vol. A l'état de repos, les ailes membraneuses sont repliées sous les élytres, et il arrive dans certains cas, comme celui du *carabe* (fig. 298), que les ailes membraneuses étant atrophiées, le vol n'est pas possible.

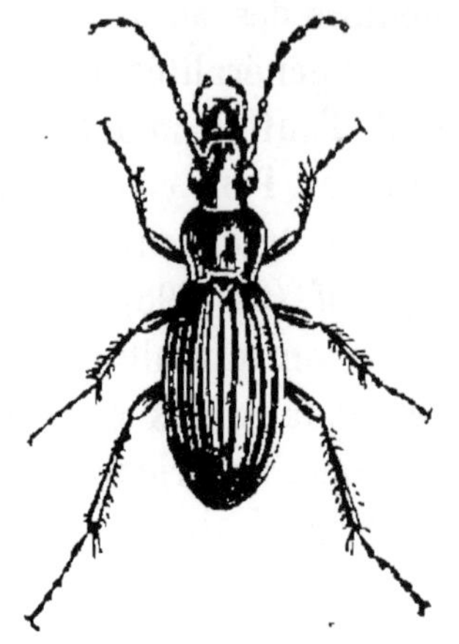

Fig. 298. Carabe doré

Les coléoptères sont en nombre très considérable et se répartissent en familles dans le détail desquelles nous ne pouvons évidemment pas entrer. Il suffira ici de décrire quelques types remarquables soit par l'organisation, soit par les services qu'ils nous rendent ou le tort qu'ils nous causent.

Tout d'abord, avec quelque attention, on peut remarquer que l'extrémité des pattes comprend un nombre d'articles variable. Chez quelques animaux, ce tarse, comme on dit, ne comprend que 2 ou 3 articles, et c'est le cas, par exemple, pour les coccinelles ou *bêtes à bon Dieu*, que tout le monde connaît.

D'autres coléoptères, plus nombreux, ont quatre articles à tous les tarses; on les dit *tétramères*, et parmi eux se présentent des types intéressants. Tous d'ailleurs sont nuisibles et parfois déterminent des dommages considérables.

En première ligne nous mentionnons le *gribouri* ou *écrivain* (fig. 299), que les savants nomment l'eumolpe de la vigne, et qui, lorsqu'il se multiplie beaucoup, exerce de vrais ravages dans les vignobles.

Les *charançons* (fig. 300) ou calandres dévastent souvent les greniers. Leurs larves, au sortir de l'œuf, sont de petits vers qui dévorent l'intérieur du grain de blé, et trouvent dans sa coque un abri protecteur durant leur transformation en insectes parfaits.

Peut-être plus funestes encore sont les *scolytes*, qui creusent dans la substance des troncs d'arbres de longues galeries aux formes capricieuses. Ils ont amené la destruction de forêts entières.

C'est parmi les tétramères que se range aussi la terrible *chrysomèle* des pommes de terre (fig. 301). Les savants l'appelle *doryphora*.

Certains coléoptères, relativement peu nombreux, présentent, comme les précédents, quatre articles aux pattes postérieures; mais ils en ont cinq aux autres tarses. On les désigne, pour cette raison, sous la qualification générale d'*hétéromères*. Parmi eux

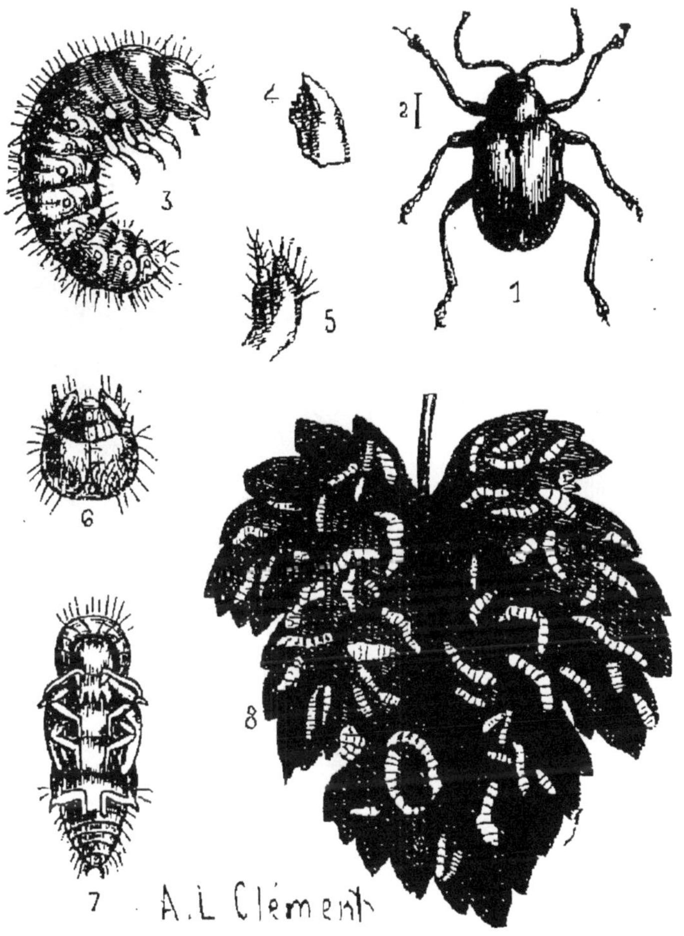

Fig. 299. L'eumolpe de la vigne et ses métamorphoses

figure la *cantharide* (fig. 302), que ses propriétés vésicantes font rechercher comme base de certains remèdes. Les *meloë*, dont certainement vous avez rencontré des individus errants dans la campagne, méritent d'être cités pour le grand nombre de formes transitoires par lesquelles ils passent successivement pour parvenir à l'état d'insectes parfaits.

Enfin de nombreux coléoptères, ayant cinq articles à tous leurs tarses, sont qualifiés de *pentamères*. Parmi eux figurent le *carabe* et la très importante phalange des insectes carnassiers et partant utiles qui se rangent autour de lui. Comme contraste, le *hanneton* (fig. 303) se signale par les ravages que sa larve (ver blanc ou

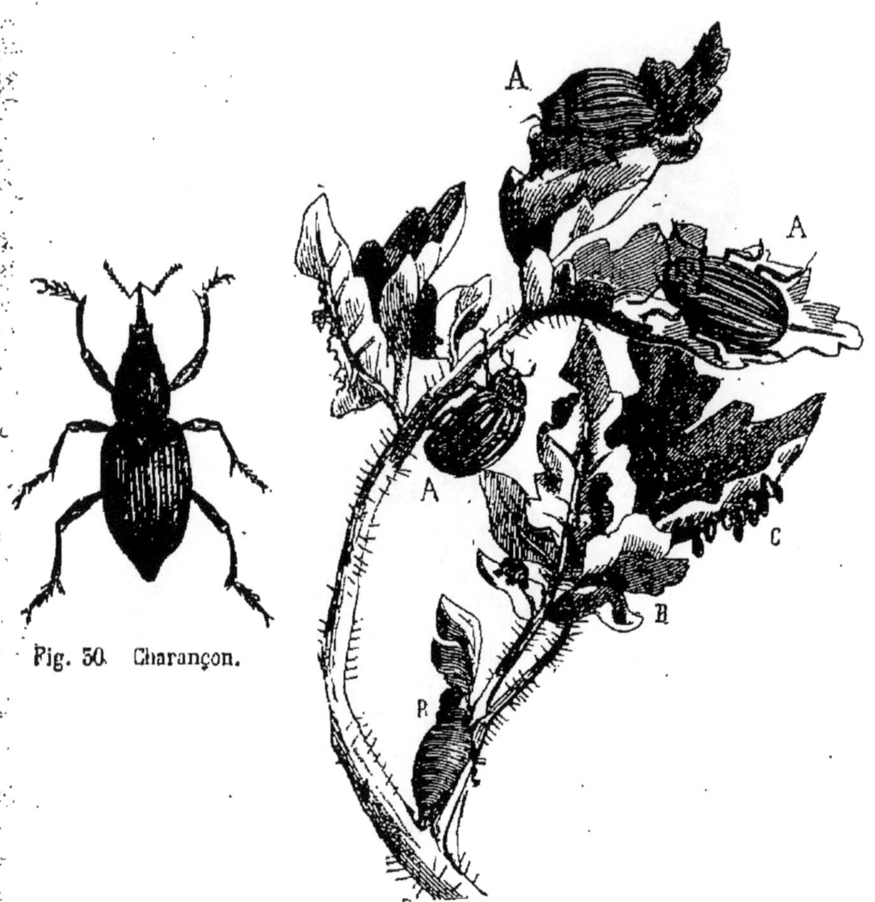

Fig. 30. Charançon.

Fig. 301. Chrysomèle des pommes de terre

man) (fig. 304) exerce sous terre pendant les trois années qu'elle met à se transformer en hanneton pourvu d'ailes. Tandis que le carabe est essentiellement terrestre, il est d'autres pentamères carnassiers qui vivent dans l'eau, le *dystique* (fig. 305) est dans ce cas. Les *dermestes* (fig. 306), qui ravagent les draps et les fourrures, doivent être cités ici.

Mentionnons enfin parmi les coléoptères le singulier animal que vous connaissez bien sous le nom de *ver luisant*. Les savants l'ap-

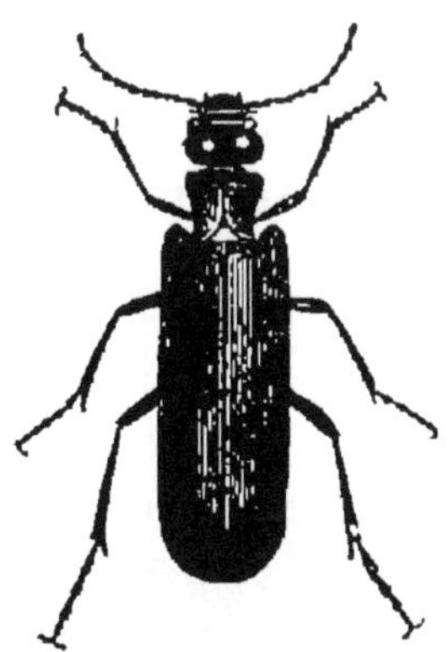
Fig. 302. Cantharide.

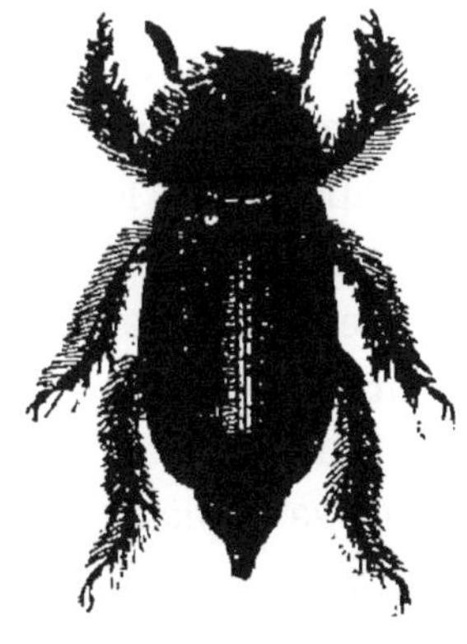
Fig. 303. Hanneton

pellent *lampyre*. Le mâle est un coléoptère sans caractères saillant; c'est la femelle, dépourvue d'ailes et d'un aspect voisin de

Fig. 304.
Larve de hanneton.

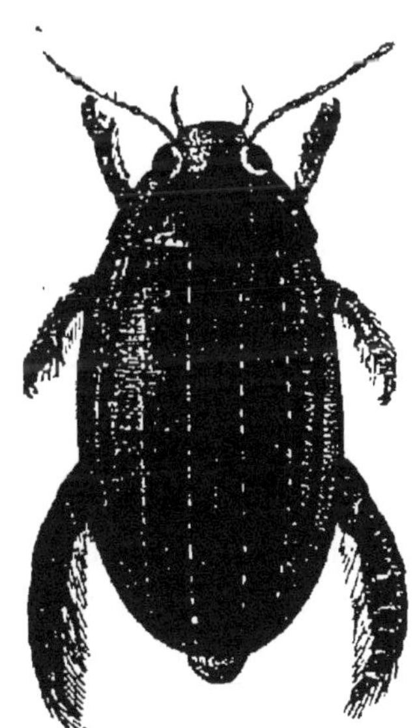
Fig. 305. Dytisque.

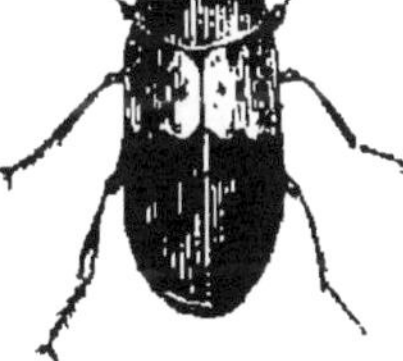
Fig. 306. Dermeste.

celui des larves, qui porte à la portion postérieure de son corps les organes phosphorescents.

ORDRE DES NÉVROPTÈRES.

Comme les coléoptères, les insectes auxquels nous arrivons et dont le type, si vous voulez, sera la *libellule* ou *demoiselle* (fig. 307), présentent des mâchoires propres à broyer, traversent des métamorphoses complètes et possèdent quatre ailes. Celles-ci, dont la structure a fourni le nom de l'ordre, sont membraneuses et transparentes et soutenues par un réseau de fortes nervures qui leur donnent une apparence veinée. Ces ailes, sensiblement égales entre elles, ne se replient pas sur elles-mêmes au repos, comme font les ailes membraneuses des coléoptères.

Fig. 307. Libellule.

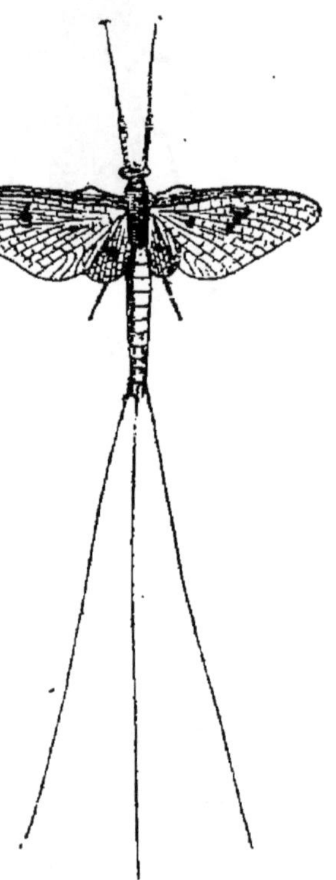

Fig. 308. Éphémère.

Les *libellules*, les *agrillons*, les *éphémères* (fig. 308) pondent leurs œufs dans l'eau, et leurs larves, très carnassières, sont exclusivement aquatiques. Lors de leur dernière mue, elles déchirent leur peau et s'y cramponnent comme sur une sorte de barque où elles restent jusqu'à ce que le soleil ait défripé leurs ailes. Alors l'insecte s'envole pour jouir, parfois un temps bien court (quelques heures chez l'éphémère), d'une existence toute nouvelle.

Il est des névroptères qui sont d'habitat terrestre pendant tout le cours de leur existence et, dans ce cas, sont les *termites*, (fig. 309 et 310), redoutables par leur nombre et leur voracité Originaires des régions tropicales, ils ont été à diverses reprises importés chez nous d'une manière d'ailleurs tout à fait inopinée, et c'est ainsi que des maisons de la Rochelle, aux charpentes rongées par le funeste insecte, se sont subitement écroulées sur leurs habitants.

Nous pouvons, du reste, citer dans le *fourmi-lion* un névroptère

Fig. 309. Nid de termites.

français qui, loin de pondre dans l'eau, habite les régions les plus arides des sables exposés au soleil. On peut en été observer les mœurs curieuses de sa larve dans une foule de localités, et tout

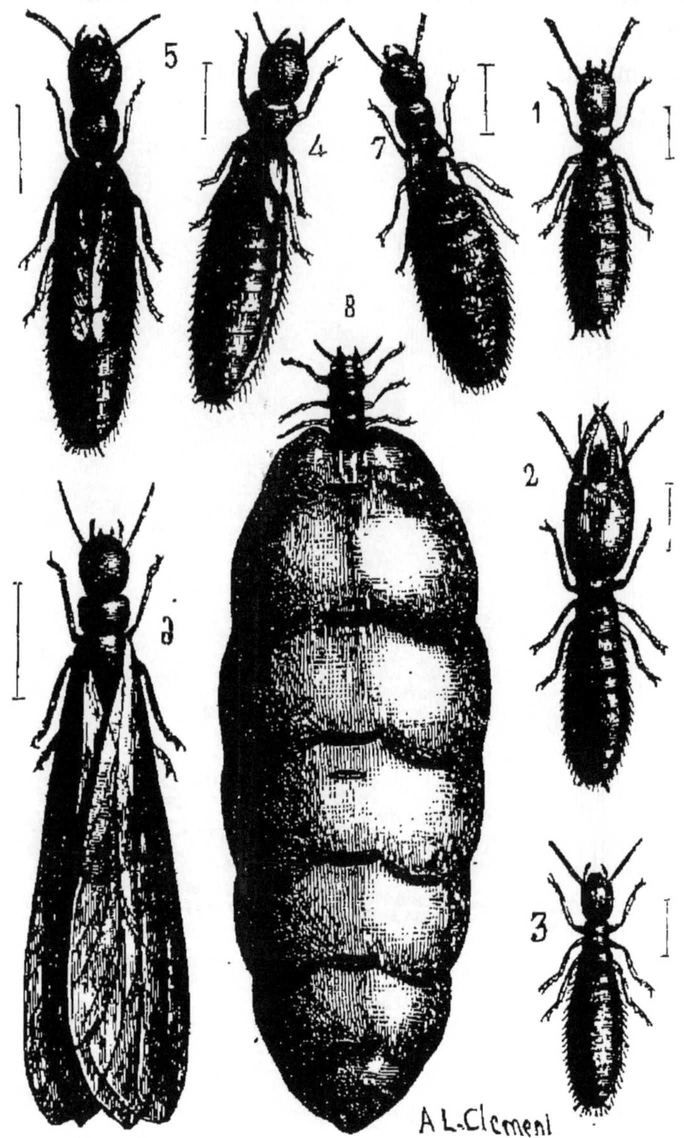

Fig. 310. Termites.

1, ouvrier. — 2, soldat. — 3, larve. — 4, nymphe à petits étuis. — 5, nymphe à grands étuis. — 6, mâle. — 7, petite femelle. — 8, grande femelle. (Les traits verticaux donnent les tailles vraies ; le n° 8 est de grandeur naturelle).

spécialement dans la forêt de Fontainebleau. Douée d'un appétit féroce et dépourvue de moyens d'attaque proportionnés à ses besoins, la larve du fourmi-lion recourt à la ruse pour capturer sa proie. Avec un art infini, elle creuse dans le sable mouvant un entonnoir au fond duquel elle laisse seulement sortir ses formidables mandibules largement écartées (fig. 311). Toute bestiole qui foule l'arène traîtresse est sûrement perdue : entraînée sur la pente

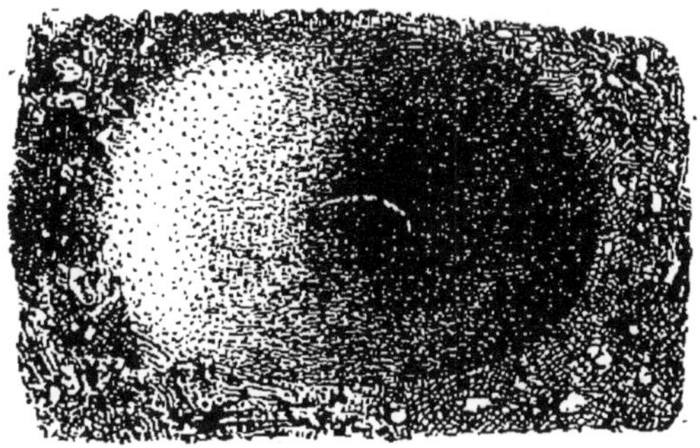

Fig. 311. Piège du fourmi-lion.

croulante qu'elle ne peut remonter, elle est vouée sans remède à la tenaille tranchante qui l'attend. A force de faire de semblables victimes, le fourmi-lion gagne ses ailes et perd ses mâchoires; à

Fig. 312. Le fourmi-lion.

l'état parfait (fig. 312), il ne songe aucunement à tendre des pièges au prochain et, aéronaute imprudent, il devient bien souvent à son our la pâture des hirondelles.

ORDRE DES HYMÉNOPTÈRES.

Chez les hyménoptères, nous retrouvons quatre ailes transparentes et membraneuses : mais les nervures sont beaucoup plus fines que chez les névroptères et les ailes antérieures sont beaucoup plus grandes que les deux autres. Les *abeilles*, les *guêpes*, les *bourdons* sont des hyménoptères que vous connaissez bien.

A la vue des fortes mandibules de ces insectes, on pourrait supposer qu'ils ont un régime carnassier ou du moins qu'ils broient les matières dont ils se nourrissent. Il n'en est rien cependant, et c'est en léchant les sucs des fleurs avec leur lèvre inférieure remarquablement allongée qu'ils recueillent les matières nécessaires à leur subsistance.

Depuis l'antiquité, les mœurs des abeilles ont attiré l'attention, et vous connaissez, par les traductions, les poèmes qu'elles ont inspirés à Virgile. Ici cependant, comme en bien d'autres chapitres de l'histoire naturelle, l'observation scientifique des faits a fourni des données plus frappantes encore et plus poétiques, si l'on peut dire, que les méditations des écrivains. L'histoire vraie des abeilles est de tous points merveilleuse, et l'on ne saurait recommander de

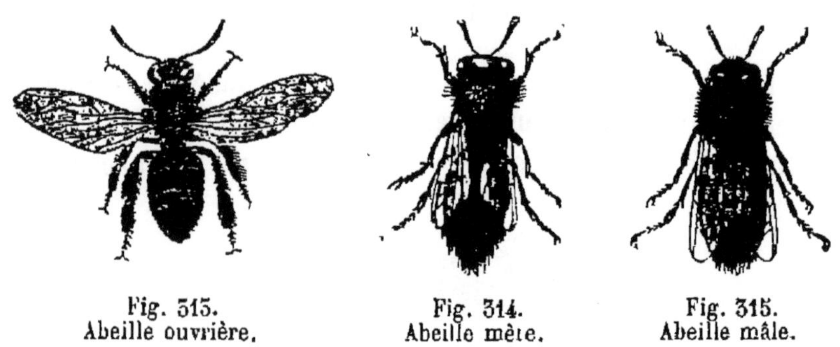

Fig. 313. Abeille ouvrière. — Fig. 314. Abeille mère. — Fig. 315. Abeille mâle.

livre à lecture plus attachante que le recueil des observations de Huber sur ce grand sujet.

Ces insectes, comme vous le savez très bien, ne vivent pas isolés et indépendants les uns des autres, mais constituent de grandes associations analogues à celles que les hommes concluent entre eux. Dans un *essaim*, toutes les abeilles ne sont pas semblables. Les plus nombreuses, qualifiées d'ouvrières (fig. 313), ne sont ni mâles ni femelles et consacrent toute leur activité à la construction de la ruche, aux soins qu'elles donnent aux larves, à la récolte des substances nutritives et utiles. Dans l'essaim, qui compte parfois jusqu'à 40 000 individus, on rencontre seulement une femelle appelée la *reine* ou mieux la *mère* (fig. 314), plus grosse que les ouvrières, et entourée de leur part de soins assidus. Les mâles (fig. 315), appelés quelquefois *faux bourdons*, sont peu nombreux. Une seule reine pond des milliers d'œufs ; ceux-ci, repris par les ouvrières, sont enfermés chacun dans une logette de cire où de la nourriture (miel) est placée à ses côtés. Les logettes sont disposées sous forme de *gâteau*. Au moment de l'éclosion, la larve est l'objet de soins dont le détail est du plus vif intérêt.

Les abeilles, qui méritent à si juste titre d'être classées parmi les animaux utiles, ont cependant causé souvent de grands dommages, et plus d'une fois leur aiguillon empoisonné a infligé à des malheureux des supplices terribles. On a mentionné de véritables invasions d'abeilles. Ainsi, il y a peu de temps, des légions d'abeilles ont pris un beau jour possession des ateliers d'un confiseur de la rue de la Grosse-Horloge, à Rouen. Il fut impossible aux ouvriers de continuer leurs opérations. Presque partout le personnel de la maison a été piqué ; l'un des employés s'est même vu maltraité de telle façon qu'il a dû recevoir des soins spéciaux. On a tenté de se débarrasser de ces hôtes importuns en brûlant du soufre pour les asphyxier ; les abeilles se sont contentées de se réfugier aux étages supérieurs, puis, quand la fumée s'est apaisée, elles sont redescendues : les murs étaient couverts, par endroits, de plaques de plusieurs centimètres d'épaisseur. Des faits analogues se reproduisent fréquemment à Paris chez les raffineurs : un des grands raffineurs du XIIIe arrondissement assurait qu'il perdait 25 000 francs par an du fait des abeilles. Aussi l'autorité a-t-elle dû prendre des mesures pour interdire la présence des ruches dans l'enceinte de Paris.

Fig. 316.
Fourmi ouvrière.

Sans avoir pour nous les mêmes titres d'utilité que les abeilles, les fourmis, qui sont aussi des hyménoptères, doivent nous arrêter un moment. Déjà nous avons cité à leur honneur des traits d'industrie vraiment remarquables, et vous savez que ces insectes vivent en très populeuses communautés. Comme chez les abeilles, les mâles et les femelles y ont des ailes, mais les ouvrières (fig. 316), qui sont *neutres*, sont aptères. Nous avons vu que les fourmis se livrent à l'élevage des pucerons et à l'agriculture. Il faut ajouter qu'elles se font la guerre de fourmilière à fourmilière, soit pour

Fig. 317. Cynips et galles du chêne.

conquérir des troupeaux, soit pour dérober des larves de fourmis qui, élevées, demeurent des esclaves au service du vainqueur.

Les *cynips* (fig. 317) sont des hyménoptères dont la piqûre développe sur certains végétaux de véritables tumeurs où s'accumule du tannin en quantité extraordinaire. La noix de galle, si em-

Fig. 318. Nid de poliste

ployée en teinture et qui fournit la base des encres noires, est le type de ces excroissances.

Les *guêpes*, et par exemple les *polistes françaises*, analogues pour les mœurs aux abeilles, construisent des nids dont la substance est un feutre fort analogue au carton (fig. 318).

LES ORTHOPTÈRES.

Nous arrivons à des animaux très étranges dont le type sera pour nous la sauterelle verte ou le criquet (fig. 319), si connus de tous les enfants. Vous avez remarqué la forme bizarre de sa tête, comparée par les Arabes à celle du cheval, la puissance extrême de sa troisième paire de pattes qui lui permet de faire des sauts prodigieux, et ses ailes fort grandes, quand elles sont

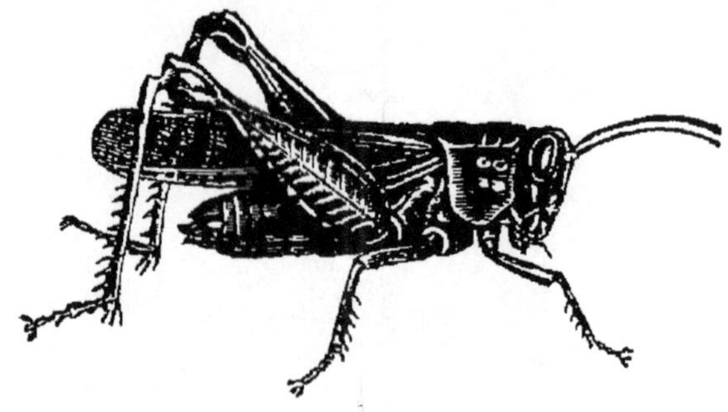

Fig. 319. Criquet.

ouvertes, qui se replient, au repos, parallèlement à la longueur du corps.

C'est de ce dernier caractère qu'est tiré le nom même d'orthoptères.

Pourvu comme eux de mâchoires propres à broyer, les orthoptères se distinguent des insectes précédemment passés en revue par l'absence de métamorphoses complètes. Tandis que le man n'a, pour la forme, pour le genre de vie, aucune analogie avec le hanneton, au contraire la larve de sauterelle présente avec celle-ci une ressemblance intime. On voit bien que ce n'est pas une sauterelle au grand complet, mais c'est déjà une sauterelle. Un caractère intéressant de beaucoup d'orthoptères est de posséder des appareils musicaux, grâce auxquels ils produisent un bruit strident que tout le monde a entendu.

Les *criquets*, communs dans toute la France, produisent leur grincement par le mouvement rapide des cuisses contre l'abdomen, et le *grillon* du foyer dispose d'un procédé analogue.

On ne connaît pas d'orthoptères utilisables, mais plusieurs peuvent être comptés parmi les bêtes les plus malfaisantes de la terre.

La *courtilière* (fig. 320), commune dans les potagers, ravage les

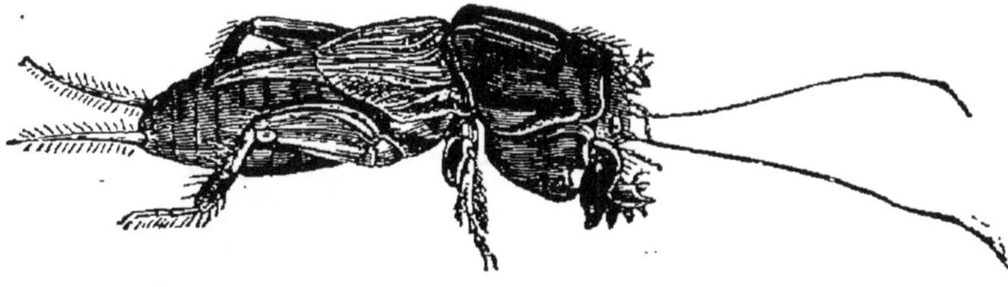

Fig. 320. Courtilière

plates-bandes des horticulteurs. Les criquets s'abattent parfois en bandes innombrables sur de vastes régions qu'ils stérilisent en

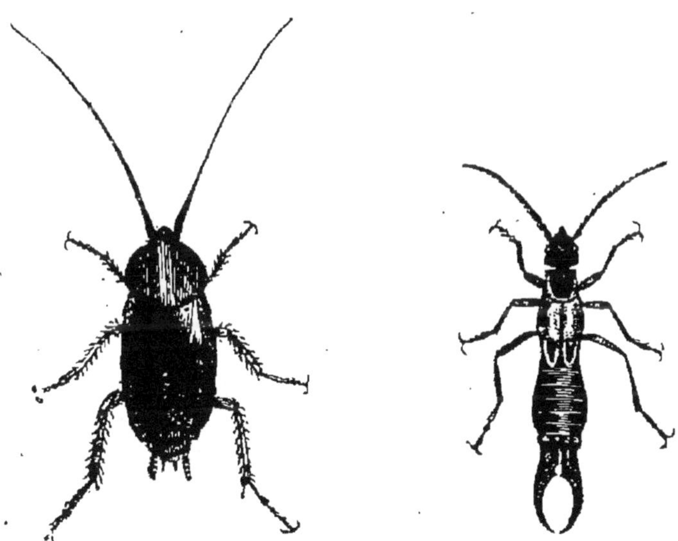

Fig. 321. Blatte.

Fig. 322. Forficule.

un instant; et c'est dans l'Afrique du Nord qu'on a le plus à redouter le criquet dévastateur.

Les malheureux Arabes ruinés par ce fléau ailé, bien digne de figurer, comme on sait, au nombre des plaies bibliques de l'Égypte, ne tirent qu'un dédommagement insuffisant de l'usage culinaire qu'ils font des criquets desséchés. Cependant il est bon de le citer en passant comme encouragement au conseil de trouver un bon côté à toutes choses, même aux plus contraires.

Mentionnons d'un mot divers orthoptères bien connus comme la blatte (fig. 321) et la forficule ou perce-oreille (fig. 322). D'autres

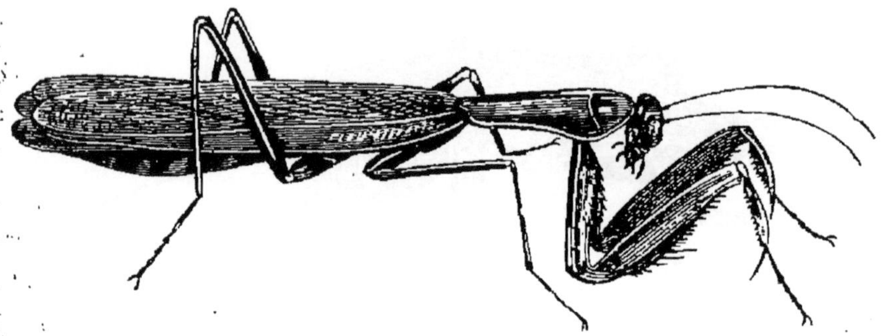

Fig. 323. Mante religieuse.

ont mérité d'être rangés dans la catégorie des « comédiens de la nature », parce qu'ils savent si bien jouer un rôle emprunté, qu'on peut facilement les méconnaître pour ce qu'ils sont : la *mante* (fig. 323) est commune dans tous nos bois, mais peu de gens la voient, tant elle se confond dans son immobilité avec les branchages sur lesquels elle se pose et dont elle semble faire partie intégrante.

ORDRE DES DIPTÈRES.

Nous avons terminé la revue très rapide des insectes pourvus d'organes buccaux disposés pour broyer. En tête de ceux dont la tête est armée d'une trompe, nous trouvons la *mouche commune* et toutes les bêtes qui constituent avec elle l'ordre des diptères. Leur nom vient de ce qu'à l'opposé de tous les autres insectes, ils ne possèdent que deux ailes, d'ailleurs membraneuses et transparentes comme celles de l'abeille.

En examinant une mouche avec soin, on reconnaît qu'en outre de ses deux ailes, elle possède de chaque côté du thorax, à la place où les autres insectes montrent leur deuxième paire d'ailes, un petit mamelon porté par un pédicelle plus ou moins grêle. On l'appelle le balancier et on le regarde comme le rudiment de l'aile qui manque. En tous cas, on s'est assuré que le balancier (et c'est de là que vient son nom) joue un grand rôle dans le vol et en régularise les mouvements ; car des mouches qu'on en avait privées volaient à tort et à travers et se heurtaient à tous les obstacles.

Les métamorphoses des diptères sont complètes. Tout le monde connaît sous le nom d'*asticots* les larves des mouches, employées comme appâts par les pêcheurs à la ligne. Ces larves, après un certain temps, s'enferment dans une coque où elles passent à l'état de nymphes. Elles en sortent sous la forme définitive.

Parmi les diptères figurent plusieurs types extrêmement nuisibles. La *Lucilia hominivora* de la Guyane mérite bien ce nom terrible. Elle attend, pour pondre, la rencontre d'un homme endormi, et dépose ses œufs dans le nez ou dans les oreilles de sa victime. Ceux-ci, en nombre prodigieux, laissent sortir après leur incubation des légions de vers qui dévorent la proie vivante au sein de laquelle ils sont nés ; et l'homme infesté meurt misérablement dans d'épouvantables tortures qui défient tous les efforts de l'art de guérir.

Fig. 324. Mouche charbonneuse.

Chez nous, la piqûre de certaines mouches (fig. 324) donne parfois la pustule maligne, mais nous avons vu que c'est par un mécanisme tout différent, et que les progrès de la science permettent d'espérer un terme à la série des accidents charbonneux.

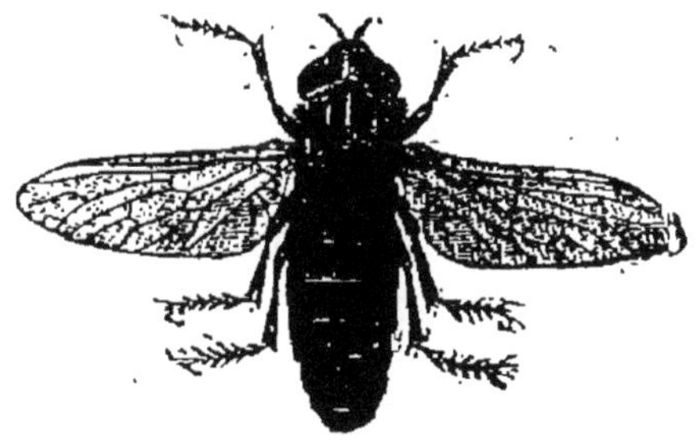

Fig. 325. Taon.

En Afrique, les bestiaux sont parfois victimes, par troupeaux entiers, d'une mouche spéciale dite *tsé-tsé*, d'ailleurs inoffensive à l'homme.

Les *taons* (fig. 325) infligent, comme on sait, aux chevaux et aux bœufs des supplices analogues à ceux que nous procure la morsure des *cousins* (fig. 326) et des *moustiques*.

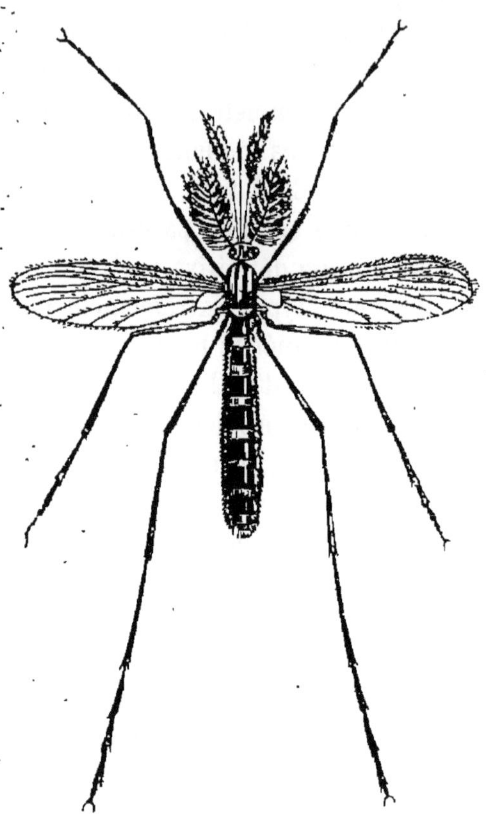

Fig. 326. Cousin.

Fig. 327. Puce commune fortement grossie.

Bien qu'absolument dépourvues d'ailes, au point qu'on en a fait longtemps un ordre des aptères, les *puces* sont considérées maintenant comme des diptères. Il n'est pas étonnant, d'ailleurs, qu'un ordre qui se présente comme offrant déjà deux ailes atrophiées, développées chez les autres, comprenne des animaux où la même atrophie, poussée plus loin, intéresse les deux paires d'organes d'ordinaire propres au vol.

Les *puces* (fig. 327), dont tout le monde a subi plus ou moins les attaques, se font remarquer par le prodigieux développement de leur force musculaire.

LES LÉPIDOPTÈRES.

Vous connaissez toutes les papillons et vous sauriez les reconnaître parmi tous les autres insectes. En effet, sauf un petit nombre d'exceptions dont les plus frappantes concernent des papillons ayant à peu près l'apparence d'abeilles et qu'on appelle *sésies*, les lépidoptères, comme on dit, présentent une forme très constante. Le corps cylindrique, plus ou moins gros, composé d'une tête petite, d'un thorax moyen et d'un abdomen vermiforme, est pourvu de quatre grandes ailes fortement nerviées et dont la surface est recouverte, comme d'une poussière, d'une couche de petites écailles nacrées qui restent aux doigts au moindre contact. *Lépidoptère*, qui veut dire *ailes écailleuses*, est donc un nom bien trouvé.

Un autre caractère très net des papillons est de présenter une trompe parfois très longue, enroulée en hélice en temps de repos et que l'animal déroule pour l'introduire au sein des fleurs ou des autres matières nutritives. Peut-être avez-vous remarqué un papillon qui vole par les ardeurs du soleil avec une vitesse prodigieuse et qui, restant immobile au-dessus des fleurs, grâce au battement vertigineux de ses ailes, pompe sans se poser le nectar dont il se nourrit. C'est le *macroglosse* (fig. 328), dont le nom, qui signifie grande langue, fait allusion à la longueur considérable de sa trompe.

Fig. 328. Macroglosse.

Les lépidoptères jouissent des métamorphoses complètes, et c'est chez eux mieux que chez aucun autre insecte qu'on peut distinguer les trois formes de *larve* ou chenille (fig. 329), de *nymphe* enfermée dans une *chrysalide* (fig. 330), parfois dans un *cocon* (fig. 331), et d'insecte parfait. Beaucoup d'enfants se sont amusés à élever des vers à soie et ont assisté à ces transformations merveilleuses. Ils savent que le ver ou chenille, très petit au sortir de l'œuf, subit plusieurs *mues* à chacune desquelles il change de peau et grossit d'une manière notable.

Considérés dans leur ensemble, les papillons se divisent en deux grandes catégories nettement distinctes. Les uns, aimant le soleil, revêtus de couleurs brillantes, ferment les ailes en les relevant l'une contre l'autre sur le plan même de symétrie de leur corps. Ce sont les papillons *diurnes*, dont le *paon de jour* (fig. 332) peut être considéré comme un type. Les autres, grisâtres, brunâtres, au corps épais, volent le soir ou même la nuit et, au repos, laissent les ailes dans le plan horizontal, rejetant seulement un peu vers

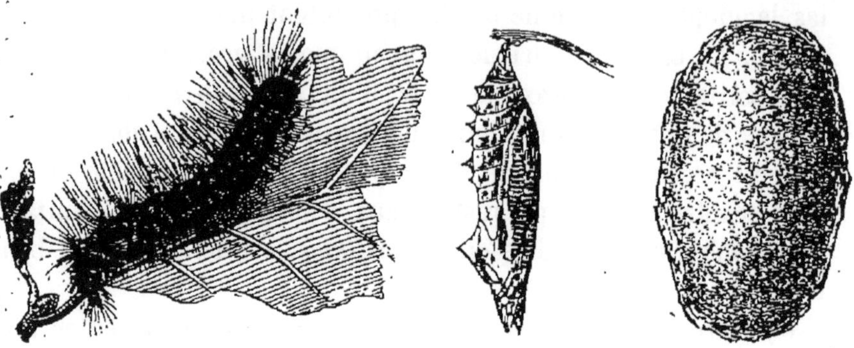

Fig. 329. Chenille du bombyx processionnaire. Fig. 330. Chrysalide du paon de jour. Fig. 331. Cocon du ver à soie.

l'arrière les ailes de la première paire. Ce sont les papillons *nocturnes*, exemple *bombyx* (fig. 333) ou papillon du ver à soie.

Fig. 332. Vanesse paon de jour.

Ces derniers ont les deux ailes du même côté retenues l'une à l'autre par une sorte de *frein* à la présence duquel est due leur allure spéciale. Les diurnes n'ont pas de frein; on les dit *achalinoptères*, par opposition aux précédents appelés *chalinoptères*.

On appelle quelquefois *crépusculaires* des papillons qui, tout en ayant l'apparence des nocturnes, volent le jour et se rapprochent des diurnes par divers caractères, tels que l'habitude de ne pas filer de cocon soyeux et de se contenter de l'enveloppe toute nue d'une chrysalide. Le macroglosse dont nous parlions tout à l'heure est dans ce cas.

En général, les lépidoptères à l'état de chenille sont des animaux fort nuisibles : par exemple la chenille de la *pyrale* est funeste aux vignobles. Dans certaines années, les chenilles sont si nombreuses qu'elles dévorent en peu de temps les feuilles de taillis tout entiers; aussi prend-on tous les ans des mesures très strictes concernant l'échenillage dont le plus radicale consiste à couper les branches portant les nichées de ver et à les jeter au feu. Malgré ces

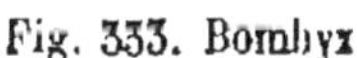

Fig. 333. Bombyx.

Fig. 334. Teignes des tapisseries. des pelleteries.

précautions il se produit de temps en temps des apparitions incroyablement nombreuses de certains papillons, et c'est ainsi que dans ces derniers temps on a constaté de vraies invasions de *belles dames* que les savants appellent *vanesse du chardon*.

Les *teignes* (fig. 334), sont de petits papillons de nuit dont les chenilles s'attaquent aux fourrures et aux étoffes de laine.

Comme lépidoptères utiles nous ne pouvons mentionner que les nocturnes du genre *Bombyx*, cultivés pour la soie qu'ils produisent. Quand leur chenille a atteint, à la suite d'une succession de mues, le maximum de sa croissance, elle se file un cocon ; pour cela, elle fait sortir de sa bouche une humeur spéciale qu'elle fixe à un point d'appui tel qu'une branche, puis, se reculant, elle produit un fil qu'elle contourne et dispose en une coque très résistante dans laquelle elle s'enferme. C'est dans cette prison qu'elle se transforme en chrysalide, et c'est de là qu'elle sort à l'état de papillon parfait.

Les fabriques où l'on cultive les vers à soie sont nommées magnaneries. Les œufs (fig. 335), placés sur des étagères, laissent sortir de toutes petites chenilles qu'il faut nourrir avec des feuilles de mûrier jusqu'à l'époque du coconnage. Les cocons une fois produits, on les jette dans l'eau bouillante pour tuer la

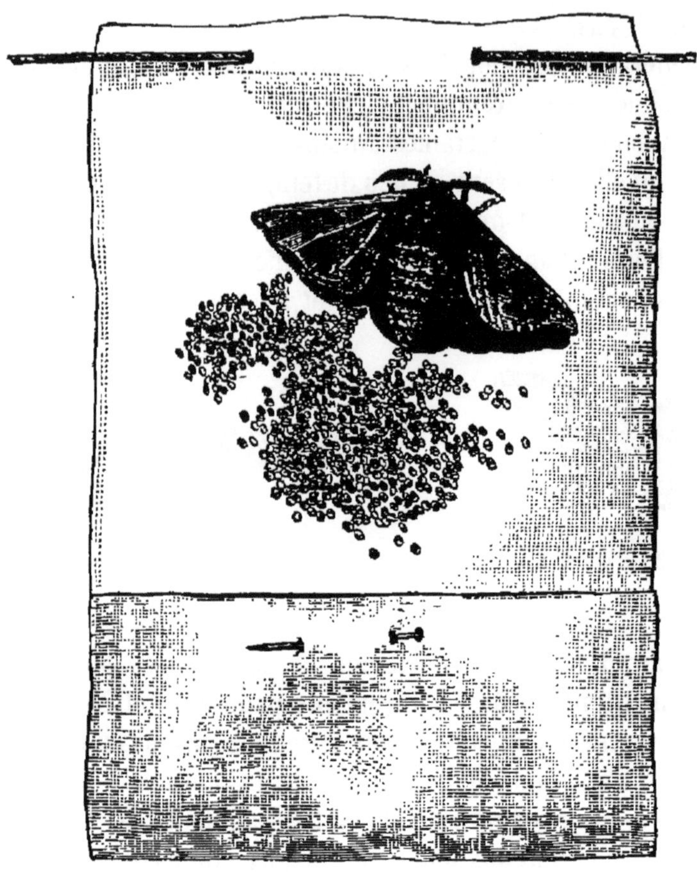

Fig. 335. Papillon du ver à soie en train de pondre.

nymphe, puis on dévide le fil, qui ensuite est blanchi et teint. La partie interne du cocon constitue la *bourre* de soie, utilisée pour des emplois inférieurs.

Les vers à soie sont sujets à diverses maladies prenant parfois le caractère épidémique et qui compromettent la fortune de régions entières. Les principales sont la *pébrine* et la *flacherie*.

LES HÉMIPTÈRES.

De tous les insectes, les hémiptères sont les moins agréables à voir et plusieurs d'entre eux provoquent une véritable répulsion. Cependant, ils présentent un très vif intérêt à qui les étudie ; quelques-uns sont utiles et par contre c'est dans leur rang que figure le phylloxéra, le plus célèbre certainement des animaux malfaisants. Ils n'ont que des demi-métamorphoses.

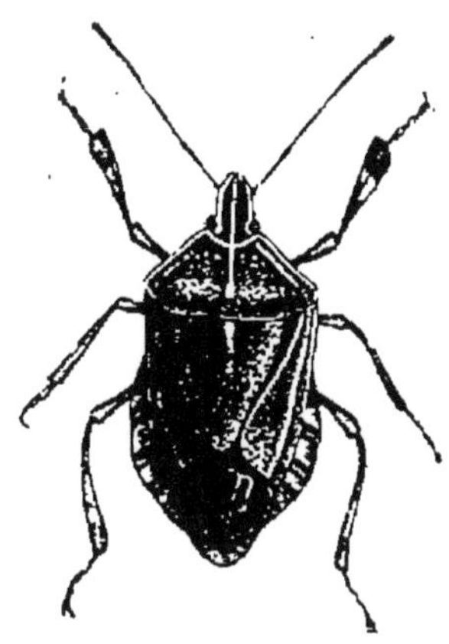

Fig. 336.
Punaise des bois

Leur nom, qui veut dire *demi-aile*, est très mauvais et a besoin d'être expliqué. Il ne s'applique qu'à certains insectes qui possèdent quatre ailes dont les antérieures sont formées de deux moitiés fort différentes l'une de l'autre. Vers la base ce sont de vraies élytres, tandis que le reste est membraneux et transparent comme les ailes de

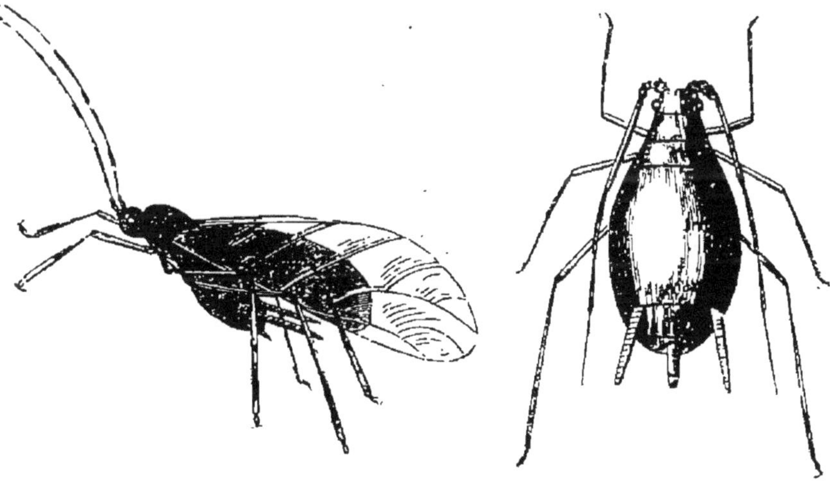

Fig. 337. Pucerons.

la seconde paire. Au repos, les demi-ailes antérieures restent à l'extérieur comme un bouclier de protection, et c'est à cette disposition que fait allusion la qualification d'*hémiptères*.

Le type de l'hémiptère complet est la *pentatome*, plus connue sous le nom de *punaise des bois* (fig. 336).

Parmi les hémiptères qui volent le mieux, il est intéressant de mentionner des animaux aquatiques. Les *nèpes* et les *notonectes* sont très communs dans toutes nos mares. Ils sont très carnassiers et font, à qui les prend, une piqûre douloureuse.

On a été contraint de ranger parmi les hémiptères des insectes très nombreux qui ne méritent en aucune façon le nom de l'ordre, puisqu'ils présentent quatre ailes membraneuses parfaitement semblables entre elles. On a proposé pour eux le nom d'*homoptères*, mais on ne peut les séparer des précédents. La cigale, les pucerons, la cochenille, en sont les formes les plus connues.

On sait que la *cigale* produit le chant qui l'a rendue fameuse avec une sorte de tambour membraneux situé sous l'abdomen et que des muscles particuliers font entrer en vibration.

Les *pucerons* (fig. 337) forment un groupe extrêmement considérable. Les plus communs, accumulés en légions sur les pommiers, les rosiers, les sureaux et d'autres arbres, nous ont déjà arrêtés à cause du parti que les fourmis savent en tirer. Ils se multiplient avec une rapidité extraordinaire, et les générations successives ne se ressemblent pas toutes. A une série de générations composées d'insectes sans ailes qui vivent fixés par le suçoir le long du végétal qui les nourrit et qui sont vivipares, succèdent tout à coup des pucerons ailés qui pondent des œufs. A l'approche de l'hiver apparaissent des œufs à coque fort résistante qui attendent pour éclore la fin de la mauvaise saison. Les pucerons sont très redoutés des horticulteurs; ils font rapidement dépérir les rosiers, par exemple.

Le pommier est attaqué par un puceron dit *lanigère*, c'est-à-dire *porte-laine*, parce que son corps se recouvre de flocons blancs. Ces flocons sont du reste constitués par une matière analogue à la cire. Un autre s'attaque aux fraisiers et sa piqûre amène la coloration en rouge vif des feuilles qu'il a piquées.

Le *phylloxéra* (fig. 338), qui exerce de si grands ravage dans les vignobles, est un puceron dont l'étude a été faite en ces derniers temps avec un soin tout particulier et qu'il importe en effet de bien connaître, afin de savoir le combattre.

Les *cochenilles* (fig. 339 et 340) sont très voisines des pucerons.

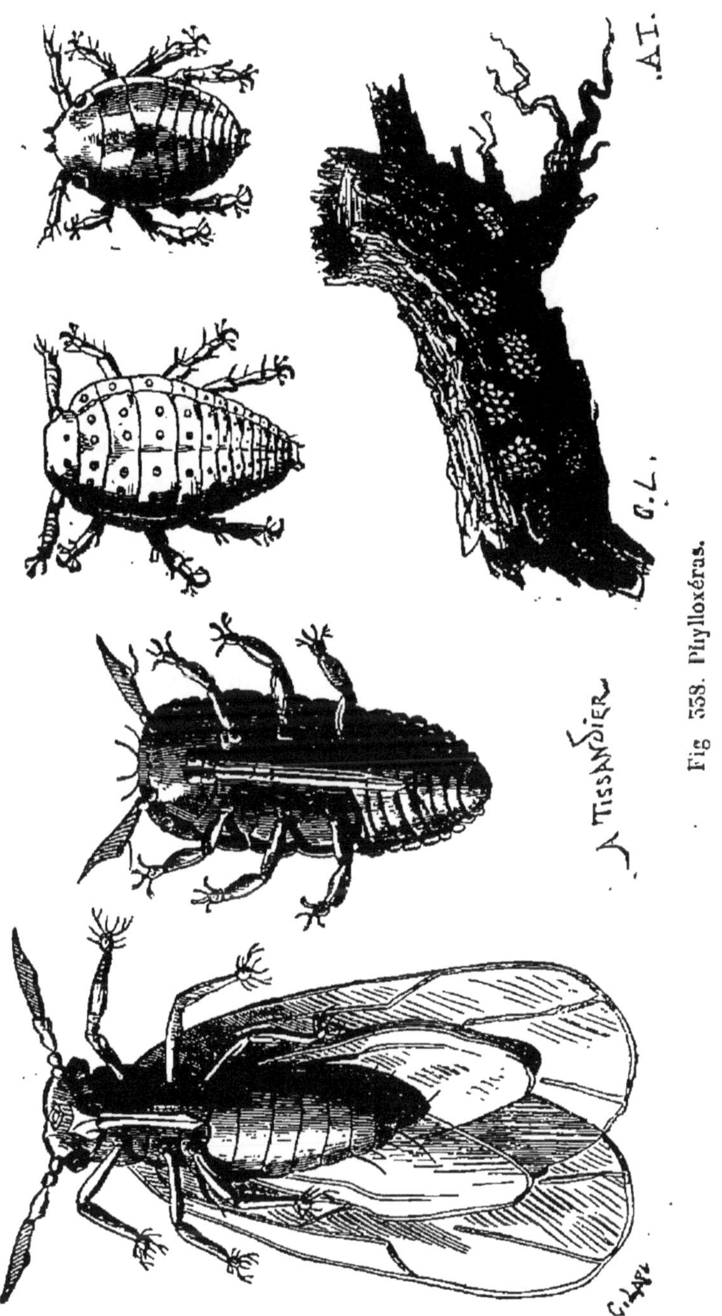

Fig. 338. Phylloxéras.

Les plus célèbres vivent sur les feuilles du *cactus opuntia*. Leur corps écrasé fournit cette magnifique couleur écarlate appelée *carmin*. La gomme-laque est une sorte de résine dont la piqûre d'une cochenille spéciale provoque la production sur les rameaux du

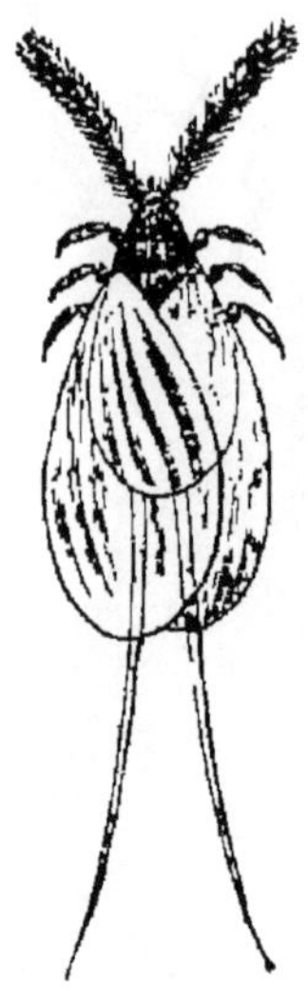

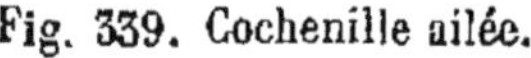

Fig. 339. Cochenille ailée.

Fig. 340. Cochenille aptère.

figuier des pagodes. Sur le chêne vit le *kermès*, utilisé comme matière colorante d'un rouge brunâtre.

Les *pous* sont considérés comme des hémiptères en quelque sortes atrophiés.

XV

LES MYRIAPODES, LES ARACHNIDES ET LES CRUSTACÉS

Les myriapodes; les iules. — Les araignées et leur soie. — Les scorpions. — Les acariens. — Les crustacés; langoustes, crabes, cloportes, cirrhipèdes.

CLASSE DES MYRIAPODES

Chez les myriapodes, le corps n'est plus nettement divisé en ces trois portions si distinctes chez l'insecte, tête, thorax et abdomen. A la suite de la tête, qui est en général fort grosse, munie de fortes antennes et de mandibules bien constituées, se présente une série d'anneaux dont chacun porte une ou deux paires de pattes et qui diffèrent à peine les uns des autres dans toute la longueur du corps. A l'extrémité postérieure, les appendices ont des caractères spéciaux et parfois manquent complètement.

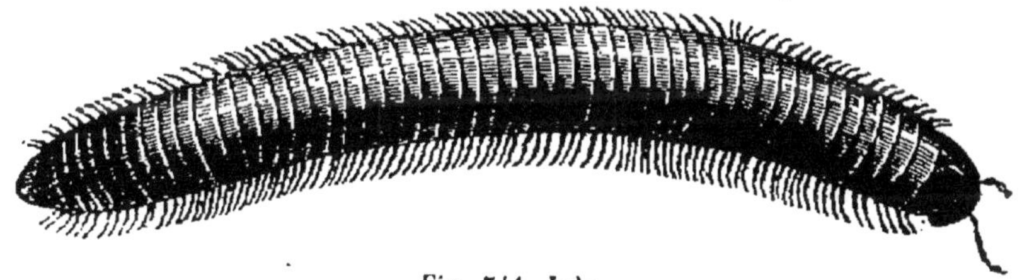

Fig. 341. Iule.

Ces animaux, quoique fort nombreux, ne sauraient nous arrêter, car ils ne présentent aucun caractère saillant d'utilité ou de malfaisance.

Mentionnons comme très communs les *iules* (fig. 341), qui courent dans les bois humides, et qui à la moindre alerte se roulent en petite boule dure comme des perles.

CLASSE DES ARACHNIDES

Les arachnides sont bien plus intéressants. Par une disposition inverse de celle des myriapodes, l'abdomen y est très net et dépourvu de pattes ou d'appendices. Le thorax, au contraire, est intimement soudé à la tête, de telle sorte que toute la partie antérieure de l'animal porte le nom de *céphalothorax*. La forme de ces deux segments naturels de la bête est d'ailleurs très variable dans la classe qui nous occupe. Chez les araignées, le céphalothorax et l'abdomen se présentent comme deux boules successives. La tête n'a pas d'antennes, mais elle porte souvent des appendices buccaux fort développés et des yeux simples mais fort nombreux ; les pattes sont au nombre de quatre paires. La plupart des arachnides sont pourvus de poumons véritables. Les araignées sont remarquables par la faculté dont elles jouissent de filer une soie fort analogue à celle des bombyx et qu'on a proposé quelquefois d'utiliser de même. Ici d'ailleurs ce n'est pas une larve qui file, mais l'insecte adulte, et c'est tantôt pour faire une enveloppe protectrice

3 Fig. 42. Mygale.

à ses petits et à lui-même, et tantôt pour dresser un véritable piége aux insectes dont il se nourrit. Les nids soyeux des araignées sont placés dans des situations fort diverses selon les espèces. Beaucoup se trouvent dans les coins des murs sombres, dans des trous d'arbres ou même dans des herbes. Certaines araignées telles que la mygale (fig. 342) l'établissent sous terre. D'autres enfin qui vivent sous l'eau font une cloche de soie où l'air nécessaire à leur respiration se trouve emprisonné.

La toile des araignées est un piége des plus curieux. Vous le connaissez trop pour que nous le décrivions ici. Une petite araignée se laisse emporter par le vent à des distances énormes sur sa soie appelée vulgairement *fil de la Vierge*.

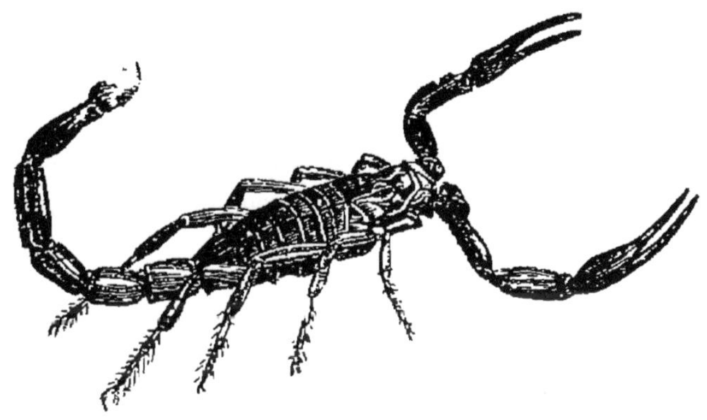

Fig. 343. Scorpion.

Les *scorpions* (fig. 343), bien connus par le danger de leur piqûre, sont des arachnides. Ils sont propres aux régions très chaudes et surtout aux régions très sèches, de sorte qu'on peut dire sans exagération qu'un scorpion mouillé est un scorpion mort. Chez cet animal la bouche porte deux pinces extrêmement robustes qu'on pourrait à première vue confondre avec des pattes. Le céphalotorax est plus allongé que chez les araignées ; l'abdomen est très délié et formé d'articles très distincts. Le dernier anneau porte le redoutable aiguillon d'où distille un poison parfois mortel quand il est inoculé dans une plaie.

Parmi les arachnides à respiration trachéenne figurent les *faucheurs*, araignées aux pattes très grêles qui errent à la surface des champs, et les *acariens*, dont les types les plus connus sont la *mite* du fromage et le *sarcopte* (fig. 344) de la gale. Ici l'abdomen est confondu avec le céphalothorax.

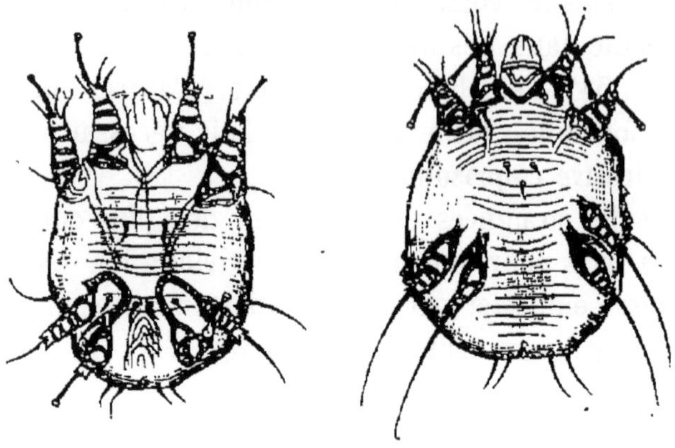

Fig. 344. Acarus de la gale.

Les *tardigrades*, cités déjà pour leur faculté de pseudo-résurrection à la suite de la dessiccation, sont également des arachnides.

CLASSE DES CRUSTACÉS

Chez les *crustacés*, le corps présente généralement un céphalothorax et un abdomen. Celui-ci diffère de l'abdomen des arachnides par les appendices dont sont pourvus ses anneaux successifs.

Cette forme n'est d'ailleurs pas absolument constante. Les *cirrhipèdes*, qui passent aux mollusques et qui sont enfermés dans une coquille, n'ont plus de division nette en anneaux. Au contraire, chez les *lernées*, le corps rappelle celui des vers. Chez les *cloportes* on voit une tête distincte et la forme générale n'est pas sans analogie avec celle des myriapodes. Enfin, chez les *crabes* l'abdomen, extraordinairement réduit, se présente pour l'aspect comme un petit appendice plat replié sous le céphalothorax.

Un caractère général des crustacés est de n'avoir ni poumons ni trachées et de respirer, ainsi que nous l'avons déjà dit, au moyen de branchies fort analogues pour la structure à celles des poissons.

Ces animaux sont pour la plupart marins, certains d'entre eux vivent dans l'eau douce; quelques-uns habitent la surface du sol humide.

Les crustacés, enfermés dans leur carapace inflexible, subissent pendant le cours de leur croissance une série de *mues* ou changements de peau dont chacune constitue une véritable crise, souvant fatale. Outre, en effet, qu'elle détermine chez l'animal des troubles assez graves, elle le prive de sa protection la plus sûre contre les attaques de ses innombrables ennemis. Il faut en effet un temps parfois assez long pour qu'elle acquiert sa dureté et sa résistance définitives.

Les crustacés sont si différents les uns des autres, qu'il nous sera plus commode de décrire isolément les trois ordres principaux qu'il convient d'y établir.

ORDRE DES DÉCAPODES MACROURES.

Les deux ordres des décapodes macroures et des décapodes brachyures comprennent tous les crustacés supérieurs, tous les animaux utiles de cette classe.

Le nom de *crustacés* s'applique surtout aux animaux de cet ordre et fait allusion à la carapace cornée qui les enveloppe et les protège de la manière la plus efficace. Quant à leur qualification de *décapodes*, qui signifie pourvus de dix pattes, elle demande une explication. Certains décapodes, les crevettes par exemple, semblent avoir autant de paires de pattes que leur corps présente d'anneaux. Mais, avec un peu de soin, on reconnaît que cinq paires d'appendices sont seules des pattes proprement dites, les autres étant chargées de fonctions parfois très spéciales.

Pour bien comprendre la constitution du décapode, il faut soigneusement choisir un exemple : la *langouste* (fig. 345) possède des caractères satisfaisants à cet égard.

En sortant de l'œuf, la langouste, à l'état de larve (fig. 346), a une structure si différente de celle qui caractérise son état parfait, que longtemps les zoologistes la considérèrent comme un animal distinct et l'appelèrent *phyllosome*. C'est à la suite de véritables métamorphoses, dont on a suivi toutes les étapes, que la langouste prend sa forme définitive.

Quand on dissèque une langouste (fig. 345), on reconnaît que le système circulatoire est très perfectionné. L'aorte se renfle, vers la partie postéro-supérieure du céphalothorax, en un véritable cœur

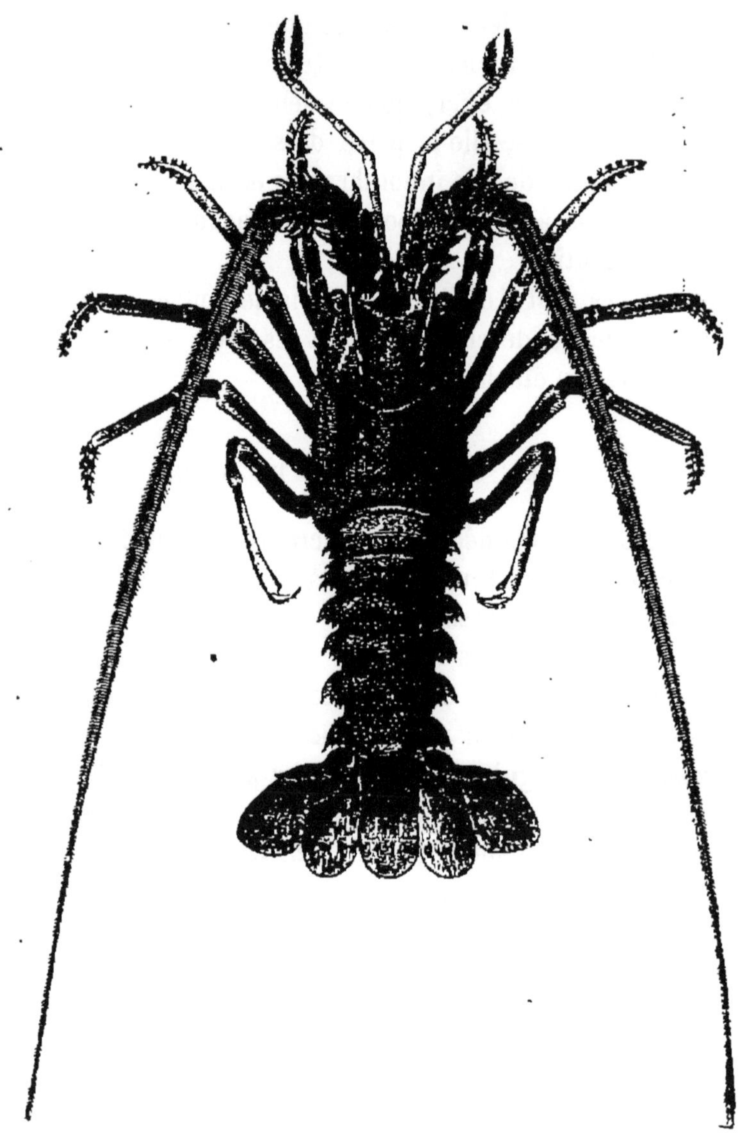

Fig. 345. Langouste.

dont les contractions chassent dans les différentes parties du corps le sang ramené aux branchies par les veines pulmonaires. Ce cœur, ou poche contractile, est logé dans un *sinus dorsal* où vient s'accumuler le sang revenant du poumon. Le plancher du sinus est un vrai diaphragme musculaire qui, en se distendant, comprime les organes situés au-dessous et en exprime le sang. Les artères se ramifient de plus en plus; le système lacunaire est très

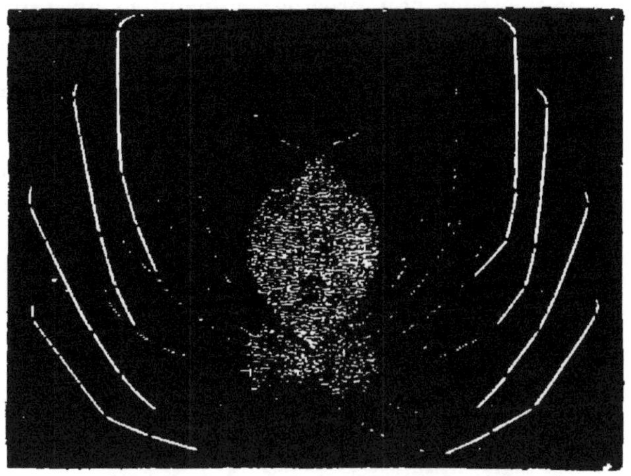

Fig. 346. Phyllosome, larve de langouste.

développé. Nous n'avons pas à revenir sur la constitution du sang ni sur le mécanisme de la respiration. Les yeux sont gros et placés chacun à l'extrémité d'un long pédicelle mobile. L'ouïe a pour

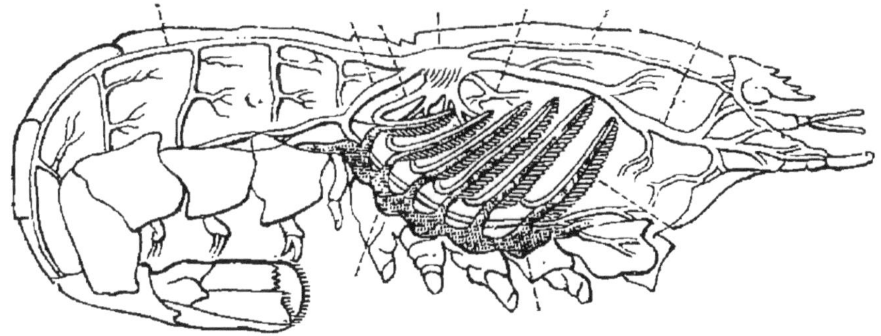

Fig. 347. Appareil circulatoire de la langouste.

son service des vésicules spéciales renfermant de petits corps appelés *otolites*, et qui sont situées dans l'appendice en éventail de l'abdomen. Comme chez les insectes, les antennes et les palpes paraissent appartenir au toucher.

Les décapodes macroures sont fort nombreux. Dans la mer vivent, outre la langouste, le *homard*, la *crevette*, le *palémon*, le *talitre*, le *squille* et beaucoup d'autres; les eaux douces nourrissent l'*écrevisse*.

Le *pagure* ou bernard-l'ermite se distingue par la mollesse de son abdomen, proie trop facile aux crabes si le malheureux n'avait inventé de protéger son précieux appendice en l'introduisant dans quelque coquille vide de gastéropodes (fig. 348). Au fur et à mesure de sa croissance, il se voit d'ailleurs dans la nécessité de changer son domicile d'emprunt, à peu près comme les enfants changent chaque année la pointure de leurs souliers. Abrité d'abord par une littorine ou un cérithe, il procède ensuite au déménagement de son train postérieur, qu'il installe dans une pourpre et finalement dans un buccin. Que d'angoisses à chacune de ces étapes que les crabes guettent avec avidité, comme vous pouvez croire!

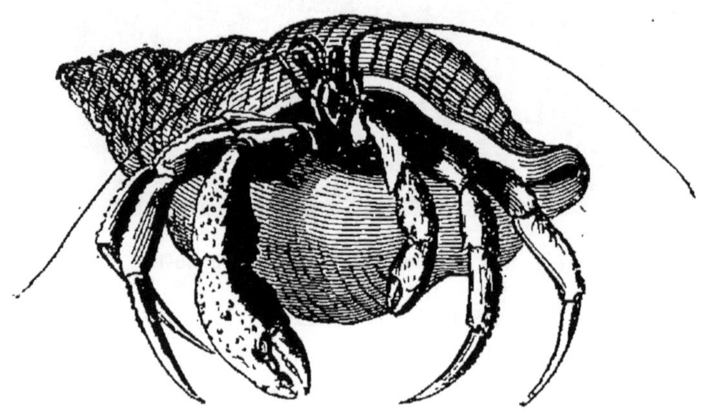

Fig. 348. Un pagure dans une coquille de buccin.

On peut citer ici la *limule* (fig. 349), singulier animal où des études récentes ont révélé des traits rappelant les arachnides autant que les crustacés. Les limules ne vivent que dans les mers très chaudes, spécialement sur le littoral méridional de l'Asie et la côte est de l'Amérique du Nord; mais elles sont devenues très communes dans les collections.

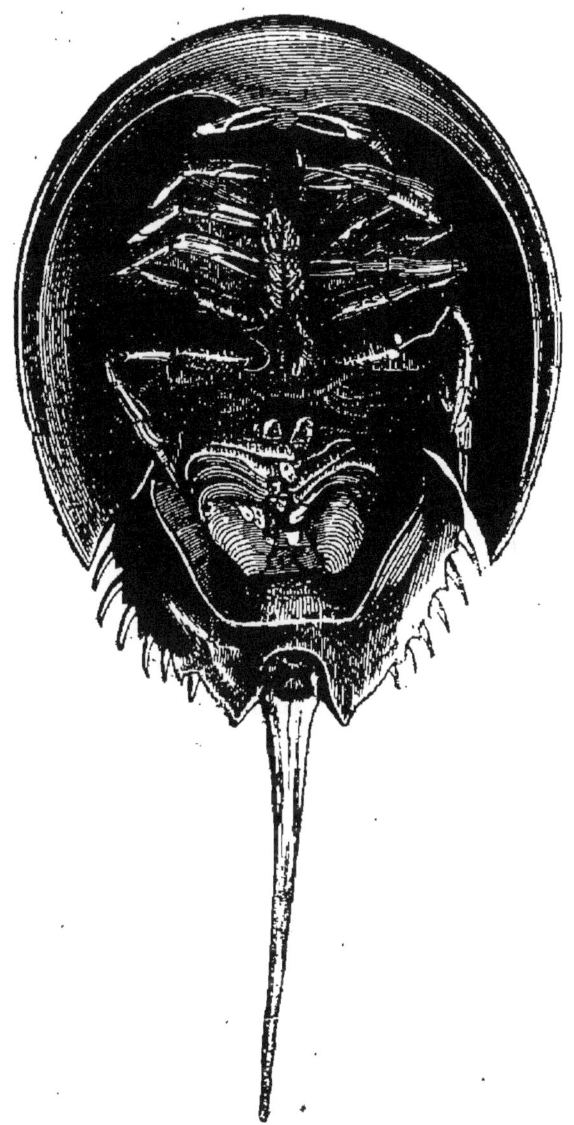

Fig. 349. Limule vue en dessous.

ORDRE DES DÉCAPODES BRACHYURES.

Les décapodes brachyures, dont le type sera si vous voulez le crabe *tourteau* (fig. 350), si commun sur nos côtes, sont une simplification du type macroure.

A l'état de larves, ils présentent souvent des caractères fort analogues, mais un des effets de leur développement est d'exagérer les dimensions de leur céphalothorax aux dépens de l'abdomen, qui, réduit à l'état d'une sorte de languette triangulaire, se replie et se cache modestement sous le corps. Grâce à la disposition de leurs branchies, divers crabes peuvent sortir de l'eau et vivre à l'air un temps très-long. A chaque marée basse on en voit ainsi des légions courir sur le sable; aux Antilles et en Algérie, des animaux analogues, mais mieux doués encore, se permettent de longues pérégrinations au travers des terres et grimpent même parfois sur les arbres.

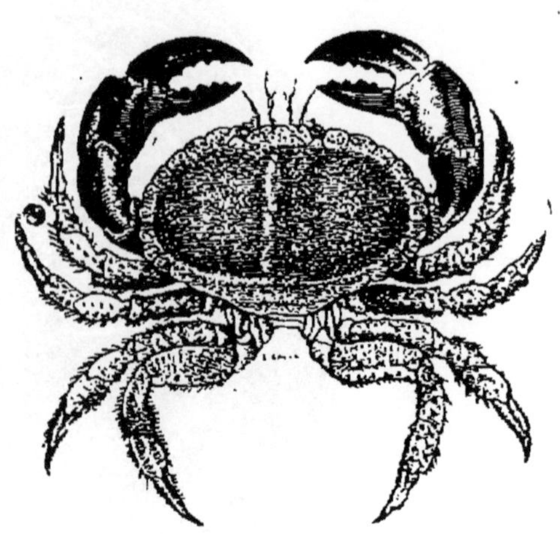

Fig. 350. Crabe tourteau.

Beaucoup de crabes sont comestibles et l'on recherche surtout pour la table le tourteau déjà cité, et les *maïas* ou crabes-araignées.

ORDRE DES OLIGOGNATES.

Sous ce nom on réunit des animaux plus ou moins analogues au *cloporte*, si commun dans les endroits humides.

Ils se distinguent tout d'abord des crustacés précédents en ce que leurs yeux, au lieu d'être portés sur de longs pédoncules, sont *sessiles*, ou, si l'on aime mieux, au ras de la tête; c'est ce que signifie le nom d'*édriophthalmaire* qu'on leur donne quelquefois. Vous remarquez que le cloporte (fig. 351), dépourvu de pinces, a toutes les pattes semblables entre elles, ce qui lui donne un faux air de myriapode. Parmi les oligognates figuren

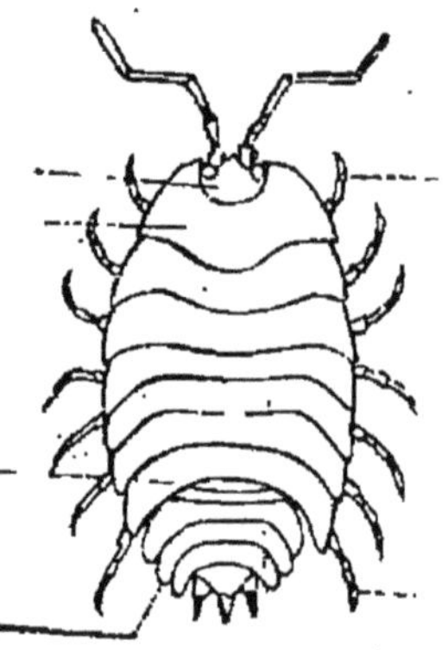

Fig. 351. Cloporte.

beaucoup d'animaux marins; quelques-uns sont de grande taille. On leur rattache aussi des animaux extrêmement intéressants, sur lesquels nous aurons à revenir plus tard, car on ne les connaît qu'à l'état fossile et leur étude fait partie, par conséquent, de la géologie : ce sont les *trilobites*, dont les restes se rencontrent par exemple entre les feuilles des ardoises d'Angers.

ORDRE DES CIRRHIPÈDES.

Fig. 352. Balane.

Les *cirrhipèdes* sont des animaux fort intéressants pour les zoologistes, mais que nous devons ici nous borner à mentionner. Celles d'entre vous qui sont allées au bord de la mer en connaissent une des formes dans les *balanes* (fig. 352), dont les coquilles coniques, composées d'un grand nombre de valves, recouvrent parfois de leurs rangs serrés des rochers tout entiers.

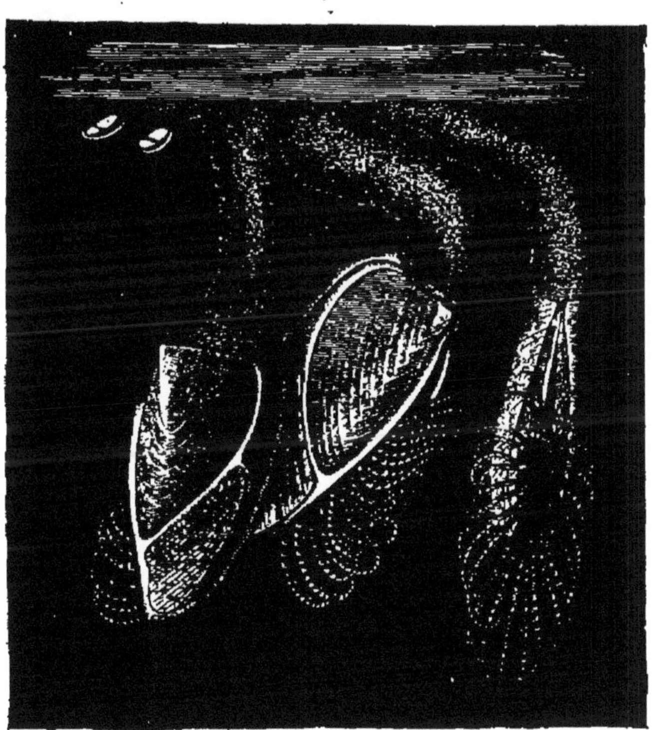

Fig. 353. Anatifes.

Au même ordre appartiennent aussi les *anatifes* (fig. 353), et vous seriez sans doute fort étonnées de voir ici mentionner des bêtes qui ressemblent si peu aux langoustes, si je n'ajoutais que pendant les premiers temps de leur vie les balanes et les anatifes sont libres et présentent franchement les caractères du type crustacé.

XVI

LES VERS

Les annélides et les helminthes — Le ver de terre. — La sangsue. — La trichine. — La douve. — Le tænia.

QUATRIÈME EMBRANCHEMENT

LES VERS OU ANNELÉS

L'embranchement auquel nous arrivons est loin d'avoir pour nous l'importance du précédent, et nous pourrions le considérer comme lui faisant une sorte d'annexe.

Les animaux qui s'y rencontrent présentent, dans la constitution de leur corps, une succession d'anneaux encore plus nette que

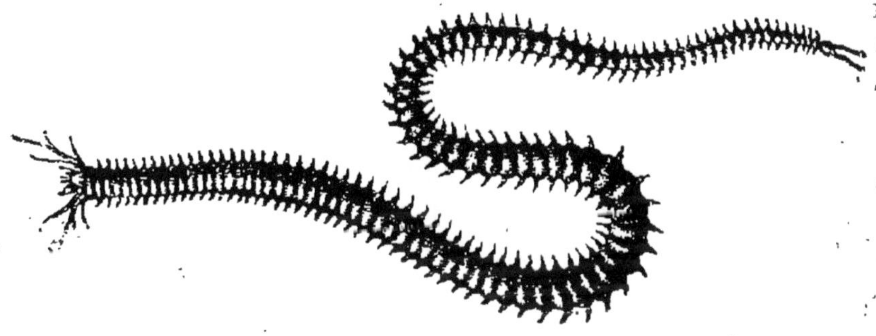

Fig. 354. Néréide, comme type d'annelé.

chez les arthropodes, et c'est ce qu'on a voulu exprimer par le nom même d'*annelés* (fig. 354). Chacun des articles dont il s'agit, séparé de ses voisins par une cloison plus ou moins complète, constitue presque un organisme distinct et complet. Du moins, chacun de ces articles possède-t-il la faculté de se compléter quand il a été isolé. Tellement que c'est un mode de reproduction normal de beaucoup de vers de se couper par morceaux auxquels poussent bientôt les parties perdues par le fait de la section.

Nous allons voir cette *scissiparité,* comme on l'appelle, devenir très fréquente à la base de l'animalité.

Cette remarque pourrait jusqu'à un certain point nous faire deviner l'anatomie des vers qui, sauf pour ce qui concerne les deux extrémités du corps, se trouve être presque la répétition, un nombre plus ou moins grand de fois, de l'anatomie de l'un quelconque de leurs anneaux.

La chose est vraie, par exemple, pour le *lombric* ou ver de terre. Le corps est enveloppé d'une peau où il est facile de reconnaître trois couches successives principales. A l'extérieur est une couche épidermique, dite *cuticule*, qui recouvre une couche musculeuse dont les fibres circulaires sont dirigés en travers ou, si vous voulez, perpendiculairement à la longueur de la bête. La troisième couche, de même nature, présente au contraire ses fibres dans la direction longitudinale.

Les organes locomoteurs sont des petites soies raides au nombre de huit par anneau chez le lombric, mais très variables de forme et de situation chez les divers annelés et qui peuvent manquer.

Les différents viscères sont placés dans toute la longueur du corps, présentant souvent comme un centre vers la région moyenne de chaque anneau. Ainsi le système nerveux se présente comme une chaîne ventrale composée d'une série de ganglions en nombre égal ou double de celui des anneaux et ressemblant à celui des arthropodes. Le système circulatoire comprend encore un vaisseau dorsal jouant le rôle du cœur et des lacunes pour le retour du sang épuisé.

La respiration se fait en général par la peau. L'appareil digestif est un gros tube replié d'une façon plus ou moins compliquée.

Cette structure générale, d'ailleurs atténuée chez certains annelés dont le type bien connu est la *sangsue*, se trouve chez d'autres portée au maximum. Le *tænia* ou *ver solitaire* est, à cet égard, le meilleur exemple qu'on puisse citer. Chacun de ses innobrables articles est un organisme complet possédant non seulement tout ce qu'il faut pour vivre, mais encore pour se multiplier.

On a divisé l'embranchement des vers en six classes principales.

I. CLASSE DES ANNÉLIDES

Ce qui précède nous permet d'être bref en ce qui concerne les annélides. Disons tout d'abord que leur caractère le plus distinctif à l'égard de beaucoup d'autres vers, qui sont des parasites, est de vivre d'une vie indépendante. Les unes sont pourvues des soies locomotrices dont nous avons parlé : ce sont les *Chétopodes;* les autres se meuvent à l'aide de ventouses placées à leurs deux extrémités : on les appelle les *Hirudinées.* Le ver de terre et la sangsue peuvent être pris comme types de ces deux ordres.

Les vers de terre, bien connus de tout le monde, ont pris dans ces derniers temps, à la suite de recherches très remarquables, une importance tout à fait extraordinaire.

Vous verrez plus loin (p. 394) comment M. Pasteur a été conduit à leur attribuer une part importante dans la transmission de

Fig. 355. Sangsue.

la terrible maladie connue sous les noms de charbon et de pustule maligne. Un savant illustre, Ch. Darwin, a démontré, de son côté, que les mêmes animaux ont un rôle très actif dans la formation de la terre végétale.

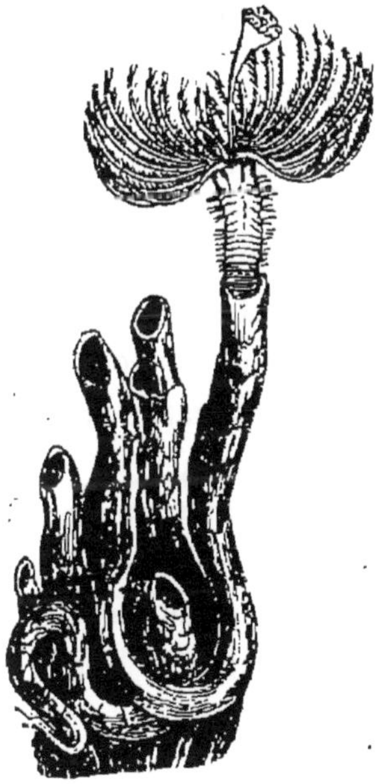

Les sangsues (fig. 355), au lieu de vivre sous la terre, habitent les eaux. Outre qu'elles nagent, elles se meuvent par un mécanisme très particulier. Leur corps offre à chacune de ses extrémités une vraie ventouse dans laquelle elles font le vide, et qui leur donne avec les corps sur lesquels elles s'appliquent une adhérence très solide. Une fois fixées ainsi par un bout, elles se hissent sur ce point d'appui et progressent de cette façon.

Fig. 356. Serpule.

Vous savez l'usage médical que l'on fait des sangsues. Leur bouche possède trois petites mâchoires disposées comme trois rayons autour d'un centre; leurs dents de scie les rendent aptes à percer la peau très aisément, et elles pompent le sang de la blessure de façon à produire le même effet qu'une saignée.

On cultive les sangsues dans des étangs spéciaux et on les récolte souvent par un procédé des plus barbares.

La reproduction des sangsues se fait par des œufs; jamais les phénomènes de scissiparité n'interviennent.

Beaucoup d'annélides sont fixées et sécrètent un tube calcaire dans l'intérieur duquel elles trouvent une protection. Les *serpules* (fig. 356) en sont un exemple.

2. CLASSE DES ROTIFÈRES

Il suffit de mentionner les rotifères, déjà nommés et figurés page 9, à cause de leur singulière faculté de pseudo-résurrection. Ce sont des vers pourvus de cils très mobiles situés à l'extrémité antérieure de leur corps et dont les téguments sont assez transparents pour laisser voir, sans dissection, divers organes internes. On aperçoit le système digestif et même le système nerveux, qui comprend avant tout un ganglion cérébroïde. Par contre, on constate l'absence de tout système vasculaire et même de cœur.

3. CLASSE DES BRYOZOAIRES

Les bryozoaires, dont la classification a été soumise à d'innombrables vicissitudes, paraissent pouvoir être considérés comme des vers : ils sont ordinairement agrégés en grand nombre et habitent des concamérations de nature cornée d'où ils font sortir la couronne de tentacules ciliés qui orne leur partie antérieure. C'est à ces tentacules, qui leur donnent l'aspect d'un petit gazon, qu'ils doivent leur nom qui signifie en effet *animaux-mousses*. Leur anatomie est très compliquée; elle comprend avant tout un tube digestif recourbé en anse et un appareil nerveux dont le centre est un ganglion simple. Certains bryozoaires vivent dans nos eaux douces comme les *cristatelles* et les *plumatelles*, d'autres habitent la mer. Les *flustres* et les *eschares* sont dans ce dernier cas.

4. CLASSE DES NÉMATODES OU VERS ENTOZOAIRES RONDS

Les vers auxquels nous arrivons ne peuvent vivre et se multiplier que s'ils habitent en parasites l'intérieur d'autres animaux. On les appelle souvent pour cette raison *vers intestinaux*, quoiqu'ils puissent se rencontrer souvent dans d'autres organes que les intestins.

Leur forme cylindrique les distingue d'autres vers tantôt aplatis, tantôt rubanés, qui se répartissent dans une seconde grande classe, celle des *plathelminthes* dont nous allons parler.

Comme type de nématode, nous ne pouvons citer rien de plus caractérisé que la terrible *trichine* (fig. 357), dont tout le monde a entendu parler. Ce ver habite très souvent dans la chair du cochon et s'y multiplie avec une rapidité extraordinaire en détruisant le tissu musculaire. Quand on tue un cochon, la trichine se roule sur elle-même et s'*enkyste*, c'est-à-dire s'enveloppe d'une coque résistante. En cet état elle peut attendre un sort meilleur et supporte la salaison de la viande, son fumage et même sa cuisson modérée. Mangée alors avec le porc, elle reprend son activité dans l'estomac du mangeur imprudent, traverse ses tissus et va exercer dans ses muscles des ravages qui amènent presque nécessairement la mort.

Fig. 357. Trichines.

On n'a pas trouvé de remède certain à la trichine et l'on n'est sûr de lui échapper qu'en faisant usage de porc très cuit.

Beaucoup d'autres nématodes sont funestes à l'homme. Le *ver de Médine*, ou *dragoneau*, se loge sous la peau de l'homme et se multiplie prodigieusement. L'*anguillule stercoraire* donne lieu, en Cochinchine, à une diarrhée particulière à laquelle succombent, chaque année, un très grand nombre d'Européens.

5. CLASSE DES PLATHELMINTHES

ORDRE DES TRÉMATODES.

Les vers plats qui forment l'ordre des *trématodes* comptent des parasites dont quelques-uns s'attaquent à l'homme. La *douve*, qui habite le foie, est remarquable par le phénomène de génération alternante auquel elle donne lieu et sur lequel nous allons revenir à l'égard des helminthes dont il nous reste à parler.

ORDRE DES CESTOÏDES.

Vous aurez une idée très complète des *cestoïdes* par l'histoire du ver solitaire ou tænia (fig. 358). A son état de complet développement, c'est un animal qui peut atteindre plusieurs mètres de longueur, constitué d'une infinité d'anneaux fixés bout à bout et présentant en avant une grosse tête dont la bouche est armée de puissants crochets.

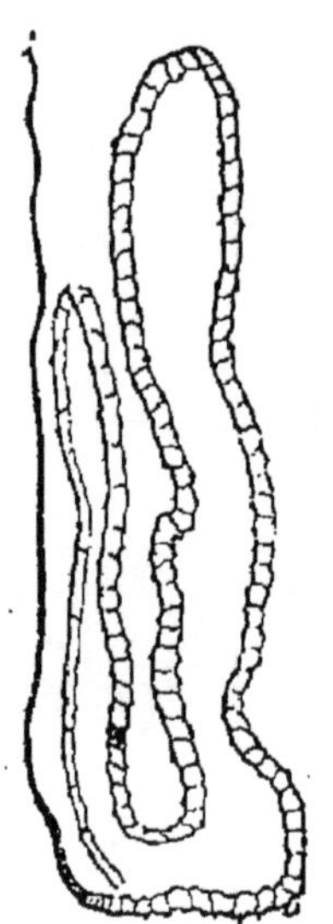

Fig. 358. Tænia.

Solidement ancré dans l'épaisseur de la paroi de l'intestin, le parasite se nourrit de la substance même de l'individu qu'il habite et défie longtemps, dans cette position retranchée, les efforts du médecin qui cherche à l'en déloger. D'ailleurs il supporte gaillardement des échecs partiels et abandonne de longues séries de ses articles sans en souffrir aucunement. Tant que la tête tient, rien n'est perdu pour lui. D'un autre côté, les anneaux, pour être livrés à eux-mêmes, ne sont pas morts. Chacun d'eux est bourré d'œufs qui, même en dehors de l'organisme où ils s'abritaient, peuvent résister longtemps aux agents de destruction.

Broutés avec l'herbe par quelque mouton ou par quelque porc, les œufs mûrissent, s'ouvrent et laissent sortir des embryons microscopiques qualifiés souvent de *protoscolex* et qui perforent les tuniques intestinales pour parvenir, par les vaisseaux, soit au cerveau, soit au foie, soit à d'autres organes. Ils s'enkystent alors, puis bourgeonnent et se transforment ainsi en animalcules globuleux pourvus d'une bouche et de mâchoires, et qu'on connaissait bien longtemps avant de savoir qu'ils sont comme la larve du tænia. On les regardait comme des trématodes et on les nommait *cysticerques* Aujourd'hui ils sont dits plus volontiers *deutoscolex*. Les porcs qui en sont infestés sont connus sous le nom de *ladres*. Chez le mouton, dont ils envahissent volontiers le cerveau, ils déterminent le *tournis*, maladie qui se manifeste par une rotation incessante du malheureux mammifère sur lui-même. Parvenus à ce lieu d'élection, les cysticerques attendent sans transformation qu'une circonstance favorable les ramène dans le tube digestif de l'homme. Une fois là, les animaux greffés sur la paroi de l'intestin s'augmentent par bourgeonnement de la série d'anneaux, dont chacun est un *proglottis* et qui caractérisent le *tænia*, et ils sont tout prêts à recommencer le cycle de cette génération alternante.

6. CLASSE DES BRACHIOPODES

Comme dernière classe de vers, il convient de nommer ici les brachiopodes, souvent rapprochés des mollusques bivalves, auxquels ils ressemblent extérieurement par la possession d'une coquille calcaire. Cette coquille elle-même, il est vrai, est différente de celle des mollusques en ce qu'on n'y peut plus distinguer une valve droite et une valve gauche, mais une valve antérieure et une valve postérieure : le plan de symétrie de l'animal ne passant plus par la charnière, mais lui étant perpendiculaire. L'anatomie des brachiopodes les distingue aussi très nettement des mollusques. Ils n'ont ni pied, ni lamelles branchiales, ni cœur, ni vaisseaux; la respiration est en quelque sorte diffuse et le manteau constitue une sorte de branchie cutanée; la circulation est entièrement lacunaire. A la bouche fait suite un appareil digestif complet. Le système nerveux comprend deux ganglions placés, l'un au-dessus l'autre au-dessous de l'œsophage, et réunis par une sorte de collier plus ou moins net et difficile à voir.

Les brachiopodes sont tantôt libres comme les *productus*, les *leptæna*, etc., tantôt fixés, soit par un pédoncule comme les *terebratules*, soit par la substance du test comme les *cranies*. Dans le premier cas le pédoncule peut être annelé et se rapprocher ainsi de l'aspect des vers; c'est ce qui a lieu entre autres chez les *glottidies*.

On divise les brachiopodes suivant qu'ils possèdent ou non une charnière. Les *lingules*, les *cranies* appartiennent au premier ordre. Les *rhynchonelles*, les *terebratules*, figurent dans le second, qui mérite spécialement le nom de brachiopode, possédant une sorte de squelette calcaire qui supporte des tentacules roulés en spirales auxquels on donne le nom de bras.

XVII

LES MOLLUSQUES

Les céphalopodes : poulpe; calmar; nautile. — les gastropodes : escargot — Les pélécypodes ou lamellibranches : huître, taret, pholade.

CINQUIÈME EMBRANCHEMENT

LES MOLLUSQUES

L'embranchement des mollusques a pour nous une très grande importance et à deux points de vue très différents.

Tout d'abord, on tire des mollusques une foule de substances utiles, depuis de la matière alimentaire comme la chair des huîtres, des moules et de bien d'autres, jusqu'à des objets d'ornement comme les perles et la nacre, en passant par des produits variés, encre de Chine, pourpre, etc.

D'un autre côté, et comme nous le verrons avec détail dans une autre partie de ce cours, l'étude des mollusques a fourni la base même de la chronologie de l'histoire de la Terre ou géologie, et à cet égard l'importance de cet embranchement, quoique de nature purement scientifique, est beaucoup plus considérable que l'on ne saurait croire à première vue. Ainsi la découverte de certains mollusques dans les couches du sol est la raison déterminante de l'installation d'exploitations minérales qui contribuent pour une très forte part à la richesse des nations.

A première vue, les mollusques semblent n'avoir aucun caractère commun avec les animaux qui nous ont occupés précédemment. Ici, plus de division du corps en articles successifs; plus de squelette locomoteur et, au contraire, une mollesse extrême de tous les téguments, d'où vient le nom même de *mollusques*. Le corps, très marqué au sceau de la symétrie bilatérale, est souvent enroulé sur lui-même latéralement. On y voit un expansion ventrale connue sous le nom de *pied* et bien souvent une *coquille calcaire*, dont la variété de forme, d'un genre à l'autre, est merveilleuse et qui souvent (fig. 760) offre à l'animal une organe de protection.

Les mollusques possèdent un système digestif compliqué ordinairement de glandes volumineuses. Chez les acéphales l'intestin traverse le cœur. Un grand nombre possèdent une langue munie de dents et appelée *radule.*

Le système respiratoire est très varié, ordinairement trachéal, parfois pulmonaire. Le cœur est à deux cavités, mais, à l'inverse de ce qu'on a vu chez les poissons, il correspond à la moitié gauche du cœur de l'homme, recevant le sang au sortir de l'appareil respiratoire et le lançant directement dans toutes les parties du corps.

Le système nerveux ne présente ni moelle épinière ni chaîne ganglionnaire sous-intestinale : il est cependant fort perfectionné et, malgré d'innombrables variantes, on peut le ramener à un type très spécial. Il comprend en effet essentiellement trois centres pairs très distincts dont le plus visible, dit ganglion cérébral, est directement rattaché par des connectifs aux deux autres, ganglion pédieux et ganglion viscéral : il en résulte par conséquent un *double collier* par lequel du reste passe l'œsophage. C'est, comme on voit, une disposition nettement différente de celles que présentent les arthropodes.

Fig. 360. Limnée des étangs, comme exemple de mollusque pourvu d'une coquille calcaire.

On retrouve chez les mollusques les organes des sens : les yeux des céphalopodes sont comparables à ceux des poissons ; chez les mollusques inférieurs les yeux sont souvent comme diffus sur une surface très grande. L'ouïe dispose d'otocystes reliés au ganglion cérébral par des filets nerveux.

Les mollusques se répartissent en cinq classes auxquelles on donne les noms de *céphalopodes*, de *ptéropodes*, de *gastropodes*, de *scaphopodes* et de *pélécypodes* ou *lamellibranches*.

CLASSE DES CÉPHALOPODES

Le nom de *céphalopodes* veut dire *pieds sur la tête*, et fait allusion à l'existence autour de la tête de ces mollusques d'expansions en forme de bras. Ce ne sont toutefois pas des membres locomoteurs, mais des organes de préhension souvent munis de ventouses. Tout le monde a vu des dessins représentant le *poulpe* ou *pieuvre* (fig. 362) et connaît la disposition de ses bras.

On est très frappé, quand on étudie les céphalopodes, de la perfection relative de leur organisation. Pour en donner une idée frappante, il suffit de dire que le système nerveux (fig. 363) y présente un ganglion céphalique, sorte de cerveau, protégé par un cartilage très comparable à un crâne. La tête est d'ailleurs séparée du corps par un cou et porte deux yeux fort analogues à ceux des poissons. Ces caractères sont, comme on voit, supérieurs de beaucoup à ceux de l'amphioxe, qui est un vertébré, mais nous allons voir l'infériorité du mollusque se révéler à d'autres égards.

Fig. 362. Le poulpe.

L'appareil circulatoire est fort compliqué, et c'est ce qui résulte de l'examen de la figure.

La locomotion est rétrograde et se produit par le rejet de l'eau qui a servi à la respiration.

Celle-ci se fait au moyen de branchies (fig. 364), et c'est d'après le nombre de ces organes, qui peuvent être deux ou quatre, qu'on divise les céphalopodes en deux ordres.

L'ordre des céphalopodes à deux branchies ou *dibranches* comprend des animaux pourvus de huit ou dix bras.

Les premiers se rapportent à deux types caractérisés par la présence ou par l'absence de coquille. L'*argonaute* possède une coquille extrêmement délicate. Le *poulpe* (voy. fig. 362, p. 359), qui n'a pas

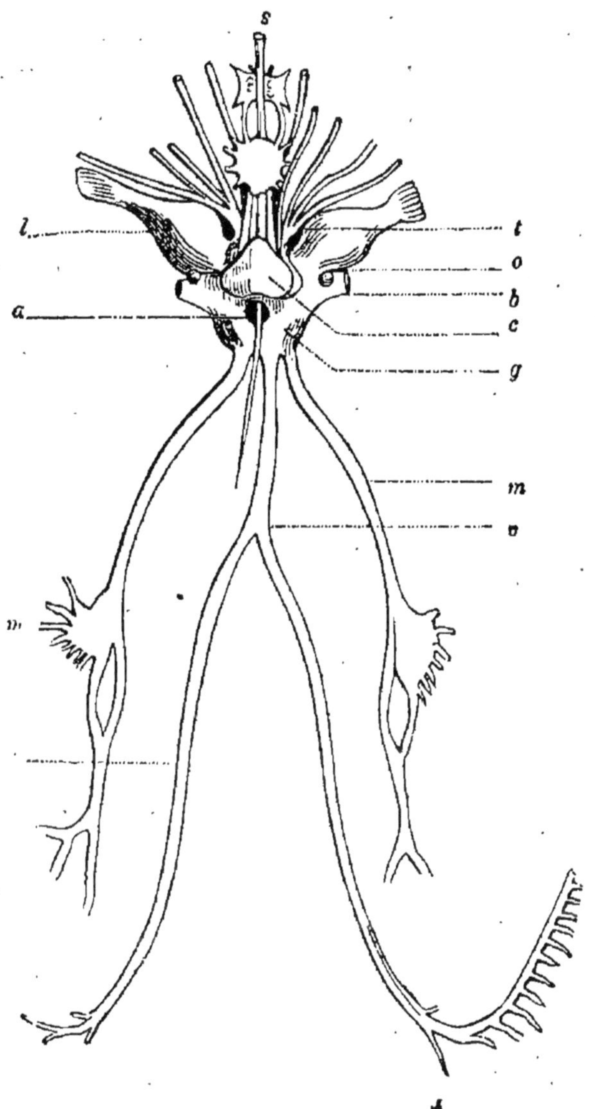

Fig. 363. Système nerveux de la sèche.

a, le collier nerveux qui embrasse l'œsophage dont le trajet est indiqué par une soie *s*; *c*, la masse nerveuse située au-devant de l'œsophage et nommée communément le *cerveau*; *b*, ganglions tentaculaires; *o*, nerfs optiques; *t*, tubercules veineux à l'origine des nerfs optiques; *g*, ganglion sous-œsophagien ou ventral; *v*, grand nerf des viscères; *m*, nerf qui présente un gros ganglion étoilé dont les branches se distribuent dans le manteau.

de coquille, a donné lieu depuis l'antiquité à une foule de fables basées sur ce fait, d'ailleurs certain, qu'il peut atteindre des dimensions considérables.

Parmi les céphalopodes dibranches ayant dix bras, nous mentionnerons la *sèche*, pourvue d'un squelette interne, et dont on fait un aliment assez estimé dans le Midi. Le *calmar* (fig. 365) est un genre voisin. Ces animaux se signalent par le développement d'une

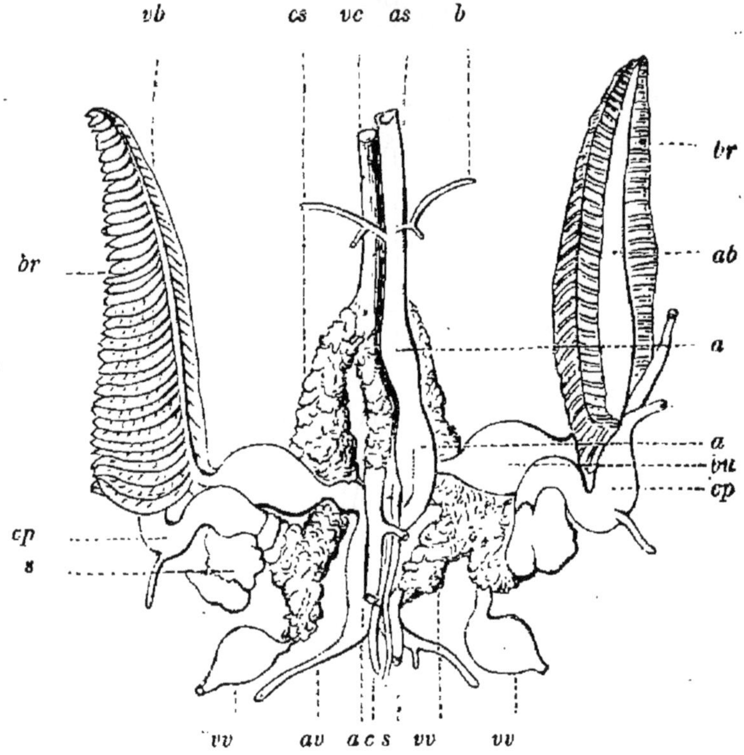

Fig. 364. Organes de la circulation et de la respiration d'un céphalopode : *c*, cœur aortique ; *as*, aorte supérieure ; *b*, branches de l'aorte supérieure ; *a*, aorte inférieure ; *av*, ses branches ; *vc*, veine cave ; *cs*, corps spongieux qui la recouvrent ; *vv*, veines viscérales ; *cp*, cœurs branchiaux ; *s*, renflement des artères branchiales ; *br*, branchies ; *ab*, artère branchiale ; *vb*, veine branchiale ; *bu*, bulbe des veines branchiales.

poche à encre destinée à obscurcir l'eau autour d'eux en cas de danger et à leur permettre ainsi de fuir. On en fabrique l'encre de Chine.

L'ordre des céphalopodes à quatre branchies, ou *tétrabranches*, ne comprend que le genre *nautile*, dont la belle coquille est connue de tout le monde. On sait qu'elle est divisée en chambres successives, dont la dernière seulement est habitée par l'animal. Un siphon lui permet d'ailleurs d'en faire varier le poids afin de flotter sur la mer ou d'y plonger, suivant ses besoins. Les bras du nautile sont dépourvus de ventouses et subdivisés en doigts.

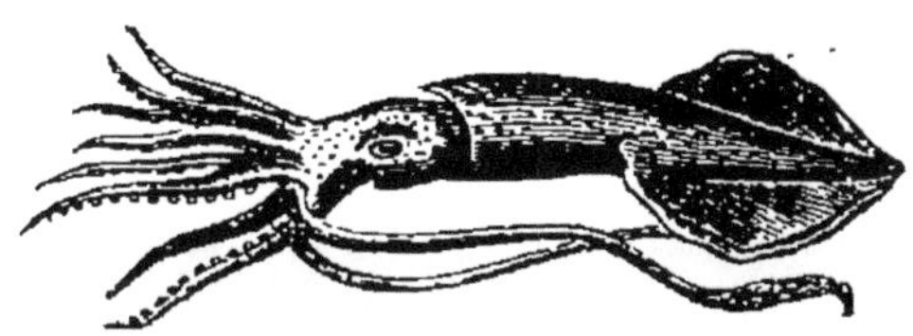

Fig. 365. Le calmar.

CLASSE DES PTÉROPODES

On réunit dans une classe particulière des mollusques, d'ailleurs fort peu nombreux, dont la tête peu distincte est munie d'yeux rudimentaires et que caractérisent avant tout deux grosses nageoires en forme d'ailes. C'est de ce dernier fait qu'est tiré leur nom de ptérododes. Les types les plus connus sont les *hyales* et les *cliones.*

CLASSE DES GASTROPODES

L'*escargot* peut servir de type de la classe des gastropodes. Vous en connaissez la coquille enroulée sur elle-même et vous avez constaté que l'animal, sorti de sa demeure, se meut à l'aide d'une sorte de pied aplati en dessous et gluant. C'est de ce pied que vient le nom de la classe. La tête est bien distincte et porte des tentacules, vulgairement appelés cornes, à la base desquels sont les yeux, d'ailleurs extrêmement petits.

Chez l'escargot (fig. 367), la respiration est pulmonaire et elle l'est aussi chez les *limaces* (fig. 368), qui sont comme des escargots sans coquilles. En cherchant bien, on trouve cependant, sous la peau, une petite plaque calcaire qui est un rudiment de cet organe.

Chez la plupart des gastropodes, la respiration est branchiale, et les branchies (fig. 369) sont construites sur le type que nous connaissons déjà.

Le système circulatoire est compliqué. Le cœur, placé sur le dos, est ordinairement traversé par l'intestin.

Le système nerveux est beaucoup moins centralisé que chez les céphalopodes.

Beaucoup de gastropodes sont comestibles, l'escargot, par exem-

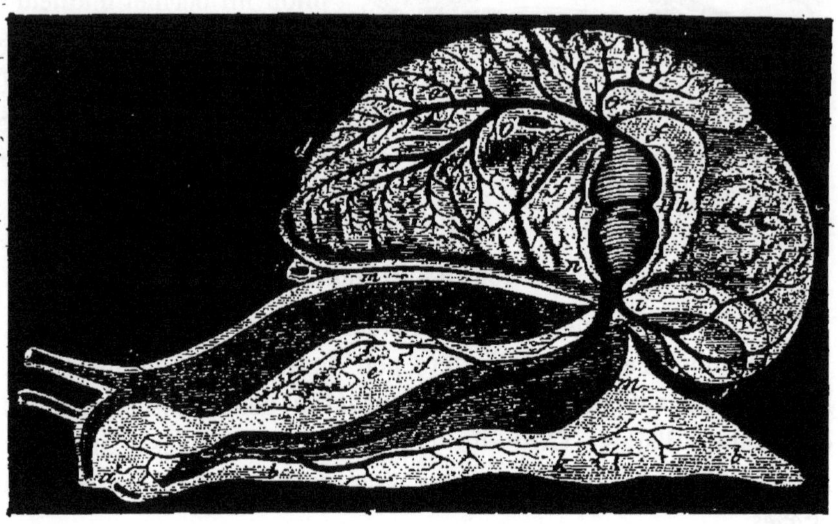

Fig. 367. Anatomie du colimaçon, comme type de gastropode pulmoné. *a*, bouche; *b b*, pied; *d d*, poumon; *e*, estomac recouvert en partie par les glandes salivaires; *f f*, intestin; *g*, foie; *h*, cœur; *i*, aorte; *j*, artère gastrique; *l*, artère hépatique; *k*, artère du pied; *m m*, cavité abdominale remplissant les fonctions d'un sinus veineux; *n n*, canal irrégulier portant le sang au poumon; *o o*, vaisseau qui porte le sang artériel du poumon au cœur.

ple. Sur nos côtes on mange la *littorine* ou vignau et l'*haliotide* ou ormier (fig. 370).

Ce dernier est utilisé pour la fabrication de boutons en nacre. Les anciens tiraient leur pourpre d'un mollusque gastropode dont les savants ont fait le genre *Purpura*.

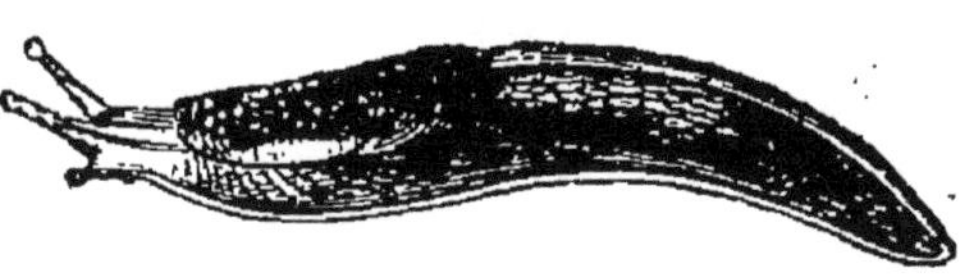

Fig. 368. Limace.

Les gastropodes se divisent en quatre ordres qu'il est indispensable de citer : le premier est relatif aux *pulmonés*, décrits plus haut et dont le type est l'escargot; le deuxième est celui des *hétéropodes*, remarquable par l'existence d'un pied muni d'une ventouse : la *cari-*

naire le représente très bien; le troisième ordre est celui des *opi-*

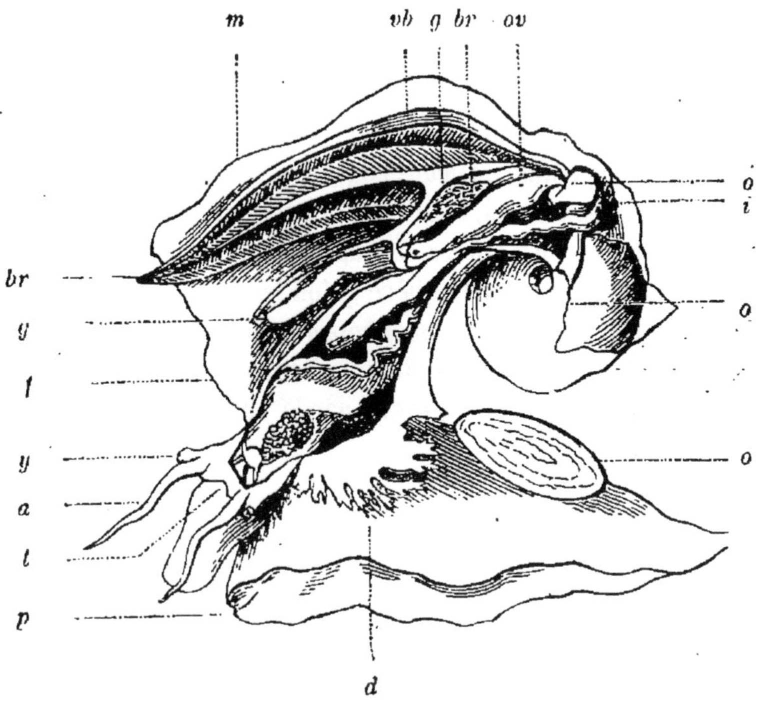

Fig. 369. Anatomie du turbo, comme type des gastropodes à respiration branchiale : *p*, le pied ; *o*, l'opercule ; *t*, la tête ; *a*, les tentacules; *y*, les yeux ; *f* et *m*, le manteau ; *g g*, l'artère branchiale ; *vb*, la veine branchiale ; *br*, les branchies ; *e*, l'estomac et le foie ; *i*, l'intestin ; *d*, membrane frangée qui borde l'ouverture de la cavité respiratoire.

stobranches, où l'on trouve la veine branchiale débouchant dans l'oreillette en arrière du ventricule : les *bulles*, l'*aplysie* ou lièvre de mer, les *doris* se rangent ici; enfin le quatrième ordre, de beaucoup le plus nombreux, celui des *prosobranches*, réunit les gastropodes où les branchies et l'oreillette sont placées en avant du ventricule. Parmi eux, la forme des branchies, qui peut être en peigne, en bouclier ou en cercle, permet de distinguer les groupes distincts des *cténobranches* (*cérithe*, *mélanie*, *natice*, *por-*

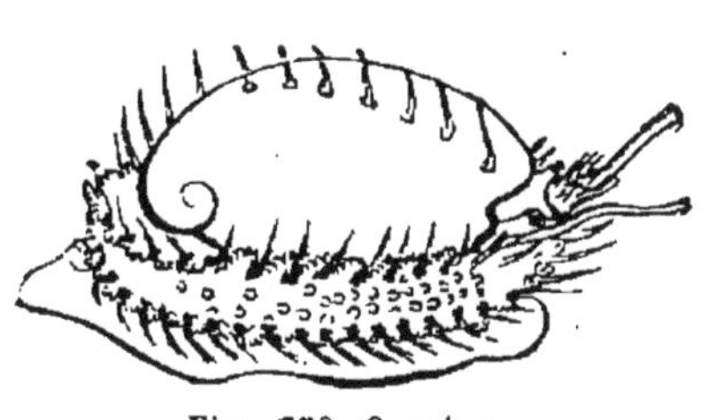

Fig. 370. Ormier.

celaine, *strombe*, *casque*, *murex*, *scalaire*, *triton*, etc.); des *aspidobranches* (*fissurelles*, *haliotide*, *troque*, *nérite*), et des *cyclobranches* (*patelles*, *oscabrions*).

CLASSE DES SCAPHOPODES

Les *dentales* sont de petits mollusques extrêmement communs sur toutes nos côtes, où leurs coquilles, en forme de corne éburnée ouverte aux deux bouts, sont recherchées pour en faire la décoration de petites boîtes ou d'autres ouvrages débités dans les ports de mer. Leur anatomie est si particulière qu'on les a séparés dans une classe distincte, dont le nom de *scaphopodes* fait allusion à la forme en nacelle de leur pied trilobé. Ces animaux sont dépourvus de tête, d'yeux et de cœur ; ils respirent par la surface du manteau et par des tentacules filiformes.

CLASSE DES LAMELLIBRANCHES OU PÉLÉCYPODES.

Longtemps cette classe, dont l'huître sera le type, a été qualifiée d'*acéphale*. On n'aperçoit pas en effet de tête distincte chez les animaux que nous allons étudier. Mais on y retrouve toutes les parties de cette tête : ganglions nerveux, yeux, bouches et organes des sens. Le nom de *lamellibranches* fait allusion à la disposition des branchies, disposées en larges lamelles bien visibles chez l'huître ordinaire (fig. 371). Celui de *pélécypodes* exprime que le pied est en forme de hache.

Un caractère facile à constater de ces animaux est dans le corps, pris entre les deux valves d'une *coquille à charnière* (fig. 370). Les deux valves sont rattachées ensemble par un ligament disposé de telle manière qu'il tend à les écarter et à ouvrir la coquille. Des muscles permettent à l'animal de refermer sur lui cette enveloppe protectrice. La coquille, comme chez les mollusques précédents, est sécrétée par les replis du manteau et sa forme spéciale vient de la forme même de celui-ci.

C'est entre ces deux replis que se trouve la bouche, suivie d'un œsophage, d'un estomac, d'un appareil excréteur dit *organe de Bojanus* et d'un intestin.

Comme nous l'avons dit, les organes de la respiration consistent

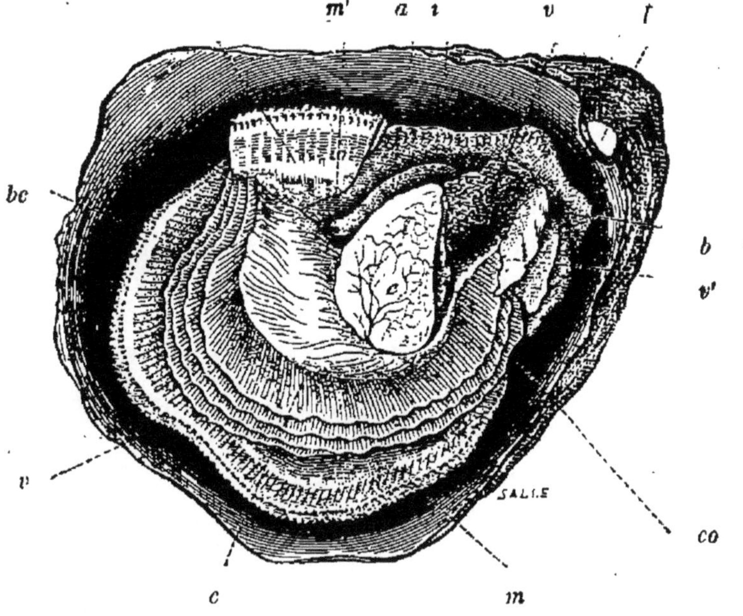

Fig. 371. Anatomie de l'huître, comme type de mollusque lamellibranche : *v*, l'une des valves de la coquille ; *v'*, sa charnière ; *m*, l'une des lobes du manteau ; *m'*, portion de l'autre lobe reployée en-dessus ; *c*, muscles de la coquille ; *br*, branchies ; *b*, bouche ; *t*, tentacules labiaux ; *f*, foie ; *i*, intestin ; *co*, cœur.

en branchies disposées en peignes, auxquelles sont souvent adjoints des tubes dits *siphons* qui servent à l'admission et au rejet de l'eau utile à la respiration.

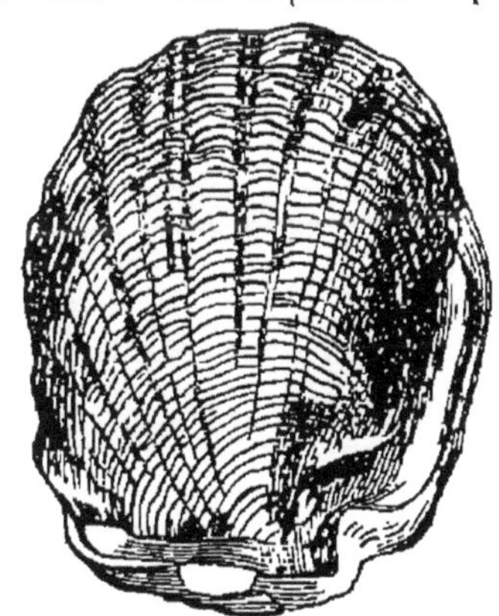

Fig. 372. L'aronde perlière ou pintadine comme type de coquille bivalve.

Les lamellibranches se reproduisent par des œufs dont le nombre est parfois prodigieux, et auxquels, dans la pratique, on donne le nom de *naissain*. Ces œufs, dans les espèces utiles, sont une véritable graine qu'on emploie à la multiplication comme s'il s'agissait de plantes.

De ces œufs sortent de petites larves libres et ciliées qui ne ressemblent en rien à leurs parents, et qu'on pourrait prendre pour des infusoires.

Les lamellibranches sont les uns fixés aux rochers ou autres corps sous-aquatiques, les autres libres, comme les *pintadines*, et se livrent alors parfois à des excursions rapides à longues distances. La plupart sont marins; certaines espèces cependant habitent les eaux douces.

Les *pholades* (fig. 373) ont la faculté de perforer les roches sous-marines du littoral. Le mécanisme qu'elles mettent en œuvre pour venir ainsi à bout des pierres les plus dures, comme le gneiss et le granit, consiste dans une friction, bien des fois répétée, avec des sortes de petits burins en silice pure, dure comme le cristal de roche.

Fig. 373. Pholades dans les trous qu'elles percent dans la pierre.

Le *taret* (fig. 374) se comporte d'une façon analogue, mais dans des conditions plus simples, puisqu'il s'adresse au bois. Ces redoutables mollusques s'attaquent aux constructions dont on garnit souvent les côtes pour briser les lames et protéger les ports; ils perforent aussi les navires et, méritant la qualification qu'on leur a donnée de *termites de la mer*, ils ont déterminé plus d'une fois de graves sinistres.

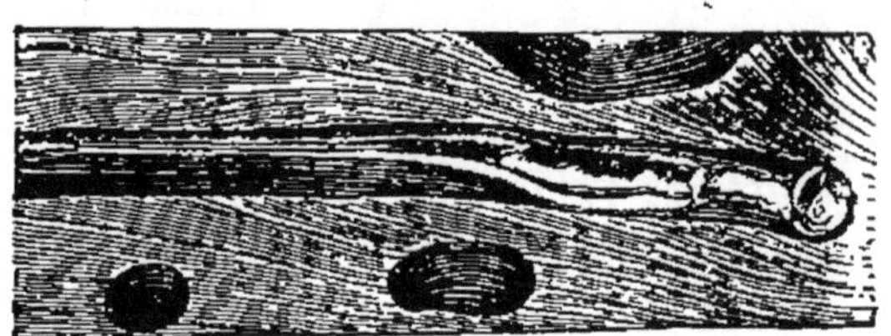

Fig. 374. Taret dans le trou qu'il perce dans le bois.

L'*huître* (fig. 375) est peut-être l'acéphale le plus important, cause de l'industrie à laquelle sa pêche, sa culture et son transport donnent naissance. Dès l'antiquité, ses qualités étaient fort appréciées, et l'on raconte que Vitellius en mangeait 100 douzaines à chacun des quatre repas qu'il faisait tous les jours.

On trouve les huîtres dans les mers peu profondes, et surtout le long des côtes, fixées aux rochers sous la forme de *bancs* dont les dimensions sont parfois très considérables. On les pêche à la drague, système désastreux qui nous menace de la destruction prochaine du genre. On peut engraisser les huîtres dans des *parcs*, et souvent on observe alors qu'elles prennent une couleur verte dont l'origine n'est pas bien connue.

L'huître couve véritablement ses œufs dans ses branchies. La larve, au sortir de l'œuf, est si petite, qu'on a calculé qu'une sphère de 27 millimètres de diamètre en contiendrait 1 728 000.

L'*ostréiculture* ou art de cultiver les huîtres est pratiquée dans

Fig. 375. Groupe d'huîtres.

quelques régions, mais nulle part sur une échelle suffisante pour contre-balancer la disparition progressive du précieux mollusque.

Beaucoup d'autres acéphales sont comestibles. Nous mentionnons seulement les *moules*, les *vénus* (vulgairement coques), les *pétoncles*, les *cardium* (clauvisses), les *peignes* ou coquilles Saint-Jacques, etc.

Ce sont des lamellibranches qui fournissent, pour la plus grosse part, la nacre et la perle. On sait que la coquille de l'huître est fort nacrée, et accidentellement on a rencontré des huîtres perlières : on raconte même le procès intenté à une écaillère qui voulait s'approprier une belle perle qu'elle trouva en ouvrant des huitres.

On a fait des tentatives, d'ailleurs infructueuses, pour provoquer la formation artificielle des perles, qui paraissent bien être le résultat de certaines maladies.

La vraie productrice de la nacre ou de la perle, c'est la *pintadine* ou *mère perle* (voy. plus haut la fig. 370), qui habite la mer Rouge et l'océan Indien, et couvre le fond de la mer sur des lieues carrées de surface. Les pintadines se fixent temporairement par leurs *bissus*, sortes de touffes de filaments sécrétés par l'animal. Mais à de certains moments, et contrairement à ce qui arrive pour la plupart des lamellibranches, elles montrent beaucoup de vivacité et, faisant marcher leurs valves comme des ailes, elles franchissent de grands espaces en peu de temps.

On a trouvé jusqu'à 77 perles dans la même pintadine. La valeur des perles est parfois très grande. En 1579, Philippe II en acquit une, grosse comme un œuf de pigeon, pour la somme de 100 000 fr.; elle vaudrait aujourd'hui 1 million. D'après Pline, la perle de Cléopâtre représentait environ 5 millions. Accidentellement, les perles sont noires et acquièrent alors une valeur beaucoup plus grande.

La pêche des perles est fort pénible et occupe de nombreuses populations.

On divise les lamellibranches ou pélécypodes en deux groupes, d'après l'absence ou la présence des siphons. Parmi les *asiphoniens* se rangent les huîtres, les peignes, les avicules, les moules, les arches, les unios. Au nombre des *siphoniens* nous mentionnerons les chames, les tridacnes, les bucardes, les lucines, les cyclades, les vénus, les mactres, les tellines, les solens, les pholades, les tarets.

XVIII

LES ÉCHINODERMES ET LES POLYPES

L'étoile de mer, les oursins, les holothuries. — L'hydre d'eau douce. — Les méduses. — Les campanulaires.

SIXIÈME EMBRANCHEMENT

LES ÉCHINODERMES

Échinodermes, cela veut dire *peau de hérisson*. Les bêtes qui vont nous occuper un moment sont en effet remarquables par la rudesse de leurs téguments, souvent ornés de pointes aiguës ou d'ornements de formes variées et parfois très volumineux.

Fig. 376. Astérie ou étoile de mer.

Vous connaissez bien certains types d'échinodermes, soit pour les avoir vus sur le littoral, comme les *étoiles de mer* (fig. 376), soit pour les avoir rencontrés sur les marchés, comme les *oursins* (fig. 377), qu'on mange dans beaucoup de localités et surtout dans le Midi. En Chine, vous verriez faire un usage analogue des *holothuries* (fig. 378).

On qualifie souvent ces animaux de *rayonnés*, parce qu'en effet ils présentent certains organes disposés autour d'un centre à la façon des rais d'une roue ou des rayons d'une étoile.

On ajoute parfois que leur symétrie est essentiellement différente de celle des animaux qui nous ont occupés précédemment, de sorte qu'au lieu d'être ordonnée d'après les deux côtés d'un plan, elle est établie en cercle autour d'un axe.

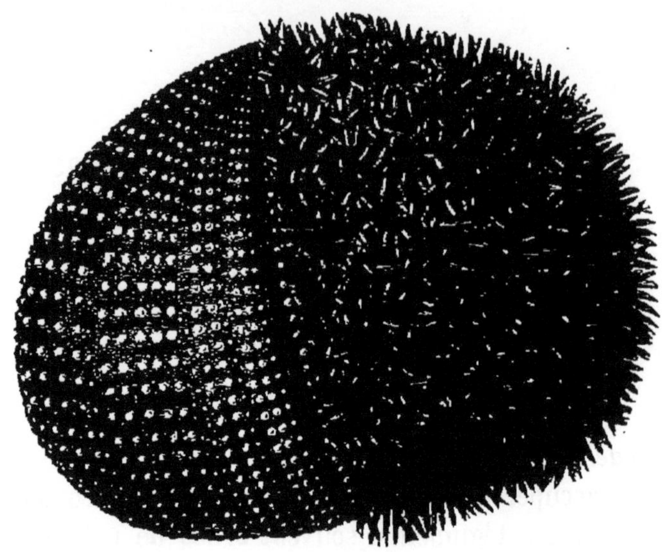

Fig. 377. Oursin (on a enlevé les piquants sur une moitié de l'animal).

Il importe de remarquer tout de suite que cette distinction n'est pas aussi réelle qu'il peut sembler au premier abord. La symétrie bilatérale est évidente chez les holothuries et chez certains oursins

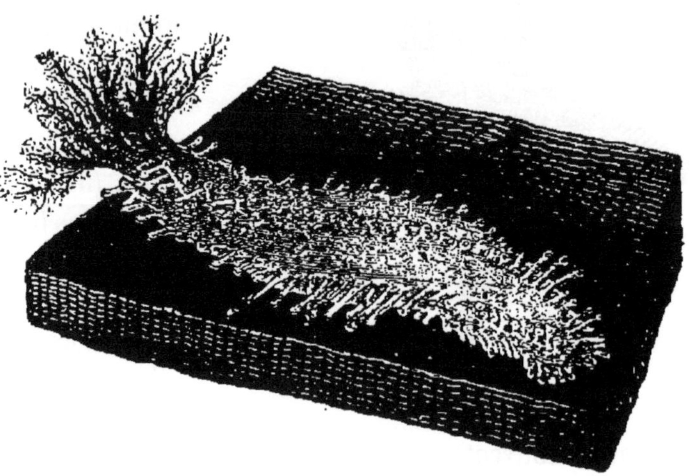

Fig. 378. Holothurie

tels que les spatangues. On la retrouve avec un peu de soin chez tous les rayonnés et même chez l'étoile de mer, dont les cinq branches semblent cependant si parfaitement identiques entre elles. Vous pouvez voir en effet sur un des côtés de cet animal un petit organe qui ne se répète pas comme les autres. C'est la *plaque madréporique*, en rapport avec des viscères importants et qui délimite incontestablement avec eux un plan de symétrie.

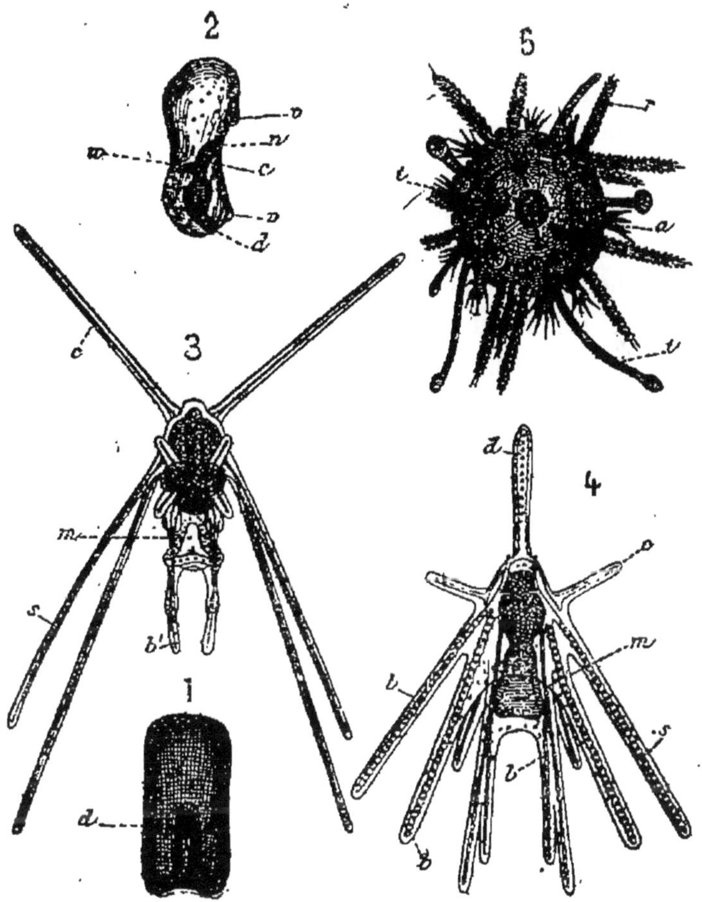

Fig. 379 Développement des échinodermes.

D'ailleurs, au sortir de l'œuf les échinodermes ne sont pas rayonnés. La larve des oursins, par exemple (fig. 379, n° 3 et n° 4), a une forme très compliquée qu'on a comparée à celle d'un chevalet de peintre. Par une suite de transformations l'oursin (même figure, n° 5) se produit dans la substance même de cette larve, de façon que souvent une partie n'en est pas utilisée et, à un certain moment, est résorbée ou rejetée comme résidu.

Si nous examinons une étoile de mer, nous reconnaissons tout de suite que ses deux faces sont loin d'être identiques entre elles.

Le dessus est uniformément recouvert de petits piquants calcaires très durs et qui sont des organes de défense. Entre les piquants se montrent des tentacules blanchâtres où vous aurez peine à reconnaître des *branchies dermiques*, c'est-à-dire des organes respiratoires logés dans la peau. Les piquants sont associés eux-mêmes à d'innombrables petits organes en mouvement continuel et qu'on ne peut mieux comparer qu'à des pinces microscopiques. On les appelle *pédicellaires*, et l'observation prouve que leur fonction est de maintenir la surface de la bête dans un état de propreté favorable au bon fonctionnement des branchies. Si une impureté tombe sur l'étoile de mer, le pédicellaire le plus voisin l'empoigne délicatement et la passe à son voisin, celui-ci en fait autant, et l'objet étranger, comme un seau d'eau que des pompiers faisant la chaîne se transmettent de main en main, arrive rapidement au pourtour du rayonné, qui en est ainsi débarrassé. Au bout de chaque rayon est un œil composé.

Le dessous de l'étoile de mer est bien différent. Au centre se montre une ouverture qui sert à une foule d'usages et qui, entre autres choses, comprend une bouche munie de petites mâchoires. L'estomac est aussi dans l'axe ; et l'appareil circulatoire, en partie lacunaire, présente son centre dans la même région. Le système nerveux offre au milieu de l'étoile un ganglion relativement volumineux et se répand dans les différents rayons. La surface inférieure de chaque rayon est creusée d'un sillon (dit *gouttière ambulacraire*) qui en occupe toute la longueur et où sont logés des tentacules destinés à la locomotion.

Il faut ajouter que toutes les étoiles de mer ne sont pas libres et errantes. Certaines d'entre elles, renversées, c'est-à-dire ayant la bouche en dessus, sont portées par une tige longue et flexueuse fixée en leur milieu. On les désigne sous le nom d'*encrines* (fig. 380), et longtemps on les a bien improprement qualifiées de *palmiers marins*. Elles paraissent fort rares, localisées dans les parties très profondes des océans ; mais à certaines époques géologiques les encrines ont été au contraire extrêmement abondantes.

Les *oursins* diffèrent surtout des astéridies ou étoiles de mer par une organisation où le type rayonné est comme atténué. Ce sont des animaux globulaires ou disciformes plus ou moins aplatis, hérissés de piquants parfois extraordinairement volumineux. Quand on les dépouille de ces ornements extérieurs, on trouve que leur

Fig. 380. Pentacrine d'Europe.

carapace, de nature calcaire, est formée de pièces disposées autour de l'axe de façon à dessiner des étoiles ordinairement à cinq branches. Ces branches, appelées *ambulacres*, sont analogues aux gouttières des étoiles de mer, et des tentacules permettent à l'animal de rouler autour de son axe ; ce qui est sa manière de déambuler.

Certains oursins sont bien remarquables par la faculté qu'ils possèdent de perforer des roches même très dures, comme le granit, et cela par un mécanisme analogue à celui mis en œuvre par les pholades citées plus haut.

SEPTIÈME EMBRANCHEMENT

LES POLYPES OU CŒLENTÉRÉS

Les *polypes* doivent leur nom à l'existence de tentacules rayonnant autour d'un axe, et qu'on a comparés à des pieds. Ces animaux sont extrêmement nombreux et leur histoire, en divers de ses chapitres, est fort étrange.

Vous pouvez facilement recueillir, sous les lentilles d'eau qui recouvrent nos étangs, un petit polype dit *hydre de Trembley* (fig. 381), et qui présente les caractères généraux de tout l'embranchement. C'est comme un cylindre gélatineux fixé par un bout à la face inférieure de la petite plante flottante et étalant à l'autre bout un nombre variable de longs tentacules très flexibles.

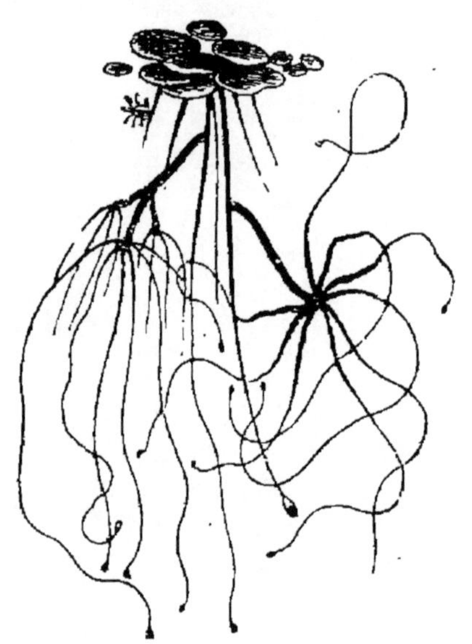

Fig. 381. Hydres de Trembley fixées à des lentilles d'eau.

Le naturaliste Trembley a fait sur ce polype des expériences très curieuses et dont plusieurs sont faciles à répéter. Leur caractère général est de prouver que chez cet animal les localisations physiologiques sont fort atténuées, chaque point du corps pouvant remplir les fonctions du corps tout entier. Si l'on coupe une hydre en morceaux, chaque morceau ne tarde pas à reproduire une hydre tout entière. On peut retourner l'hydre comme on ferait d'un doigt de gant : la muqueuse et la peau changent de place; en même temps elles changent de rôle.

Les *anémones de mer* ou actinies (fig. 382) sont très communes sur nos côtes, et elles font l'ornement des aquariums où l'on peut entretenir de l'eau salée. A la partie supérieure d'un corps cylindrique et charnu elles étalent une couronne de tentacules flexueux, souvent colorés des nuances les plus vives, et qui se contractent violemment au moindre contact avec des allures qui rappellent absolument celles des folioles de la sensitive ou de la dionée attrape-mouches.

Certains polypes sécrètent une sorte de charpente calcaire, désignée souvent sous le nom de madrépore ou de polypier et dont un type bien connu est le corail. Chaque zoophyte (fig. 383) habite

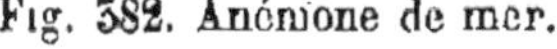

Fig. 382. Anémone de mer.

Fig. 383. Un polype de corail.

une cellule de cette charpente, qui est en outre recouverte d'une sorte d'écorce gélatinoïde et vivante appelée *cénosarque* et présente une structure qui dans certains cas est assez compliquée (fig. 384). Déjà nous avons raconté comment on a hésité avant de reconnaître définitivement la nature animale du corail, et vous savez que ces animaux, vrais constructeurs de continents, édifient dans les mers chaudes des barrières le long des côtes et des archipels entiers.

Mais l'histoire des polypes serait très incomplète si nous ne mentionnions ici des animaux marins, longtemps considérés comme absolument différents, au point qu'on en faisait l'embranchement distinct des *acalèphes*, c'est-à-dire des *urticants*, la plupart déterminant par leur contact sur la peau des brûlures qui plus d'une fois ont été fatales à des nageurs. Le type en est la *méduse*.

Quand on se promène le long du littoral à marée basse, on voit souvent sur le sable des masses hémisphériques d'une consistance gélatineuse, d'une grande blancheur et d'une transparence laiteuse. Ce sont des méduses rejetées par le flot. Vivantes, et en train de nager, elles ressemblent, comme le montre la fig. 385, à des espèces d'ombrelles ornées de franges aux brillantes couleurs, et présentent un gros pied ramifié.

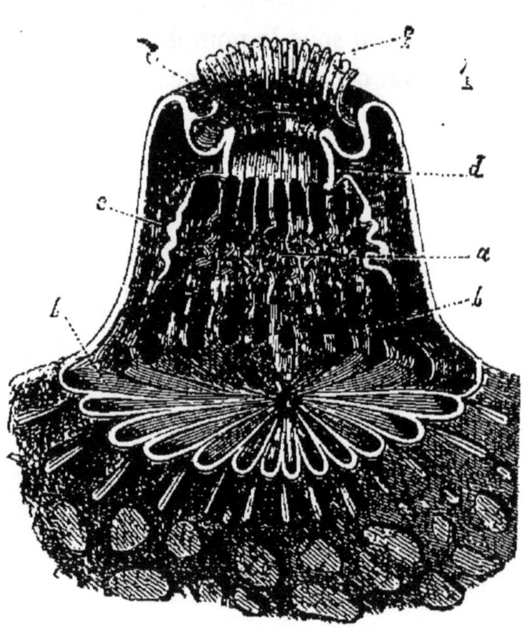

Fig. 384. Coupe d'un coralliaire : *f*, tentacules ; *e*, bouche ; *d*, commencement de la cavité digestive ; *a c*, estomac.

La reproduction de ces bêtes est si curieuse qu'on a délibérément refusé d'y croire, jusqu'à démonstration complète, et celle-ci est due à notre compatriote Chamisso, né à la fin du siècle dernier, qui eut le tort, aux yeux des savants positifs de l'époque, d'être, en même temps qu'un naturaliste, un écrivain à l'imagination féconde. Son histoire de Pierre Schlemyl à la recherche de son ombre perdue, fit un tort immense à ses découvertes en zoologie et en retardèrent beaucoup l'admission.

Des œufs de méduses sortent des larves fort agiles, très petites, de forme ovale (fig. 386, *a*) et dont le corps est recouvert de ces cils vibratiles dont nous avons parlé déjà. Après un certain temps d'une vie errante, chacun de ces animalcules se fixe par un bout à quelque rocher et se transforme successivement (*b*, *c*, *d*) en un organisme (*e*) ayant avec l'anémone de mer une étroite analogie.

On le connaissait bien avant de savoir son origine, et dans les anciens livres il est décrit comme un genre particulier de polype sous le nom de *scyphistome*.

Celui-ci s'étrangle bientôt de distance en distance, de façon à prendre l'apparence d'un empilement de cuvettes emboîtées les unes dans les autres (*f*, *g*). Il a quelque analogie de forme avec une pomme de pin, et on l'avait décrit, le croyant distinct de tout autre animal, sous le nom générique de *strobile*.

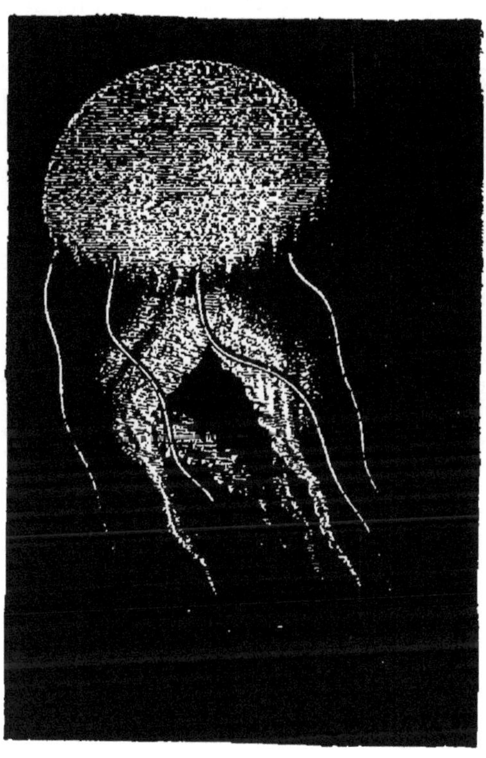

Fig. 385. Méduse.

Enfin, les cuvettes se séparent (*h*), et chacune d'elles, en se retournant, prend l'aspect et tous les caractères de la méduse primitive. Où Cuvier et Lamarck voyaient des représentants de deux classes très différentes, les polypes et les acalèphes, il faut donc reconnaître simplement les états successifs d'un même animal.

Ces faits de *génération alternante*, dont nous avons déjà eu des exemples à propos des helminthes et qui sont extrêmement nombreux dans les régions inférieures du règne animal, ne font après tout, comme nous le verrons en faisant de la botanique, que reproduire un fait normal chez la plupart des végétaux.

La plante se multiplie d'abord par *bourgeons* et chaque bourgeon est si bien une plante distincte, qu'on peut le séparer de la plante mère pour le greffer et le marcotter. Ce bourgeon est le correspondant du *scyphistome* des méduses.

A un certain moment la plante produit des *fleurs* qui peuvent être comparées aux méduses libres et qui ne se propagent plus par bourgeonnement, mais par des *graines*, exact correspondant des *œufs*.

D'ailleurs, tout en restant chez les polypes, nous pouvons faire un pas de plus dans la même direction.

On trouve sur les côtes un petit polypier, qu'on prendrait aisément pour une plante marine, et que l'on a nommé *campanulaire* (fig. 387). En l'examinant de près, on observe à l'extrémité de ses

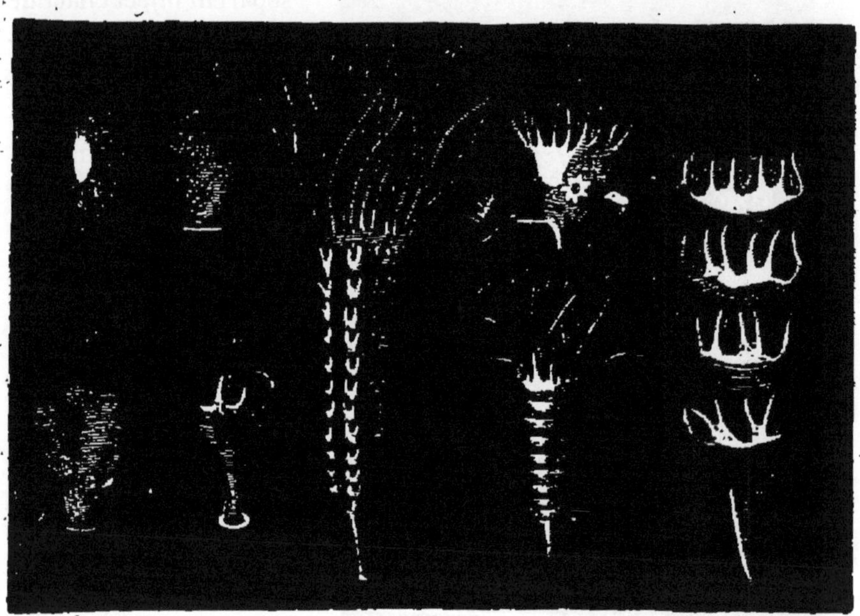

Fig. 386. Développement des méduses.

rameaux de petits polypes qui, au lieu d'être tous semblables entre eux comme chez le corail, appartiennent à deux types nettement différents. Les uns, munis de cils, de bouche, d'estomac, sont chargés de manger et de nourrir ainsi tout le polypier ; les autres, au contraire, dépourvus de ces organes, subissent les transformations décrites plus haut pour les méduses sous les noms de scyphistomes et de strobiles. Ils donnent naissance à de vraies petites méduses qui, une fois développées, se mettent à nager pour aller pondre au loin des œufs d'où sortiront des larves dont chacune donnera, par bourgeonnement, un nouveau pied de campanulaire.

Fig. 387. 1, Campanulaire produisant, par bourgeonnement, des méduses ; 2, l'une de ces méduses libre

Après ces notions diverses sur les polypes ou cœlentérés, il suffira d'un mot pour indiquer les classes entre lesquelles on en répartit les divers types.

La classe des *cténophores* comprend des cœlentérés très peu nombreux, dont le plus connu est le béroé, et qui se signale par une symétrie, relativement peu rayonnée, évidemment bilatérale. La classe des *hydroméduses* correspond presque exactement aux acalèphes, que nous venons de décrire avec détail et qui sont, comme on a vu, de vrais polypes une partie de leur vie. Enfin, la classe des *coralliaires*, dont le type est le corail, concerne tous les polypes qui restent tels, pendant tout le cours de leur existence. Souvent on fait des *spongiaires* une quatrième classe des cœlentérés; mais il semble plus prudent de les laisser, au moins provisoirement, parmi les protozoaires : c'est ce que nous ferons.

XIX

LES PROTOZOAIRES

Les éponges. — Les foraminifères. — Les rhizopodes. — Les infusoires. — Les microbes. — Hypothèse de la génération spontanée.

HUITIÈME EMBRANCHEMENT

LES PROTOZOAIRES

Le nom de *protozoaires*, qui signifie *premiers animaux*, doit être accepté indépendamment de son étymologie, certainement fort critiquable. Nous l'appliquons à des êtres dont le caractère le plus net est d'avoir jusqu'ici échappé à peu près complètement aux moyens d'étude qui chez les autres êtres révèlent une structure interne plus ou moins compliquée. Nous n'en connaissons guère que la forme extérieure et parfois certaines productions minérales ou chitineuses ; mais leur substance nous paraît être homogène, *sarcodique*, comme on dit.

Vous concevez tout de suite que cette distinction a bien des chances pour n'être que provisoire, les perfectionnements dans le matériel des laboratoires pouvant amener la trouvaille de moyens d'investigation plus puissants. Ce ne serait que la reproduction d'un fait fréquent depuis le début de la culture des sciences naturelles, une foule d'anciens protozoaires ayant manifesté des caractères qui les ont fait admettre dans d'autres embranchements.

Une première remarque, qui peut faire croire que ces êtres, réunis à cause d'un simple caractère négatif, pourront bien un jour se séparer les uns des autres, c'est qu'ils se présentent sous des aspects incroyablement différents, de telle sorte que l'embranchement des protozoaires est une espèce de résidu du règne animal, où se trouvent entassés tous les objets qu'on n'a pas su classer ailleurs.

Parmi les protozoaires, il est une catégorie qui à certains égards peut rappeler les polypes. Il s'agit des *éponges* (fig. 388) ou spongiaires, qui méritent d'être citées à part, à cause de l'usage qu'on fait de la charpente cartilagineuse de quelques-unes d'entre elles. La substance de cette sorte de squelette, appelée spongine est fort voisine, pour la composition, de la soie des chenilles. On y trouve des petits organes, calcaires ou siliceux, suivant les cas, et qui sont parfois de formes très élégantes. On les appelle *spicules* (fig. 389); quand ils sont abondants ou un peu gros, ils piquent comme des aiguilles, et rendent impossible l'emploi de l'éponge. Dans certaines éponges, dites *euplectelles* (fig. 390), la matière siliceuse constitue un véritable squelette.

Fig. 388. Éponge.

Les éponges se reproduisent par des œufs d'où sortent des larves ciliées très mobiles (fig. 391). Certaines espèces ont de grandes dimensions et une symétrie de formes des plus remarquables. La plupart des éponges sont marines et leur pêche constitue une industrie avantageuse et très active. Quelques-unes sont d'eau douce et restent en général sans emploi.

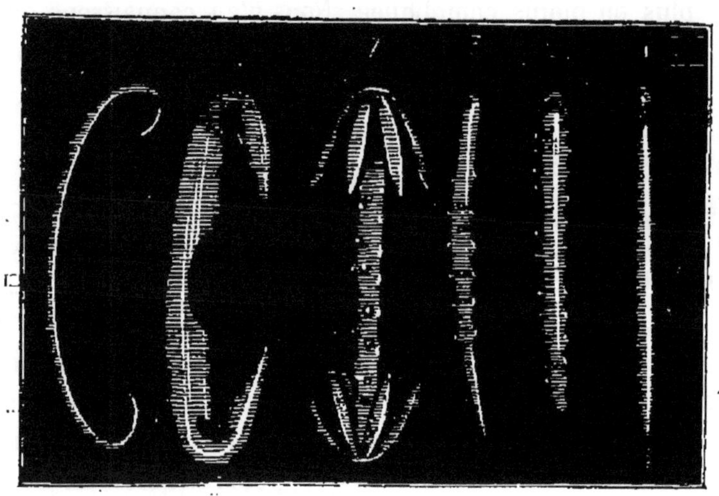

Fig. 389. Spicules d'éponges fortement grossis.

Sous le nom de *foraminifères*, on distingue des protozoaires à coquilles siliceuses ou calcaires, qui ont joué un rôle dans la formation de certains terrains, et qu'à ce titre nous aurons l'occasion

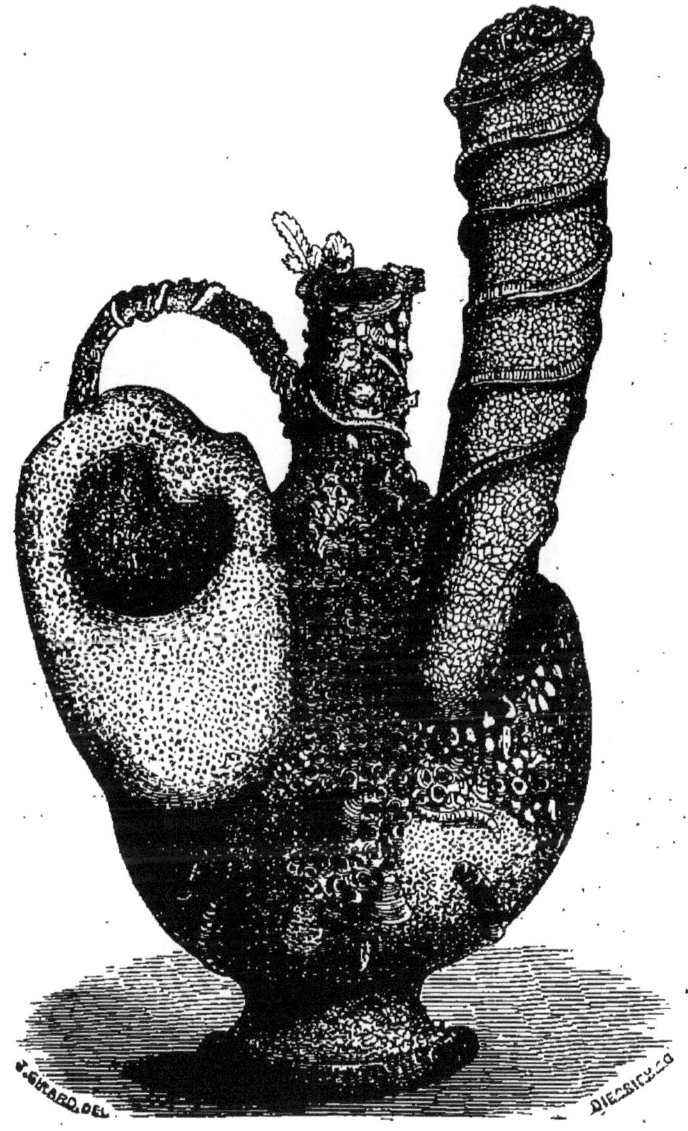

Fig. 390. Éponge dentelle (euplectelle) et éponge commune fixées sur un vase antique retrouvé au fond de la mer.

de retrouver en faisant de la géologie. Ils se signalent avant tout par l'extraordinaire élégance et quelquefois par la complication de leur coquille comparable, n'étaient ses dimensions généralement microscopiques, à celles des mollusques céphalopodes (fig. 392 et 393). Mais dès qu'on les examine avec attention, on reconnaît que les bras varient à chaque instant de nombre et de forme, et que, loin de présenter les complications des tentacules des pieuvres et des sèches, ils sont complètement formés de la matière homogène (*sarcode*) dont nous parlions tout à l'heure. Leur nom, qui veut dire *porteur de trous*, vient de ce que les bras sortent par de petits orifices dont le test est percé.

Fig. 391. Larves d'éponges.

C'est par exception que les foraminifères sont visibles à l'œil nu : sous le nom de *nummulites* on en connaît qui ont été fort abondants, lors de certaine période géologique, et qui pouvaient atteindre plusieurs centimètres de diamètre. Mais les foraminifères actuels sont pour la plupart à peu près microscopiques (fig. 392 et 393). Ils se rattrapent, pour ainsi dire, par leur nombre prodigieux, qui leur permet de jouer, dans le bassin des mers, un rôle qu'on peut sans exagération qualifier d'immense. Par l'accumulation de leurs dépouilles en des points déterminés par les courants, ils comblent progressivement certaines mers, ensablent l'entrée de plus d'un port. On a calculé qu'une once du sable de Gaëte ne contient pas moins de 1 500 000 carapaces de foraminifères. D'après d'Orbigny, il y en a aussi des quantités énormes dans les dépôts de l'Adriatique et dans ceux de la mer des Antilles. Ils font donc à bon droit partie de cette phalange d'êtres que Michelet a si justement qualifiés de *faiseurs de mondes*.

A la suite des foraminifères, il est tout naturel de mentionner

Fig. 392. Foraminifères : 1, milliole; 2, rotalie; 3, cornuspire.

une autre catégorie d'animalcules, entièrement sarcodiques comme les précédents et comme eux envoyant en tous sens des bras variables à chaque instant dans leurs formes et dans leurs dimensions, mais dépourvus de coquilles. On les appelle *rhizopodes* (fig. 394). Les plus parfaits ont une espèce d'enveloppe membraneuse, mais le plus grand nombre ne paraissent posséder aucun tégument. Ce sont comme des gouttelettes de sarcode rampant lentement à la surface des plantes marines. Leur abondance est comparable à celle des foraminifères.

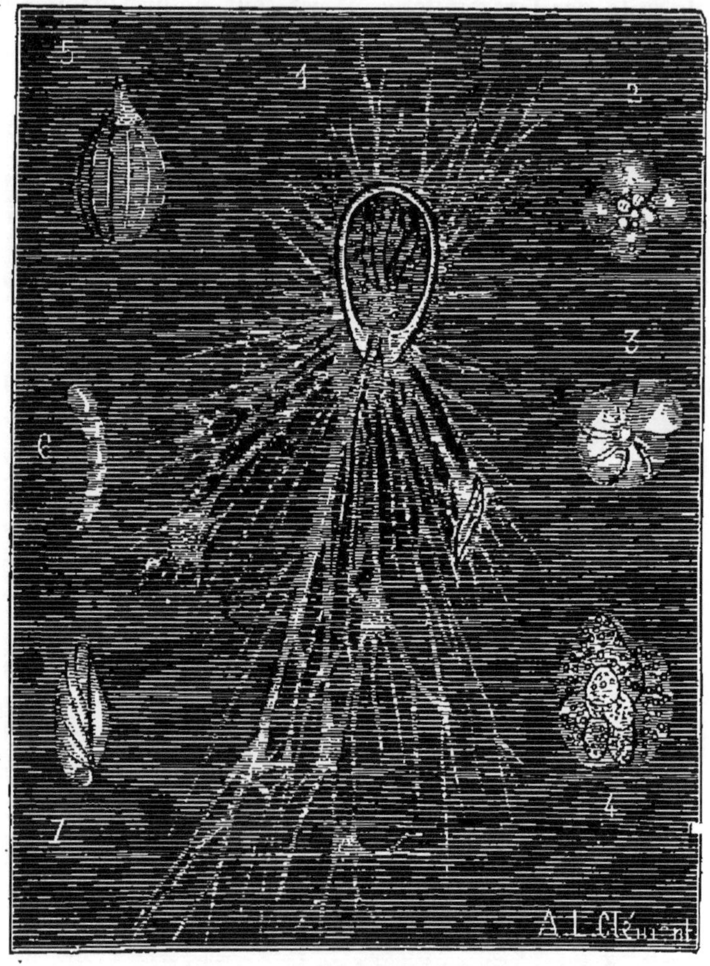

Fig 393. Foraminifères : 1, gromie ; 2, globigerine ; 3, anomaline ; 4, rosaline 5, lagenuline ; 6, dentaline ; 7, cristallaire.

Parmi les sarcodaires les plus simples, il faut rappeler ici les *amibes*, que nous avons déjà eu l'occasion de nommer et qui (fig. 395), dépourvues de toute organisation discernable, se meuvent lentement sur le porte-objet du microscope où on les observe en envoyant, dans diverses directions, des expansions lobulaires sur lesquelles elles se hissent à peu près comme les sangsues sur leur ventouse.

Il nous reste enfin, pour terminer notre rapide revue du règne animal, à appeler votre attention sur les *infusoires*.

Fig. 394. Un rhizopode : le *myxastrum radians*.

Si pendant les chaleurs de l'été vous abandonnez dans l'eau un petit botillon de foin (et je vous engage fortement à faire cette

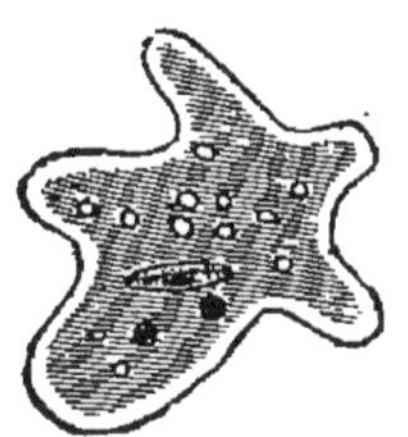
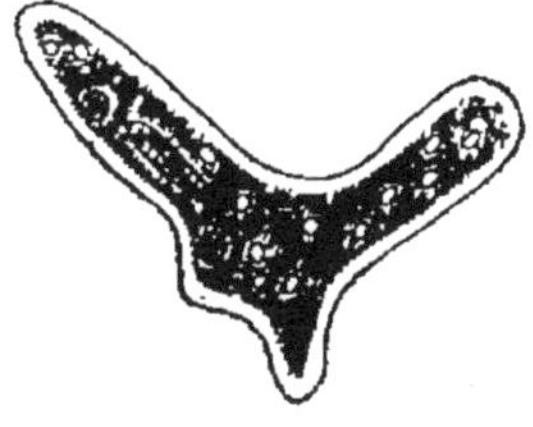

Fig. 395. Amibes.

expérience intéressante), vous verrez le liquide, d'abord incolore, brunir de plus en plus. Il dégage une odeur désagréable et se recouvre d'une pellicule dont l'épaisseur, toujours très faible, va en augmentant. Au bout de quelques jours, prenez avec une barbe de plume un peu de cette membrane et placez-la sur le porte-objet du microscope, vous y verrez des merveilles. Au lieu de l'objet inerte que vous pouvez vous attendre à voir, vous observerez le grouillement d'un monde d'infusoires.

Les êtres les plus apparents dans ces conditions sont de forme ovale, rappelant un peu celle d'un haricot, et nagent rapidement dans le liquide, grâce aux gros cils vibratiles dont la surface de

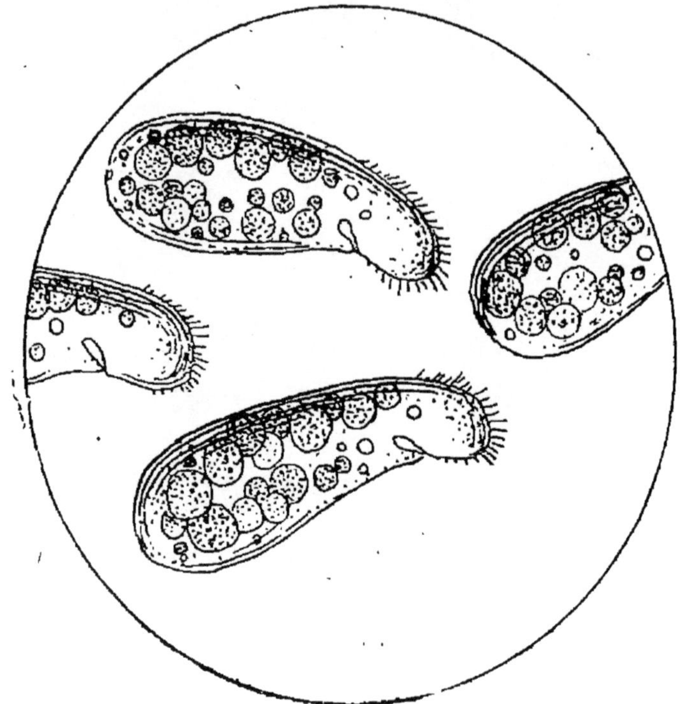

Fig. 396. Kolpodes.

cur corps est partout hérissée. On les appelle *kolpodes* (fig. 396) et leur histoire est assez curieuse. La macération du foin ne les a pas créés, comme vous pensez bien, mais leur a procuré seulement les conditions favorables à leur manifestation. Dans l'herbe humide de la prairie, les kolpodes étaient aussi actifs que sur le porte-objet; mais après la fenaison ils ont dû, comme les rotifères qui se dessèchent, entrer en état de mort apparente. Seulement, au lieu de se ratatiner purement et simplement, ils se revêtent d'une coque résistante, d'un *kyste*, comme on dit, qui les protège contre toutes sortes d'accidents. Une fois dans leur prison et dès lors indifférents aux vicissitudes de l'extérieur, les kolpodes ne perdent pas tout à fait leur temps. Il leur arrive de se diviser en 2, en 4, en 8 parties, dont chacune s'arrange d'une manière indépendante; — de façon que lors de la rupture du kyste, survenue à la suite d'une humidité assez longtemps prolongée, au lieu d'un infusoire, c'est toute une famille qui sort.

Les kolpodes sont le type de la grande catégorie des *infusoires ciliés*. Il est facile de s'apercevoir que, bien supérieurs à beaucoup de protozoaires, ils ne sont pas entièrement sarcodiques : on voit aisément dans leur intérieur, et grâce à la transparence de leur substance, une vésicule contractile parfois comparée à un cœur et des corps qui se déplacent comme s'ils suivaient les méandres d'un canal digestif.

Dans ces derniers temps, un observateur très patient a reconnu chez d'autres infusoires une véritable anatomie vraiment très compliquée. Il y a distingué des bras, destinés à la préhension des aliments, un estomac spacieux suivi d'un intestin, un gros œil rouge toujours ouvert. Les parois du corps sont formées par quatre couches concentriques.

J'insiste sur ce fait parce qu'il contraste avec la simplicité apparente des autres infusoires qui accompagnent les kolpodes dans la macération du foin.

Si le hasard vous sert bien, vous pourrez apercevoir quelques élégantes vorticelles (fig. 397), sorte d'urnes ciliées retenues par un long pédoncule qui peut s'enrouler en hélice ou se distendre, tandis que l'infusoire, comme faisaient les anémones de mer, ouvre son calice ou le contracte.

Mais il s'agit là d'une rareté. Ce qui abonde dans la membrane soumise au microscope, ce sont des êtres beaucoup plus petits. Les uns (appelés *bactéries*), qui se meuvent par milliards, consistent en petits bâtonnets tout droits, lancés dans le champ d'observation avec des allures de flèches; d'autres, contournés sur eux-mêmes, se vissent dans le liquide à la manière de tire-bouchons. Leur ensemble donne l'idée d'une substance qui ondule, et c'est pour cette raison sans doute qu'on les nomme des *vibrions*. Plus rudimentaires encore, les *monades* (fig. 398) apparaissent comme des points géométriques, et il faut un très puissant instrument pour y voir une cellule d'ailleurs homogène. Il semble bien qu'on soit descendu là à l'expression la plus simple de l'animalité.

On connaît un nombre immense de ces petits organismes, et parmi eux, beaucoup ont des caractères tels qu'on ne sait pas s'il

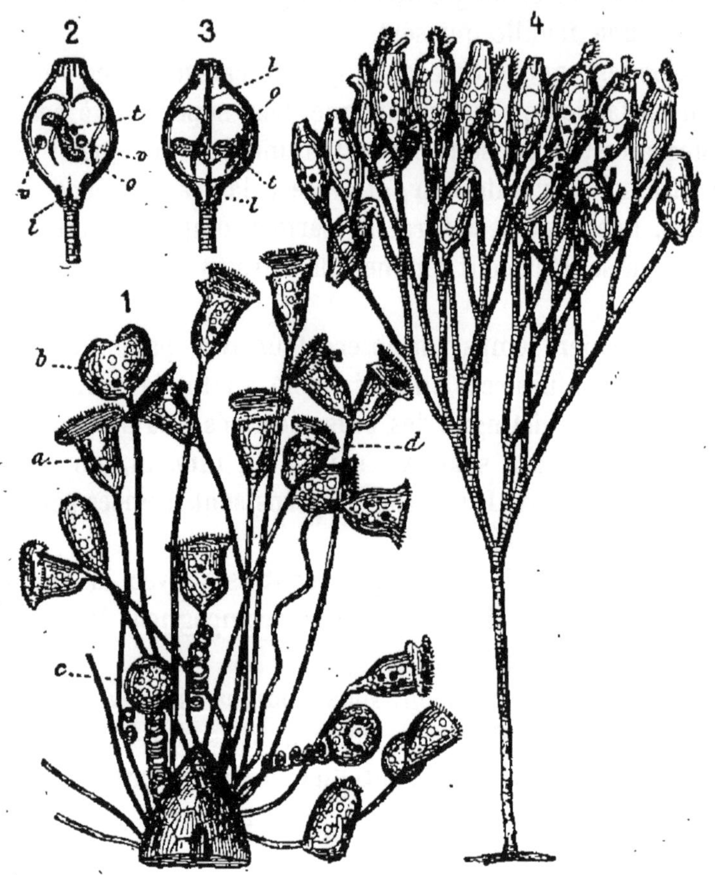

Fig. 397. Vorticelles.

faut y voir des animaux ou des plantes. Ce fait, qui nous ramène aux considérations mêmes qui nous arrêtaient au début de ce livre, a conduit un naturaliste allemand (Hæckel) à proposer pour les êtres ambigus dont il s'agit la création du règne spécial des *protistes,* intermédiaire entre les deux règnes organiques généralement acceptés

Quoi qu'il en soit, nous devons constater que malgré leur très petite taille, peut-être à cause d'elle, les proto-organismes jouent un rôle considérable dans le monde.

On a reconnu, en effet, qu'à la base de la plupart des fermentations et comme cause de ces phénomènes figurent des êtres vivants. La transformation du sucre en alcool est l'œuvre d'un petit *ferment* ayant des allures végétales : on l'appelle *levure*. Quand l'alcool aigrit et passe à l'état de vinaigre, c'est par le fait d'un *mycoderme*. Un *bacillus* produit la fermentation du beurre; une *bactérie* la putréfaction des substances organiques.

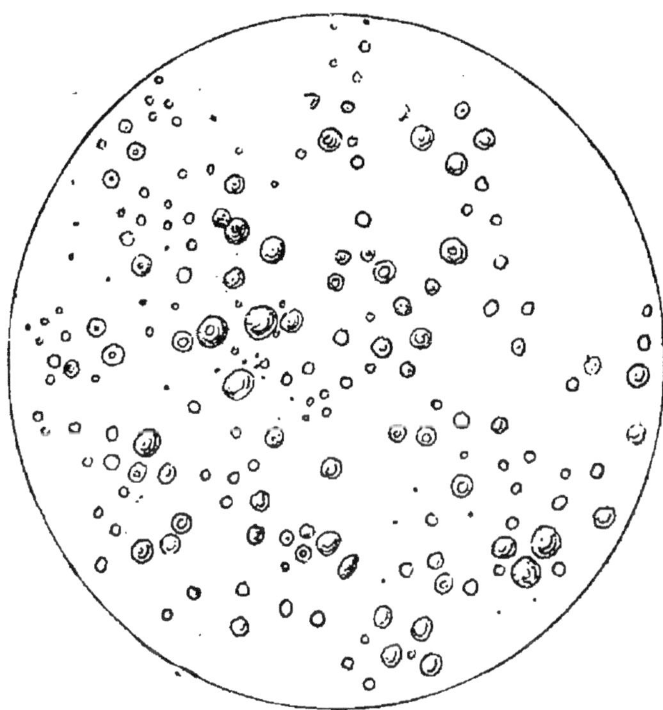

Fig. 398. Monades.

A ce point de vue, les protistes, ou comme on dit encore, les *microbes* travaillent sur une échelle gigantesque et avec une activité constante. Leur importance est tout aussi capitale en ce qui concerne la transmission de certaines maladies virulentes.

Pour fixer les idées, prenons un exemple : une mouche pique un garçon de ferme. Au bout de quelques heures la fièvre se déclare;

le point de la blessure se tuméfie et se gangrène : le malheureux succombe au *charbon* ou *pustule maligne*.

Que s'est-il passé? Jusqu'à ces derniers temps on l'ignorait; les expériences et les observations de M. Pasteur nous l'ont appris.

La mouche portait sur sa trompe, au moment de la piqûre, quelques petits microbes ou *bactéridies* qui, introduits dans le sang, s'y sont multipliés avec une rapidité extrême, et s'attaquant aux globules, les ont bientôt désorganisés (fig. 399). Quant à ces microbes, d'où venaient-ils? Du sang d'un animal précédemment mort du charbon et sur les restes duquel la mouche s'était posée.

A cet égard la certitude est complète, car ce qu'a fait la mouche on peut le reproduire exactement. Il suffit de prendre un peu de sang charbonneux sur la pointe d'une lancette et de piquer un animal sain, pour développer chez lui tous les accidents de la pustule maligne. Non seulement le charbon se propage par ce mécanisme, mais il ne peut pas se propager autrement.

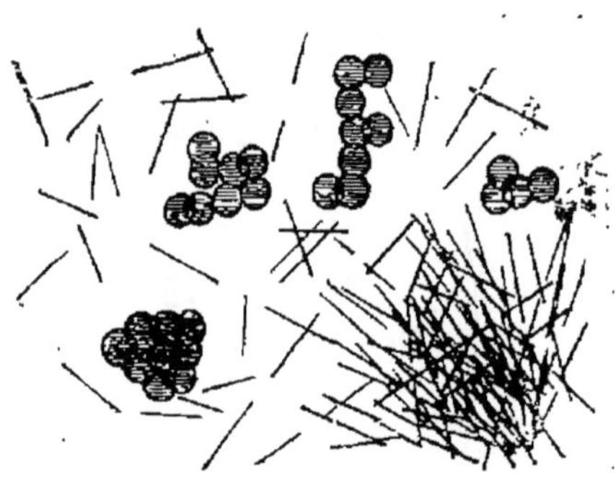

Fig. 399. Sang charbonneux.

Il est bien vrai qu'on a noté souvent l'apparition du charbon dit *spontané* chez des moutons au pâturage; mais l'observation attentive a fait découvrir que ce charbon n'est, en réalité, pas plus spontané que le précédent.

Dès longtemps les éleveurs savent qu'il y a des pièces de pacage qui sont particulièrement funestes aux moutons. Or, dans ces pièces, des moutons charbonneux ont été antérieurement enterrés par des gens persuadés, avec toute apparence de raison, que les six pieds de terre qui les recouvrent sont une garantie contre la contagion, et qu'on peut faire une prairie artificielle de ce cimetière. Or, cette confiance est bien loin d'être justifiée. Lors de la décomposition du mouton enseveli, les bactéridies dont son sang est rempli cessent de prospérer; mais elles ne meurent pas pour cela. Elles ne s'enkystent pas comme les kolpodes, mais elles se résolvent en petites granulations discernables au microscope sous la forme de *corpuscules brillants*, à peu près à l'abri de toutes les causes de destruction et qui, sûrs de l'avenir, attendent au fond de la tombe une fortune meilleure. Cette fortune, les vers de terre se chargent de la leur procurer.

Pour se nourrir, les lombrics absorbent, tout venant, la terre qui les entoure, et c'est une fois rempli que leur tube digestif procède au triage de ce qui est bon à prendre et de ce qui n'est pas bon à garder. L'annélide a le bon goût de classer dans la seconde catégorie les sinistres corpuscules brillants, mais il a le tort de venir décharger ses viscères distendus à la surface du sol. Tout le monde a vu le matin la terre percée de trous sur les bords desquels les déjections des vers sont accumulées en cylindres contournés. Les granulations dérivées des bactéridies sont donc ramenées ainsi entre les luzernes.

Si le mouton qui vient brouter les avale par mégarde, il n'en résulte pour lui aucun mal ; mais si les rudes tiges de fourrage lui écorchent la langue ou la lèvre, l'inoculation se fait aussi sûrement qu'avec une lancette.

Toute cette histoire du microbe charbonneux, vérifiée en plusieurs circonstances solennelles, paraît être le type de celles d'une foule d'autres protistes, agents de transmission de diverses maladies. La rougeole a son microbe et de même la scarlatine, le typhus, la fièvre jaune, — peut-être le choléra, — à coup sûr le rhume de cerveau ou *coryza*.

Des épizooties ou épidémies sur les bêtes sont dans le même cas : on connaît l'organisme cause du choléra des poules, on connaîtra bientôt celui de la peste bovine.

Et l'on ne peut pénétrer dans ce champ d'études sans se sentir quelque peu inquiet à la pensée du grand nombre de germes des plus épouvantables maladies que l'air doit charrier constamment et qui ne demandent, pour pénétrer dans les retranchements de notre organisme, qu'une brèche insignifiante telle qu'une simple écorchure. Mais n'a-t-on pas exagéré l'importance supposée des microbes, dont l'œuvre de destruction paraîtrait devoir être achevée depuis longtemps, s'ils étaient réellement aussi redoutables qu'on le dit. Il est vrai qu'un germe ne suffit pas pour que le développement soit possible et qu'il lui faut un terrain favorable. Or, on peut supposer qu'en général les organismes robustes, tels que celui d'un homme en bonne santé, opposent à la plupart des microbes une résistance qu'ils ne peuvent vaincre. Au contraire, les organismes affaiblis par les privations ou les maladies lui cèdent facilement, et l'on voit les épidémies se propager surtout à la suite des guerres ou des famines.

Les observations microscopiques ont fait voir que le *vaccin* par lequel on conjure la variole contient un microbe analogue à celui même dont le développement caractérise cette dernière maladie; — mais avec un degré différent d'activité virulente. M. Pasteur en a conclu qu'on pourrait rendre l'organisme réfractaire à une contagion donnée si d'abord on l'avait préparé par une vaccination appropriée. Prenant le virus charbonneux, il est parvenu, par des *cultures* spéciales dans le bouillon de poule, à en diminuer l'énergie autant qu'il a voulu, et il l'a inoculé alors à des moutons parfaitement sains. Une maladie s'est déclarée, mais relativement très bénigne et comparable de tous points au malaise qui suit la vaccination ordinaire. Cela fait, les moutons *vaccinés* ont été soumis aux inoculations de sang charbonneux dans les conditions qui, d'ordinaire, amènent le développement de la pustule maligne. Or, ces moutons ont complètement résisté : le charbon n'a plus prise sur eux.

Vous appréciez sans doute la grandeur de cette belle découverte, qui fait retrouver à l'industrie des millions perdus chaque année par la mort du bétail infecté et qui éliminera progressivement une chance d'accidents auxquels des hommes succombent fréquemment.

En voilà assez, je pense, pour vous montrer l'intérêt spécial des infusoires, à première vue si indifférents. Nous aurons terminé avec eux quand nous aurons mentionné l'hypothèse célèbre proposée pour expliquer l'origine première de ces êtres infimes. Elle consiste à croire qu'ils résultent du groupement, sous l'influence de forces spéciales, de matériaux non vivants et qui se mettent à vivre par suite même de leur association. On donne à cette hypothèse le nom d'*hétérogénie* ou plus simplement de *génération spontanée*.

Vieille comme le monde et successivement restreinte à des êtres de plus en plus inférieurs, cette doctrine a été reprise dans ces derniers temps par un célèbre naturaliste, F. A. Pouchet, qui a cru voir, dans la pellicule des macérations du foin, des œufs d'infusoires se faire peu à peu de toutes pièces. Mais ces résultats ont été réfutés, et tout le monde à peu près s'accorde actuellement pour admettre avec M. Pasteur la nécessité, pour le développement des proto-organismes, d'un germe, issu d'êtres analogues à eux et charrié en général par l'air.

Un des plus illustres savants de l'Angleterre, John Tyndall, a démontré que l'air dépourvu des poussières dont il est ordinairement tout rempli, est impropre au développement des fermentations.

Quoi qu'il en soit, on voit, par l'aperçu qui précède, que les êtres réunis dans le dernier embranchement du règne animal sont trop différents les uns des autres pour constituer un groupe définitif. Il est permis de supposer qu'il se scindera en embranchements distincts. Pour le moment, on peut y faire trois classes relatives aux *spongiaires*, aux *infusoires* et aux *rhizopodes*. Les premiers donneront trois ordres pour les éponges siliceuses, les éponges calcaires, les éponges cornées. Les divisions relatives aux infusoires sont innombrables et peu assurées; beaucoup d'animalcules paraissent traverser des métamorphoses dont les stases successives affectent des caractères très divers. Enfin, parmi les rhizopodes, on peut distinguer : les *foraminifères*, qui ont une coquille calcaire percée de trous; les *radiolaires*, dont le test siliceux est formé de spicules de formes très variées et souvent élégantes, et enfin les *amœbiens*, qui, comme on l'a vu, sont réduits à la matière sarcodique sans tégument extérieur.

Quant aux êtres les plus élémentaires dont on a parlé plus haut, ils se soudent intimement avec ceux que nous rencontrerons au début de nos études sur le règne végétal.

TABLE DES MATIÈRES

PAGES.

PREMIÈRE PARTIE

ANATOMIE ET PHYSIOLOGIE ANIMALES

DEUXIÈME PARTIE

ZOOLOGIE

18226. — Imp. A. Lahure, 9, rue de Fleurus, à Paris.

www.ingramcontent.com/pod-product-compliance
Ingram Content Group UK Ltd.
Pitfield, Milton Keynes, MK11 3LW, UK
UKHW020259230726
13925UKWH00001B/127